国家自然科学基金课题理论成果

VOCABULARY OF URBAN DESIGN

城市设计语汇

杨俊宴　著

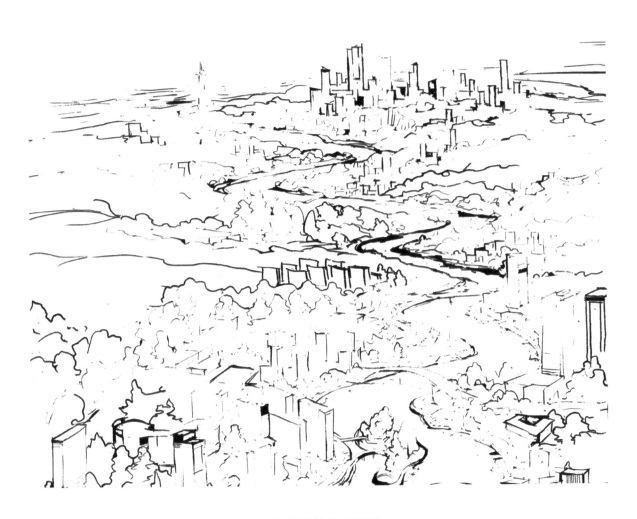

辽宁科学技术出版社

沈阳

图书在版编目（CIP）数据

城市设计语汇 / 杨俊宴著. —沈阳：辽宁科学技术出版
社，2017.12（2019.7重印）
　ISBN 978-7-5381-9856-0

　Ⅰ.①城…　Ⅱ.①杨…　Ⅲ.①城市规划—建筑设计　Ⅳ.
①TU984

中国版本图书馆CIP数据核字（2016）第151399号

出版发行：辽宁科学技术出版社
　　　　　（地址：沈阳市和平区十一纬路25号　邮编：110003）
印 刷 者：辽宁鼎籍数码科技有限公司
经 销 者：各地新华书店
幅面尺寸：210mm×285mm
印　　张：22.75
字　　数：650千字
出版时间：2017年12月第1版
印刷时间：2019年7月第2次印刷
责任编辑：闻　通
封面设计：Linna
版式设计：于　浪
责任校对：李　霞

书　　号：ISBN 978-7-5381-9856-0
定　　价：148.00元

投稿热线：024-23284740
邮购热线：024-23284502
投稿信箱：605807453@qq.com
http://www.lnkj.com.cn

目录/CONTENTS

1 城市设计理论与过程

　　城市设计是一门对包括人、自然、社会等要素在内的城镇形体环境的三维立体设计艺术。城市发展已经经历了漫长的历史，城市设计的思想也经历了从古代到现代的蜕变，从单向封闭转向复合开放，从最终理想状态的静态蓝图走向动态过程的把握和导控等发展趋势。认识城市设计并从事城市设计工作，必须要从城市设计理论入手，在对设计类型、设计流程及设计成果内容熟识的基础上进行工程项目实践。有效的理论、范式和语汇可以引导实践、提高效率、加深对城市设计的理解，并帮助整合设计构思和完成城市设计文本。

1.1 空间设计理论

空间设计理论作为理解城市设计本身和开展设计实践的前提，为城市设计提供了理论基础，因此，我们有必要对空间设计基础理论、城市空间模型和空间设计基本手法等进行深入的了解。

1.1.1 空间设计基础理论

空间设计是城市设计与建筑设计共同关注的本源问题，任何设计我们都会谈及结构、组织、秩序和形式感。无论城市空间还是建筑单体空间，都要求整体的图形思维能力，且要注意到空间使用者的行为特征和心理现象，图底转换理论、格式塔理论与形式、空间和秩序是设计师必须具备的、最基本的设计思维。

（1）图底转换理论

图底关系的好坏是判断城市外部空间成败的重要手段之一，也是现代空间设计中一种现实可行的分析操作方法。图底转换理论无论在城市规划设计还是建筑单体设计中都有深远的影响力。"图"和"底"互为正负形，可以互相转换、互为衬托，对于城市空间来说，其研究的是作为地面建筑实体的图和作为开放虚体空间的底之间的相对比例关系，既关注城市中建筑等实体空间本身，还包括建筑周边的场所（虚空间）。一般来说，将建筑作为"图"涂黑，环境及场所作为"底"留白，关注重点为建筑；当转换后，环境场所作为"图"涂黑，建筑作为"底"留白后，关注的重点就转到外部空间上来，城市外部空间被建筑围合并划分为不同的空间区域，如图1-1所示。空间设计中运用图底转换的方法，可以借由操纵图底实际形状的增减变化来决定图底关系。控制图底转换关系的目的在于建立不同空间层级，厘清城市内或片区内的空间结构。无论是外部空间还是建筑空间都是空间组成的一部分，这样经过转换的图底关系有助于提供另一条思路做设计，加强对虚实空间的整合研究和设计。

图1-1 罗马规划（1748年）图底转换关系图（左街道为底，右建筑为底）

（2）格式塔理论

格式塔理论是认知心理学中的一个重要理论，它强调经验和行为的整体性，其后在美学中应用广泛。格式塔来源于德文"Gestalt"音译，指完型，即具有不同部分分离特性的有机整体，其有两种含义：一种含义是指形状或形式，即物体的性质；另一种含义指一个具体的实体和它具有一种特殊形状或形式的特征，指物体本身。从第二种意义上来说，格式塔就是任何分离的整体，如图1-2所示，观察者会很自然地从这些排布的圆中感受到一个立方体的

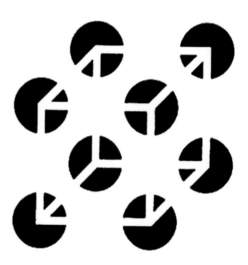

图1-2 格式塔图形暗示立方体的存在

存在。深究格式塔理论需要一定时间，而作为城市设计者来说，只需要理解以下几个原理的含义及使用方法，就可以对设计做出指导和支撑。

①图形和背景原理：知觉有助于我们将图形从背景中分离开来。当图形与背景的对比越大，图形轮廓越明显，则图形越容易被发现，这对于城市整体空间环境中的建筑外轮廓设计及景观设计有直接的指导意义。

②接近原理：距离（位置）相近的各部分趋于组成整体，我们在设计中常以建筑组团、一组景观的方式来组织一个空间整体。

③相似原理：在某一方面相似的各部分趋于组成整体，例如在体育会展类的城市功能组团中，常用圆及椭圆等类圆形的建筑外轮廓形式，暗示这些建筑有相似的功能和使用性质，常常组合出现并构成城市特殊功能中心。

④闭合原理：彼此相属、构成封闭实体的各部分趋于组成整体，这一原理也常用于建筑组团的形态设计中。

⑤连续原理：在知觉过程中，人们往往倾向于使知觉对象的直线继续成为直线，使曲线继续成为曲线，在整体空间设计中，人会注意到整体的曲线或直线联系，而忽略被其分割的区域和街块，有利于设计师凸显整体空间结构。

⑥均衡原理：知觉倾向于寻求视觉组合中的秩序或平衡感，这一点在建筑实体与城市环境之间的虚实关系处理中尤为重要，布局节奏的轻重缓急、空间开合要做到收放有序就是这个道理。

（3）形式、空间和秩序

无论是城市设计还是建筑设计，除了要能满足设计任务书中纯功能上的要求外，还要在物质表现上能够顺应人的活动，空间和形式要素的安排和组合则决定建筑和城市空间如何激发人们的积极性、引发反响，以及表达某种含义。城市中各要素、各种形式应该相互联系，形成综合且整体性的城市空间系统，具备统一、连贯的结构。当形式和空间作为城市整体的各个局部并产生相互关联时，城市秩序得以产生；当这种关联被人感知、认同，并且能从属于整体基本特性时，这个秩序就能够更持久。城市秩序在物质上体现在城市各要素的形式和空间上，包括实与虚、内与外，在感官上通过连续体验而对物质产生认识，比如接近和离开、运动的空间序列、功能活动甚至色彩景观的改变。可以把城市或建筑各组成要素分解为点、线、面3种基本要素；一种形式可以分为基本形状，如圆形、三角形、正方形等；一种形式可以分为不同的组合形式，如集中、分散、线性、放射、组团、网格等形式。形式与空间是对立统一的关系，形式限定空间的同时也被空间所限制，比如地面的抬起和下沉创造出独立性更高的空间，建筑组合的围合或开敞决定了空间私密性和开放性，作为城市或区域中心的空间要求醒目的标志性及形式上的开放度，作为景观型的空间则要求观赏或眺望的视觉通道形式等。对于城市或建筑空间的秩序，应当是统一中富于变化的。这里举一些最基本的秩序原理（见图1-3）：

①轴线（Axis）：由空间中两点连接而成的线，具有一定的方向性和指向性，形式和空间可以按照轴线呈对称或平衡的方式排列。

②对称（Symmetry）：指一条分界线或一个分界面两侧，或围绕一个圆心或轴线，均衡地分布等同形式及空间。

③等级（Hierarchy）：往往通过尺寸、形状或位置与组合中其他形式或空间的对比来表明某个形式和空间的重要性或特殊意义。

④韵律（Rhythm）：是一种统一的运动，特点是在同一个形式或某一变化的形式中，要素空间及主题图案重复或交替出现。

⑤基准（Datum）：利用线、面或体的连续性与规则性，来聚

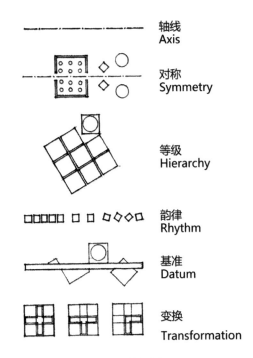

轴线
Axis

对称
Symmetry

等级
Hierarchy

韵律
Rhythm

基准
Datum

变换
Transformation

图1-3　6种基本秩序原理

集、衡量以及组织形式与空间。

⑥变换（Transformation）：通过一系列个别的处理和转变，可以改变建筑组合、城市风貌和结构，可以呼应特殊环境或地理地形条件的同时而不失可识别性。

把握和组织好形式、空间及秩序，就能够使城市功能及各空间更好地运作，从而满足人的各种活动需求。

1.1.2　城市空间基础模型

大尺度城市设计，尤其是总体城市设计，必然涉及城市空间结构的建构。近代工业革命以来，诞生了各种城市空间的理论模型（见表1-1）。从建筑学、地理学、空想社会主义者，到各种社会改良主义者都提出了种种设想。如16世纪托马斯·莫尔（Thomas More）提出空想社会主义的乌托邦，设计了50个城市组成的乌托邦，城市规模受到控制，避免城市乡村的脱离，解决城市矛盾；托马索·康帕内拉（Tommaso Campanelta）的"太阳城"方案，城市由7个同心圆组成，财产为公有制；罗伯特·欧文（Robert Owen）主张建立"新协和村（New Harmony）"，居住人口500～1 500人，有公用厨房及幼儿园，做到自给自足，必需品统一分配；再如查尔斯·傅

表1-1　城市空间理论模型简表

理论模型	提出年代	提出人	基本思想	作用意义	模型图示
田园城市理论模型	1898年	埃比尼泽·霍华德	限制城市的自发膨胀，城市应与乡村结合，城市部分由一系列同心圆组成，有6条大道由圆心放射出去	把城市当作一个整体来研究，联系城乡的关系，提出适应现代工业的城市规划问题。该理论模型的提出是现代城市规划的开端	
卫星城镇理论模型	1922年	昂温惠依顿	在大城市的外围建立卫星城市，以疏散人口控制大城市规模，在卫星城镇设有工业企业，和大城市保持一定联系	卫星城镇经历了"卧城"、半独立城镇到独立城镇的发展过程，是对田园城市理论的进一步发展	
广亩城市理论模型	20世纪30年代	弗兰克·劳埃德·赖特	发展一种完全分散的、低密度的生活居住就业相结合的新形式，采用分散的城市布局，以农业为基础，并通过汽车作为主要的交通方式	赖特认为现代的城市无法适应现代的生活，主张取消那些大城市，而要创造一种新、分散的文明形式，它在小汽车大量普及的条件下已成为可能	
光明城市理论模型	1935年	勒·柯布西耶	认为要从规划着眼，以技术为手段，改善城市的有限空间，主张提高城市中心区的建筑高度，向高层发展，增加人口密度	从建筑美学的角度，从根本上向旧的建筑和规划理论发起冲击，强调城市必须集中，建设集中有生命力的垂直花园城市	
有机疏散理论模型	1934年	伊利尔·沙里宁	有机疏散的过程如同缓慢、持续进行的化学过程一样，存在正反应与逆反应，通过这两种作用，能逐渐把城市的紊乱状态转变为有序状态	有机疏散的思想，并不是一个具体的或技术性的指导方案，而是对城市的发展带有哲理性的思考，有机疏散思想史要把无秩序的集中变为有秩序的分散	—

理论模型	提出年代	提出人	基本思想	作用意义	模型图示
中心地理论模型	1933年	W.克里斯泰勒	城市的基本功能是作为其腹地的服务中心，为其腹地提供中心性商品和服务，各中心地之间构成一个有规则的层次关系。另外还认为区域有中心，中心有等级	是城市地理区位的一种理论，是研究城镇群和城市化的基础理论之一。第二次世界大战后，该理论广泛应用于西方国家城镇规划和区域规划	
同心圆理论模型	1923年	伯吉斯	城市从CBD向外以同心圆圈层的方式增长，城市可以划分成5个同心圆区域，包括中心商务区、过渡区、工人居住区、中产阶级住宅区和通勤区	同心圆理论试图创立一个城市发展和土地使用空间组织方式的模型，并提供一个图示性的描述，该模型揭示了城市扩张的内在机制和过程	
扇形理论模型	1939年	R.M.赫德 霍默·霍伊特	主张城市的发展常从城市中心开始，沿着主要交通要道或者最小阻力的路线向外放射。以中心商业区为中心向周边呈现4种扇区发展的形式	扇形理论是从众多城市比较研究中抽象出来的，并引入了运输系统论证。该理论模式具有动态性，使城市社会结构变化易于调整，能够将新增的居民活动附加于城市周边	
多核心理论模型	1933年	R.D.麦肯齐、C.D.哈里斯、E.L.乌尔曼	该理论强调城市土地利用过程中并非只形成一个商业中心区，而会出现多个商业中心。其中一个主要商业区为城市主核心，其余为次核心	多核心理论模式主要基于地租地价理论，认为大城市不是围绕单一核心发展起来的，在城市化过程中，随着城市规模的扩大，新的极核中心又会产生	
邻里单元理论模型	20世纪30年代	—	要求在较大的范围内统一规划居住区，使得每一个"邻里单元"成为组成居住区的"细胞"。提出在同一邻里单元内安排不同阶层的居民居住，布置一定的公共建筑	是一种居住区规划思想。适应了现代城市由于机动交通发展带来的规划结构上的变化，把居住的安静、朝向、卫生、安全放在首要位置，因而对以后居住区规划影响很大	
城市意象理论模型	20世纪60年代	凯文·林奇	认为城市空间景观中界面、路径、节点、场地、地标是最重要的5个构成要素。在塑造城市空间景观时，可以从对这些要素的形态把握入手	城市设计的重点集中于城市空间景观的形态构成要素方面。城市意象及城市5要素的提出，加强了对城市空间景观形象的理性认识，同时使城市空间景观创造和城市设计的过程理性化	

*资料来源：作者整理

立叶（Charles Fourier）提出的理想社会由1 500～2 000人组成公社，进行有组织的大生产，通过将生产生活组织在一起提高社会生产力。这些空想社会主义的设想和理论学说，把城市当作一个社会经济的范畴，比把城市和建筑停留在造型艺术的观点更为深刻，这些理论也成为以后的"田园城市""卫星城镇"等规划理论和模型的渊源。

（1）田园城市理论（Garden City Theory）

"田园城市"理论由英国人埃比尼泽·霍华德（Ebenezer Howard）于1898年提出，他认为城市无限制发展与城市土地投机是资本主义城市灾难的根源，他建议限制城市的自发膨胀，并将城市土地归于城市的统一机构。霍华德指出："城市应与乡村结合。"图1-4为其田园城市规划图解方案：城市人口3万人，占地404.7hm²。城市外围有2 023.4hm²的土地为永久性绿地，供农牧产业用。城市部分由一系列同心圆组成，有6条大道由圆心放射出去，中央是一个占地20hm²的公园。沿公园可建公共建筑物，包括市政厅、音乐厅兼会堂、剧院、图书馆、医院等，它们的外面是一圈占地58hm²的公园，公园外圈是一些商店、商品展览馆，再外一圈为住宅，再外面为宽128m的林荫道，大道当中为学校、儿童游戏场及教堂，大道另一面又是一圈花园住宅。在霍华德的田园城市中，他把城市当作一个整体来研究，联系城乡的关系，提出适应现代工业的城市规划问题，对人口密度、城市经济、城市绿化的重要性等问题都提出了见解。田园城市与一般意义上的花园城市有着本质区别，强调通过城市周边的农田和园地来控制城市用地的无限扩张。该理论对城市规划学科的建立起了重要作用，是现代城市规划的开端。

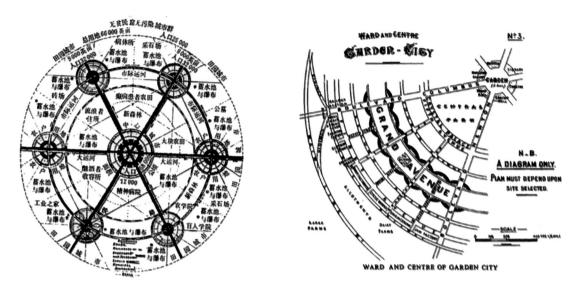

图1-4　田园城市规划图解方案

（2）卫星城镇理论（Satellite Town Theory）

昂温（Unwin）进一步发展了田园城市理论，在大城市的外围建立卫星城市，以疏散人口控制大城市规模，并在1922年提出一种理论方案。同时期，美国规划建筑师惠依顿也提出在大城市周围用绿地围起来，限制其发展，在绿地之外建立卫星城镇，设有工业企业，和大城市保持一定联系。1912—1920年在巴黎制定郊区居住建设规划，意图在巴黎郊区建立没有生活服务设施的居住城市，即"卧城"。1918年伊利尔·沙里宁（Eliel Saarinen）主张在赫尔辛基附近建立一些不同于"卧城"的半独立城镇，除居住区外还设有工厂、企业和服务设施。无论是"卧城"还是半独立城镇，在疏散大城市人口方面均没有显著效果。直到第三代卫星城镇——独立新城的出现，1944年阿伯克隆比主持的"大伦敦规划"（图1-5），通过在外围建设卫星城镇的方式计划将伦敦中心区人口减少60%，这些卫星城镇独立性较强，城内有一定的工业，还有必要的生活服务设施，居民的工作及日常生活基本上可以就地解决。规模大的新城可以提供多种就业机会，也有条件设置较大型完整的公共文化生活服务设施，可以吸引较多居民，减少对母城的依赖。

（3）广亩城市理论（Broadacre City Theory）

由建筑师弗兰克·劳埃德·赖特（Frank Lloyd Wright）于20世纪30年代提出的一个城市规划概念构想。他认为现代的城市无法适应现代的生活，主张取消那些大城市，而要创造一种新的、分散的文明形式，它在小汽车大量普及的条件下已成为可能。汽车作为"民主"的驱动方式，成为他反城市模型也就是广亩城市构思方案的支柱。广亩城市就是发展一种完全分散的、低密度的生活、居住、就业相结合的新形式，采用分散的城市布局，以农业为基础，并通过汽车作为主要的交通工具。如图1-6所示，每个独户家庭的四周有1英亩（4 050m²）土地来生产供自己消费的食物和蔬菜，用汽车作为交通工具，居住区之间以高速公路相连接，提供方便的汽车交通，公共设施、加油站等沿着公路布置，并将其自然地分布在为整个地区服务的商业中心内。

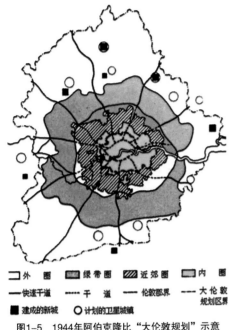

图1-5　1944年阿伯克隆比"大伦敦规划"示意

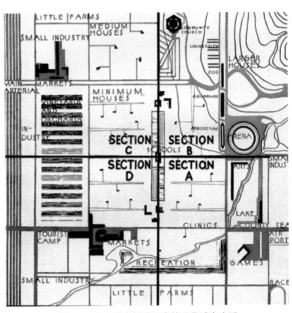

图1-6　广亩城市探求民主的现代城市生活

（4）光明城市理论（La Ville Radieuse Theory）

法国建筑师勒·柯布西耶（Le Corbusier）的光明城市理论面对大城市发展中城市中心区人口密度过大、机动交通日益发达、绿地空地太少、日照通风游憩运动条件太差的问题，认为要从规划着眼，以技术为手段，改善城市的有限空间，以适应这种情况。他主张提高城市中心区的建筑高度，向高层发展，增加人口密度。如图1-7所示，城市由直线道路组成道路网，城市有几何形的天际线、标准的行列式空间，全部建成60层的高楼，城市中心空地、绿化较多，通过增加道路宽度和停车场数量，增加建筑的间距，增加车辆与住宅的直接联系，减少街道交叉口，并组织分层的立体交通，改善居住建筑形式，增加居民与绿地的直接联系。光明城市从建筑美学的角度，从根本上向旧的建筑和规划理论发起冲击，强调城市必须集中，建设集中有生命力的垂直花园城市。

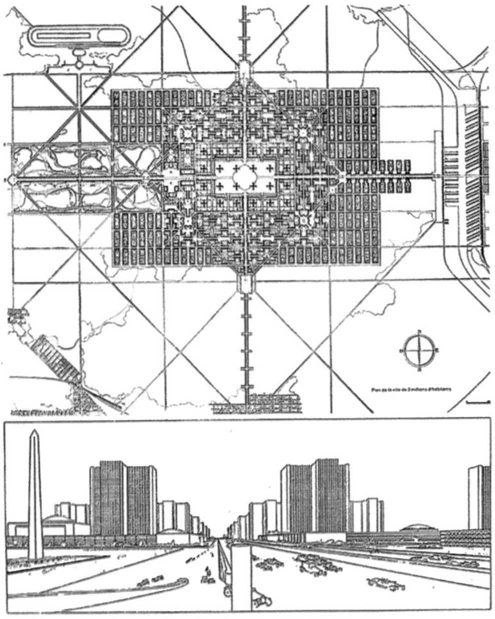

（5）有机疏散理论（Organic Decentralization Theory）

图1-7　光明城市理论模型图

针对大城市过分膨胀所带来的各种"弊病"，伊利尔·沙里宁在1934年发表的《城市——它的成长、衰败与未来》（*The City: Its Growth, Its Decay, Its Future*）一书中提出了有机疏散的思想。有机疏散的思想，并不是一个具体的或技术性的指导方案，而是对城市的发展带有哲理性的思考，是在吸取了前些时期和同时代城市规划学者的理论和实践经验的基础上，在对欧洲、美国等一些城市发展中的问题进行调查研究与思考后得出的结果。

伊利尔·沙里宁通过对生物和人体的认识来研究城市，一些大城市一边向周围迅速扩展，同时内部又出现他称之为瘤的贫民窟，这些贫民窟也不断蔓延，说明城市是一个不断成长和变化的机体。有机疏散就是把扩大的城市范围划分为不同的集中点所使用的区域，这种区域内又可以分成不同活动所需要的地段。由于城市的功能产生某种力量，而使城市具有一种膨胀的趋势，当分散的离心力大于集中的向心力时就会出现分散的现象。有机疏散的过程如同缓慢、持续进行的化学过程一样，存在正反应与逆反应，通过这两种作用，能逐渐把城市的紊乱状态转变为有序状态。这两种作用将在城市内部产生出对日常活动的功能性集中，在这些集中点又产生有机的分散。应该把联系城市主要部分的快车道设在带状绿地系统中，也就是说把高速交通集中在单独的干线上，使其避免穿越和干扰住宅区等需要安静的场所。以往的城市是把有秩序的疏散变为无秩序的集中，而有机疏散思想则是要把无秩序的集中变为有秩序的分散。

（6）中心地理论（Central Place Theory）

中心地理论是城市地理区位的一种理论，由德国地理学家W.克里斯泰勒（W.Christaller）在1933年提出，是研究城镇群和城市化的基础理论之一。该理论认为：假设地形完全平坦、土质相同、人口分布均匀、交通方便程度相等，则城镇的分布是均匀而规则的呈等边六角形的排列。理想的城镇分布图式是在6个农村居民点的中心形成一个服务中心，这个服务中心是最低级的城镇，如图1-8所示。集合6个最低级的服务中心，产生一个较高的服务中心——较大的城市。由此图式逐渐扩大，便形成各级城市的层次状体系图式。按照这一理论，大的中心城市，服务范围广，辐射区域和吸引区域均大，并对其周围较小一级的中心城镇起作用。城市的基本功能是作为其腹地的服务中心，为其腹地提供中心性商品和服务，如零售、批发、金融、企业、管理、行政、专业服务、文教、娱乐等。由于这些中心性商品和服务以其特性可分为若干档次，因而可按其提供商品和服务的档次划分成若干等级，各中心地之间构成一个有规则的层次关系。该理论还认为：区域有中心，中心有等级。

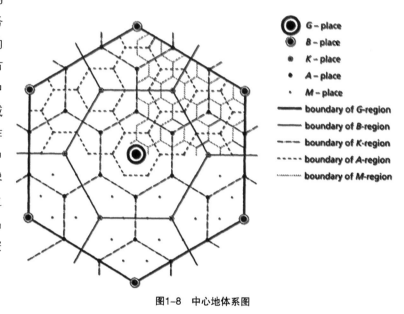

图1-8　中心地体系图

区域聚集的结果是结节中心，即中心地出现。服务是中心地的基本职能，服务业处在不同的中心地。中心地的重要性不同，高级中心地提供大量的和高级的商品和服务，而低级的中心地则只能提供少量的、低级的商品和服务。第二次世界大战后，该理论广泛应用于西方国家城镇规划和区域规划。

（7）同心圆理论（Concentric Zone Theory）

同心圆理论是由伯吉斯提出的。他以20世纪20年代的芝加哥为例，试图创立一个城市发展和土地使用空间组织方式的模型，并提供了一个图示性的描述，如图1-9所示。在这个模型中，城市从CBD向外以同心圆圈层的方式增长。根据他的理论，城市可以划分成5个同心圆区域。中心的为中心商务区（Central Business District），作为整个城市的中心，是城市商业、社会活动、市民生活和公共交通的中心。在其核心部分集中了办公大楼、财政机构、百货公司、专业商店、旅馆、俱乐部和各类经济、社会、市政和政治生活团体的总部等。第二圈层是过渡区（Zone of Transition），即中心商务区的外围地区，是衰败了的居住区。过去，这里主要居住的是城市中比较富裕或有一定权威的家庭，由于商业、工业等设施的侵入，降低了这类家庭在此居住的愿望而向外搬迁，这里

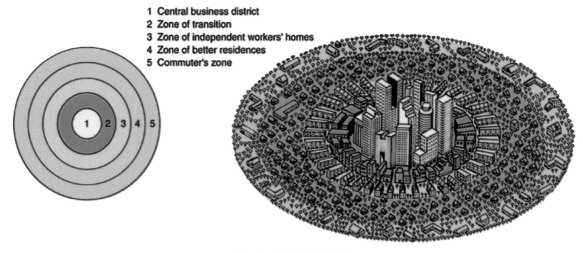

1 Central business district
2 Zone of transition
3 Zone of independent workers' homes
4 Zone of better residences
5 Commuter's zone

图1-9　同心圆模型示意图

就逐渐成为贫民窟或一些较低档的商业服务设施基地，如仓库、典当行、二手店商店、简便的旅馆或饭店等。这个地区就成为城市中贫困、堕落、犯罪等状况最严重的地区。第三圈层是工人居住区（Zone of Independent Workers' Homes），主要由产业工人（蓝领工人）和低收入白领工人居住的集合式楼房、单户住宅或较便宜的公寓组成，这些住户主要从过渡区中迁移而来，以使他们能够较容易地接近不断外迁的就业地点。第四圈层是中产阶级住宅区（Zone of Better Residences），主要居住中产阶级，他们通常是小商业主、专业人员、管理人员和政府工作人员等，有独门独院的住宅和高级公寓和旅馆等，以公寓住宅为主。第五圈层即最外圈是通勤区（Commuter's Zone），主要是一些富裕的、高质量的居住区，上层社会和中上层社会的郊外住宅坐落在这里，还有一些小型的卫星城，居住在这里的人大多在中心商务区中心，上下班往返于两地之间。这一模型中，这些圈环并不是固定和静止的，在正常的城市增长条件下，每一个环通过向外面一个环的侵入而扩展自己的范围，从而揭示了城市扩张的内在机制和过程。

（8）扇形理论（Sector Theory）

扇形理论由美国土地经济学家R.M.赫德（R.M.Hurd）研究了美国200个城市内部资料后提出的。后由霍默·霍伊特（Homer Hoyt）在研究美国64个中小城市房租资料和若干大城市资料后又加以发展。该理论认为城市内部的发展，尤其是居住区，并不像伯吉斯所说的土地价值继续向城外增加，而是低值的住宅区也可能自城中心延向城外地区，主张城市的发展常从城市中心开始，沿着主要交通要道或者最小阻力的路线向外放射。他们根据城市发展由市中心沿主要交通干线或其他较通畅的道路向外扩展的事实，认为同心圆理论将城市由市中心向外均匀发展的观念不能成立。高租金地区是沿放射形道路呈楔形向外延伸，低收入住宅区的扇形位于高租金扇形之旁，城市是由富裕阶层决定住宅区布局形态。该理论模式具有动态性，使城市社会结构变化易于调整，能够将新增的居民活动附加于城市周边，而不同于同心圆模式，需要有地域上的重新发展。半个多世纪以来的实践证明，因企业设置分布趋向于富裕市场、富裕居民区，以扇形增长最快。扇形理论是从众多城市比较研究中抽象出来的，并引入了运输系统论证，故研究方法上较同心圆理论进了一步。该模型以中心商业区为中心向周边呈现4种扇区发展的形式，如图1-10所示，这4个扇区分别是批发及轻工业（Transportation and Industry）、低收入住宅区（Low-class Residential）、中等收入住宅区（Middle-class Residential）、高收入住宅区（High-class Residential）。轻工业和批发商业对运输线路的附加可达性最为敏感，多沿铁路、水路等主要交通干线扩展；低收入住宅区环绕工商业用地分布，而中等收入和高收入住宅区则沿着城市交通主干道或河岸、湖滨、公园、高地向外发展，独立成区，不与低收入的贫民区混杂。扇形理论将城市土地利用功能分区，从中心商业区向外放射形呈楔形地带，是城市内部地域结构的基本理论之一。

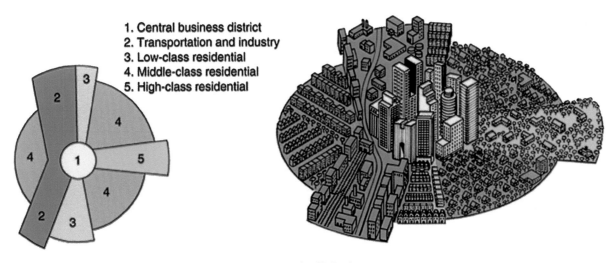

1. Central business district
2. Transportation and industry
3. Low-class residential
4. Middle-class residential
5. High-class residential

图1-10　扇区模型示意图

（9）多核心理论（Multiple-nuclei Theory）

多核心理论最先是由R.D.麦肯齐（R.D.Mckenzie）于1933年提出的，然后被C.D.哈里斯（C.D.Harris）和E.L.乌尔曼（E.L.Ullman）于1954年加以发展。多核心理论认为：大城市不是围绕单一核心发展起来的，而是围绕几个核心形成中心商业区、批发商业区和轻工业区、重工业区、住宅区和近郊区以及相对独立的卫星城镇等各种功能中心，并由它们共同组成城市地域。该理论强调城市土地利用过程中并非只形成一个商业中心区，而会出现多个商业中心。其中一个主要商业区为城市主核心，其余为次核心（如图1-11所示）。这些中心不断地发挥成长中心的作用，直到城市的中间地带完全被扩充为止。而在城市化过程中，随着城市规模的扩大，新的极核中心又会产生。多核心理论指出，城市核心的数目多少及其功能因城市规模大小而不同。中心商业区是最主要的核心，另外还有工业中心、批发中心、外围地区的零售中心、大学聚集中心以及近郊的社区中心等。多核心理论模

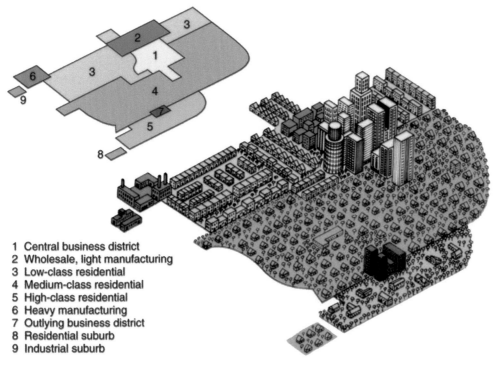

1 Central business district
2 Wholesale, light manufacturing
3 Low-class residential
4 Medium-class residential
5 High-class residential
6 Heavy manufacturing
7 Outlying business district
8 Residential suburb
9 Industrial suburb

图1-11　多核心理论模型示意图

式主要基于地租地价理论，支付租金能力高的产业位于城市中心部位，其余是批发业和工业以及高密度的住宅区，由于没有假设城区内土地是均质的，所以各土地利用功能区的布局无一定顺序，功能区面积大小也不一样，空间布局具有较大的弹性，尤其是由若干小市镇扩展合并而成长起来的城市。为使城市发挥多种功能，要考虑各种功能的独特要求和特殊区位，如工业区要有环境工程设施；中心商业区要有零售商业设施；有些占地面积大的家具、汽车等销售点为避免在中心商业区支付高地租，须聚集在边缘地区；相关的功能区就近建设（如办公区与工业综合体接近），可获得外部规模经济效益；相互妨碍的功能区（如有污染的工业区与高级住宅区）应隔开。在城市功能复杂的情况下，须保持居住小区成分的均质性，使社区和谐。

（10）邻里单元理论（Neighborhood Unit Theory）

20世纪30年代，一种"邻里单元"的居住区规划思想开始在美国出现，不久又在欧洲出现。这种规划思想与过去将住宅区的结构从属于道路划分方格的形式不同。旧的住宅布置方式，大都是围绕道路形成周边和内天井的形式，结果住宅的朝向不好，建筑密集。机动交通发达后，沿街居住环境受到很大干扰。邻里单元思想要求在较大的范围内统一规划居住区，使得每一个邻里单元成为组成居住区的"细胞"。提出在同一邻里单元内安排不同阶层的居民居住，布置一定的公共建筑，这与当时资产阶级进行阶级调和及社会改良主义的意图相呼应，如图1-12所示。邻里单元思想因为适应了现代城市由于机动交通发展带来的规划结构上的变化，把居住的安静、朝向、卫生、安全放在首要位置，因而对以后居住区规划影响很大。见图1-13邻里单元规划图解，邻里单元其规模是一个居住单位的开发应当提供满足一所小学的服务人口所需要的住房，它的实际面积则由它的人口密度所决定；应当以城市的主要交通干道为边界，这些道路应当足够宽以满足交通通行的需要，避免汽车从居住单位内穿越；应当提供小公园和娱乐空间的系统；学校和其他机构的服务范围应当对应于邻里单元的界限，它们应该适当地围绕着一个中心或公地进行成组布置；与服务人口相适应的一个或更多的商业区应当布置在邻里单元的周边，最好是处于交通的交叉处或与相邻邻里的商业设施共同组成商业区；应当提供特别的街道系统，每一条道路都要与它可能承载的交通量相适应，整个街道网要设计得便于单位内的运行同时又能阻止过境交通的使用。第二次世

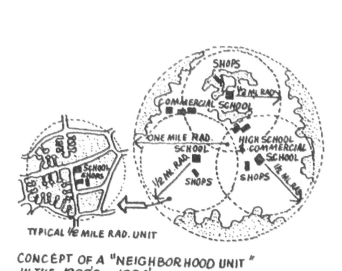

图1-12 邻里单元概念示意图

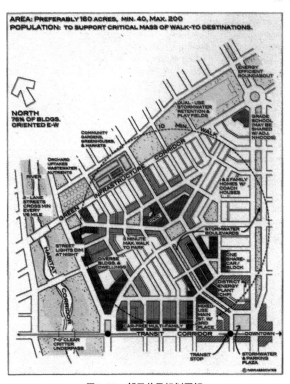

图1-13 邻里单元规划图解

界大战之后，邻里单元思想进一步得到应用、推广，且在其基础上发展了"小区规划"理论，试图把小区作为一个居住区构成的"细胞"，将其规模扩大，趋向于由交通干道或其他天然或人工的界限（如铁路、河道等）为界，在这个范围内，把居住建筑、公共建筑、绿地等予以综合解决，使得小区内部的道路系统与四周的城市干道有明显划分。

（11）城市意象理论（City Image Theory）

第二次世界大战后的西方城市社会经济高速发展，在规划物质环境方面，规划师一方面忙于工程实践，另一方面亟须形态设计的理论指导和一套操作性很强的分析方法，设计师关心的是如何设计能更漂亮美观，让人满足、信服，凯文·林奇（Kevin Lynch）在1960年出版的《城市意象》（*The Image of the City*）成为当时规划者、设计师的工作手册。其城市设计的重点集中于城市空间景观的形态构成要素方面，林奇在做了大量一手问卷调查分析后，认为城市空间景观中路径（path）、界面（edge）、节点（node）、场地（district）、地标（landmark）是最重要的5个构成要素（如图1-14）。其中路径是城市意象感知的主体要素，林奇很强调城市道路的方向性、可度性及网状空间体系；界面是除了路径外的另一种线性要素，城市边界构成要素既有自然的，如山体、河道等，也有人工的，如铁路、桥梁等，界面不仅能形成心理界标，还是不同的文化心理结构的体现；节点是城市结构空间与主要要素的连接点，也是城市意象的汇聚点、浓缩点，可以是城市或区域的中心或核心，也可以是一个广场或公园，节点往往是城市特征的体现，也是城市结构与功能的转换处；场地是观察者能够想象进入相对大的城市范围，当人走进某区域或场地，就会感受到"场域效应"形成不同的城市意象；地标是城市点状参照物，在城市意象中有指示性及标志性，有一定的心理暗示并能给人留下深刻印象。在塑造城市空间景观时，可以从对这些要素的形态把握入手。城市意象及城市5要素的提出，加强了对城市空间景观形象的理性认识，同时把城市空间景观创造和城市设计的过程理性化。

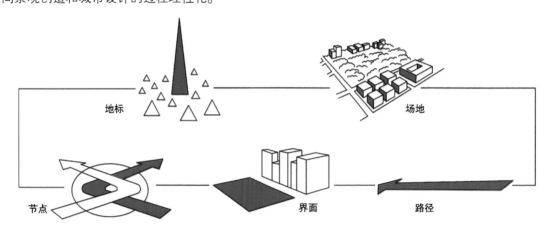

图1-14 城市意象5要素示意图

1.1.3 空间设计基本手法

良好的空间感受一方面取决于构成城市空间单元的形状、尺度、围合等要素，另一方面也与其空间组合手法、序列的丰富性有很大关联。城市空间既要求多样也要求统一，构成城市空间形体环境的各要素之间既有联系又有区别，按照形式美的一定规律有机地结合成为一个统一的整体，各要素的构成体现了空间差别与特征；各要素的组合体现了空间的多样性与多变性；各要素的内在联系体现了和谐与秩序。以下为城市空间设计的一些基本手法。

（1）收放有致

收与放的巧妙结合是城市空间设计中尺度变换的重要手法，它体现设计者追求空间丰富多变的理念。这种手法通过对空间狭窄与宽敞的处理，结合沿线景观不断地调节人们的视线和心理感受，以打破单调感，如苏州留园入口的收放节奏处理，这种传统园林式的处理方式在城市其他空间设计中同样适用，尤其在城市商业步行街及城市轴线的设计中，"收"空间基本上由两旁整体的建筑或景观植被夹住而构成，建筑通过凹凸组合排列可以形成颇有味道的收放空间（如图1-15a）。

（2）曲折错动

在城市空间中通过将建筑或景观进行曲折及错动排列组合后可以反映城市空间变化多样的特征并创造一定的空间趣味。古人认为空间不曲则不深，在曲折的街巷空间中，人们的视野和空间感受不断变幻流动，似小说情节激扬跌宕，给人以强烈的吸引力，"曲径通幽"说的就是这个道理。"曲折"常与"收放"结合成一对共同使用，形成变幻丰富的空间。曲折错动的空间设计手法可以使城市公共空间或传统商业街道空间层次变得更加丰富，避免了街道直来直去的直筒式设计，有效避免了单调乏味的空间感受（如图1-15b）。

（3）虚实相生

中国传统书画之美，不仅美在黑的墨迹，而且美在白的背景，这是实与虚相互依赖的同等性。"虚实相生"是城市空间设计中常用的一种对比手法，强调形象与背景、物质实体与非物质虚空间的相互依存性，虚实空间相互依赖，同时存在且可以相互转化。这种虚实对比的空间显著差异通过连续性的中断给人的情绪和心理带来冲击，在主体空间出现之前并和主体空间相邻的空间则常采用这种虚实对比的手法，通过封闭空间与开敞空间的对比来达到突出主体空间的目的。虚实相生可以使得城市空间更具有完整性和统一性，使实空间安排巧妙，虚空间布局得体，虚实交融具有整体美感。城市空间设计及建筑组合时要求空间具有连续性和完整性，无论是新建筑与新建筑、新建筑与旧建筑还是建筑与街巷之间都要遥相呼应，使得建筑与外部空间统一于完整的城市空间环境中，形成立体、多维的时空，使各部分城市景观相互依靠、相互烘托、变化无穷、循环不止，塑造"着力少而趣味多，形简朴而意无穷"的空间景观（如图1-15c）。

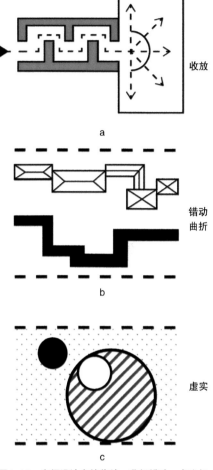

收放

a

错动
曲折

b

虚实

c

图1-15 空间设计中的收放、曲折错动、虚实相生等基本手法示意图

（4）动静对比

动静对比既是静止与可动空间物质要素的对比设计，又是空间内安排动态活动和静态活动的对比设计。静态的建筑、标志物、道路与动态的流水、灯光、招幌以及活动的人形成丰富的物质环境，这就要求动静空间要素的巧妙组织和对比设计。在人活动的静态与动态设计上，在城市空间中介入运动元素主要表现在两个方面：一是人的交往构成活动的场景，并成为旁人观察的对象；二是人在运动中观察到的场景的连续变化。因此，设计中应当根据人群的行为心理，为人看人和相互交往创造适宜的空间环境，并通过空间设计来暗示和引导人的活动，形成可行、可坐、可游、可赏的复合空间。不论是城市商业空间还是游憩景观空间，都应当提供人"停停"休息的地方。考虑到人在运动中观察景观的要求，可以通过"对景""障景""隔景""框景""借景""夹景"等传统的空间设计手法，使空间环境达到步移景异的效果。长廊诱人徐徐而动，浏览两侧景致，但"廊"须结合"亭"，既能有供人通过也有供人休息观看的空间（如图1-16a）。

（5）内外结合

内向与外向在建筑空间组合中是互为对立的布局形式，体现了人的行为心理及生活特征和习惯，内向和外向的布局形式在不同的空间功能和性质下使用,相互配合对比形成丰富有趣的空间环境。如四合院的布局形式就是一种最典型的内向布局形式,所有建筑均背朝外而面向内院,从而形成一个以内院为中心的格局形式。与之相反的西方花园别墅则属于外向布局形式,特点是以建筑为中心,四周布置庭园绿化。而公共服务设施的建筑群虽然具有外向和公共的特点,但从整体布局来说,这种外向仍属于内向中的外向。在空间布局时为了适应不同规模、地形、环境需要或考虑到景观及观景的要求,常采用内向结合外向对比布局的形式。居住等私密或半私密空间多采用内向布局,建筑背朝外而面向内,由此形成较大、较集中的庭园空间,能在有限的范围内布置较多建筑的同时创造宽敞舒适的生活环境。在内外对比的使用中,一种是采用相加的办法,即部分运用内向布局的形式,部分运用外向布局的形式,如颐和园的云松巢建筑群西部以回廊形成的空间院落具有内向布局的特点,东部则取外向布局形式,这样不仅兼顾到内、外两方面的景观要求,同时还为观景创造了必要的条件;另一种内、外向相结合的情况如苏州沧浪亭,虽处市井,但由于园外东北部临水,为求得呼应,也使部分建筑、回廊取外向形式,从而兼有内、外向两种布局形式特点(如图1-16b)。

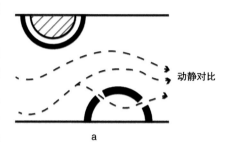

动静对比

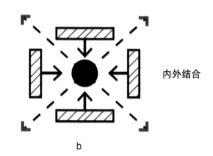

内外结合

b

（6）景观互动

景是指作为被看的对象可以从多方面来观赏,观具有从某处向别处看的意思。景与观的互动即处理看与被看的互动关系,涉及人、建筑空间、景观空间等多方面。相较于井然有序的轴线或对称引导和转折的关系来说,景与观的互动看似不具有这种严谨的空间秩序,但实际上却处处存在,并与人的行为活动和空间感受息息相关。在空间设计中要注意将多种空间要素置于某种视觉联系中,同时考虑看与被看两方面要求,做到景与观互动而看似"不着痕迹"。常用的手法有点景、对景等,通过观景点设置,或突出一些视觉廊道而引导和暗示观景方向,突出被看的建筑或标志物。中国园林中的亭与楼,从这里向外看,视线呈离心和辐射状态,而从园的其他各处来看它,由于视线向一点汇聚,呈现向心特点,这样就构成了景与观的互动关系。从看与被看的视觉关系来说,空间中的要素均可以各自为中心而构成错综复杂的视线网络,通过设计师别有用心的处理,可以带来极富变化和生动有趣的观景体验(如图1-16c)。

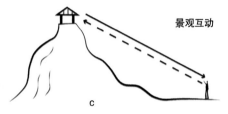

景观互动

c

图1-16 空间设计的动静对比、内外结合、景观互动等基本手法示意图

（7）藏露适宜

空间设计讲求如何表现,一般有两种倾向:率直地和盘托出,以及含蓄隐晦地显而不露。在空间设计中要注意处理好藏与露的微妙关系,藏要藏得巧妙,露要露得惊喜。藏要避免开门见山、一览无余,讲究把"景"部分遮挡使其忽隐忽现、若有若无。藏并非不让人看到,而是不让人一览无余,所以藏是为了更好地露。从营造空间趣味来说,入口处可以用屏障、墙等作遮挡,阻隔视线,使人不知一墙之隔里面另有一番天地,当绕过屏障后才露出景色,使人豁然开朗、惊喜万分。这种半藏半露的设计手法可以改变原本一览无余、索然无味的空间体验,而运用含蓄的手法达到意远境深的视觉感受效果,使得小空间变得幽曲而耐人寻味(如图1-17)。

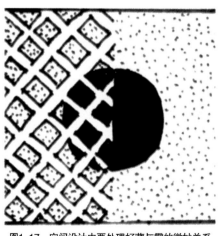

图1-17 空间设计中要处理好藏与露的微妙关系

（8）引导暗示

一般在采用欲露而先藏、欲显而先隐的手法时，需要相应地采取措施加以引导与暗示，使得空间体验者可以遵循一定的途径来发现景观，借助于空间组织与导向性可起到引导暗示作用。例如游廊这种狭长的空间形式通常具有极强的导向性，借助游廊可以把人不知不觉引导到确定的景观目标处。其他如道路、铺地、石阶、桥和墙垣等，均可以通过空间处理起到引导暗示作用，凡路必有所通的潜意识会引导人向往的心理，曲窄的道路往往能够引起人探幽的兴趣。在空间设计中运用引导和暗示的手法可以加强空间序列的连贯性（如图1-18）。

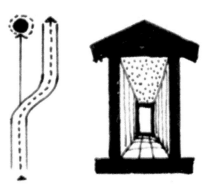

图1-18 空间设计中采取引导及暗示的组织方法示意图

（9）疏密有致

在空间设计和建筑组合时要注重疏密有致而不可平均分布，最常见的手法即"留空"，空不但可以给人交往活动、休息停留、驻足观赏的余地，还能够打破连续平均的单调感。在一个较大的空间环境中，建筑或景观的平均分布往往会造成主从部分、重点不突出的问题，通过空间要素的疏密对比以及内外空间的交织穿插可以带来步移景异的观景效果。在建筑稀疏、外部空间宽阔的环境中，人的心情往往放松而平静；而在建筑紧凑、外部空间局促的环境下，人的心情也随之紧张和兴奋。对于一个完整的空间组织来说，疏和密是相辅相成、密不可分的两种空间组织方式，只有密而无疏，人会张而不弛；只有疏而无密，人会弛而不张。好的空间布局应当两者相结合、疏密相间、三五成群，随着疏密的变化，人也相应地产生张弛的节奏感（如图1-19）。

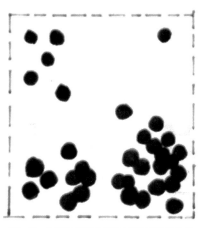

图1-19 空间设计及建筑组合要做到疏密有致

（10）开合韵律

开合韵律是通过空间单元围合程度的变化而带来不同空间感受的一种设计手法。在平面空间设计上可以表现为围合界面的变化，通过改变界面的封闭程度，创造密闭空间、开敞空间和半开敞空间等不同的空间类型，通常公共空间需要较为开敞的空间氛围及视觉形象，而私密空间相对来说需要封闭静谧，尽量减少周围视线的穿透，在城市空间设计中往往要创造围合度多样的空间，以满足不同类型的活动需要。影响空间封闭感的因素很多，包括界面围合程度、界面的高宽比、视线距离等。当围合界面关合时，空间与周围环境隔断，而当围合界面打开时，空间与周围环境可以建立更多的联系。界面的高宽比一定程度上影响了观察者的视觉距离及角度，高宽比越大使得观察者对于局部的认知更多，而高宽比越小使得观察者能够欣赏到更整体的空间。另外，开合韵律的设计手法在三维视觉空间上可以用空间开敞度、天空可视域等评价方法来进行定量分析和研究，从而进一步设计控制三维建筑高度及体量，创造不同的开合韵律来营造多样化的城市空间环境（如图1-20）。

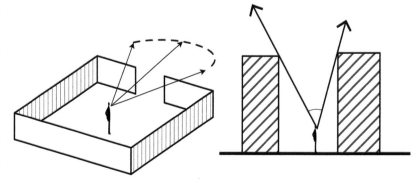

图1-20 开合韵律空间设计手法示意

（11）空间序列

序列是创造空间秩序的基本设计手法，序列的形式美类似于一幅优美的画卷。序列可以赋予城市或建筑空间一定的秩序，并且使得空间于统一中富于变化。在城市中由一个空间到另一个空间的变迁体验，可以给人更大的空间印象。不同的空间组合形成城市空间序列，为人们不同的活动和心理感受提供条件。通过建筑的高低变化，凹凸布局和绿化小品的配置可以使街道两侧空间不断变化，建筑间的空隙也可以通过花墙、漏窗、连廊等进行空间的相互渗透引借，不但可以丰富空间内容，还能达到小中见大的空间效果。不同的空间组合交替出现形成空间收放的节奏变化，使得人的心理和生理不断得到调节，减少了视觉疲劳感。有秩序而无变化，结果是单调乏味；有变化而无秩序，结果则杂乱无章。只有统一中富于变化，才能使空间设计达到理想的状态（如图1-21）。

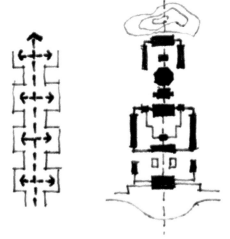

图1-21　空间序列设计手法示意图

1.2　城市设计成果

城市设计可以广义地理解为设计城市，即对城市各种物质要素，诸如地形、水体、房屋、道路、广场及绿地等进行综合设计，包括使用功能、工程技术及空间环境的艺术处理。如今城市设计已经理解为优化城市综合环境质量的综合性安排，已经成为贯穿于我国法定城市规划的、各个阶段的始终。在战略规划、城市整体风貌规划、历史名城（街区）保护规划、城市规划的管理等扩展的规划工作领域中，城市设计也致力于城市空间结构的改造、新区建设、居民生活改善等目标，侧重于城市的不同方面，作用于城市的不同要素，发挥独特作用，而不同阶段的城市设计，其研究对象、尺度、成果表达也不同。城市设计内容包括：城市空间形态的设计，含土地利用、交通和停车系统、建筑体量和形式、开敞空间的环境设计；设计组织的空间环境能保持一定的稳定性和延续性，方案和策略也应随时间逐步调整；必须依靠公共政策手段确定城市设计实施的保障机制。

根据其设计对象的用地范围和功能特征，城市设计可以分为以下类型：总体城市设计、城市开发区设计、城市中心设计、城市广场设计、城市干道和商业街设计、城市滨水区设计、城市居住区设计、城市园林绿地设计、城市地下空间设计、城市旧区保护与更新设计、大学校园及科技研究园设计、博览中心建筑群设计等。在设计城市空间及进行表达之前，必须首先认识城市设计成果的基本组成部分，理解在规划设计构思发展过程中，如何运用基础资料并形成最终的表达成果。城市设计的成果基本上可以分为3个组成内容，对应着3个规划阶段：规划研究、规划设计和规划实施。

1.2.1　规划研究

在规划研究阶段，首先要通过现场踏勘、抽样或问卷调查、访谈和座谈会调查、文献资料收集等方法进行现状调研；并在现状分析的基础上展开深入研究，进一步认识城市空间的各个组成部分，并以科学的研究为基础，理性地构思规划设计方案；经过草图构思及多方案的对比形成初步的规划设计构思。这里把规划研究主要分为9类内容：基础资料、现状踏勘、现状图纸、背景研究、案例研究、问题总结、特色总结、设计方法、草图构思。

（1）基础资料

基础资料主要来自于组织编制规划设计的甲方，包括规划设计任务书、规划设计技术合同等文字资料，以及规划设计范围图纸、CAD地形图，还包括尚未规划的文本说明书及图纸资料。另外，相关专项规划资料可以与相关部门，包括规划局、旅游局、文管局、水务局、林业局等进行座谈沟通并获取相关纸质及电子文档资料。

（2）现状踏勘

在收集并整理基础资料的基础上，查漏补缺，制订现场踏勘调研计划。合理确定踏勘范围，对现状既要有整体的全局把控，又要能深入到细部探寻现状问题及特色。对现状的踏勘调研需要把规划基地纳入更广阔的城市范围，对区域环境进行全局考虑，还要对城市自然环境、地形生态进行调查，对城市土地使用、道路交通、绿化景观、建筑形态以及历史文化环境资源进行分类踏勘和调研。针对不同规划设计目标及构思，可以综合使用访谈和座谈会、问卷调查等形式，以加深对现状问题的挖掘。在现状踏勘调研时做好图面记录、文字记录以及影像记录的工作，便于结束后统一归类整理。

（3）现状图纸

根据现状踏勘调研整理现状图纸，并做好统筹及归类工作。这里列举了某滨水空间城市设计现状图纸要求及内容，见表1-2。现状图纸按统一的底图及标准进行绘制，是现状调研成果表达的主要形式，也为后期进行研究分析和规划设计提供思路。

表1-2　某滨水空间城市设计现状调研及图纸内容列举

编号	图纸名称	图纸内容	其他要求
1	用地现状图	按用地分类标准调研（单位名称）、地籍图	
2	开放空间现状图	●公园 ●绿地 ●广场	环景照片
3	水体感知度现状分析图	●1分：基本感知不到水体 ●3分：隐约感知到水体，只能观景 ●5分：明显感知到水体，与水体有良好互动（打分，感知度由低到高1~5分）	典型照片
4	滨水空间可达性分析图	●公众可到达：路边、公园 ●公众有条件可达：小区 ●公众不可达：封闭的单位（工厂、机关单位、学校等）	典型照片
5	交通站点	●标注公交站	
6	公共空间活力分析图	●高：活动人群量大，各年龄层次均有，活动时间较长，活动项目丰富 ●中：活动人数较多，活动有明显的时间阶段性，活动项目较为单一 ●低：活动人数较少，活动时间短	典型照片
7	历史文物保护分布图	●国家级文保 ●省级文保 ●市级文保 ●优秀历史建筑	典型照片
8	水体空间类型图	●宽直河道 ●曲折河道	典型照片
9	水体品质分析图	●好：水体较清澈，无异味，无垃圾，景观生态条件较好 ●中：水体浑浊，无异味，无垃圾，景观生态条件一般 ●差：水体浑浊，有异味，有垃圾，景观生态条件较差	典型照片
10	水体驳岸类型分析图	●自然湿地式驳岸 ●人工绿地式驳岸 ●台阶式景观驳岸 ●亲水硬质驳岸	典型照片
11	景观轴线分析图	●路径型景观轴线：以城市道路为载体，沿路径伸展的景观轴线 ●视廊型景观轴线：以广场、绿地等开敞空间或开阔视廊为载体	相关照片
12	天际轮廓分析图	●对岸景（中、近天际线）●俯瞰景（制高点） ●纵观景（桥梁上拍摄）	环景/全景照片

编号	图纸名称	图纸内容	其他要求
13	桥梁分析图	●桥梁名称 ●桥梁类型：按受力特点分，梁式桥、拱式桥、悬索桥、斜拉桥、钢构桥（大跨梁桥）和组合体系桥	桥梁照片
14	滨水标志现状图	标志建筑、标志景点	典型照片
15	建筑质量分析图	●优秀A：建筑设计精巧、施工质量高或有历史意义的建筑 ●一般C：建筑设计普通，施工质量一般 ●较差D：建筑设计低劣，施工完成度低	典型照片
16	建筑年代分析图	●古建筑●新中国成立前（近代—1949年）●20世纪50年代至20世纪80年代 ●20世纪80年代至2000年●2000年以后	
17	建筑风貌分析图	●现代都市●现代工业●近代文化 ●传统古典●市井文化	典型照片
18	滨水公共建筑分析图	●优：造型独特，立面外观优美洁净，公众便捷可达●良：造型一般，公众可达性较高●差：造型无可识别性，公众可达性差 公建：大型商业、图书馆、美术馆、群众艺术馆、博物馆、演艺中心、各类体育馆、大型宗教建筑等	典型照片
19	滨水工业遗产评价图	●优秀：建筑保存状况良好，功能置换得当 ●良好：建筑保存状况良好，功能置换一般 ●一般：建筑保存状况一般，使用状况良好 ●较差：建筑保存状况较差，使用状况不佳	全部照片

资料来源：作者整理。

（4）背景研究

任何一个城市或地区都不是孤立存在的，因此对规划基地的认识和把握不但要从基地本身进行，还应从更广泛的城市和区域角度来看待，通常要研究分析一批尚未规划的项目来确定规划基地在城市中所处的位置、确定功能定位及发展目标等。包括最近一版的城市总体规划、相关控制性详细规划、相关专项规划、历史街区保护规划、规划基地所在地区及周边地区的城市设计及相关修建性详细规划等内容，都需要作为规划背景来进行分析和研究。在对规划背景整合研究的时候，可以按照规划内容及层面进行分类归纳总结，比如分区域层面、城市层面、中心区层面、交通体系、空间形态、景观环境、历史保护等分项进行研究解读，提取这些规划的主体结构、核心内容及对本次规划设计的影响借鉴意义。

（5）案例研究

案例研究往往需要有针对性和指向性，依据规划项目本身的性质寻找类似的、可供借鉴的优秀案例，或根据规划项目规模大小锁定国内外的知名案例，总的来说，应当注意对这些案例取舍得当、扬长避短。研究的可以是在规划案例，也可以是已建成案例，对于规划案例要学习其独到的规划思维、技术方法或理念概念，对于已建成案例要学习其成功之处，包括理念思维和运作开发模式等。最好能够有逻辑地将各种优秀案例进行归类研究，总结不同规模、目标和开发模式的可借鉴特征，为后期规划设计开拓思路。

（6）问题总结

经过现状资料及现场调研的研究分析，通过归纳现状存在的问题来寻找有针对性的解决方案，为后期的规划构思及定位目标提供依据。这里提出通过建立问题矩阵来总结凝练现状核心问题的方法，如图1-22所示。首先可以经由头脑风暴来广泛地采集各个方面的问题，形成一个一般问题群，将这些一般问题按照不同层面，如用地、建筑、交通、环境、活动等层面来进行横向归类，再将每个类型或层面的若干问题按对规划基地的影响力或自身重要程度进行排列，形成建立于横、纵坐标的问题矩阵，最终得出不同层面的核心问题。这样的方法可以将现状问题明确归类、重点提取，针对核心问题来更好地探索规划解决方案。

（7）特色挖掘

对现状研究除了总结问题，更重要的一点是要发现特色，提取和总结城市空间特色资源有利于对规划设计方案进行准确的定位。不同类型和不同规模的规划其特色关注点也不同，有城市功能职能特色、城市空间结构及轴线特色，也有历史形态、人文资源特色，还有山水地形等环境特色。作为规划设计者要善于从现象透析本质，挖掘这些外在及内在潜藏的特色。在表达方面可以将多方面的特色进行分类罗列，也可以综合叠加分析。

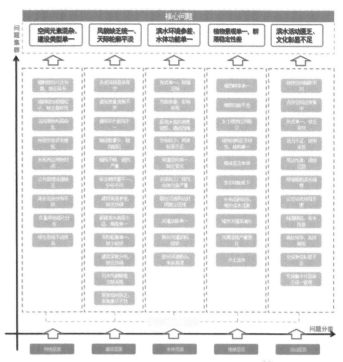

图1-22 通过问题矩阵的建立来总结现状核心问题

（8）设计方法

在对现状问题特色、背景案例充分研究后，就可以在设计方法上进行选取以及创新，作为城市设计的基本手法和支撑。一般来说主要包括空间设计方法、生态技术、节能低碳等方面，除了选择传统的设计方法，还要注意进行创新。传统的空间设计方法在1.1中已经提到，另外还可以从科学技术方法引入的角度来进行创新，譬如生态修复技术、能源再生技术、低碳节能技术等来为城市空间创造更好的宜居环境。

（9）草图构思

草图构思是在规划研究基础上的初步方案构思和设想，可以在基础研究的任何阶段运用草图的方式记录下瞬间灵感的火花，设计师往往在基础研究还没有做完的时候就已经对规划项目本身有了大致的谋划及构想，这些构思并非完全成熟的设计方案，但是已经初具雏形。草图构思方案的好处是可以简单迅速地勾勒出大致空间结构、功能配置以及概念意向，有利于规划构思初期阶段的多方案比较和选择，也可以作为项目初期汇报结论及成果的表达方式。

1.2.2 规划设计

规划设计需要建立在扎实的规划研究基础上，经过理念提出、总体构思、空间结构、功能布局到总平面图，再到专项规划或特色规划的一个逐渐细化深入的方案设计过程。往往在设计理念及总体构思阶段进行设计创新，提出设计亮点，空间结构及功能布局方面做到清晰合理，总平面图表达深入细致，专项规划及特色规划阶段做到彰显特色并符合规范。

（1）设计理念

好的设计理念是规划设计的精髓所在，是空间规划构思过程中的主导思想，指导规划方案的深化。一般来说，设计理念可以是一种概念，也可以作为一种策略；可以是空间发展的理念，也可以是设计方法创新的理念；可以以一句精简凝练的话作为设计概念，也可以用一组或多组词语或短句作为设计理念。比如"滨水空间引发的城市发展模式（WIT）"这一设计理念从滨水空间塑造入手动态带动城市发展，成为城市可持续发展的一种良性模式。又如"龟伏蛇舞白浪合"以一组短语交代了规划设计中龟城低伏、蛇城高耸的空间结构以及河道在景观功能上的概念思路。一个好的设计理念常常是规划设计者经过反复斟酌和凝练后，通过配以精简的文字说明和抽象化的图示语言而表达出来的。

（2）总体构思

总体构思主要包括规划项目的整体定位、发展目标及发展策略等内容，是对设计理念的拆解和再深化。如"生态智城——智慧创新+文化休闲+生态宜居"由一个词组的总设计理念引出3大规划定位目标，通过打造自主创新的动力之源、功能复合的魅力之都、人文多元的活力之地这三大基本空间发展策略来达到"生态智城"的理念和目标；再如"通津九脉"运用"疏津、点穴、聚气、通脉、融城"5大发展策略来塑造城市"宜居赏憩的都市之脉""观江望山的生态之脉"和"融古汇今的文化之脉"的3大基本目标。

（3）空间结构

城市中不同功能区的分布和组合构成了城市内部的空间结构。空间结构包括城市功能构成及轴带联动关系，一般以抽象的点、线、面多层级的方式来表达规划方案的空间结构。如图1-23所示为南京东山副城总体城市设计的整体规划结构框架图，其空间结构可以概括为"一核两心三带"，一核即凤凰港—杨家圩主中心，作为东山副城的发展重点区域，具有标志性，作为商业、商务功能最具潜力地区，是实现东山副城"文化名城"的空间载体；两心为土山副中心和殷巷副中心，与主中心形成一主两副的圈核结构；三带为秦淮文化带、都市形象带和山

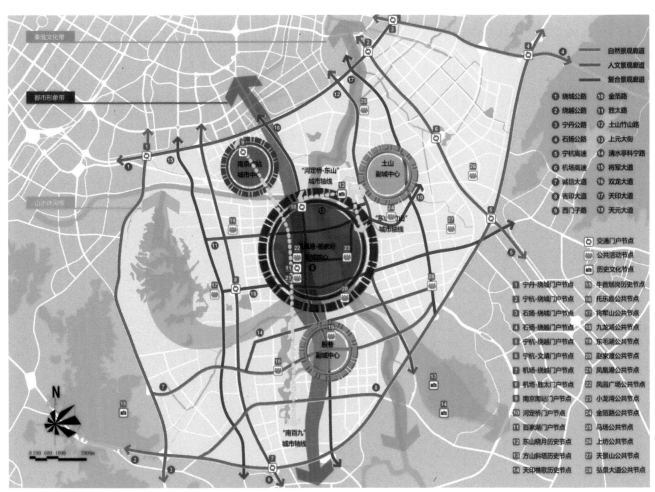

图1-23　南京东山副城总体城市设计规划结构图

水休闲带，起到都市形象的引导，同时串联和贯通了一核两心的城市功能，形成丰富的城市景观。

（4）功能布局

城市由各个功能区有机地构成整体，包括工业区、居住区、商业区、行政区、文化区、旅游区和绿化区等，不同的规划定位和发展策略下，这些功能布局和内部结构也有所差异。功能布局就是结合规划总体构思，按照功能定位要求，在空间结构的基础上对规划地块的细分，并标示重点功能区域。常以二维泡泡图或三维分色图的方式进行表达，如图1-24为京杭运河杭州段两岸景观提升工程功能布局图。

（5）总平面图

按一般规定比例绘制，表示建筑物整体空间布局形态，以及道路网、绿化景观及地形地貌环境的图。总平面图上应标有相应尺寸或比例尺，有指北针及风玫瑰图，可以标示相关图例或者说明性文字。注意重点突出、层次丰富、主次分明，表达上应注意色调明快清爽、明暗有序，如图1-25所示为潍坊白浪河城区中心区域城市设计总平面图，色彩搭配适宜、主次分明、重点突出，是一张典型的总平面图表达。

（6）专项规划

专项规划是一个规划项目中的横向系统，为了解决城市空间布局和土地使用问题，并能落实实施层面，则需要专项规划的支撑。专项规划主要包括综合交通、绿地系统、开放空间、景观环境、管线综合、防灾减灾等专项规划内容。在实际项目编制过程中，应根据规划项目本身的系统性和具体情况，选择跟项目关联度大的内容进行专项规划。

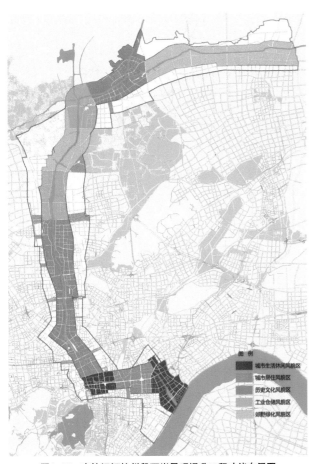

图1-24 京杭运河杭州段两岸景观提升工程功能布局图

图1-25 潍坊白浪河城区中心区域城市设计总平面图

（7）特色规划

为凸显规划项目特色或亮点，常会进行相关特色规划，这些规划内容并非适应所有规划项目，而是有目的、有针对性地选择规划的。例如生态修复规划、绿道及慢行系统规划、天际轮廓线整体规划、植被配置规划等。这些特色规划常作为城市设计中的创新点，应当与总体构思、设计理念等内容紧密结合。

1.2.3 规划实施

城市规划的核心作用必须通过城市规划的实施才能得到真正的体现，城市设计的最终目标就是能够落实并付诸行动，融入城市整体发展和建设中去。实施和管理虽然需要政府进行组织落实和管理，但对于设计者来说应当出谋献策，策划和演示规划设计方案的可行性，使得规划设计方案能够更好地落实到实际建设中，而非"纸上画画"的空口而谈。可以通过分期实施的方法，制订行动计划或编制设计导则的方式，将规划方案的可行性提高。

（1）分期实施

为了达到规划设计方案预计的最终效果，城市往往需要花费相当长的时间来进行实现，由于对资金、近期发展的需求及城市长远利益的考虑，将规划方案进行分期实施的方法可以更加有效地应对城市发展的未知情况，使得规划项目得以缓慢稳步地发展下去。分期实施可以按照区域进行分期（见图1-26），也可以按照项目落实进行分期（见图1-27）。分期实施都需要合理分配若干阶段，规定实施年限，并安排具体规划实施的内容及目标。

（2）行动计划

行动计划一般是1~5年以短期目标的分阶段实现为规划设计项目落实计划，既要确定不同时间段内的不同行动目标、行动任务及行动方案，还要合理保障规划项目整体的延续性发展。让规划方案落实实施的部门能够看到短期利益的同时，可以对长远利益有一定前瞻性，并且切实有效地提供实施策略及方案。如图1-27所示为南通通津九脉城市设计项目分期行动计划图，将长达20年的规划实施过程分解为4个主要行动阶段。其中第一阶段和第二阶段分别计划用2年和3年的时间，快速地进入实施落实的工作阶段。通过环境整治及基础配套设施的建设，力图在短期内看到一定的成效，并为未来15年的实施打下坚实的基础。

（3）设计导则

设计导则或图则是城市设计中针对城市重点地段和近期建设项目进行设计引导，设计导则涉及对建筑体量、高度、形态、风格、色彩等多元化的综合性引导，有利于规划设计方案实施以及管控。图面内容主要包括地块划分及编号，控制相关指标（如用地性质、用地面积、容积率、建筑密度、建筑高度、绿地率等），提出规划设计控制要点，在城市设计中可以用二维平面或三维形态图来表达整体形态风貌特征，并提出相关设计准则，如建筑形态和界面控制、公共服务配套引导、生态环境引导等内容。

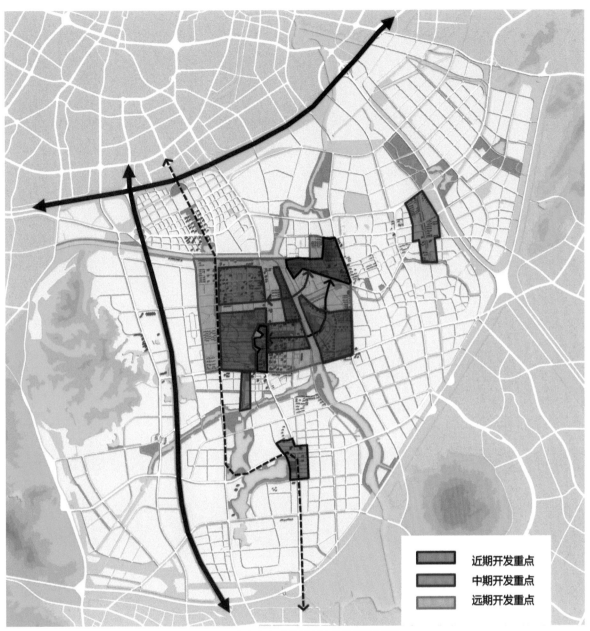

近期开发重点
中期开发重点
远期开发重点

图1-26 南京东山副城总体城市设计发展分期图

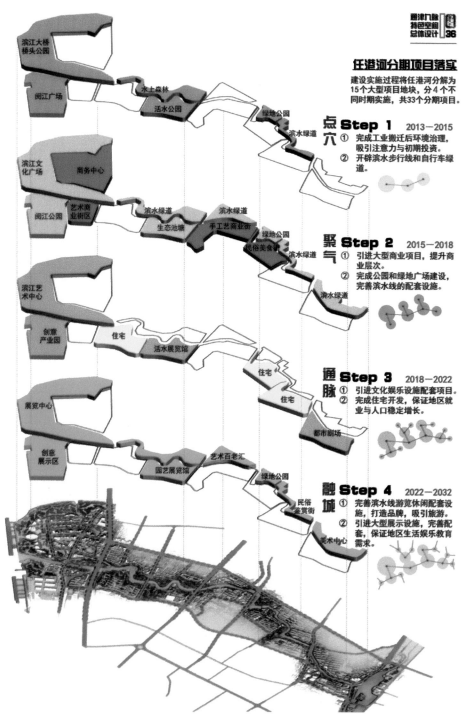

通津九脉
特色空间
总体设计 36

任港河分期项目落实

建设实施过程将任港河分解为15个大型项目地块，分4个不同时期实施，共33个分期项目。

点穴 **Step 1** 2013—2015
① 完成工业搬迁后环境治理，吸引注意力与初期投资。
② 开辟滨水步行线和自行车绿道。

聚气 **Step 2** 2015—2018
① 引进大型商业项目，提升商业层次。
② 完成公园和绿地广场建设，完善滨水线的配套设施。

通脉 **Step 3** 2018—2022
① 引进文化娱乐设施配套项目。
② 完成住宅开发，保证地区就业与人口稳定增长。

融城 **Step 4** 2022—2032
① 完善滨水线游览休闲配套设施，打造品牌，吸引旅游。
② 引进大型展示设施，完善配套，保证地区生活娱乐教育需求。

图1-27　南通通津九脉项目分期行动计划图

2 前期分析

前期分析是设计构思的前提，也是项目开展的第一步。作为基础分析，涉及区位分析、现状分析以及针对后期设计的专题和案例研究等内容。这些内容交代城市设计的背景情况，解析城市设计的前因后果，为中期城市设计的重大判断和取舍提供重要的支撑。

2.1 区位分析图

区位包含两个层次的意义：一层次指规划基地本身的地理位置；另一层次指规划基地与周边地区在空间、交通、经济等各层面的联系。从分析尺度上来看，分宏观的区域区位和中微观的城市区位。

2.1.1 区域区位

区域区位表达城镇在大区域环境中的关系，重点表达城镇的自然地理位置、社会经济地位、城镇体系或交通关联度等。在表达区域区位时要注意几个要点或原则：

（1）区域关系要突出。表达区域关系实际上就是使人对规划项目所在的区域位置能够一目了然，在图面上可以通过规划基地与自然地理在距离和方向上的关系来确定其绝对区域位置，也可以是规划基地与其他城市、地区的空间联系即相对区域区位的关系。

（2）底图范围要明确。这个区域的范围可以是国家层面的，可以是国际经济协作区域层面的，也可以是城市群区域层面的。选取合适的区域范围关系到图面主题，比如以整个中国为底图范围，表达某规划项目基地所在的城市在国家战略层面起到重要作用，如渤海湾跨国际的区域范围，则表达出城市国际影响力、经济文化带动作用等。所以底图范围一定要选取切题，区分国家领土边界[①]、省市等行政区划边界。

（3）表达层次要区分，要素要简洁。区域是一个比较大的范围，超出城市的市域边界，涉及发展轴、经济圈甚至更大尺度，多层次的表达特别重要，在图面绘制过程中就是要做到分图层工作，而在表达上要做到主次分明。如底图要简单清楚，要素越简单越好，甚至可以简化到区划线、山脉水体，而底图上面的信息则可以通过矢量点、线、面等要素来突出关系，调整颜色和透明度等，并做好文字标注，做到图面清晰易读。

除了以上3个原则，同时还要避免生搬硬套、泛泛而谈、胡乱套用其他区位范图而不注重规划基地本身的特色优势和问题所在。另外，还要避免多组信息杂糅叠加在一张图中表达，在图面清晰易读的基础上应当以组图或套图的形式表达多样信息，可以是同尺度不同区位内容的组图，也可以按尺度由大到小纵向递进式地组图表达。最后注意图例、文字及指北针、比例尺的标注。

区域区位按照表达内容分为以下6种主要类型：自然地理特征、空间距离远近、时间距离长短、交通联系性、城市群关系和发展轴关系。

（1）自然地理特征

自然地理特征指江海、大型湖泊、山脉地形等对区域区位的影响作用。

如图2-1所示为多伦多下唐地区的区域区位，由于其滨水特征，分别从滨水3种不同尺度来表达规划区的区域区位，一是在五大湖中所处的位置；二是在安大略滨湖岸线中的位置及与内陆水系的关系；三是在内港所处位置及表达港内自然水系与人工水体间的关系。底图简洁清楚，通过水体与陆地使用两种颜色表达图底关系，规划区统一用淡黄色透明图块加黑线描边表达。其优势在于宏观、中观、微观多尺度表达，意图是表达规划区与水的微妙关系，具体分为滨湖区域地理位置、岸线区域特征和滨港功能特征。

[①] 尤其在区位底图为中国地图或者涉及领土边界的时候，要注意南海群岛、中国台湾及钓鱼岛等地区标注，不能有疏漏。

图2-1 多伦多下唐地区滨水空间区位表达

图2-2表达的是上海核心地区与主要水系地理区位特征。以行政区划图为基础绘制底图，表现出上海所处的长江入海口及毗邻东海的水系大环境，以高亮蓝色突出上海中心城区与内陆水系，主要是黄浦江之间的地理空间联系，即黄浦江水系蜿蜒穿城而过的姿态。除了地形地貌大环境特征的表达，还标示出规划基地与城市中心、副中心、卫星城镇等之间的空间关系及交通联系。其表达优势在于空间关系一目了然、要素表达清晰、信息量丰富、色彩搭配合理。

如图2-3所示为金鸡湖文化水廊周边水体区位关系，在图面表达和要素关系阐述上都很清楚。其底图以百度地图为基础，保留了各大主要水体，在Photoshop中对陆地部分采取留白处理，很好地表现出包括大海、长江、太湖在内的长三角主要水体位置及相互关系。在这张区位图中，自然地理要素作为大环境基底，表现金鸡湖文化水廊所在的苏州市中心的区域地理环境。除此之外，对外交通联系也是此图表达的重点，如通过铁路及高速公路将苏州与周边区域连接、苏州与长三角重要港口及机场间的空间联系。图中多信息表达及画面内容主次把握较好，表达出自然地理及交通联系两个重要主题。

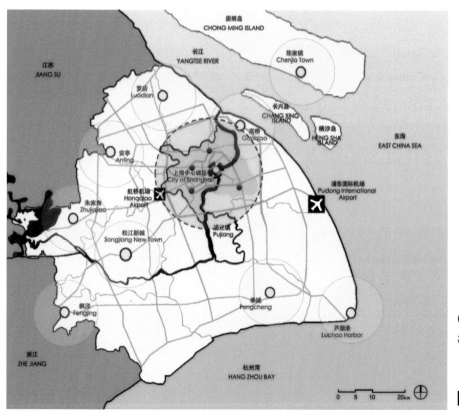

图2-2 上海核心地区与主要水系地理区位特征

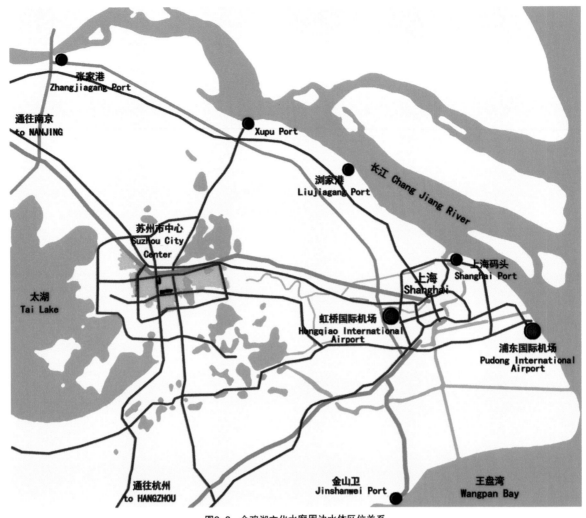

图2-3 金鸡湖文化水廊周边水体区位关系

图2-4表达的是合肥滨湖新区与长江水系区位联系。这张图的底图是将中国交通地图在Photoshop中去色（Ctrl+Shift+U）再反相（Ctrl+I）处理后得到的，这种处理方式使得底图显得有层次但又不喧宾夺主，适用于图面表现元素比较少的情形。图中用抽象的图形元素表达了滨湖新区与巢湖水系和长江水系之间的地理关系，以及与合肥之间的空间关系。

（2）空间距离远近

空间距离远近关系到城市之间的竞争和合作关系、城市对外的辐射影响力等，是衡量城市区域位置的重要因素之一。

如图2-5在区域层面表现出常州与长三角城市群空间距离关系。在行政区划图的基础上标示出长三角首位城市——上海的空间位置，及与苏州、无锡、常州之间的空间距离关系。这种直接标注的方法清楚直白，表达出常州在上海—苏南城市群中的等级地位及所处空间位置关系。

图2-6显示了伊利—尼亚加拉地区与美国主要城市之间的距离关系。其底图是美国国家行政区划图并标注了各主要城市，在底图的基础上运用圈层的方法以伊利—尼亚加拉地区为圆心，250mi（1mi=1.609km）的倍数为半径作同心圆的方法划分出几个主要空间圈层，在Photoshop中运用径向渐变由圆心向周边添加高亮图层，并设置正片叠底图层效果，由此可以很具象地看出该地区与美国其他主要城市之间的空间距离关系。

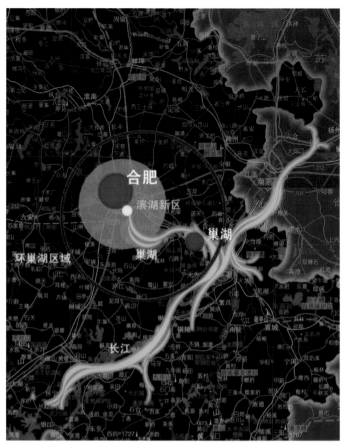

图2-4 合肥滨湖新区与长江水系区位联系

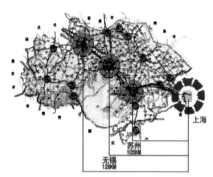

图2-5 常州与长三角城市群空间距离关系

图2-6 国家层面圈层距离关系

（3）时间距离长短

时间距离长短一般涉及交通到达时间，比如铁路、公路、航空、水路等多方面的时间距离长短，也是考察区域联通合作关系的因素。

如图2-7所示为石家庄与周边重要省会城市铁路交通时间区位关系。这张图采用拓扑抽象的方法表达时间距离，只需要任意一张显示空间位置的底图图层（谷歌地图或中国行政区划图），另新建一个图层顶置，把需要表达时间距离关系的省会城市圈出并标注名称，然后关闭底图图层，用虚线箭头将这些城市与石家庄直线连接，最后通过查找铁路的出发和到达时刻表来确定这些城市之间的铁路交通时间。这是一种忽略底图空间关系的抽象关系表达方式，对于单一要素关系的表达会更直观清晰，使读图者一眼看出区位关系和结论。

（4）交通联系性

交通联系涉及公路、高速、铁路等路上交通，水路交通线路及港口位置，以及航空交通等。显示出城市在区域中的交通联通程度及位置。

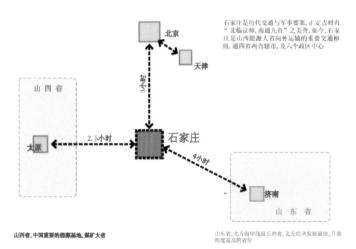

图2-7 石家庄与周边重要省会城市铁路交通时间区位关系

如图2-8显示了南通与长三角地区主要城市之间的多种交通关系，这里的交通联系性倾向于空间层面的联系，通过对整个长三角中部地区交通方式的描述，显示出南通所处的经济发展条件及对外交通的基础。底图主要在长三角谷歌地图的基础上进行简化，只表达最基本的自然地理关系，这样更利于在图面上表达更多的要素和信息。图上着重刻画长江以南地区主要交通联系关系，包括高速公路交通、城际铁路交通、普通公路交通等，这些线条通过不同颜色、不同粗细及不同线形进行区分，在Photoshop中运用画笔工具（快捷键B）就可以表现。其出发和到达目的除了城市以外还包括重要的经济开发区、港口、渡口及机场，并通过不同LOGO进行位置标注。其中南通与长三角地区各种交通联系以及区位关系的关键联系"苏通大桥"采用红色加粗字体进行加强和凸显。

相较于图2-8信息量庞大，图2-9的易读性更强，一个原因是颜色对比度区分大，使得图面效果清晰；另一个原因是通过简化各要素来起到强调作用，即将城市用圆形加透明度后表示所在空间地理位置，将交通联系用同一种线形相同粗细在地图上描绘。底图用百度地图或行政区划图在Photoshop中用裁剪工具（快捷键C）截取合适的范围，进行去色（Ctrl+Shift+U）和反相（Ctrl+I）调整后得到，再将底图拖至Illustrator中，运用椭圆工具（L）和钢笔工具（P）绘制圆形和线形，并运用描边选项、透明度选项等进一步调整出最终效果。此图中最重要及不可或缺的就是图例标注，图例的作用可以增加图面可读性。如图中所示，常州通过高铁、铁路、高速公路及水路4种主要交通方式与长三角主要城市联系。

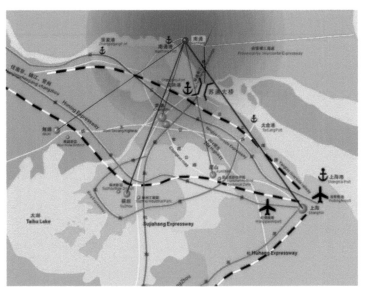 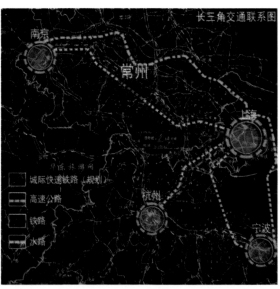

图2-8　南通与长三角地区主要城市之间的多种交通关系
（高速公路、铁路、港口及机场）

图2-9　常州与长三角地区主要城市之间的主要交通方式
（高铁、铁路、高速公路及水路）

图2-10表达的是上海浦东唐镇在太湖流域层面的区域地位。它表达了两个尺度层面的信息，一是在上海市域层面，塘镇与上海市中心、两机场之间的空间关系和交通联系；二是太湖流域层面，上海与苏州、无锡等的高速公路交通联系、铁路交通联系。这种多层次的信息表达时要注意几方面：行政界线要素不可或缺，表达省与省或直辖市与省的空间地理关系；城市主中心、区级中心之间的关系需表达清楚，对于表达规划基地在城市中位置等级至关重要。在底图处理时，涉及大量的湖泊和水体，应避免手工描绘这种巨大工作量的操作，在Photoshop中具体操作时选取一张水系较清晰的地图，选择工具栏中用色彩范围工具吸取水系为选区，通过调整边缘（Ctrl+Alt+R）将平滑度和对比度设为100，得到选区后再进行填色等操作，可以获得一张像素较高、效果理想的水系底图。

（5）城市群关系

城市群关系指国家层面的经济圈、区域联动关系等，如长三角、珠三角经济圈等，有些甚至到国际区域层面，如南亚经济圈或东北亚经济圈等。

对区域交通联系性表达上，除了区分颜色和线形的软件表现外，表达清晰的空间层次关系也尤为重要。如图2-11表达的是天津南河镇镇区在大区域内的交通区位关系，通过3个层次关系来描述镇区在京津地区的区域区位。第一个层次表达天津城市在大区域内的交通区位关系，即天津与首都北京六环通过京津唐高速和京津线国道相联系的主要交通廊道关系；第二个层次是天津城市内各重点片区之间的交通联通性，即天津主城与津南新城、滨海新区的东西横向交通联系，可以看出这两个重点片区都位于北京向天津东南方向的交通联系延伸线上；第三个层次表达基地与天津城市各片区的空间关系，可见南河镇位于主城外环以外，也不在城市主要的交通发展轴线上。由这3个层次的交通关系，可以看出南河镇在大区域上并不处于京津地区主要交通和发展线上，而是位于京津交通向南延伸的京沪线附近。因此，区域区位的理性分析对于基地的空间定位和发展方向抉择具有重要的影响作用。

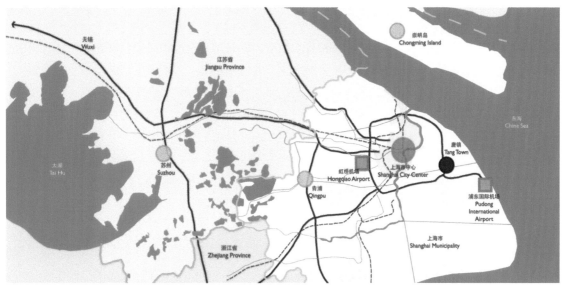

图2-10 上海浦东唐镇在太湖流域局面的区域地位（高速公路、铁路及机场）

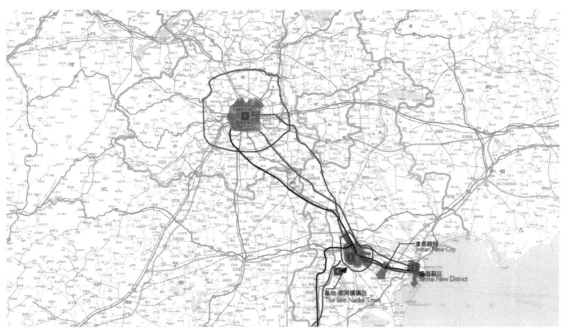

图2-11 天津南河镇镇区在大区域内的交通区位关系

在区域区位表达上，应合理选择表达内容及表达范围，不要求面面俱到，突出重点及清晰表达更为重要。比如图2-12，上海、杭州、宁波3者在区域上形成三足鼎立的区位关系。底图表达简单直白，深色表示陆地部分，留白表示海域部分。用3个圆圈范围分别表达上海、杭州、宁波3者的区域位置，在Photoshop中运用椭圆选框工具在各自总体规划图上框选出大致范围，并反向选择（Ctrl+Shift+I）后删除圆以外的内容，以单独图层拖动缩放至相应圆圈范围下并以箭头相连，同时标示出城市群的关系。以这张图为主图，右侧空白海域并排放置3张抽象小图，共同形成一整张组图，以主图表达主要的地理空间关系及城市群关系，以小图表达杭州湾的铁路、公路、机场、港口的三角关系，这样表达的优势在于多信息表达的同时又能做到主次分明、重点突出。

（6）发展轴关系

发展轴也是区域区位中很重要的参照关系，如经济产业发展轴、文化走廊等，显示城市在国家层面、省域层面的发展地位。

图2-13显示出合肥滨湖新区与城市中心轴核联系及与巢湖旅游发展的轴带关系。图中，合肥滨湖新区扮演着双重角色，在其西北方向受到合肥城镇密集区的辐射和带动作用，在东南方向连接环巢湖风景名胜旅游圈。底图以合肥总体规划图为基础，降低饱和度后其上新建图层。一方面表达出滨湖新区与合肥城市中心的主从关系，标示合肥城市中心位置，若干个城市新区呈卫星状环绕在主城周围，而滨湖新区正好处于环城—滨湖过渡区；另一方面表达了滨湖新区作为城市与环巢湖旅游契合点这样一个区域区位的位置，其表达内容包含了点、线各要素在内，点为各环巢湖风景区，线为巢湖水上游览线路，滨湖新区融入长三角水上门户，并联系起合肥城市与巢湖旅游圈。在图面关系上的优点是运用两组不同的环表达城市不同的功能圈层，并以轴带的图形LOGO表示滨湖新区在区域空间上所起到的重要衔接作用。

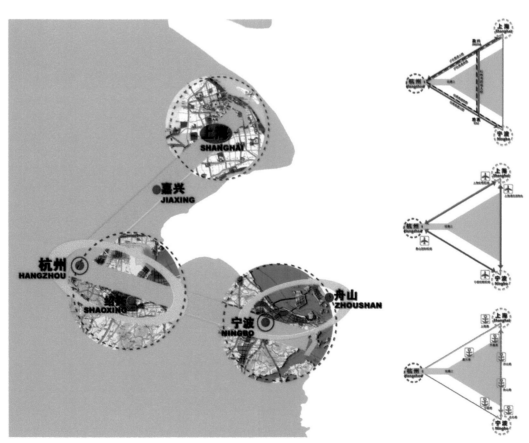

图2-12 上海、杭州、宁波3者城市关系及交通联系

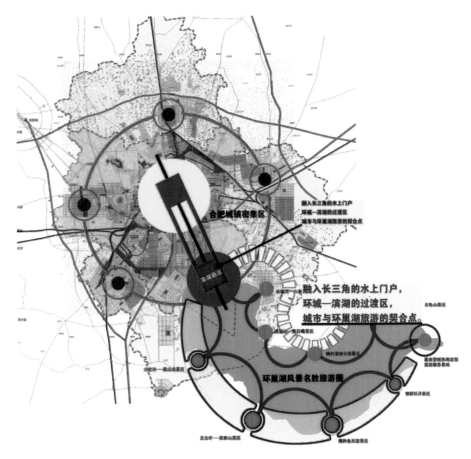

图2-13 合肥滨湖新区与城市中心轴核联系及与巢湖旅游发展的轴带关系

2.1.2 城市区位

城市区位相对于区域区位来说表达范围稍小，仅限于城市内部，强调城市行政区划范围内的空间地理位置、功能分工关系及城市发展轴带关系等。在对城市区位描述时，除了注意区域区位所列的几个要点，还要注意以下原则：城市行政区划线或城市行政区划范围一般不可或缺，城市经流水系、山脉及城市内部主要交通干线要表达清楚。另外图面要避免两个问题：一是不可只有图而没有文字标注，因为城市底图的要素非常多样，缺乏文字标注引导会使得图面主题不突出；二是表达要素少时尽量不用图例标注，图例是一种间接表达方法，适用于要素众多无法直接在图纸上标注的情况，而当图纸内要素不多时，尽量直接将需要表达的文字和样式标注在图纸上。注意这些原则和问题后就能使图面表达清晰易读。

（1）空间地理位置

空间地理位置表达规划区周边自然地理条件以及在城市中的空间关系，通过山川水脉的位置关系及城市内部交通关系来表达。

如图2-14主要表述龙盛中心区规划基地与周边城市中心区、港口机场等空间地理关系，底图以重庆渝北区行政区划线为范围边界，叠合此行政区划范围内的主要山脉、江河水系、主要城市道路等图层，显示出基地与3个中心区、两个重要对外交通站场的空间地理位置、距离区位关系及道路连通关系等重要信息。以此图为例可以归纳出表达空间地理位置的城市区位图表达的几个要点：表现规划基地与其同等定位的城市区位的距离、交通等关系；表达重要的城市内外交通枢纽位置关系；山水等自然地理隔断或连通是判断城市区位重要的空间要素。

图2-15显示江宁产业园在南京市域范围的地理区位及园区与城市重要交通的衔接关系。这张城市区位图包含3层要素：一是流经城市的大型水系走势及河湖水体地理位置；二是南京行政范围及区划界线；三是承担城市对外交通联系的高速公路、国道、铁路线走向及机场位置。这样3层要素在图面绘制时可以分图层绘制，具体做法是以行政区划图为底图图层，描绘长江水系并盖于底图之上，其上绘制以不同线形及颜色的线段分别表示铁路、国道和高速公路并标注这些交通与周边城市地区的连通关系，再以飞机LOGO图标表示机场所在位置。这样图面效果十分清晰，规划基地与整体自然地理关系明确，与城市中心及周边地区的交通连通度一目了然。

如图2-16所示，并非使用真实尺度描述空间地理关系，而是通过要素抽象及泡泡图的关系来表达各项空间要素彼此之间的联系。这张图的底图是在杭州城市总体规划图的基础上通过Photoshop经过透明度处理后得到的，在底图的基础上着重突出水绿要素在城市空间发展过程中的重要作用。其中最重要的水系钱塘江运用魔棒工具（W）并勾选只对连续像素取样的方法选出，运用Alt+Delete进行颜色填充；其余重要水系如京杭大运河、上塘河、余杭塘河等运用画笔工具（B）在画笔预设中设置相关线形来描绘的方法进行凸显；城市主要的山脉、绿地和风景区用多边形套索工具（L）勾选范围并进行颜色填充；运用椭圆选框工具（M）按Shift键画出各主要城市组团位置，颜色填充后将图层效果设为正片叠底。除了以上丰富的区位要素外，这张城市区位图的点睛之笔一是用一条紧邻规划基地的外环线将各城市组团串联起来，表达出基地便利的交通地位及城市区位，二是将水系以抽象的线条勾画出，将西溪湿地、西湖等水体以抽象的圆形标示出来，这种做法不仅强调了水体作为城市重要的组成部分，同时还使表达变得灵活清晰。

（2）功能分工关系

城市内不同区域有不同的功能区块，之间功能定位、产业分工也不相同，对规划区位于哪个区块并承担什么关系需要通过功能分工关系来表达。

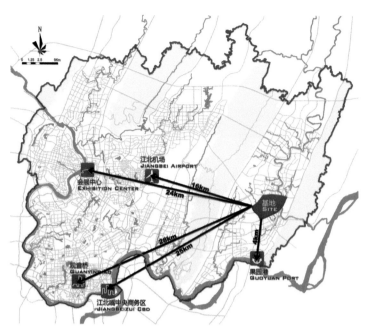

图2-14 龙盛中心区规划基地与周边城市中心区、港口机场等空间地理关系

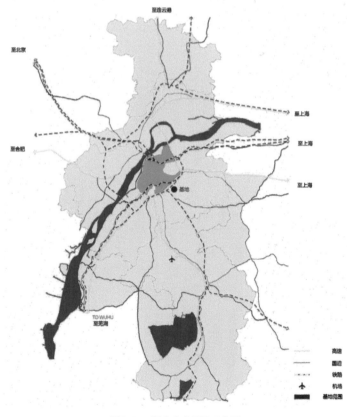

图2-15 江宁产业园地理位置

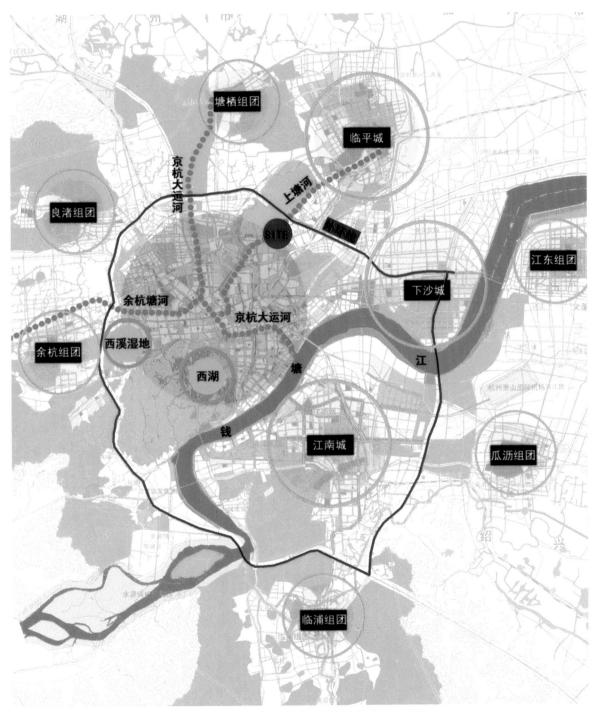

图2-16 杭州城北新城地理位置

　　如图2-17为潍坊火车站地区的区位图表达时叠加城市功能分工关系的分析表现。在城市区位表现中很重要的信息量是城市各功能组团分布位置及相互关系，包括与生活相关的居住功能、绿地生态功能，及与生产相关的商业功能、工业功能等。在表达方面只要注意在功能团块颜色方面作区分，则能够使城市功能分工关系一目了然，运用规划图用地基本颜色使人容易联想相关的用地功能，表达十分清晰易读，例如黄色表示居住功能、褐色表示工业用地、绿色表示绿地生态相关用地、蓝色表达大型水体等。在这张城市区位图中，由于规划基地为潍坊火车站地区，因此铁路走线这一对外交通要素尤为重要，不仅关系着城市对外交通的重要任务，还是城市第二产业和第三产业重要物资及信息的输配通道。图中标出了火车站所在的胶济铁路及与之相接的潍坊—日照铁路两条主要铁路交通线，位于城市主要居住片区外围并连接起主要工业片区及高教园区。

　　而图2-18则与上图多颜色表达不同，其图面色彩及图案表现相对清新，适用于表达要素较少的城市区位图。图形标注以线框及实心圆为主要表现元素，运用合肥城市总体规划图降低饱和度后作为底图，对规划基地本身标示出滨湖新区的行政区划范围及其所在的核心位置，对城市中心区及其他功能片区标示出其核心地段位置，各功能片区所承担的城市产业功能以文字标注的方式标于位置处。其中滨湖新区行政区划范围以二环路、合安高速、巢湖岸线及南淝河为4个边界，新区内有重要的312国道东西穿越而过。各片区包含不同工业园、产业园，说明各片区功能定位的差别，滨湖新区范围说明滨湖新区毗邻巢湖的区位优势，由此可见该图虽然表达要素少，但信息量还是比较丰富的，不仅有城市功能片区分布情况，还表达出基地本身的交通及资源禀赋状态。

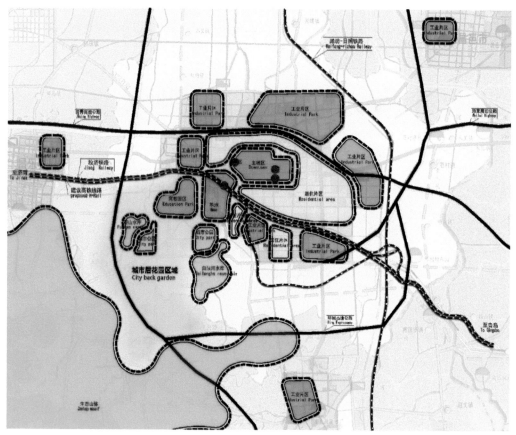

图2-17　功能分工关系

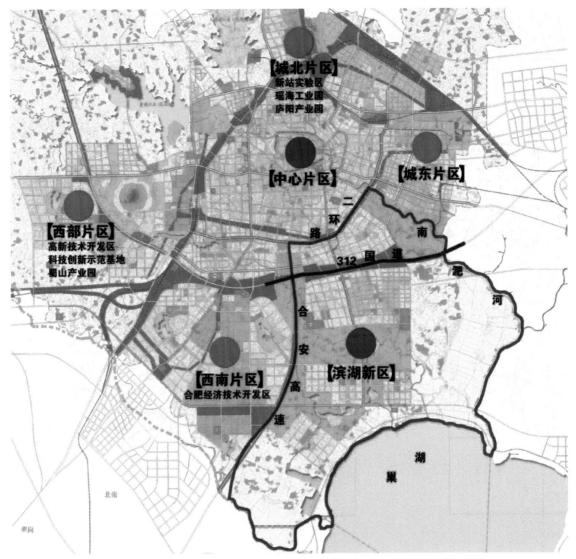

图2-18 功能分工关系

（3）城市发展轴带关系

城市发展轴带包括产业发展轴、经济发展带、城市拓展方向等内容。

如图2-19所示为北京产业复兴之路的一张城市区位图，显示了北京第一和第二绿化隔离带之间的产业振兴圈层区位关系。底图为北京行政区划范围叠加城市快速路交通及城市主干道，运用一定厚度的颜色环抽象表现北京第一道绿化隔离带与第二道绿化隔离带之间的环带区域，并将正片叠底于底图之上。在这条环带上有已经成熟的第二产业转第三产业的复兴发展范例，如石景山首钢、东坝的798艺术区、垡头的北京焦化厂等，可以看出除此之外，目前位于该产业复兴之路环带上的片区还有7个，通过这种城市产业发展轴带的图形转达，可以清晰地判断这些城市片区的发展定位及机遇挑战。

图2-20所示为在城市整体发展定位基础上规划基地的城市区位。图本身非常简洁扼要，以杭州城市总体规划图为基础，圈出城北新城基地的具体位置。运用椭圆选框工具（M）画正圆形后进行颜色填充并用红色描边突出城市中心（city center）范围，以城市中心为原点延伸出3个城市发展方向：西南方向的旅游西进轴带、东北方向的城市东扩轴带以及东南方向的跨江发展轴带。其中城北新城规划基地位于城市东扩的轴带附近，一方面说明基地与城市中心的联动关系，同时也显示出它在城市东扩轴带上举足轻重的发展地位。

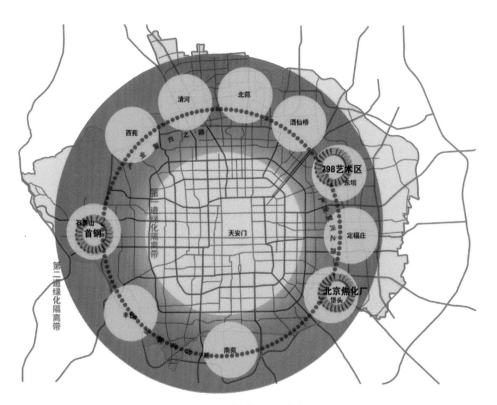

图2-19　城市发展轴带关系

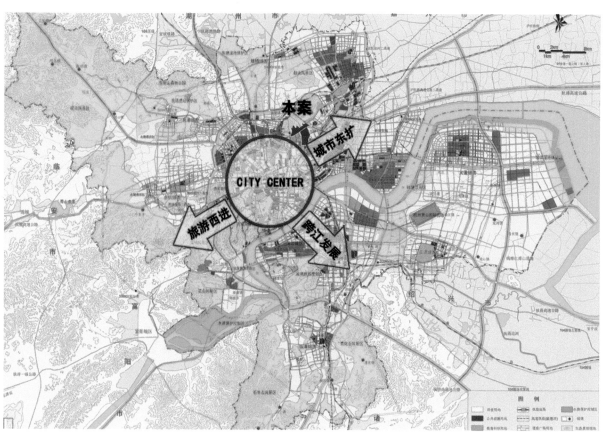

图2-20　城市发展轴带关系

　　如图2-21是一种扁平化的图示表达方式，图面制作过程简单轻松，但是取得了很好的表达效果，运用AI矢量图绘制软件能够轻松地画出各种线、面图形，图面风格清新。该图显示了郑州国家经济技术开发区所处的具体空间区位及与城市产业发展带的密切联系。其底图用百度地图经过去色及增加明度处理后，在AI软件中用钢笔工具（P）描画出郑州城市区划范围，选择合适的描边及填色，用橡皮擦工具（Shift+E）擦出城市主要的水系位置，露出地图部分。底图经过这样简单的处理后，其上同样用钢笔工具（P）描画出国家经济技术开发区的具体范围，以直线画出城市东西和南北主要发展轴带，按Alt键拖拉复制直线，更换颜色并增加描边粗细后排列置于底层（Shift+Ctrl+[]），线形可以在描边对话框内进行虚线设置等操作。这种绘图摒弃了阴影、纹理、渐变等装饰效果，使得图形简洁利落，具有直白清楚地展示信息和表达内容、减少读图的认识障碍的优势。

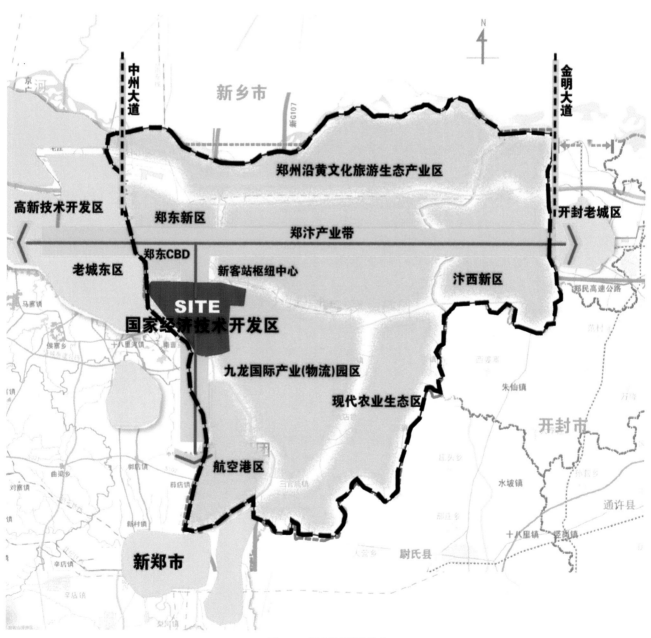

图2-21　城市发展轴带关系

2.2 现状分析图

现状分析包含现状要素的提取罗列、现状问题的挖掘归纳、现状资源优势的凝练等方面。对现状要素进行提取和罗列能够更好地了解基地本身的自然地理情况、建筑建成情况、交通可达性和连通度、景观生态环境等，在分析中可以依据需要选取部分要素进行提取，甚至综合叠加分析。在此基础上，进一步对现状存在问题、资源优势、挑战机遇进行挖掘提取，也是对现状有效分析的方法。以下对建筑实体、地块街区、线性廊道、非实体空间及综合叠加分析5个方面分别举例说明其表达特点及优势。

2.2.1 建筑实体现状分析

在建筑层面，可以从建筑肌理、高度、年代、风貌、历史或日照、通风等层面进行解析。其中建筑肌理可以通过图底关系来表达和展现，建的高度风貌往往关系到城市天际线及城市形态特色，另外对建筑本身还可以进行历史建筑标注和环境指标分析。

对建筑实体的现状分析要做到一点原则：资料要做到真实可靠，具有说服力。包括建筑肌理、高度、风貌等内容的分析要讲究信息来源的真实可靠，可以基于地形图资料、卫星或遥感地图、一手调研资料，甚至照片资料等，要能够还原现状，有现场感和说服力。现状分析的内容可以是存在问题也可以是资源禀赋或优势。

现状图底分析

其他图面表达和方法则与区位图表达要点和注意点基本一致。

（1）图底关系

图底关系通过二维平面黑白对比分析清楚地表达建筑与场地之间的肌理和互动关系。有对建筑单独提取的图底表达，也有对建筑、场地和环境结合表达的方式。

图2-22为扬州东关街区的正反图底分析，这张图由两个小图组成：上面的是将街道涂黑建筑留白，重点为了表达建筑外部空间尤其是街道空间的收放关系及肌理；下面的是将建筑填黑街道留白处理，强调建筑体量、密集程度及组合关系。从绘图操作步骤上来讲，将规划街区现状CAD图中闭合建筑图层单独导出JPG文件后，在Photoshop中运用魔棒工具（W）点选非建筑范围为建筑外部空间，将前景色设为黑色，背景色设为白色，并使用快捷键Alt+Delete填充所选部分，新建底图图层Ctrl+Delete填充作为底图置于底层，合并图层（Ctrl+E）后将该图反相（Ctrl+I）后就得到另一张图。这样一正一反的建筑加外部空间组图表达不仅强调出了反差对比效果，而且通过黑色可以明确看出建筑外部空间缩放关系及建筑高密度集聚趋势、大小体量建筑分布态势等形态规律。

图2-22　图底关系

图2-23是某城市老城中心地区的街巷空间图底关系表达。在图中并没有把建筑逐栋留白，而是采用按大建筑组团关系留白，也就是留下街区内部主要通道及结构性街巷并填充为黑色。这张图底关系图另一个表达特色即除了黑和白两种色块，还增加了老城中心范围以外的灰色地块

图2-23　图底关系

及老城中心流经主要水系的关系表达。两个表达优势：一是忽略建筑个体而采用建筑组团的图底关系表达，这在大尺度范围内（尤其是片区和城市范围）可以清晰地表达出城市主要街道体系和巷道街区肌理；二是以灰度色块将老城内外建筑组团进行区分，但街道空间仍运用黑色填充表达，这种分层次表达既在图面上保证外部空间的延续性，又清晰地区分了现状研究范围。

（2）高度风貌

高度风貌涉及城市景观、天际线、标志物等，该现状分析可以为后期景观和功能的提升方案打下基础。

图2-24为中山陵主轴线空间的高度关系分析，这张图由3张主图构成：中山陵周边区位分析图、中山陵中轴线剖面分析图、中山陵剖面地景分析图。区位分析图主要研究了主轴线与周边山体、水体的关系；中轴线剖面分析图主要研究了轴线上重点标志建筑的高程以及空间深度；剖面地景分析图主要研究了人在行进过程中视角的变化。采用剖面分析的方法，将节点建筑和高程标出，山体灰化，发现整个山体呈现先缓坡再急坡的整体格局，入口牌坊、天下为公门、中山陵祭堂很好地划分了坡道，空间设计上利用了地形的特色，形成了逐步抬升的趋势，空间过渡的效果，完成了"自由、平等、博爱"的诠释。这种剖面分析方法，能够清晰地研究出各要素的分布，以及垂直空间的变化。

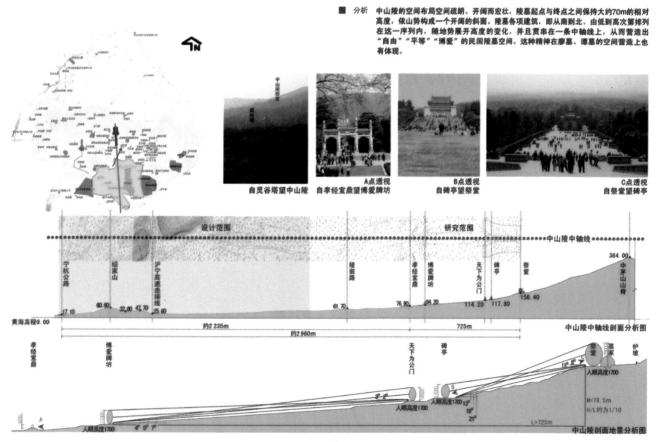

图2-24　高度风貌

图2-25为深南大道沿街界面分析，这张图由两部分构成：深南大道街道界面分析图、地标建筑高度分析图。将街道两侧的建筑界面勾出轮廓，在Photoshop软件中，将前景色设为黑色、背景色设为灰色，并快捷键Alt+Delete填充所选部分，画成灰色剪影效果。然后，再将街道界面在Photoshop中运用Ctrl+T旋转90°，形成有波动的街道界面轮廓线，这时，便可以看出深圳移动大厦在整个街道界面中的适宜高度。然后，于图纸下部，在Photoshop软件中，将前景色设为黑色、背景色设为深灰色，并使用快捷键Alt+Delete填充所选部分，形成深灰色的色带，在上面用白色画笔画出各建筑的结构线。这种立面化的方法，便于设计师直白地研究街道轮廓线、标志性建筑的形态。而且整个图面黑、白、灰元素均衡而和谐，图纸美观。

图2-26为郑州干道两侧高度风貌分析，这张图主要由上面的主图和下面的图片注释组成。整个构图采用黑色为基底，各幅图纸以灰色基调为主，所有文字采用白色标注，这样黑、白、灰的使用，使整个画面色彩平衡和谐，又富有变化。主图运用Google Earth软件，截出整个干道两侧的平面图，将对应的建筑以白色的文字标示出来。下面采用图片注释的方法将每一个地标节点用照片对应地标注，使人们能清晰地辨识每个节点空间的高度和风貌。运用主次对比的构图手法，以占据主体的平面航拍图配合小幅的注释图片，主次得当、比例精到，形成和谐统一的图面效果。

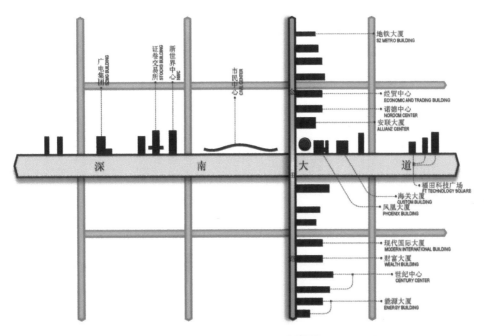

本项目位于深圳中心区，深南大道北侧，金田路东侧，项目建成后，将是城市中重要的标志性建筑。作为两个主要城市界面的节点性建筑，在建筑形体、立面设计上都应反映出其特殊性，突出其个性。

The project is located in the central area of Shenzhen, on north side of Shennan Road and east side of Jintian Road, which will be the important landmark of the city after the project is completed. As the node building on the interface of two major cities, its architectural shape and elevation design reflect the uniqueness and personality of the building.

图2-25　高度风貌

　　图2-27为香港沿山天际线的高度风貌分析。整个图纸由灰色的前景、白色的中景、绿色的远景组成。近景为灰色的裙房建筑，中景为白色的高层建筑群轮廓，远景为绿色的山体轮廓线。中景的处理采用AI软件，使用画笔工具描出天际线的轮廓，尤其是地标高层的造型，远景在Photoshop软件中，先用魔棒工具快捷键W选择山体轮廓，再将前景色设为黑色、背景色设为绿色，并用快捷键Alt+Delete填充所选部分。这种图示方法便于研究天际轮廓线与山体轮廓线的相互关系。中环广场，国际金融中心一期、二期，中国银行大厦等地标建筑绘制中，对形体进行相对细致的刻画，形成详略对比。整个图面采用绿、白、灰3种基调，形成丰富的层次又不显杂乱。

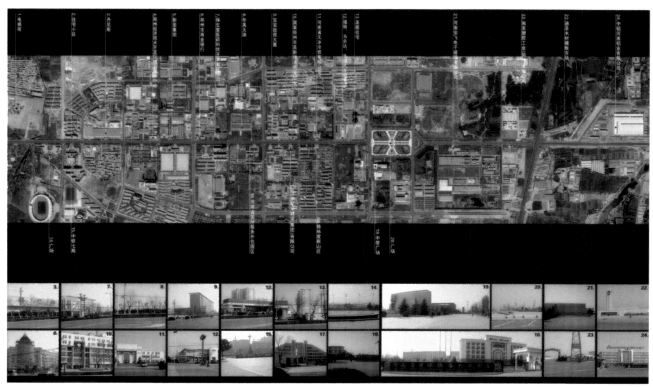

图2-26　高度风貌

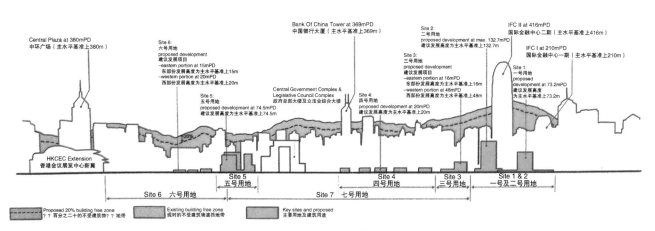

图2-27　高度风貌

（3）空间环境

空间环境可以理解为纵向历史要素与横向外部环境要素，具体而言包含历史要素的提取罗列、历史要素的分类控制、历史要素的分级分析、现状外部日照分析、现状外部风环境、现状外部声环境、现状外部热环境等，在分析中可以依据需要选取相关要素进行提取或者综合叠加分析。在此基础上，进一步进行内涵分析、SWOT分析等即可以对物质的环境历史进行有效的剖析。下面对历史要素的提取罗列、历史轴线的分级分析及现状外部日照分析3个方面分别举例说明其分析特点及优势。

在历史要素的提取罗列方面，如图2-28所示是有关历史建筑文物保护的分析，该分析当中包括对于各级历史建筑的区位落点示意图及其相关建筑名称、文物等级、具体保护范围及建设控制地带的文字说明。其中，该分析将历史建筑根据、历史价值及保存的完好性分为国家级、省级及市级3个级别，其中同时按照现状是否存在可以将历史建筑分为有遗存及无遗存两大类。

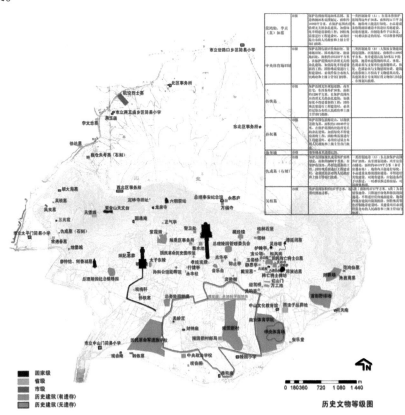

图2-28 环境历史要素凝练

①历史轴线的分级分析。图2-29为对于石家庄滹沱新区内的历史轴线进行的分析，该分析当中包含若干等级轴线，包括区域的南北及东西向的主轴线及片区部分的片区轴线。其中主轴线起到区域骨架作用，片区轴线主要是用于组织片区的骨架。主轴线的端头为标志性建筑，两侧分布对称的建筑，彰显出庄严气势；片区轴线多为建筑群的重要廊道。这一类图纸的处理方式为：a.将区域内的重要路网抽取出来作为图纸底图；b.将区域内各条轴线标明，并沿轴线描绘其两侧重要的建筑。

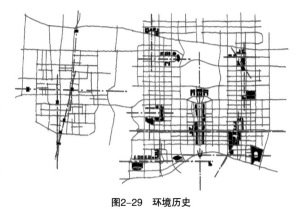

图2-29 环境历史

②现状外部日照分析。图2-30为对于一个由几栋建筑组合而成的建筑群的日照分析。图中运用相关日照分析软件分别对6月21日、9月21日及12月21日3个时间日的不同时间段（上午9:00、中午12:00、下午3:00及下午6:00）进行日照分析。通过这一图纸的分析，可以对不同时间日统一时间点的日照状况进行分析，同时也可以对同一日期不同时间段的日照状况变化进行分析。

图2-30 环境历史

2.2.2 地块街区现状分析

对于地块街区的现状，主要从用地属性、功能结构、地形地貌、水体绿地等方面进行分析。其中现状用地类型及功能使用分析可以结合现场调研照片共同梳理，并对现状存在问题进行归纳或提取一系列资源禀赋和特色优势等。在对自然水绿现状分析中，可以对地形高低起伏、山水环境特色、水岸类型等分别提取和分析。

在这类分析中要注意两个要点：

①强调整体分析意识。避免只对规划地块的单一分析，应当对分析的地块街区范围以外的环境要素也适当表现，并作为整体一起来分析；

②多利用组图解构来表现。在对地块和街区分析时，往往涉及多信息表达和综合分析，而在一张图上同时表达多组信息的方式显然不可取，应当采用组图形式多角度地对地块现状进行剖析，可以是3~6张图网格排列的形式，也可以使用一主图、多小图组合的形式。

（1）用地属性

用地属性分析主要是将地块按用地性质拆解，也有对地块数据统计比较，一般能得出现状用地特征和存在问题。

如图2-31所示为佛山市高明区西江新城区的基地分析。这张现状用地特征分析图由6张小图构成，分别是居住用地及村庄分析、工业用地分析、特殊用地分析、公共设施用地分析、市政设施用地分析、山体及文物古迹用地分析。该系列分析图均基于同一张现状底图加工绘制而成；底图重点表现了城市空间与水系的关系以及规划研究范围红线，加以现状的道路及建筑线稿。在现状用地的分析中，分图层提取了6大主要的城市用地类型，分析其布局情况及特点。每种用地采用不同颜色的地块表现以示区分，颜色的选择基本符合土地利用规范，如以黄色表示居住用地、褐色表示工业用地、蓝色表示市政用地等。该分析图内容有好的序列性、整体性和

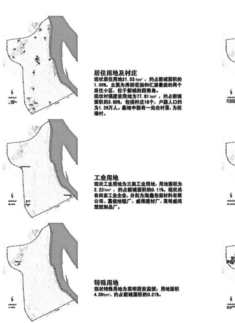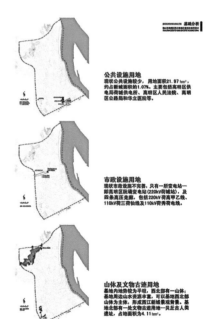

图2-31 用地属性

层次性，能够清楚地揭示现状用地特征且符合制图规范。

如图2-32所示为潍坊市白浪河中心地区城市设计中的土地利用现状分析图。该分析图由3套小图构成，每套小图从上至下的内容分别为：文字性特征描述、具体的基地用地情况分析以及抽象的城市空间元素关系分析图。在文字分析部分，首先以对仗工整、红色突出的文字形式对核心问题及分析结论进行说明，有较好的统领性、强调性，再用黑色小字号的文字进行具体的分析说明；在基地用地情况分析图部分，分别提取出了城市发展成熟区域与空白地区、白浪河与沿河地区、老城与新城在基地内的分布情况及空间关系，研究对象明确，且均为分析城市两两要素间的关系，有很强的研究针对性及系统性；最后的抽象分析图是对上图的精练总结，以文字结合矩形色块的形式抽象地表现出两两空间要素的分布情况、大小位置及互动关系，既具有很高的表现力，又有很强的总结性和针对性。整张图纸内容丰富、分析独到、表现力强。

如图2-33所示为南京市滨水地区的现状土地利用分析图。该分析主要由3个图层叠加而成。最底层为城市的现状地形图，整张图纸灰度较高，或将其设置一定的透明度，主要表现城市建成区与山体、水系的关系，道路边线、建筑边线、地块边线均以灰色线条表示。第二图层为该分析图的主体部分，即现状土地利用图。依据用地规范中的城市用地分类及表现要求对居住、工业、绿化、公建、道路、市政、仓储用地及水域进行了分析，并在色块上文字标注其用地类型，此种表达方式较多应用在大尺度、大规模的城市空间分析中。第三图层为现状实景分析，通过现场照片与标注线的形式将其落到具体的地块上，有效地表达了现状用地类型、滨水空间、景观类型、建筑特色等内容，使该分析图更加清晰直接、感知性较强。最后，在边角处加上土地利用的图例标注，即构成一张内容翔实、结构清晰的地块现状分析图。

（2）功能结构

地块的功能结构现状分析可以从宏观、中观、微观3个尺度对街区逐层深入地进行剖析，通过不同主导产业的相互关系、基地与周围街区的产业关联、基地内部的产业分布和交通条件得出最终的基地功能分析和定位。

如图2-34，从宏观上对基地周围城市组团的产业现状进行分析，基地所在城市组团现状的产业以汽车及零件

东南地区用地有待整合
西北地区面临发展诉求
基地现状东南部区域发展较为成熟，西北部发展较为欠缺，环境亟须提升，将是未来城区的拓展主要方向之一。

白浪河价值未深入挖掘
新区环境品质有待提升
随着白浪河景观整治工程的推进，使沿河两岸的土地价值得到极大提升，相应的功能也需提升其能级。同时，整个安顺新区的环境品质都有待提升。

十笏园文化特色需充分发挥
新区文化互动要进一步加强
基地现状东南部的十笏园的文化特色没有得到很好的发挥，应促成新老对话，带动新城形成古今交融的文化特色。

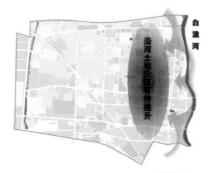

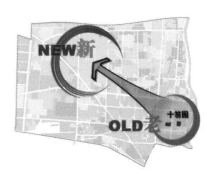

图2-32 用地属性

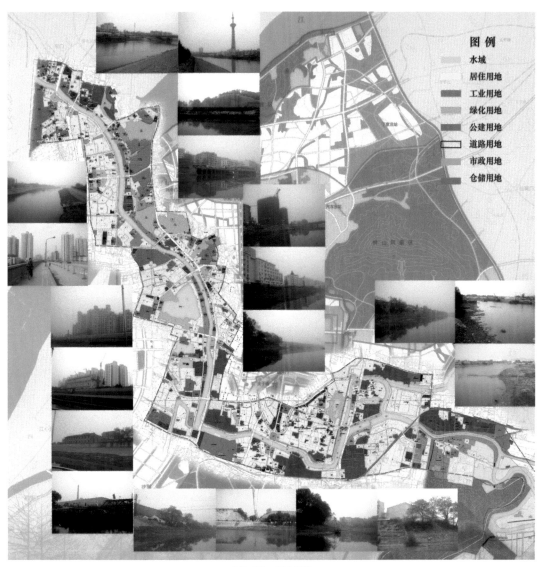

图2-33 用地属性

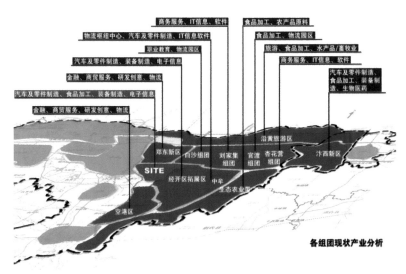

各组团现状产业分析

图2-34 功能结构

制造、食品加工、装备制造和电子信息为主。与其毗邻的几个重要组团包括郑东新区、经开区拓展区，以及空港区和白沙组团。它们的现状产业以金融、商贸服务、研发创意、物流等为主。因此在宏观区位上，基地的周围产业优势较为明显，对未来的功能定位必须考虑与周围的组团产业关联，使得地块的未来产业发展能够从周围汲取能量，比如基地的现状汽车及零件制造、装备制造和电子信息功能与经开区可能存在竞争关系，而与空港区的商贸服务、研发创意和物流功能可能对未来的地块产业升级带来很大的潜力。

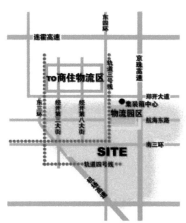

图2-35　功能结构

如图2-35，从中观上分析研究地块功能与周围街区的资源关系。首先，在基地内西南角布置了生产力服务中心，紧邻机场高速和轨道交通四号线，并且与基地北部的龙湖区和中央商务区有较大强度的功能交流。其次，基地内的第二大功能是依托集装箱中心的物流园区，该功能中心位于基地的东北侧，毗邻京珠高速和郑开大道，并与基地北侧的商住物流区有非常强的功能联系。再次，基地的第三大功能是高科技研发区，位于基地的东北角，同样毗邻郑开大道和京珠高速，有着非常好的交通优势，并且该中心紧邻基地北侧的龙子湖高校区和科技园区，有着较强的交流。因此可以发现，从中观层面上，通过分析基地周围街区的现状产业优势和四周的交通条件，得出未来基地的职能定位以及相关的功能分区安排。

如图2-36，微观上通过对基地内部的现状使用予以分析，可以发现郑州经济技术开发区现在有4大主导产业：汽车及零部件产业、装备制造业、农副食品及食品深加工业及电子信息产业。但是在空间分布上，现有的产业用地集中分布在建成区内，产业布局较为零散，比如海马汽车、新星汽车、尼桑汽车等多家汽车以及零部件制造公司分布在基地内，并未统一形成园区，缺乏统一的规划以使产业集中布局。不同功能的用地相互之间缺乏有机的组织关系，各自为政，对基地的整体发展不利。综上所述，通过基地内部的用地功能分析可以发现存在的优势条件和劣势条件，进而基于此进行下一步的规划设计。

图2-36　功能结构

（3）自然地理

自然地理体现在对地块的景观现状分析或自然特色评价里，作为规划基地的资源优势和环境特征来分析。

图2-37的山水特色是大山、大湖、大江，山、湖、江互相依托，山水形胜俱佳，城市发展用地与山水资源嵌合度较高。形成广阔腹地、特色洲头、滨湖岸线等具有较大景观资源潜力的城市发展用地，因此在方案前期分析地块自然地理现状对于充分发挥地块环境资源优势就显得至关重要，成为左右规划方案的主导因素。该现状分析以如何打通与山水资源相连的绿廊为主要分析对象，以均好性为原则，划分若干条平行的山水绿廊使得地块与山

水资源无障碍联通，具体做法是以主要道路为参考，在AI里画出主要绿廊，并添加箭头指示主要景观方向。

图2-38的山水特色属于江南水网类型，景观核心优势是蜿蜒美丽的水网形态和绿地将用地自然划分为多种形态丰富的亲水空间，极大地提高了地块的生态环境质量，同时水的类型丰富多样，有河、水塘之分，可以结合不同水面形态，打造不同建筑空间。为了更好地结合具体水绿资源设计高质量空间，对不同水绿资源分门别类地进行分析是该图的主要思路。具体做法是在Photoshop里将主要分析地块划分出来，新建立图层添加颜色，并将透明度调低，使得总体地块标注明显。在总分析图下面另外形成河、水塘、绿地各自的现状形态分析图，将各自主题要素从总分析图中选取，并单独提取出来，可以更好地进行专项分析。

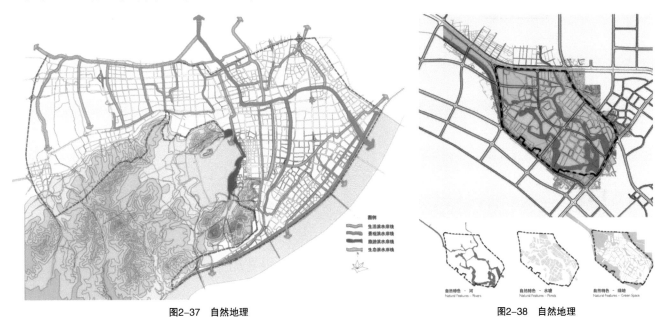

图2-37　自然地理　　　　　　　　　　　　　　　　图2-38　自然地理

图2-39的分析对象是对不同类别的山水形态进行分析归纳，这种分析方法往往用在设计较大地块区域中遇到不同山水自然形态的时候，如城市总体规划、总体城市设计等大型规划。为了更好地对城市不同区域的不同自然地理形态进行前期宏观的判断，可以将分析重点放在对不同山水类型概念的归纳上，如针对南京不同区域的不同山水类型，分别归纳为主城——名山名水、仙林——群山无水、东山——小山小水、浦口——大山大水，并分别在AI里描出各自山水在区域中的外轮廓线，并用不同颜色标明山水，突出山水之间的空间关系，再结合简洁生动的归纳，使得阅读者一目了然。

2.2.3　线性廊道现状分析

如果说建筑实体是点要素，地块街区是面要素，那么交通、轴线、视线廊道、景观廊道等就作为线性要素，在规划基地中往往起到联系的作用，在现状分

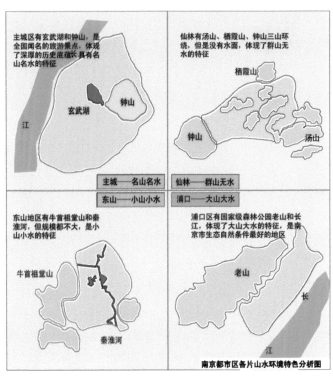

图2-39　自然地理

析中包括对现状交通连通度、景观视线穿透程度的分析。

分析中除了对建筑、地块的分析要点外，还要注意区分主次等级。如道路交通要分快速路、主干道、次干道、支路等，或按路上交通和水上交通来区分，也可以按功能分为景观性、交通性、生活性等不同类型。并按主次等级区分线条的颜色、粗细或线形。

（1）道路交通

一般来说，道路交通能反映城市的道路走向、道路分级关系以及城市对外及对内的交通连通程度等。

如图2-40所示为安顺新城的规划路网，这张图由4张图构成：左侧大图是规划道路网，右侧3张小图是对规划道路网的分析。在左侧的规划路网中，将高速公路、快速路、主干道、次干道分别用4种不同的颜色表示，线宽相同，便于直观地展示道路的等级。主要道路的走向由四至范围图例表达，同时站点和轨道线也清晰地表示出来。底图采用设计范围的黑白控规图纸，更能凸显出规划路网。在操作方法上，将控规图纸在Photoshop中选中后按Ctrl+U进行色相的调节，处理成黑白色。右侧3张小图分别分析了南北向联系的主要道路、东西向联系的主要道路，以及方格网格局中的斜向道路，并且指出了其中存在的问题。风格简洁、意图明了，这种直观的表达有利于问题的说明。

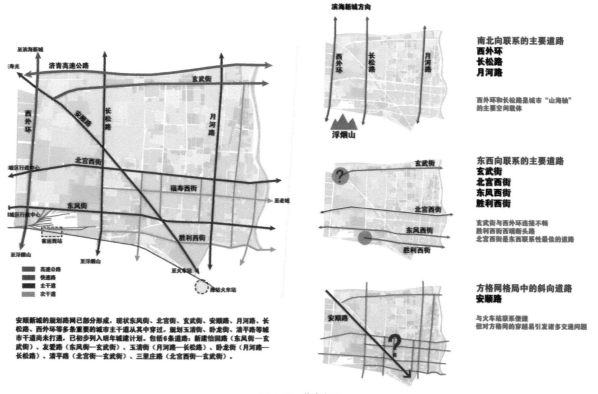

图2-40 道路交通

如图2-41所示为一个旅游区的交通分析，包括旅游区、旅游点、直升机场、客运码头、陆上旅游通道、水上旅游航道。以浅灰色的道路网和蓝色的水域为底图，风格清晰。这种抽取主要的影响要素简化之后的底图将繁杂的无关信息摒除，让整张图纸显得很简约。在操作方法上，将CAD中道路网导出到Photoshop中，全选中后调背景色为浅灰色，按住Ctrl+Delete进行填充。然后将水域按照相同方法进行填充。旅游点的介绍采用引线的方式，引线排列整齐，不仅有利于交代旅游点的名称，同时丰富了图面元素。陆上旅游通道和水上旅游航道用色相近，与水域的颜色为同一色系的颜色，只是线条种类有所区别。这种颜色的选取让整张图更为统一和谐。整张图构图严谨，指北针和比例尺各占一角，与主图相互协调，使得图纸饱满，内容丰富不乏味。

如图2-42所示的是介绍一个地块的区位交通，分为铁路系统、高速公路系统、城市快速路系统、城市主要道路系统、城市公共交通系统。地块将范围内所有内容填充成一个色块，只是表达形状及面积大小、所处的区位。这种简单化的表达手法是为了更好地突出主要要素——所分析的各种道路系统。各种道路网均采用线性统一、线宽一致的黑色线条来标示，沿道路走向来标注道路名称及四至范围。这种统一的表达手法让图面看起来很整体，名称的标注也容易被人找到其对应的道路。在一些主要站点和交会处，用黄色渐变圈来标注，对比明显，可识别性强。同时这种将所有道路系统堆放在一张大图上的表达方式，有利于更直观地感受地块在不同道路系统中所处的位置，以及地块内部各种道路在城市路网中所处的等级。

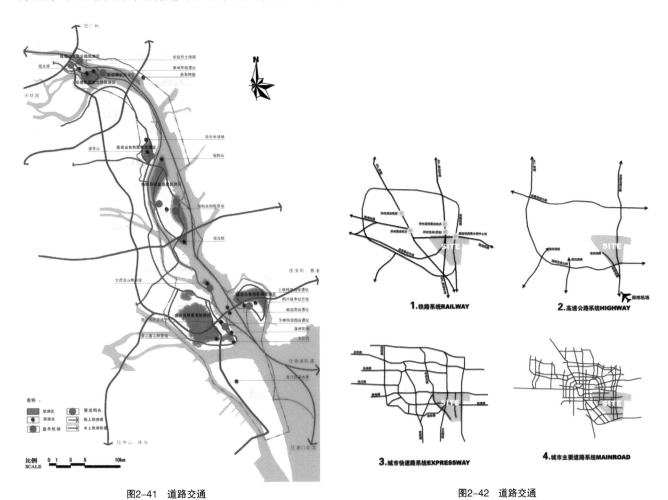

图2-41 道路交通　　　　　　　　　　　　　　　　图2-42 道路交通

（2）视线轴线

城市视线轴线是城市设计中的常用手法，也可以称之为视线通廊。通过这种手法将城市中重要的景观资源点联系起来，实现景观资源的整合，同时也强化了城市景观资源点对城市景观品质的提升。

一般来说，完整的视线通廊由视廊、景观资源点和观赏场所构成。如图2-43所示，基地位于城市中心区域，被一条从城市穿过的"Y"形内河分成了3部分。在本设计中制高点建筑、跨河大桥和异形公共建筑等地标性建（构）筑物构成了本区域的城市景观资源体系。其中以制高点为核心景观点，共有3种视线通廊，分别是沿水系的视线通廊、沿主要景观道路的视线通廊和几个基于重要观赏场所的视线通廊。不同观赏点与景观资源点的距离不同，在进行周围风貌设计时需要酌情考虑，比如视点B、D距离垮桥建筑距离较近，在周围的局部城市设计时需要能够突出大桥的形态美，而视点A距离制高点建筑最远，在此处的建筑设计需要注意高度不可太高，从而能够突出制高点建筑的体量。同时对于制高点建筑或者其他地标性构筑物，在设计时也要注意在其周围的环境协调区域设置一定的观赏场所。

如图2-44，在方案中可以看出一张明显的由点、线构成的景观视线网络。其中景观点系统包括4个点：鸟瞰据点、人工景观点、自然景观点和眺望市景据点。鸟瞰据点也就是城市的制高点建筑，一般在一个城市片区分布一到两个，作为一个重要的城市景观节点，它统领城市某一片区的三维立体轮廓格局；人工景观点，顾名思义，就是城市中人为修建的城市广场或者其他地标性建筑，并以鸟瞰据点为核心在其周围分布，因此数量上较多；自然景观节点主要是依据城市中的自然水体、山体或其他自然景观资源设置的城市游憩点，数量上与城市自身的条件有关，设计时如能利用这些自然资源点，将会给设计带来很大的亮点；眺望市景据点分布在城市片区的边缘区域，一般位于城市干道的尽端。

景观视线系统主要包括城市景观视线、主要景观视线、次要景观视线和城市干道视线走廊。城市景观视线即鸟瞰据点之间的视线，一般位于城市中心区的核心地段，具有最好的城市现代化景观风貌；主要景观视线一般是其他与鸟瞰据点通视的节点连线；次要景观视线一般是其他景观节点之间的连线；城市干道的视线走廊是依据城市干道网络形成的视线网，这4类景观视线通廊共同支撑城市景观风貌格局。

城市视线轴线也可能根据景观风貌历史特色对其进行界定，如图2-45是南京旧城的轴线格局。规划范围由南京明城墙和秦淮河轮廓限定，并由3条历史轴线构成其城市骨架，分别是六朝历史轴线、明朝历史轴线和民

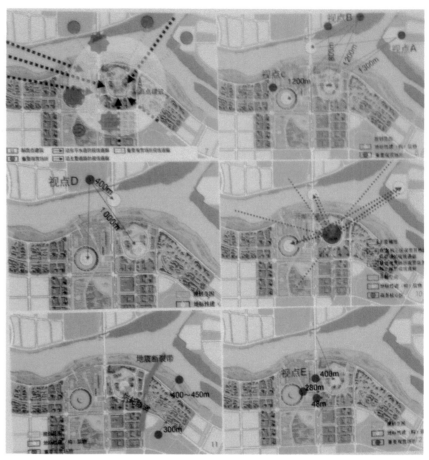

图2-43　视线轴线

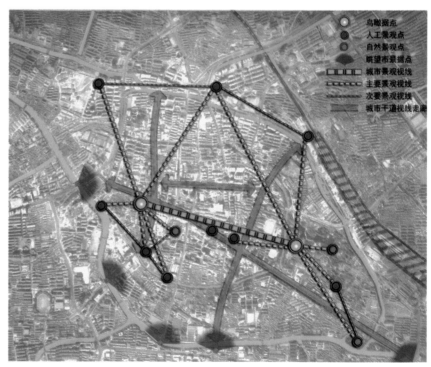

图2-44　视线轴线

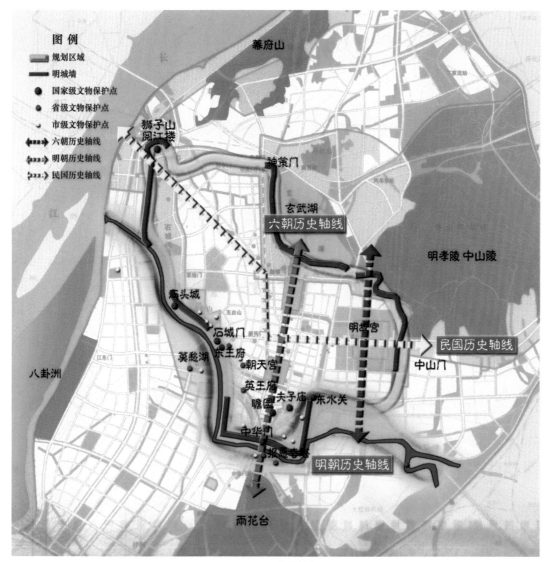

图2-45　视线轴线

国历史轴线。规划外围区域分布有雨花台、中山陵、幕府山和八卦洲4大自然景观节点。作为主要轴线，六朝历史轴线起于玄武湖，望向雨花台，串联了旧城的中华门、夫子庙、报恩寺塔、英王府和朝天宫等大部分历史资源保护点；明朝历史轴线主要以明故宫为核心，远眺明孝陵和秦淮河；民国历史轴线与以上两条轴线垂直相交，两端分别远眺阅江楼狮子山和中山门。因此，这样的3条轴线通过明外廓城墙的限定，连接了外围区域的玄武湖、雨花台、中山陵等景观点并整合了内部的历史资源点。

2.2.4　非实体空间现状分析

相对于建筑、地块街区、线性廊道等实体空间现状分析，还有一类针对非实体空间的现状分析，比如历史沿革、资源禀赋、问题挑战、数据图表等，虽说是非实体空间，一部分还是可以依赖实体空间进行分析，另一部分则通过矩阵、图表等方式进行横纵比较研究，因此其表现方式更多样化，常以组图形式出现。

（1）历史沿革

对历史沿革多采用历史地图分析法，如以水系、道路和建成区为主的城市形态演进分析法，还有按历史发展纵线的时间轴分析法等。

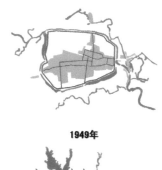

1949年

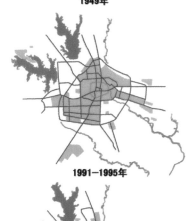

1991—1995年

1995—2001年

2001—2010年

图2-46　历史沿革

如图2-46所示为某城市1949—2010年城市建成区发展演进的历史分析图。该分析图由4张小图构成一组，分别讲述了1949年、1991—1995年、1995—2001年、2001—2010年时间区间内城市建成区形态以及道路网的演变。每张小图均由3个图层要素构成，以蓝色表示山水、红色线条表示路网、浅灰色块表示城市建成，图面表达简洁清晰、重点突出。整套图纸动态地描绘出城市建成区的扩展延伸以及道路骨架形成、路网密度提高的过程，是对城市的发展和生长过程最直观的表达。

如图2-47所示为对四川美术学院（川美）区域的重要历史事件的分析图。该图以横轴表示时间的推演，以邻横轴的彩色矩形块划分不同的历史时期，并由横轴向上或向下引注关键时间点的地区发展大事件。其中，横轴以上的标注主要讲述美术学院本身的发展或与艺术相关的里程碑事件，横轴以下的标注则将视野扩展到重庆整个城市范围的区域，提取出城市交通发展、工业发展等一系列标志性历史事件；最后，以纵轴表示川美区域的发展兴盛

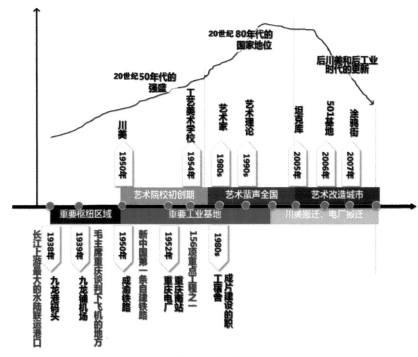

图2-47　历史沿革

变化情况，纵坐标愈大，表示地区发展情况愈佳；结合纵横坐标的折线图，清晰地反映了从20世纪50年代至今川美地区由弱变强，后又逐渐衰退并进入后工业更新时代的发展沿革。该分析图图面层次丰富、信息量大，通过纵横坐标直观地表现时间的推演及地区的发展变化。采用该方法进行历史事件及城市、地区社会经济发展变化的沿革分析，相对于冗长的文字描述更加生动有趣，易于信息的获取。

如图2-48所示为对杭州城市发展的历史沿革分析。图面右半部分由4张不同历史时期的城市地图纵向排列组成，分别选取了清代—汉代、20世纪初期、"文化大革命"时期以及改革开放时期的杭州市地图或用地现状图，对4张图纸采用统一的土黄色调（R233，G199，B92）进行处理，渲染出厚重的历史氛围。图面左半部分展示了20世末的城市土地利用图，选取灰棕色（R202，G170，B123）为图面基本色调，通过图面放大以及色调的差异

来突出强调当代的城市空间形态。该分析图除了表达出城市不同历史时期城市整体空间的形态变化，还重点分析了一个独特的城市历史要素——城门。图面以红框框选出不同历史时期以及变化的城市空间形态里的同一个城门，并以文字标注城门与城市的空间关系的变化："是城门—还是城门—门没了，扔在城外—入城—杭城中心"文字的叙述方式如同随笔文章般精练随性，再次烘托出浓厚的历史氛围。总的来说，该分析图通过系列历史地图，既展现了城市空间的发展演变，又从"城门与城市"这个独特的视角反映了城市扩张与历史遗存、城市发展与历史记忆的关系。

（2）资源禀赋

分析可以结合现状平面图作空间标注和注记，标出重要建筑、开放空间、景观资源、功能区域等，可以结合现状照片整体排版。

如图2-49所示是南京江宁外港河滨河地区综合整治规划的现状分析图，这张图由一张主图和若干张解释性图片组成：主图主要从景观风貌、商业现状、重要建筑3个方面来分析现状。以绿色的圆圈在地图上标示重要的景观、绿地资源；以红色的方框在地图上标示地段商业现状；以红色的圆圈结合数字标示地段内的重要建筑。这样一一对应的标注，使得我们可以很直观地了解基地内的资源分布情况，判断潜力发展区域。从绘图操作步骤上来讲，操作基本相同，将规划街区现状CAD图中闭合建筑图层单独导出JPG文件形成底图图层，在Photoshop中运用矩形选框工具（M）绘制矩形框，再将前景色设为黑色、背景色设为绿色，并快捷键Alt+Delete填充所选部分。接着运用钢笔工具快捷键（P）绘制指

图2-48 历史沿革

向线引出解释性图片。这样在一张底图上绘制3个层次的分析内容，使得图面饱满，信息量丰富，并且有利于研究各种现状资源之间的关系。

如图2-50所示是杭州市中山中路历史街区城市设计的现状分析图，这张图主要分析了地块内的历史资源，以历史资源的批次，评价现状历史建筑的位置、保护范围、控制范围。从绘图操作步骤上来讲，将规划街区现状CAD图中闭合建筑图层单独导出JPG文件形成底图图层，在Photoshop中运用矩形选框工具（M）绘制矩形框，再将前景色设为黑色、背景色设为50%灰色，并快捷键Alt+Delete填充所选部分。接着运用多边形套索工具（L）选择历史建筑保护或控制范围，并填充相应颜色。以灰色填充周边区域建筑肌理，而用黑色填充规划范围内的建筑肌理，这样灰部、黑部对比，再加上彩色的控制范围，使得整个图面层次丰富，重点突出，这种表达方式既在图面上保证外部空间的延续性，又清晰地区分了现状研究范围。

如图2-51所示是某滨海城市核心资源禀赋现状分析图，这张图由1张主图和6组解释性图片组成：主图为Google earth航片截图，交代了基地的区位和周围地理环境；6组解释性图片则清楚地罗列出基地最核心的资源禀赋（浅丘、学院、船厂、沙滩、山海一体），这样有主次地组织图面，具有思维逻辑性。以浅蓝色的圆圈在底图

南京江宁外港河滨河地带综合整治规划设计

南京市江宁规划局　　　　深圳大观园林景观有限公司 01-2

图2-49　资源禀赋

上标示出重要资源禀赋的具体位置，使得我们可以很直观地了解基地内的核心资源分布情况、分布密度，图面也显得更为丰满。从绘图操作步骤上来讲，先将从Google Earth上截下的航片图在Photoshop中使用去色命令（快捷键Shift+Ctrl+U），形成底图图层存储为JPG文件并导入AI中，再在AI中运用椭圆工具（L）绘制圆形，再将填色设为蓝色，描边色设为白色，并调节填充色的透明度为30％，将描边设为虚线。接着运用钢笔工具快捷键（P）绘制指向线引出解释性图片。这种底图灰化、分析图高亮的手法，使得图面对比强烈，色调和谐，并且有利于我们清晰地研究各种现状资源禀赋的空间关系。

（3）问题挑战

针对现状的非实体空间分析多涉及挑战和机遇，及这类情景的图面表述，常通过图文并茂的方式，如用图示化的箭头和线条等方式表现。

如图2-52所示为上海黄浦江外滩和浦东陆家嘴段附近的现状问题挑战分析图。这张图的底图用的是Google Earth的航片图，上面的分析内容分为点、线、面3个层次。面的层次包含外滩、浦东陆家嘴、新天地等几个重要的城市地段。线的层次包含4个信息：一是黄浦江的滨江绿带；二是打通浦东腹地和黄浦江的绿廊；三是连接浦东、浦西局部地段的路网体系；四是滨江几个重要眺望点上的视觉廊道。点的层次即为编号为1～10的圆点，代表着该地段城市设计的现状分析需要重点考虑的10大问题和挑战，包括捕捉浦西具有历史意义的城市气质特征，继续沿整个黄浦江滨两岸的区域性绿化带等。整个现状分析图点、线、面的结合是美观的保障，用点表达现状问题是图的核心信息点所在。

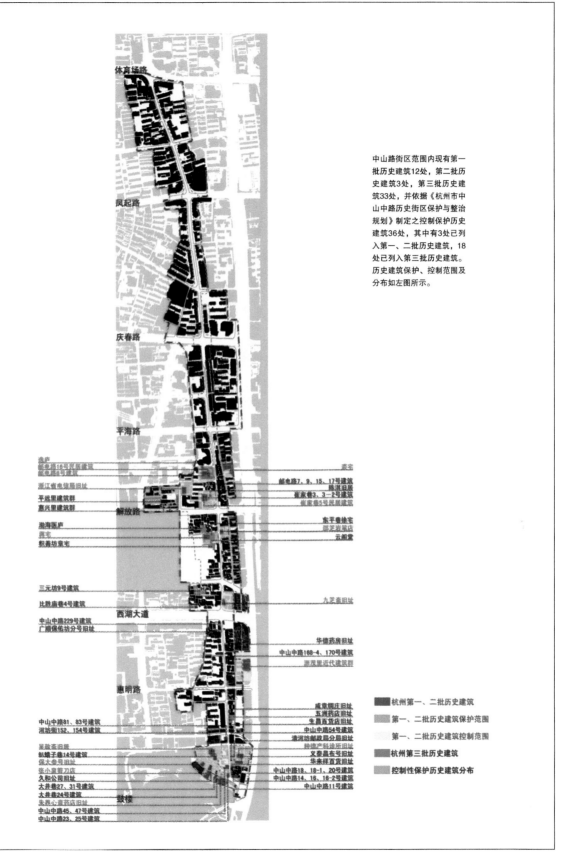

中山路街区范围内现有第一批历史建筑12处，第二批历史建筑3处，第三批历史建筑33处，并依据《杭州市中山中路历史街区保护与整治规划》制定之控制保护历史建筑36处，其中有3处已列入第一、二批历史建筑，18处已列入第三批历史建筑。历史建筑保护、控制范围及分布如左图所示。

邮电路16号民居建筑
邮电路8号建筑

浙江省电话局旧址

平远里建筑群
惠兴里建筑群

渤海医庐
汪宅
积善坊章宅

三元坊9号建筑

比胜庙巷4号建筑

中山中路229号建筑
广顺保佑坊分号旧址

中山中路81、83号建筑
河坊街152、154号建筑

采验斋旧址
蚬壳子巷14号建筑
保大泰号旧址
张小泉剪刀店
久和公司旧址
太井巷27、31号建筑
太井巷24号建筑
东义心堂药店旧址
中山中路45、47号建筑
中山中路23、25号建筑

体育场路

凤起路

庆春路

平海路

解放路

西湖大道

惠明路

鼓楼

汪宅

邮电路7、9、15、17号建筑
陆淇旧居
楼家巷3、3-2号建筑
楼家巷5号民居建筑

东平巷徐宅
丽芝岩药店
云烟堂

九芝斋旧址

华德药房旧址
中山中路168-4、170号建筑
源范里近代建筑群

咸章棉庄旧址
五洲药店旧址
朱养心膏药店旧址
中山中路54号建筑
清河坊邮政局分局旧址
胡庆余堂制造所旧址
义泰昌布号旧址
华宝祥百货店旧址
中山中路18、18-1、20号建筑
中山中路14、16、16-2号建筑
中山中路11号建筑

■ 杭州第一、二批历史建筑
■ 第一、二批历史建筑保护范围
□ 第一、二批历史建筑控制范围
■ 杭州第三批历史建筑
■ 控制性保护历史建筑分布

图2-50　资源禀赋

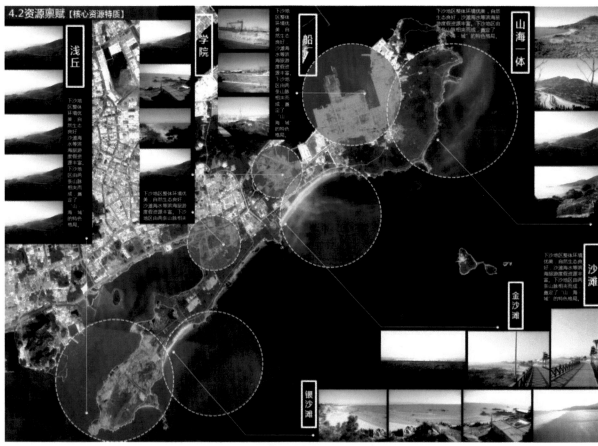

图2-51 资源禀赋

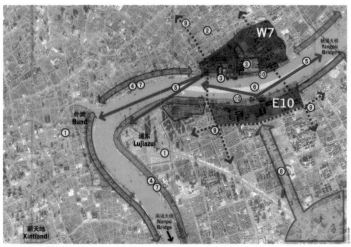

从更为广阔的泛意个黄浦江畔浦西和浦东的开发未来，这一总体规划注重于继续为黄浦江设定的城市设计概念框架的机会：

1. 抓住和上海中心地区社区相比相对舒缓的小区开发机会
2. 捕捉浦西的具有历史意义的城市气质特征
3. 重新使用和/或调整沿江滨的水上设施
4. 继续沿江的活动节奏
5. 捕捉住沿黄浦江上下游至外滩、陆家嘴和杨浦大桥的视界
6. 反映黄浦江江湾的城市特征
7. 继续沿整个黄浦江滨两岸的区域性绿化带
8. 抓住从浦东市中心外延的绿色轴线
9. 加强将未来中转枢纽的缝密效果
10. 创造一个生机勃勃的江滨公园和浓烈的城市优势以达到这一分滨江区域的标志性特征

From the broader context of the development both Puxi and Pudong along the entire Huangpu Riverfront, this masterplan focuses on these opportunities that continue the urban design framework already set forth for the River:

1. Seize the opportunity for neighborhoods less intense than the urban heart of Shanghai
2. Capture the character of the historic urban grain in Puxi
3. Reuse and/or adapt the maritime facilities along a vibrant waterfront
4. Continue the rhythm of activities along the river
5. Capture views up and down the river to the Bund, Lujiazui, and Yanpu Bridge
6. Reflect the civic scale of the sweeping bend of the Huangpu River
7. Continue the regional greenbelt along the both sides of the entire Haungpu riverfront
8. Capture the axis of green reaching out from the center of Pudong
9. Build upon the knitting effect of future transit corridors
10. Create a dramatic riverfront park and strong urban edge to achieve landmark quality to this part of the riverfront

1.2
上海市中的新机遇
Contextual Opportunities
黄浦江两岸总体规划设计 Huangpu Shores Masterplan

图2-52 问题挑战

如图2-53所示为和平路商业街和海河广场所夹滨水空间的现状问题挑战分析图。这张图是一张以手绘为主的现状分析图，底图是路网加上Photoshop填充的水面。底图之上，依然是点、线、面3个层次：用面表示出主要的绿化带、公园、广场以及主要的商业建筑地块；用线表达出主要的步行商业街；用点直接将图纸上的问题分析拉到图纸边上的空白处表达。手绘的现状分析图表达干净直接，是高度抽象选择性表达的结果，画风上也会有类似于现场注记的效果，适合于画方案的核心构思草图。

如图2-54所示为东莞某地区城市设计的现状问题挑战分析图。总的问题挑战分为5个方面："四位一体"作用下的土地价值有待挖掘、基地交通优势尚未充分发挥、用地功能布局尚需整合提升、整体空间结构需要加强塑造、生态环境特色有待进一步强化。该现状分析图即通过5张小图加文字的方式对这5大问题挑战展开分析。这种表达方式的好处在于每张图图幅不用太大，所以信息量也不必太大，5个一组，以合力形成气势，达到以小胜大的策略。

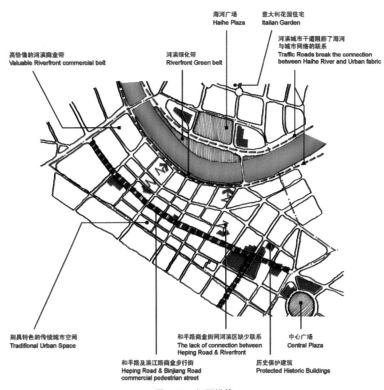

图2-53 问题挑战

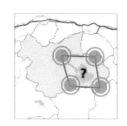    

"四位一体"作用下的土地价值有待挖掘
目前东莞主城、东莞生态园、同沙绿核、松山湖科技产业园"四位一体"的空间格局尚处于构建之中，处于中心区位下的佛灵湖地区，土地优势还未显现，其潜力有待进一步挖掘。

基地交通优势尚未充分发挥
基地全境被松山湖大道与莞深高速公路贯穿，对外交通便利，但优越交通条件未得到充分发挥，两条高等级道路与城镇内部道路系统的结合组织需要加强。

用地功能布局尚需整合提升
佛灵湖地区是东莞市域内不可多得的连片大面积可开发用地，各方面综合条件成熟，土地开发潜力巨大，但目前用地功能混杂，用地布局尚不明确。

整体空间结构需要加强塑造
现状用地之间关联性弱，并未形成清晰的整体空间框架结构。松山湖大道与蟠龙路的交汇处、松山湖大道东端与西端的入口处可能形成标志性空间的地段，尚需加强塑造。

生态环境特色有待进一步强化
基地内拥有丰富的山、水、田、林生态环境资源，生态绿地空间与建设用地空间的融合渗透未进行有效的梳理，旅游度假休闲项目开发也不够充分，基地的生态特色有待加强。

图2-54 问题挑战

（4）数据图表

图表是将数据及相关信息进行处理后可视化表达的结果。运用图表进行展示首先可以较为直观地传达所要表达的信息，这样可以避免用大段文字进行冗长而无重点的阐述；同时，这一类型的表达方式也可以运用于各要素相互之间的对比，使得其间的关系更为明了；最后，可读性强是它的一大优势。数据图表的类型很多，有基地分析图、柱状图、饼状图、气泡图等。在对数据进行图表的处理及表达的基础上，可以对所呈现出的特点进行总结归纳，并提出相关的问题及策略等。

如图2-55，是关于火车站人流数据统计图表。对于火车站这类的交通枢纽的人流数据分析，可以从人流的类型、人流停留的时间点及停留地点等方面就其流动的速度来进行分析比较。如图所示，将火车站的人群类型按照流动速度的快慢分为外地通勤者、本地通勤者、换乘乘客、居民及旅游者。根据各类人群的活动需求不同，制订各类人群的具体活动类型，其中以换乘乘客及旅游者的对比为例，前者所活动的场所为火车、商场、快餐、咖啡及停车；而后者在前者基础上因需求的多样化增加了购物、商场、休闲、午餐、晚餐及公园活动。首先这样的图表

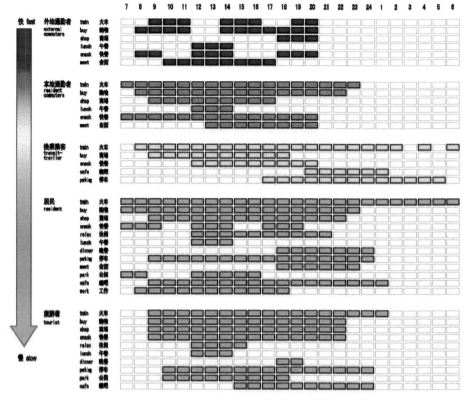

图2-55 数据图表

对比使得两者的差异性显而易见。同时，进一步对于每类人群的各项活动所发生的不同时间点进行统计，一方面可以横向地比较各类人群各自的各项活动的活动时间分布，同时，也可以对不同人群的不同时间的活动分布进行纵向分析。综上，这类图表的表达使得火车站人群的类型、人群的活动类型、活动时间及活动速度充分直观地表达在图纸上，是下一步深入研究的重要基础。

如图2-56所示为基地现状分析图表，图中所表达的是常规的现状各类环境要素的分析加上基于相关数据的图表表达。这一表达方式突破了传统的纯抽象图示表达方式。首先，现状分析图确定一个明确的主题，集水系水流的分析及其与周边环境的相互影响度，故图形的表达方面，突出了水系的流动方向、各点高程及坡向坡度等要素，在这一数据基础图示的基础上，该图制作一系列的曲线图、面状图等分析图，将1月、4月、7月及10月的月潮流波动的变化曲线直观地表达出来，同时也做了几个情景的假设对比。这种数据分析图表与现状分析图表相结合的方式使得读者可以迅速地将抽象数据的变化与现状的实际情况联系在一起，有助于其更为具体清晰地了解所要表达的信息。

图2-56 数据图表

2.2.5 综合叠加分析

综合叠加分析是在一个基础工作平台上将多种元素及相关因素进行关联表达，使得处理后的成果信息丰富多样，可以充分表达所要呈现的观点信息。这种分析方式除了具有综合、全面、信息量大而全等特点以外，还使得

整体干净利落，看图说话是其所要达到的重要目的。具体而言，综合叠加分析包括两种形式：最终成果形式以及中间过程与最终成果并存形式。后者更强调的是逻辑分析过程，可以使得结果更具说服性。

这类分析方式多用于基地的结构性表达分析、各专项分析、方案的推导过程演绎分析等。它往往是对于一个专项甚至一个项目的统领，能起到骨架作用。下面以3个实际案例进行具体说明。

如图2-57所示，该综合叠加分析是基于景观资源、地形、公共活动及公共交通4个方面的综合分析，其中这4类当中的每一类是分别通过两个方面的叠加得到各类的分项结果。其中，景观资源分项是通过将自然及人工景观资源进行叠加分析得到景观资源识别的分析结果；地形分项是将原始地形及场地处理方式进行叠加分析得到板块划分结果；公共活动分项是将公共活动中心与景观大道进行叠加分析最终得到公共空间场域的分析结果；公共交通分项是将轨道线网及站点与TOD地区进行综合得到空间联系较紧密区域结果。最终，将4个分项进行最终叠合得到最终的分析结果，这一过程将工作逻辑清晰地表达出来，使得整体分析严谨有序。

如图2-58所示，该综合叠加分析是对基地进行的综合多因素分析，其中的各因素是通过对基地进行前期分析之后进行抽象处理得出的，具体包括山体、滨水、景观、道路、开敞空间、城市肌理、廊道及公园。该分析按照设计意图将各元素有序地进行组合分析。其中不同的元素采用不同的表达方式，但整体组成有序地组合。

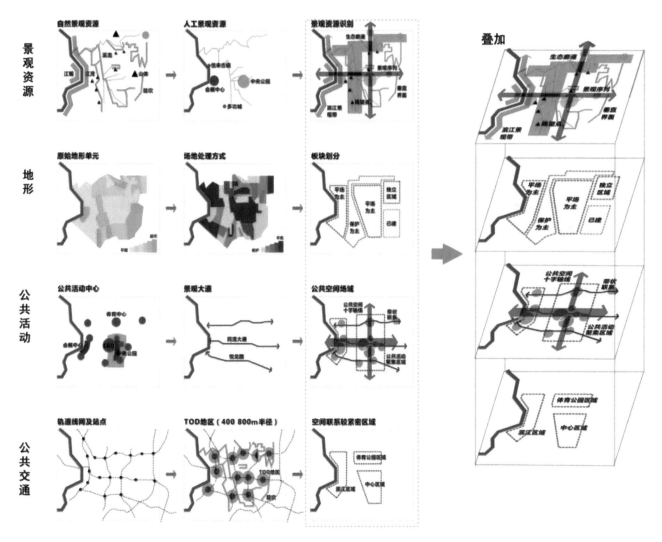

图2-57 综合叠加分析

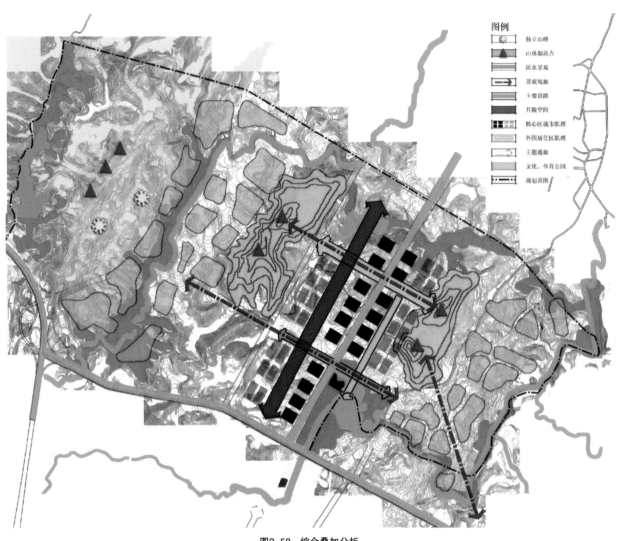

图2-58 综合叠加分析

　　如图2-59所示，该综合叠加分析是对现状基地进行的各资源要素的分析，具体分析包括：①外部风向环境分析；②主要道路网的整理；③赋予设计意图的相关轴线的提取；④景观资源分析：各生态区域的现状状况、相关要求及未来可能的发展方向分析，同时也强调了沿江岸线的防洪分析及相关利用可能性；⑤现状功能片区分析：对于居住组团的界定，可再利用的工业遗址区域的选取及规划意向分析。这些分析在同一张工作底图上进行叠加，最终得到基地的综合各重要设计要素的分析结果。

2.3 专题研究图

　　专题研究是针对城市设计过程中需要解决的问题或具体设计目标而进行的研究，是前期分析中必要的研究环节。浅层的专题研究可以对相关题材的资料进行收集整理，深层的专题研究则是针对规划项目的具体情况和要求而有目标地进行梳理，可以包括类型分类、特点罗列、要素提取、政策策略甚至具体技术方法的研究，总的来说，专题研究就是启发思维、开阔视野，为规划设计主题和方案提供线索。按其分析内容可以分为以下几个主要类型：道路交通专题研究、景观生态专题研究、空间形态专题研究、产业发展专题研究和文化历史专题研究等，当然根据规划设计中实际遇到的问题制订相关的研究才是专题研究的主要目的。

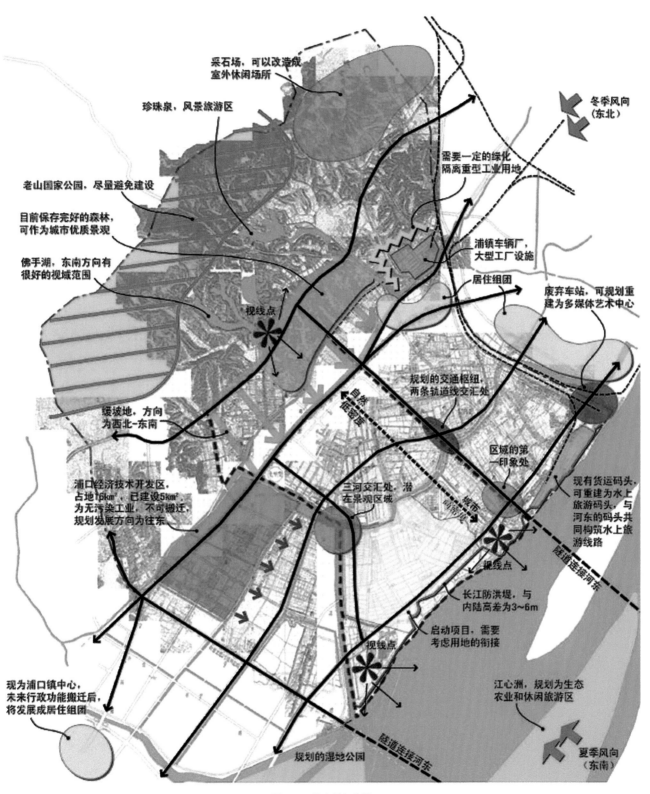

采石场，可以改造成
室外休闲场所

珍珠泉，风景旅游区

老山国家公园，尽量避免建设

目前保存完好的森林，
可作为城市优质景观

佛手湖，东南方向有
很好的视域范围

视线点

缓坡地，方向
为西北-东南

浦口经济技术开发区，
占地16km²，已建设5km²
为无污染工业，不可搬迁，
规划发展方向为往东

现为浦口镇中心，
未来行政功能搬迁后，
将发展成居住组团

规划的湿地公园

需要一定的绿化
隔离重型工业用地

冬季风向
（东北）

浦镇车辆厂，
大型工厂设施

居住组团

废弃车站，可规划重
建为多媒体艺术中心

规划的交通枢纽，
两条轨道线交汇处

区域的第
一印象处

现有货运码头，
可重建为水上
旅游码头，与
河东的码头共
同构筑水上旅
游线路

三河交汇处，浴
在景观区域

视线点

隧道连接河东

长江防洪堤，与
内陆高差为3~6m

启动项目，需要
考虑用地的衔接

视线点

江心洲，规划为生态
农业和休闲旅游区

隧道连接河东

夏季风向
（东南）

图2-59 综合叠加分析

2.3.1 道路交通专题研究

一般来说，道路交通专题研究可以针对城市道路系统、路网结构、交通方式、公共交通、停车设施等方面做具体和深入的分析。照片、手绘图示、统计图表等都是直观的表达方式，清晰扼要的结论也是专题分析中重要的组成部分。规划工作本身就是一种集体思维的聚合体，工作团队需要针对不同专题进行分门别类的资料收集和整理并使结果一目了然，如何能高效地展示并清晰地表达研究内容，下面选取一些实例来具体说明。

以图表罗列为主的表达方式应该说在道路交通专题研究中比较好被运用，无论在排版上还是内容表达上。图2-60为某规划公共交通专题研究的一部分，主要对国外城市公交系统做了一个详尽的梳理。在研究内容上，它从公交系统的特性及成本层面、不同公交系统技术比较层面、速度、乘客量等方面入手进行研究分析。最上的表格做了一个涵盖9个国外城市的公交系统基础资料总表，列举了公共交通类型、技术方式、线路结构，并涉及长度、成本等量化数据资料的收集，虽然有个别城市资料的缺失，但从整体上来说提供一个对国外公交系统特征非常清晰的归纳，对规划项目本身的借鉴来说，提供了关于类型技术和营建成本的多重参考和选择。在大表格的基础上对3种类型的公交系统做了运营能力、速度、投资成本、建设周期、土地利用等方面的比较分析。最后综合所有分析研究得出一个综合比较结论，各自列出3种类型方式的优缺点，为国内公共交通系统建设提供可参考建议。其内容看似简单，实际上包含了很大的信息量和工作量，虽然有4个表格，但其内容之间是一个递进的逻辑关系，是研究的思维过程，符合阅读和思考的顺序，另外小标题清晰，排版分区明确，利于阅读和把握分析重点。

图2-60　道路交通专题

另外一种图文并茂的表达方式也被普遍运用。图2-61为对高架桥综合利用的专题研究，针对高架桥这一研究对象采用从问题入手的方式，先提出问题，然后分析问题再提出解决方案。在规划项目中对高架桥提出布局要求的设计前提下，首先分析高架桥对生态环境的6点影响，其中负面影响通过剖面图直观地表达出来，在设计中需要努力解决的问题，而积极效应是需要在设计中进行提升和利用的，分析中以鸟瞰照片的形式表达高架桥对构建城市景观展示面的促进作用。在对高架桥影响的研究基础上，提出对步行系统完善、绿化改善等措施，提出退让与视线的关系等，并通过剖面分析图的方式直观地表达出来。这样以图文并茂的方式来表达专题研究，一方面以图来表达文字以外的内容，另一方面以文字来解释图，两者相得益彰，结论清晰明确。

总的来说，对于信息量大、量化数据丰富、带有横纵案例比较的专题研究，要学会利用表格的归纳方式，在排版时注意逻辑顺序和表达内容主次关系的把握即可；而对于缺乏数据支撑、以举例说明为主的专题研究，要注意图文并茂，强调出观点和结论，通过文字或图示的形式强有力地表达出来，切不可只有资料堆砌而没有启发或结论。

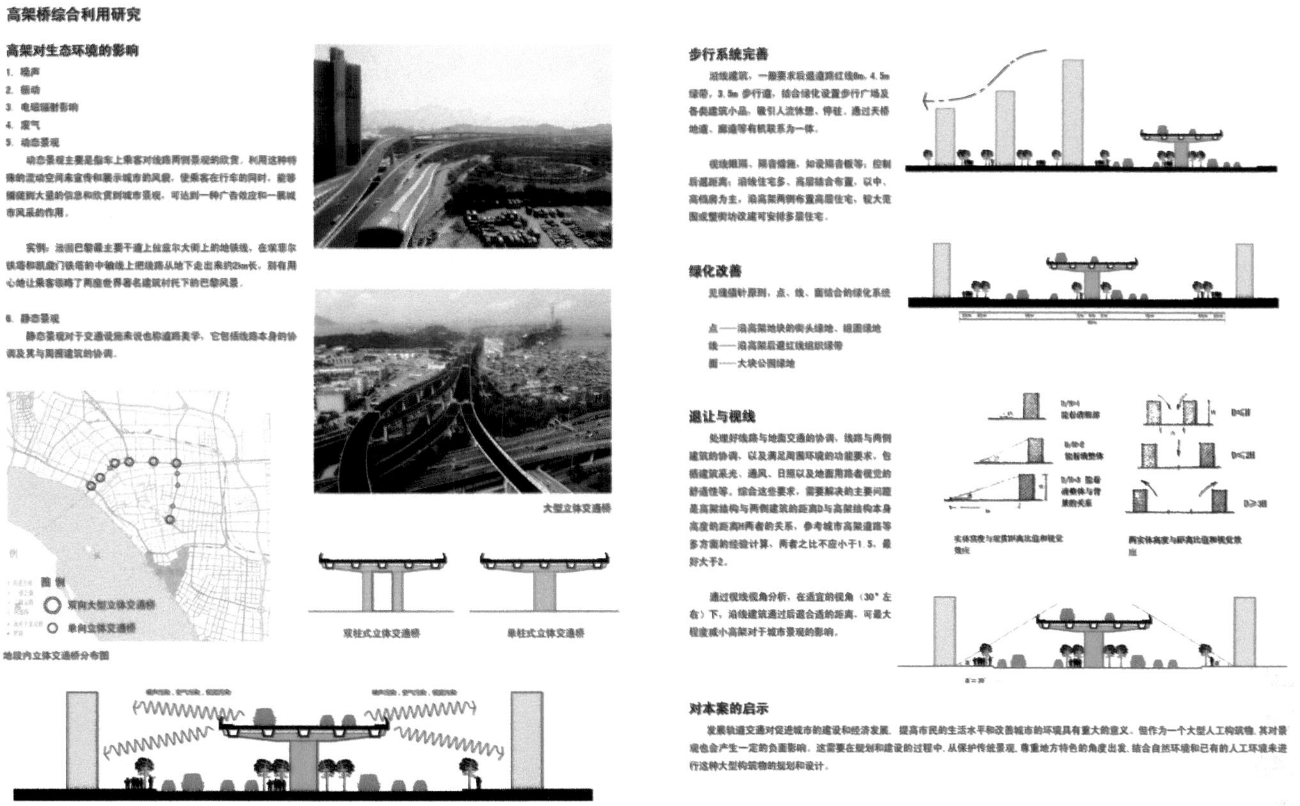

高架桥综合利用研究

高架对生态环境的影响

1. 噪声
2. 振动
3. 电磁辐射影响
4. 废气
5. 动态景观

动态景观主要是指车上乘客对线路两侧景观的欣赏。利用这种特殊的流动空间来宣传和展示城市的风貌，使乘客在行车的同时，能够捕捉到大量的信息和收资到城市景观，可以达到一种广告效应和一幅城市风貌的作用。

实例：法国巴黎最主要干道上丝丝尔大街上的地铁高架，在保纳尔铁路和凯旋门铁路的中轴线上把铁路从地下走出来的25m长，别有用心地让乘客领略了两座世界著名建筑时代下的巴黎景观。

6. 静态景观

静态景观对于交通设施来说也称道路美学，它包括线路本身的协调及其与周围建筑的协调。

大型立体交通桥

双柱式立体交通桥　　单向立体交通桥

地段内立体交通桥分布图

步行系统完善

沿线建筑，一般要求后退道路红线8m，4.5m绿带，3.5m步行道，结合绿化设置步行广场及各侧建筑小品，吸引人流休憩、停驻，通过天桥地道、廊道等有机联系为一体。

优化隔离、降音隔断，如设隔音板等，控制后遮断面宽。沿高架两侧布置高层住宅，较大范围或整体功能改造可安排多层住宅。

绿化改善

是整体统筹原则、点、线、面结合的绿化系统。

点——沿高架地块的街头绿地、组团绿地
线——沿高架道路绿线绿带
面——大块公园绿地

退让与视线

处理好线路与地面交通的协调、线路与两侧建筑的协调、以及离开周围环境的功能要求，包括建筑采光、通风、日照以及地面用路者视觉的舒适性等。综合这些要求，需要解决的主要问题是高架结构与两侧建筑的距离与高架结构本身高度距离间两者的关系，参考城市高架道路等多方面的设计计算，两者之比不应小于1.5，最好大于2。

通过视线视角的分析，在适宜的视角（30°左右）沿线建筑退让适合的距离，可最大程度小高架对于城市景观的影响。

对本案的启示

发展轨道交通对促进城市的建设和经济发展，提高市民的生活水平和改善城市的环境具有重大意义。但作为一个大型人工构筑物，其对景观也会产生一定的负面影响，这需要在规划和建设的过程中，从保护传统景观、尊重地方特色的角度出发，结合自然环境和有的人工环境来进行这种大型构筑物的规划和设计。

图2-61　道路交通专题

2.3.2　景观生态专题研究

　　景观生态专题研究可以针对主题公园的开发研究、能源循环系统模型、社区能源收集系统、中水系统、低冲击的开发模式等方面做具体和深入的分析。这些分析主要有分类、抽象、图解、罗列、配图、图表等表达方式。

　　以配图和图表罗列为主的表达方式应该说在景观生态专题研究中比较好被运用，无论在排版上还是内容表达上。图2-62为一个主题公园开发研究的渐进式开发过程分析。在分析过程中首先提出了公园绿地中建筑功能设置原则，在确定原则的基础上，开始对绿地建筑功能进行分类。然后通过要素简化抽象出一般模型，提出最优的开发过程。这种研究分析的方法逻辑性很强，结构清晰。在表达方式上除了文字说明介绍之外，还有表格、插图、抽象概念化，便于向使用者解释说明，传达更多的信息。在排版上，统计表格的旁边放置一张图片进行与之对应，利于两者相互解释，在构图上也会更加和谐，不会出现头重脚轻的现象。

　　以概念分析和图片罗列的表达方式也被大量地运用。图2-63为一个景观生态专题研究中的生态技术分析。在提出能源循环系统模型、社区能源收集系统、中水系统等一系列研究的情形下，概况为聚集、示范、输出3个主导方面，从而提出低冲击的开发模式，最后得出一系列的指导方针。在表达方式上最主要是采用了概念的分析方法，应用于表达3个研究中。这种抽象出来的模型或者是系统结构，有助于直观展示各个要素之间的关系以及系统分解的过程，使人一目了然，快速地理解设计者的意图。分析中还采用图片罗列的表达手法来对开发模式进行图解分析，这种以图片为主导的分析涵盖了大量的信息，不仅有实景图片，也有分析图，两者相得益彰，意图导向明确。

　　另外一种类似于表格的层层图片罗列的穷举法也比较常被使用。图2-64为一个基于概念的生态公园做法罗列图。以绿色空间密度渐变为主线，分别列举了生态谷、交织公园、并列公园、延展公园等4种绿色空间密度递减的绿

主题公园开发研究

公园绿地中建筑功能设置原则

1 服务公共、禁止私属的原则。

2 不破坏绿地环境的原则。

3 延伸服务对象的原则。

大类	(√)(×)	原因
标住建筑设施	×	禁止私属
公共绿地设施	√	符合原则
工业建筑设施	×	禁止私属、污染环境
仓储建筑设施	×	禁止私属
对外交通建筑设施		专用绿地
道路广场建筑设施	√	符合原则
市政公用建筑设施	√	符合原则
特殊建筑设施	×	禁止私属

南京河西中央公园

绿地建筑功能的分类

1 景观——观景功能

公园绿地中有一类建筑实际使用功能很弱，对于绿地的作用不表现在提供具体的服务，而是在形式方面，以其造型构成绿地景观的一个组成部分。与景观建筑对应的观景建筑，其主要目的是提供游客观景平台，这类型建筑实际使用功能很弱，其使用功能的作用是次要的。

2 配套服务功能

依类绿地建筑以提供游客必须的服务为主要目的。

类别	设施名称	用地规模（hm²）				
		<2	2～<5	5～<10	10～<20	20～<50	>50

云南省昆明市金殿公园"仁和祥"古民居

3 增值服务功能

绿地增值服务功能也是属于为绿地活动人群服务的性质，有别于配套服务设施为游客提供基本服务，增值服务不是绿地服务游客所必须的基本功能（如图所示），但是其能在基本服务的基础上提供一些特定的服务，如博物馆、展览馆、纪念馆、商业街、温室等。

建筑类型		具体类型
商业金融业	商业	专业商店（如工艺品商店）等
	服务业	饮食、照相等
文化娱乐	图书展览	公共图书馆、博物馆、科技馆、展览馆、纪念馆等
	影剧院	影剧院、音乐厅、杂技厅、杂技场等
	游乐	游乐场、俱乐部、文化宫、青少年宫、老年活动中心等
体育	体育场馆	体育馆、游泳馆、各种球类、溜冰场、马术场地、射击场、水上运动场地等
	体育训练道	体育场地运动设施、健身场等
文物古迹		具有保护和使用价值的遗址、古建筑等
其他公共设施		除上述公共绿地外的符合绿地特性的建筑设施

云南省昆明市金殿公园"仁和祥"古民居

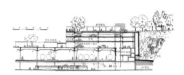

图2-62　渐进式开发过程分析

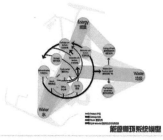

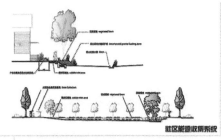
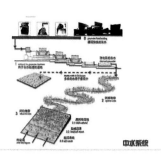
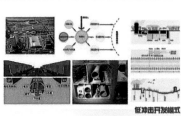

图2-63　生态技术分析

地。每一层分别有概念抽象、文字说明，以及实景图片进行说明。即使是外行也能从对应的图片来看到逐渐递减的规律。这种直观展示的表达方式非常有利于交流和表达意图。这种类似于表格的层层罗列也让人感到层次清晰，信息丰富而不混乱。在抽象出来的概念图中，不仅展示了不同的密度空间，而且给人感官上美的感受，在传达意图的同时传达美。这种抽象图的做法通常是将要素整合之后，简化出最重要的元素，按照表达的意图进行组织。

总的来说，对于信息量大、用普通表达方法达不到说明效果的专题研究，要学会利用抽象概念的图示语言，在排版时注意层级和逻辑结构。

图2-64 基于概念的生态公园做法罗列

2.3.3 空间形态专题研究

空间形态专题研究的内容主要是通过对城市中某一个街区或一定范围内的街坊群进行空间形态的研究。分析主要基于道路和建筑的基础数据，进行建筑密度和容积率上的计算。研究通常会选取若干案例城市进行对比研究，通过矩阵图示表达其二维图底关系或三维空间形态。

图2-65为一种穷举式二维+三维形态研究。案例通过研究国际上公认成功城市的典型截取尺度，选择开发单元为150m×150m的街区进行模式研究。街区模式按照功能分为5类：住区模式、商住混合模式、商贸办公模式、工业区模式、绿地公园模式。在每类街区类型中，按照不同的开发强度划分为高、中、低3种不同的容积率区间，在同一容积率区间再分为高、中、低3种不同密度（覆盖率）的可能模式。几

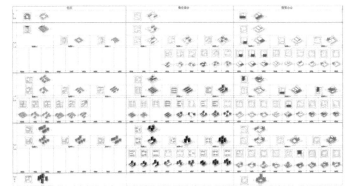

图2-65 穷举式二维+三维形态研究

个层级的分类信息共同形成了一个大的汇总表格，很有层次地将二维和三维的形态研究用表格化的语言穷举表达出来，兼具美观性和严谨性。

如图2-66所示为一种图示化街区肌理比较分析研究。该研究用一种矩阵式的表达方式，矩阵的纵向选取曼哈顿、巴黎、巴塞罗那、柏林、伦敦、南京6个城市作为地块切片的研究案例。矩阵的横向则用6张小图表达案例城市的研究内容：其中前两张图示卫星图，一张区位地块切片图和切片放大图；中间两张通过CAD描图和Photoshop填充处理，构成图底关系，分别侧重表达街区和道路这两层信息；后两张图加了特殊的处理，前一张将图底关系图的部分叠加了街坊的线框，后一张则为单纯的街坊轮廓线框。整个矩阵图示表达形式严谨而有气势，将不同特色的城市肌理综合在一起对比表达出来。

如图2-67所示为一种数据比较分析式研究。该研究也是通过一种矩阵式的表达方式，矩阵的横向选取曼哈顿、巴黎、巴塞罗那、柏林、伦敦、南京6个城市作为典型城市进行切片比较研究，矩阵的纵向则分别包含街区边界长度、建筑与街区重合边线长度以及各切片街区整合度这3个方面的信息。通过计算建筑与街区重合边线长度与街区边界长度的比值得到各切片街区整合度。整张分析图图表结合，兼具直观性和严谨性，主要用到的软件工具是CAD和Excel。

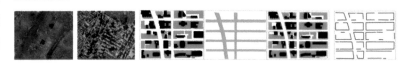

曼哈顿地块切片

巴黎地块切片

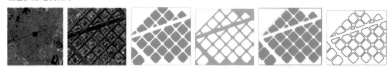

巴塞罗那地块切片

柏林地块切片

伦敦地块切片

南京地块切片

图2-66　图示化街区肌理比较分析研究

空间形态专题定量化的研究范式对于街区的空间形态进行深入的研究，对于空间形态的理论探索有重要的支撑作用。

2.3.4　产业发展专题研究

产业发展研究主要包括产业功能定位、产业构成及体系、产业类型、产业发展的历史沿革及趋势特征、产业链运作机制等。对于地区产业的研究可在时间的纵轴上分析城市产业发展或特定产业的发展变革；也可将某区的产业与其他地区产业进行横向比较，通过案例对比分析的方式得出结论；也可以国内外的优秀实践经验为借鉴进行推导分析。在分析的表达上，除了传统的文字叙述性表达外，还可综合运用图表分析、矩阵分析、流程图、抽象示意图等表达方式，可使研究过程及结果更清晰直观，增强表现力和可读性。

如图2-68是对某地区会展产业及其功能定位的前期分析，本张图纸由3部分组成，分别对会展产业定位、会

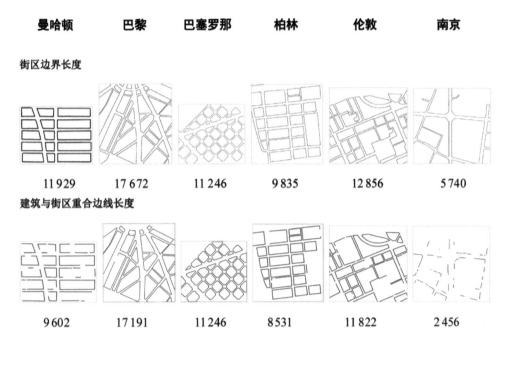

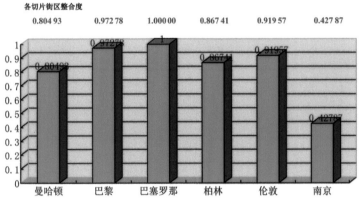

图2-67 数据比较分析式研究

展场馆功能进行了分析。第一部分,通过对城市类型、产业类型及交通条件等影响地区会展功能定位的因素进行了分析,该部分主要运用了分类列举、案例比较的方法,并以表格的形式简明清晰地表达出不同城市区域与交通要素的关系以及案例城市间的交通区位差异。第二部分是对会展场馆功能组成要素的分析,此部分先将会展场馆功能划分为核心功能与配套服务功能,除了文字说明,又通过示意图抽象地表示了核心功能与其他功能间的相互关系;接着又进行了同一组案例的分析,以矩阵表格的形式研究了各会展中心场馆功能的异同。最后部分,综合前两部分的分析,得出本方案的会展产业的功能定位及内涵并以抽象的关系图进行表达。本套图纸结合了分类研究与案例比较的方法,注重图文并茂,功能小图标以及表格色彩的处理增强了画面的艺术感和观赏性;且不仅仅停留于分析层面,而是进一步推导出了研究结论,增强了说理性。

如图2-69,该表选取了国内外5个典型城市,以时间为纵轴梳理各城市中心区发展脉络。本表采用了典型的分类分析法。首先,将不同阶段的城市分为以贸易金融为主导产业的生产基地型城市及以文化消费为主导产业的

会展定位的影响因素

1. 城市类型

不同的区域经济发展，不同的城市等级和经济辐射力，在不同的城市造就了不同的会展。
拥有大型会展中心的城市大致可分为4种类型：
1. 具有重要的政治、经济地位的中心城市：北京、上海
2. 重要的商业中心城市或地处交通枢纽的大城市：大连、南京、合肥
3. 以会展为主要特色的城市：香港
4. 拥有某一特定行业专业展览的中小城市：东莞

2. 产业类型

现有的产业基础定位；未来的行业发展定位；本地区和周边的工业经济和商贸的基础来定位

3. 交通因素

	距城市中心距离（km）	网络建设情况	会展规模	发展备用地	交通概况
城市中心	3	已建	小	无	产业配套城市交通
城市郊区	5~15	城市近郊	发展成型	有	交通便利
会展城	20	城市未来新城	规模较大	有	交通便利

会展中心规模庞大，展览活动具有短期性特点，展会期间人流物流集中，必须配备高效率、大容量的对外交通系统。
公路交通：高等级公路是人流物流重要的到达路径，因此大多数会展中心都建在城市边缘靠近城市间的高速路入口附近。
航空港：会展中心与航空港高效连接是展会活动的重要保障，也是其是否具备国际性硬件基础的重要保障。
通常会展中心与机场距离在15~20km，有高速交通系统连接，保证15~30min的行程时间。

展馆名称	距中心	距机场	距火车站	距高速公路入口
1 慕尼黑新会展中心 New Munich Trade Fair Centre	10	30	6	0.2
2 汉诺威会展中心 Hannover Messegelände	8	20	1	3
3 东京国际展览中心 Tokyo International Exhibition Center (Tokyo Big Sight)	0	50	0.1	5
4 新加坡新达城国际会议中心 SUNTEC Singapore International Convention & Exhibition Centre	0.1	14	0	0
5 香港会议展览中心 Hong Kong Convention and Exhibition Centre (HKCEC)	0	40	0	0
6 米兰展览中心 Fondazione Fiera Milano	0	12	6	3
7 欧洲展览中心 Eurexpo	16	15	15	1
8 波尔多国际展览中心 Foire International de Bordeaux	0	20	12	0
9 多伦多世界贸易中心 The National Trade Centre	2	22	3.5	0.5
10 伯明翰国际展览中心 National Exhibition Centre (NEC), Birmingham	0	20	12	0

会展场馆功能组成

核心功能——展览会议；
配套服务功能——交通服务、技术服务、食宿服务、信息咨询、新闻转播等。
大规模的会展涉及内容除展览外，还包括诸如信息咨询、新闻转播、餐饮休闲、纪念品销售和住宿等配套服务设施。
一般的会展中心都提供必要的信息咨询点和方便简易的餐饮休闲服务设施，大规模的会展中心还设有新闻中心、展览服务机构以及绿化休闲场地。但酒店设施一般靠城市功能来解决，仅有少数会展中心拥有自己的酒店。

	邮政服务	银行服务	海关服务	餐饮服务	酒店服务/预定	购物中心	技术服务中心	旅游信息咨询	货运代理	旅行代理
1 慕尼黑新会展中心 New Munich Trade Fair Centre	✔	✔	✔	✔	✔	✔	✔	✔	✔	✔
2 汉诺威会展中心 Hannover Messegelände	✔	✔	✔	✔	✔	✔	✔	✔	✔	✔
3 东京国际展览中心 Tokyo International Exhibition Center (Tokyo Big Sight)				✔		✔				
4 新加坡新达城国际会议中心 SUNTEC Singapore International Convention & Exhibition Centre	✔	✔		✔	✔	✔	✔	✔		
5 香港会议展览中心 Hong Kong Convention and Exhibition Centre (HKCEC)	✔	✔		✔	✔	✔	✔	✔		
6 米兰展览中心 Fondazione Fiera Milano	✔	✔		✔	✔	✔	✔	✔	✔	✔
7 欧洲展览中心 Eurexpo	✔	✔		✔	✔	✔	✔	✔	✔	✔
8 波尔多国际展览中心 Foire International de Bordeaux	✔	✔		✔	✔	✔	✔			✔
9 多伦多世界贸易中心 The National Trade Centre	✔	✔		✔	✔	✔	✔	✔	✔	✔
10 伯明翰国际展览中心 National Exhibition Centre (NEC), Birmingham	✔	✔		✔	✔	✔	✔	✔	✔	✔

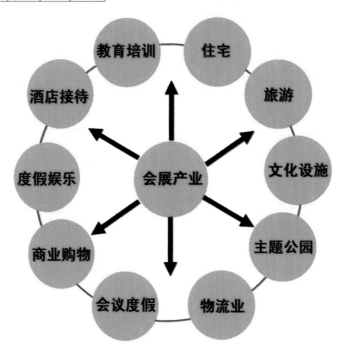

图2-68 产业发展专题图

信息汇聚型城市，将这两大类作为图表分类基底。另外，又根据主导产业及区域功能的差异将中心区划分为传统商务、文化消费、文化交往、原创文化四大类，以各色圆圈符号示意。基于两个层面的分类，对城市在各个时期发展兴起的中心区进行了归类及标注。在对各类信息的排版布局上，主体表格的左纵栏为时间纵轴，右纵栏为城市分类，上横栏为5个研究对象，下横栏为4类中心区，根据4个方位的类别划分来定位核心图表区的内容。整个布局结构清晰、内容紧凑，充分利用了二维图表的4个方位。总的来说，本表精简丰富、信息量大、观点明确、重点突出。

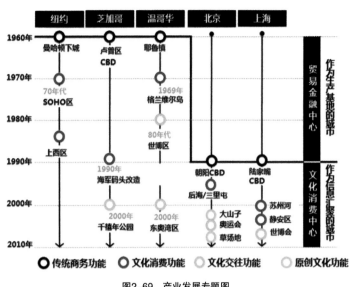

图2-69　产业发展专题图

应该说在进行产业发展的专题研究时，首先应紧扣产业功能定位及产业内涵构成这两大核心议题，再以此发散其他相关性内容进行研究分析；在成果的表达上，应注意图文并茂，尽量将叙述性文字转化为抽象的、精简的图示语言，如有数据支撑可以同时进行定性与定量的分析。

2.3.5　文化历史专题研究

城市文化历史专题主要研究一座城市产生以来在该城市以及附近地区遗存的文物古建遗址或者某些发生重大事件的场所，并对其在时间上进行梳理，从而揭示城市的文化风貌品质，为城市建设和城市管理工作提供借鉴，推进城市的历史文化传承和文化产业旅游产业的发展。

研究角度上一般从历史地图和历史沿革两个方面切入。历史地图主要是把现存的历史文化遗迹在空间上落实到当时的城市地图上，研究这些遗迹和当时城市建成区的空间区位关系。历史沿革则主要是从时间维度上研究城市建成区的变化或者历史文化遗迹在时间轴上的空间分布变化。研究成果一般通过图表、矩阵和时间轴等方法来表达。

如对单个地段的纵向演进发展进行梳理可以运用图2-70的研究方法。图中对南京中华门地块从东吴至清朝历史发展进行详细的梳理和研究。在研究内容上，它以不同时期的标志性建筑物切入，分别从其所属的历史朝代、具体的建成年代、相关的建造简介、历史地图和历史照片及目前的分布等方面入手研究分析，阐述了目前中华门地区这些标志性建筑要素的历史发展脉络，并结合相关的建造，简介分析了各个历史要素的建造目的和建造背景，表达了中华门地区丰厚的历史文化底蕴，并意图通过这种分析展现中华门地区的形成渊源和发展潜力，进而为后期相关的规划和研究提供参考借鉴。在该专题研究表达方面，既有表格又有图示，并且形成了图表对照的排版方式，左边表格编年顺序与右图相对应，使读图者既可以从左至右逐项阅读，又可以由上至下顺序思考，这种图表并茂对应的表达方式易于从任何一行一列中找到相应的信息，适用于年代跨度大、信息量多的文化历史专题这类研究的分析和表达。

如对于整个城市的纵向历史发展演进进行梳理，可以参照图2-71的研究表达方法。图中对扬州从春秋至今的城市发展演进进行了梳理与研究。扬州是一座历史悠久的文化古城，建城最早可追溯到春秋时期，经历了春秋、汉唐、宋、元、明、清几个时期的变化。因此在研究内容上，它以宏观尺度的城市格局切入，分别从城市建成区、城市规模和城市水系绿地等自然要素格局方面入手研究分析，阐述了扬州城市格局的历史发展脉络，展现了扬州作为一座历史文化名城的人文魅力。专题的图面表达上主要以图示的方式，概念化地表达了各个历史时期的

兴建时间		公元纪年	寺庙/塔之名称	简介	其它
东吴	赤乌三年	240年	建初寺，阿育王塔	康居国人康僧会至建业，传经授道并向孙权献上舍利，孙权修寺，为其建阿育王舍利塔，为江南塔寺之始	
东吴	太平三年	258年		丞相孙綝废吴王孙亮，立孙休为吴王，毁废寺庙，塔亦同派	
晋	太康年间	280—289年	长干寺	刘萨诃（僧人慧海）掘得舍利于长干里，复建长干寺，建一层塔，十六年沙门僧尚加为三层	
	咸安年间	371—372年	长干塔	简文帝敕建三级长干塔	
梁	大同年间	535—546年		诏修长干塔	南唐时，废寺为营庐
宋	大中祥符年间	1008—1016年	圣感塔	僧人可政感应舍利，奉诏复建庙宇及白宝塔，赐号圣感舍利宝塔；寺东有白塔，即葬唐三藏玄奘大法师顶骨之所	端拱元年，演化大师可政于终南山传得唐三藏玄奘法师顶骨，归金陵葬于东冈，上建白塔
	天禧二年	1018年	天禧寺	天禧二年，改名为天禧寺；天圣年间，赐塔名为阿育王舍利塔	
	政和六年	1116年	天禧寺	建法堂	
元	至正二十五年	1365年	慈恩旌忠寺	德公讲主奉诏开席，说经训徒广传佛教，赐号“佛光大师”，改赐天禧寺为慈恩旌忠寺，僧统广福大师施财修缮大塔	
	至顺年间	1330—1333年	慈恩旌忠寺	重修舍利塔	元末毁于兵
明	洪武年间	1368—1398年		工部侍郎黄立恭奏请修葺庙宇	洪武十九年，玄奘顶骨葬于寺南冈，建喇嘛塔形式的三藏塔
	永乐十年	1413年	大报恩寺、琉璃塔	敕工部重建梵宇，皆准大内式，中造九级琉璃塔，赐额大报恩寺	嘉靖末年失火焚毁，仅存塔、禅殿、香积厨
	万历年间	1573—1620年	大报恩寺、琉璃塔	禅僧洪恩募修，琉璃塔灿然夺目，塔下有放生池，池上建滦上亭，塔左而前为大禅殿，公垫方丈香积相鳞次，又前为藏经殿，贮经版其内；禅殿后为禅堂及讲经堂，皆今丙丁年间用寺租及檀施重修，禅堂后有唐玄奘石塔，即藏爪发处	
清	嘉庆七年	1802年		嘉庆五年琉璃塔遭雷击，第九层塌损一角，嘉庆七年维修塔	
	咸丰六年	1856年		太平天国军内乱外战，与湘军和八旗清军大战，报恩寺先遭兵火，后被洗劫，一代名寺被夷为平地	
	同治四年	1865年		李鸿章创办金陵制造局（今晨光机械厂前身），遗址东为厂房，近塔南为宿舍（今晨光宾馆），周围居民在寺庙废墟上搭建民房，形成街道，街名取自寺庙，如北山门、南山门、宝塔根等	

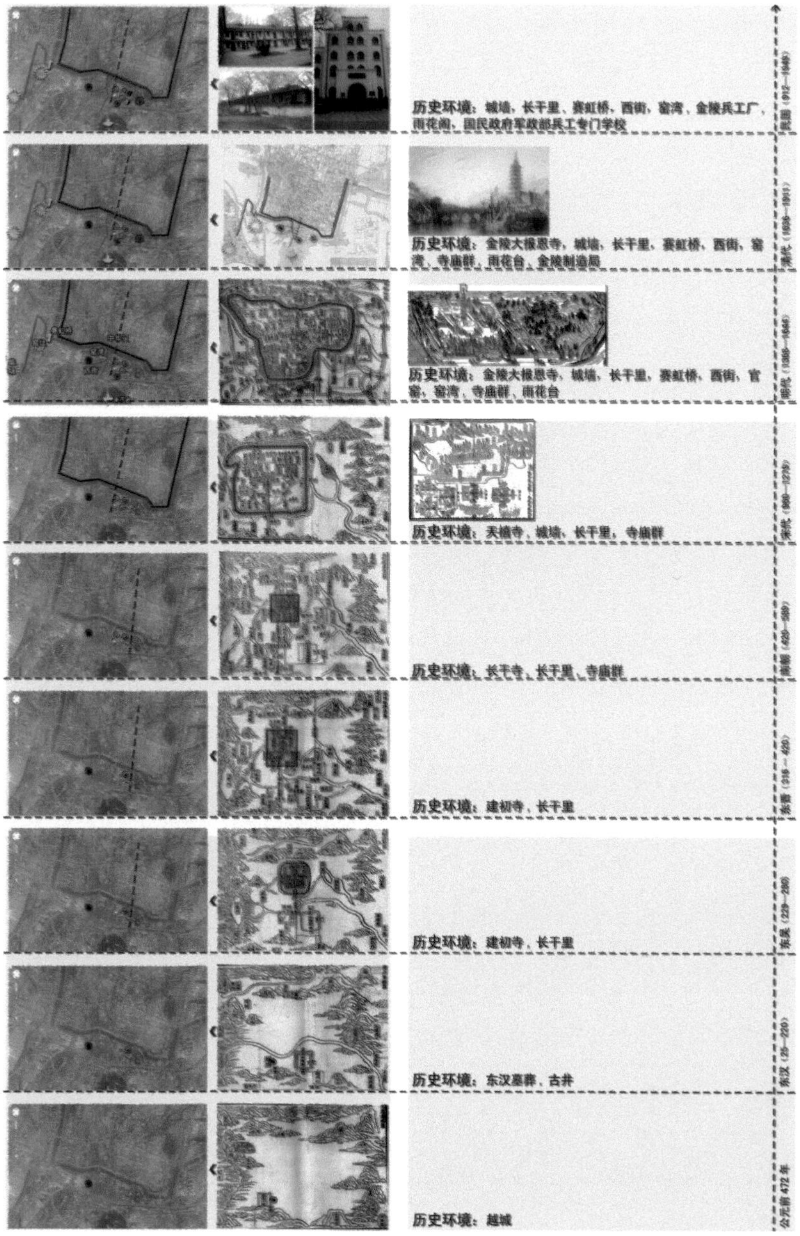

图2-70　文化历史专题图

城市建成区范围和自然要素格局，并以时间为轴线串联这几个时期的演变过程，使读者可以清晰地沿着历史脉络解读城市。这种表达方式看似简单，而且每个图片的信息量也不是很大，但是通过不同时期的串联，可以使读者直观地发现每个历史时期的特点和单个专项体系的演变特征。比如从图上我们可以发现扬州的城市规模大致经历了春秋、汉–隋和唐代的扩张时期、宋元的缩小时期和从明清至今的再次扩张时期3个阶段的变化，城市的自然要素格局从春秋时期的邗沟到汉–隋时期的京杭大运河再到明清时期的瘦西湖，体系逐渐丰富完善等特征。总之，通过时间轴上的城市历史沿革分析可以发现城市建成区的规模变化特征，并梳理出城市的重要历史文化资源，进而为城市的发展提供参考意见。

总的来说，城市历史文化研究专题研究内容跨越不同时期，内容广泛。因此在整理研究成果的时候需要从时间、空间纵横两个体系一起入手，通过分析时间轴上不同阶段的城市建成区的规模与范围的变化和不同阶段形成的特有历史要素，梳理出城市发展的渊源，从而为后期的研究提供思路和切入点。

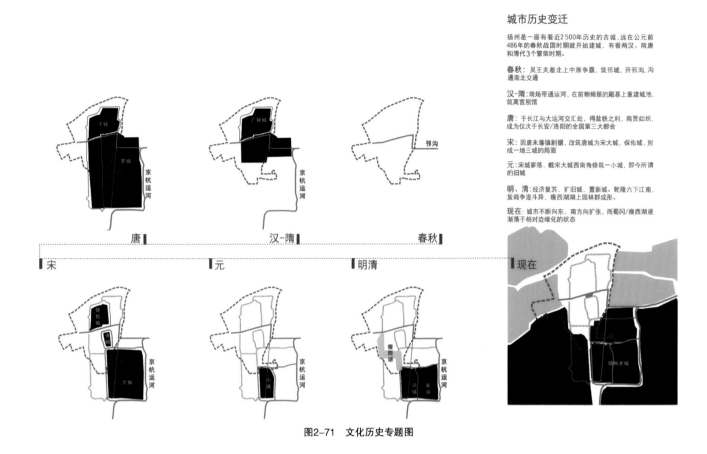

图2-71 文化历史专题图

2.4 案例研究图

案例研究与专题研究稍有不同，更注重案例本身的借鉴意义，这个案例可以是现实案例即已建成的城市地段，也可以是没有建成的规划项目案例，无论是哪种案例研究，均需要从中提取优点或做法而运用于后期规划设计中。一般来说，一个规划设计项目需要对多个相关案例进行分析研究，在分析方法上可以分别对各个案例做纵向深入剖析后归纳结论，也可以从一条或多条线索同时对多个案例做横向比较分析。

2.4.1 纵向归纳式案例研究

纵向归纳式一般针对一个案例进行详细的梳理，包括对案例的地理位置、建成年代、成本、理念、形态和社会效应等方面提取有关的借鉴意义，并以简明扼要的文字或图示方式表达结论。这种案例研究常见于特定规划类型的前期分析，比如高铁站或机场、工业园区、大学城、体育中心等，这些规划往往需要对国内外成功案例进行经验借鉴和学习。

如图2-72对法兰克福机场的分析主要是从场所定位、场所特征和运行机制等层面进行研究剖析，特别重视对法拉克福机场及周边航空城的发展进行分析，旨在从中提取有关产业布局、交通发展及营运模式的发展借鉴。随着国际城市航空业的竞争日趋激烈，发展本国航空产业是很多城市发展的重要战略，在国际众多机场中对法兰克福机场自身的定位判断是至关重要的，这对于进一步明确机场自身特征，发挥优势资源具有指导性的意义，具体分析方法运用了调研分析的方法，再结合实景图片对场所自身进行深入的研究，分析逻辑可以遵照区位研究、周边环境剖析、自身定位、优势特色、运行机制等纵向归纳的方法。

法兰克福机场
Frankfurt

区位

法兰克福国际机场位于德国黑森州西南部，法兰克福市中心以西南约12km

总占地面积

20km²

航空城发展现状及特点

- 商贸服务型的货运枢纽，主要依托商品贸易、专业市场，提供商品集散、运输、配送、信息处理等物流服务，以邮件快递、化工/科学生产及消费品的分销和转运业务为主，其次有物流管理、仓储和货物搬运等业务，以合同外包形式较为普遍；
- 整体道路交通规划与市外多个区域物流中心、转运/分销点接合，以铁路和陆路交通为支线接连起来，形成分布全国的"区域物流村"(Freight Villages)网络。

发展定位

综合型的交通货运枢纽，定位为欧洲最具规模和效率的国际空运物流转运港、货物分销基地，商业休闲功能齐备的国际"航空城"。

- 中西欧转运中心
- 陆空联运中心

主要非航空产业发展

引入多元化的商业购物/休闲设施吸引人流聚集，又以时尚的商务设施吸引其他商户进驻，替代了一般航空业务，吸引更多样化的需求，使其不再局限于一般的机场运输功能，而是一个能为各种类型的企业提供商机，与国际城市有着紧密联系的城中之城。

机场交通规划

强调多式联运(Multi-modal Transportation)，航空、公路、铁路等交通运输模式一体化运作，以确保货运中心有两种或以上的运输方式交接，增强货运和物流灵活性和应变能力，提供具弹性的高效率物流运输服务，吸引著名的物流公司、航空公司、货运公司落户，为世界货运行业的成功典范。I.C.E.跨国铁路服务直达机场核心区，2~3小时可达澳地利、瑞士、丹麦等生产国，全面打通机场与周边其他国家的运输连接，使其服务范围得以辐射至更广的区域。

营运模式

采用3P(Public Private Partnership)方法，公私合作，特点包括：

- 由政府出资建设基础设施，如土地开发、公路、铁路连接、公交联运站等；
- 私营企业参与设备(仓库、物流设备、加油站等)投资和运营；
- 在利用3P模式建立物流中心时，公私的比例不是固定的，而是根据各物流园区的情况不断调整。国家在物流园区起步阶段的投资比例很高，而在运营阶段，私营企业的比例不断加大。

法兰克福机场区位与交通布局图

法兰克福机场空中俯瞰图

长途铁路车站将机场延伸至周边

机场周边完善的高速公路系统

机场周边商务中心

机场周边商务办公

图2-72　纵向归纳式案例分析

　　对规划前后效果的对比研究是一种现状分析常用的分析角度，图2-73对伦敦多克兰地区的纵向归纳式分析从规划实施前和规划实施后的前后对比进行分析研究，主要从规划前后的游客数量、规划空间变化、具体空间效果等方面进行分析对比，伦敦多克兰位于伦敦市区向东，占地面积有限，其内部的多克岛拥有该地区绝大部分的商业性建筑，对游客具有较强的吸引力，因此分析游客数量的前后变化对于评估分析规划的实用效果具有较强的说服力。现如今多克兰地区已发展为继伦敦市、威斯敏斯特后的第3个商务中心区，拥有众多高层写字楼，聚集了瑞士第一波士顿银行、花旗集团等世界知名金融机构，因此分析空间的实用性和品质在规划前后的变化是另一个分析的重点。具体表达方式可以通过列表格结合图片的方法对规划前后的效果进行表达。

伦敦 多克兰地区

与规划用地可类比之处：
- 滨水地区
- 资源整合
- 创造可持续环境
- 经济发展

规划实施前（1981）
- 人口比10年前下降20%
- 地区失业率为17.8%
- 3年减少1万个工作机会
- 60%土地闲置

规划实施后（1998）
- 每年有400万的游客
- 河岸形成众多公园
- 伦敦地区的商务中心
- 人口增加两倍

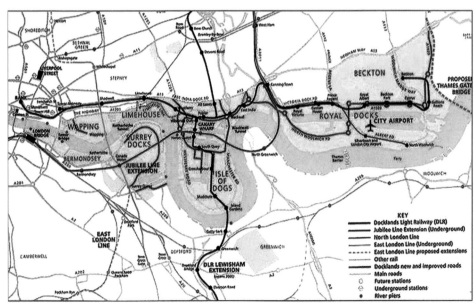

图2-73　纵向归纳式案例分析

对设计地块不同要素分门别类地进行专项研究是另一个常见的分析方法，基地现状资源条件存在软硬两大类型，其中交通条件对于基地未来的发展优化具有重要的作用，是地块硬环境要素之一。另外，随着绿色环保的观念深入人心，地块水绿资源逐渐成为决定地块品质高低与否的重要因素，因此也是分析研究的重点对象之一。如图2-74是对地块现状从水系分布、道路系统结构、绿地体系结构等软硬资源两大方面进行的分析研究，具体做法是将绿地、水网形态、路网等单一要素独立分开，在图片的表达上只保留各个要素，这便于直观地研究单一要素现状条件，同时可以结合GIS等现代分析手段对地块水网、绿地、路网的密度、连通度、可见度等方面进行分析，增强研究深度，以便更加全面地掌握地块的现状条件，为规划设计提供较为科学的依据。

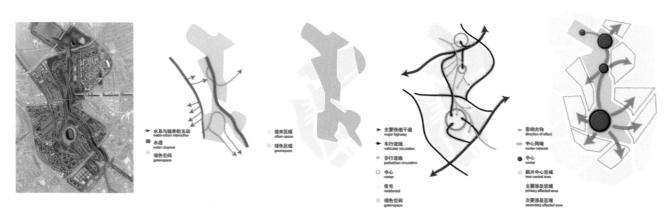

图2-74　纵向归纳式案例分析

2.4.2　横向比较式案例研究

横向比较式的案例研究是通过案例分析，对具体案例进行类型区分、抽象归纳、逻辑推导，得到案例的优缺点及借鉴价值。研究内容主要有案例特征、案例归纳、案例总结。照片、统计图表、列数据等都是常用的表达方式。

抽象结构图的表达方式在案例分析中运用比较广泛。如图2-75是某开发区产业功能定位专题研究的一部分，主要对国外著名城市开发区系统做了一个详尽的梳理，得到4种典型的产业功能类型：创新金融服务、国际贸易、科技研发、总部基地。左侧结构图又对4种产业功能类型进行了二级细划，分为科技金融服务、空港保税区、大院所基地、ICT产业等16个子功能业态。右侧以典型开发区城市名称配以图片注释，能够直白地表现出各开发区业态及建筑的特征，而且与左侧的图块文字形成映射，构成4组互相联系又有分割的图文组合，很富有逻辑性和秩序感，便于人们理解设计者的意图。在图面的构成上采取大小构图元素相结合的手法，避免了单一图块大小的单调性，使图面统一中有变化。

列提纲的表达方式在案例分析中也比较常见。如图2-76是体育中心与其他城市功能复合模式专题研究的一部分，主要对多种复合模式典型案例做了一个详尽的梳理，归纳出存在以下4种复合模式：体育中心+会展中心、体育中心+商业文化中心、体育中心+城市公园、体育中心+居住社区。同时，总结出体育中心在潍坊城市发展中可以起到以下4种领航作用：全球化时代大事件与城市营销；加速潍坊城市空间结构的调整；城市体育设施的完善；结合风筝文化，塑造新的城市形象。图面左侧采取列提纲的表达手法，用红色大号字提纲挈领地总结出体育中心与其他城市功能复合模式类型，再加上小号黑体字的详细说明，配以图片生动的解释，层次凸显，逻辑清晰，主次分明。

列数字的表达方式在案例分析中也比较常见。如图2-77是城市空港专题研究的一部分，主要对全球著名的空港案例做了详细的分析，主要从规模、等级上研究城市空港。具体的从客流量、总建筑面积、办公、酒店、会

科技金融服务 中央金融区 金融后台服务	创新金融服务	巴林贸易中心 
空港保税区 空港交易展示区 水港保税区 水港交易展示区	国际贸易	柏林波茨坦 SONY中心 
大院所基地 企业研发总部 创新孵化基地 教育服务中心	科技研发	东京国际展览中心 
ICT产业 装备制造 汽车 光电 医疗机械	总部基地	芬兰赫尔辛基的HTC总部 

图2-75　横向比较式案例分析

体育中心与其他城市功能复合模式

体育中心+会展中心：北京体展中心
北京体展中心的规划通过将贸易中心、国际展览中心（远期发展为国际商务办公中心）与集中布置的体育核心区相结合，形成完整的功能整体，通过多元化的城市功能改变原本体育中心单一功能形象，为区域发展提供动力和支撑。

体育中心+商业文化中心：英国温布利体育中心
英国的温布利体育中心将城市更多的商业功能和文化功能与之结合，保证了体育中心地区在非赛事期间的持续活力。通过多元功能的混合使用，用作人流集散的体育广场在平时是前来购物娱乐人群的休闲场所，保证了设施的使用频率。

体育中心+城市公园：亚特兰大百年奥运公园
1952年赫尔辛基奥运会首次出现了奥林匹克公园的概念，以自然环境为中心，场馆有机布置，建筑与环境融为一体，这一做法为之后的大规模集中场馆的空间布局提供了一个范本，为人们创造了一个休闲游憩活动和体育运动完美结合的优美的外部环境，并且也带来了可观的经济效益。

体育中心+居住社区：天津奥体中心
天津奥体中心由竞技区和配套区两部分组成，其中配套区包含了45 hm²的公建区和55 hm²的高档住宅区，形成一个集生态商务、精品商业、顶级居住为一体的现代化综合开发区域，与奥体中心竞技区共同形成了功能完整、空间形态丰富、特点鲜明的城市奥运文化圈。

体育中心的领航作用

全球化时代大事件与城市营销
进入全球化时代后，城市的发展更加依托于外部资本，城市政府作为城市的管理者，更像是经营城市的企业，也是城市营销的主体，而在城市中发生的重大事件，诸如节庆、建筑、会议、展览、赛事往往作为地域营销的政策工具。
全运会是我国国内举办的重大体育赛事之一，对于扩大举办城市的知名度，带动城市建设的发展具有重要的现实意义。而目前潍坊举办大型全国综合性运动会的标志性体育设施较为缺乏，这已经成为潍坊承办大型赛事的软肋，规划建设潍坊体育中心，将为承办2011年第11届全运会创造良好的硬件环境。

加速潍坊城市空间结构的调整
体育中心建设可以推动城市基础设施和公共设施建设，为城市长远发展提供必需的社会资本。且体育中心的选址位于潍坊市东西及南北空间发展轴交汇处上，对于城市西部城区的发展将起到巨大的推动作用。

城市体育设施的完善
规划到2020年，潍坊市域总人口规模将达905万人，中心城市人口规模175万人。而按照国家标准，100万以上人口的城市，每100万至200万人至少要有一个市级体育中心的要求，到2020年潍坊需配套两个市级体育中心。潍坊现有的体育设施数量和规模都处于较低水平。体育中心的建设将使潍坊体育设施布局趋于均衡和完善。

结合风筝文化，塑造新的城市形象
体育中心建设后将成为提高潍坊风筝文化影响力的重要载体，举办风筝会及鲁台经贸洽谈会等大型活动开幕式、闭幕式，成为潍坊对外展示的窗口，塑造多元化的城市形象。

图2-76　横向比较式案例分析

展、商业等方面对中国香港机场、阿姆斯特丹机场地区进行分析。运用列数字的表达方式，给人们确定、理性的规模感知，通过比较可以看出，香港空港的建筑规模、会展功能要小于阿姆斯特丹空港，而办公功能要远大于阿姆斯特丹空港。从而可知，香港为办公功能主导型的空港，阿姆斯特丹为会展功能主导的空港。运用图片注释的表达方式，给人们以直观、生动的评价。这样以图文并茂的方式来表达案例研究，不仅以图来表达文字以外的内容，而且以文字来解释图，两者相得益彰，结论清晰有力。

总的来说，选取图纸的表达方式与图纸的受众是息息相关的。通过列举数字的表达方式，定量化、理性化，更适合与专业人士或同行之间的交流。通过具有表现力的图纸表达，生动化、直观化，更适合于对公众或非专业人员阅读。

SkyCity 空港城，中国香港机场
SkyCity, Hong Kong Int'l. Airport

客流量/ Passengers	47 200 000
总建筑面积/ Total GFA	1 300 000sm
办公/ Office	38 000sm
酒店/ Hotels	2 / 1 760 rooms
会展/ CoEx	100 000sm
商业/ Retail	50 000sm

Schiphol 空港城，阿姆斯特丹
Schiphol World Trade Center, Amsterdam

客流量/ Passengers	47 350 000
总建筑面积/ Total GFA	2 000 000sm
办公/ Office	110 000sm
酒店/ Hotels	3 / 1 125 rooms
会展/ CoEx	60 000sm
商业/ Retail	8 000sm

图2-77　横向比较式案例分析

Chapter Ⅲ

3 总体构思

　　总体构思是城市设计开展的关键阶段，涉及规划概念主题理念的构想、目标和定位的设定、发展策略的提出，进而形成城市设计方案的雏形。总体构思是规划师思维过程的展现，规划师基于前期分析的结论对方案进行整体谋划和构想，并综合运用计算机制图和手绘草图结合的方式来进行表现。

3.1 理念LOGO

设计的理念构思常运用一些抽象化的图示语言表现，简称LOGO，这种视觉化的信息表达方式往往通过提炼、抽象与加工赋予简单矢量图形以一定含义和内容来使人容易读懂和理解，具有简洁明了的视觉传递效果。这种表达方式无论从色彩还是构图上，其识别性突出，并具有特定的象征内涵，在理念构思的表达中被广泛采用。

3.1.1 概念主题

在构思阶段，概念主题是通过对现状核心问题的紧抓，对城市设计做出预判和谋划，并通过抽象归纳、逻辑推导，凝练出应对性很强的规划对策，是对解决对策的提炼和提升，起到涵盖整个规划思路定位的作用，是规划方案的"最闪光点"。研究内容主要有规划目标研究、规划对策研究和规划手段研究。一般采用概念图拓扑绘制、规划亮点展示、规划要素分析、规划概念抽象等表达方式。原则上要求概念主题直指规划目标，相关概念要素间相对独立且成系统。

概念图拓扑绘制的方式在概念主题表达中运用比较广泛。如图3-1是某滨水城市概念定位专题研究的一部分，将城市各要素进行拓扑抽象表达，用橙色区块代表城市核心，用曲线形的蓝色线性要素代表城市水道，并以曲线形的透明丝带链接城市与水道，体现出引水道勾连城市，打通城市中心与水道联系的概念。具体操作上，先在AI软件中用钢笔工具，绘制出城市路网，并填充灰色；接着，以钢笔工具绘制多段线，用平滑工具平滑为曲线，再调节笔刷工具选择等比线形；最后，用文字工具写出"城市核"及"活力湾"字

图3-1 概念主题

样，字体定为宋体，"湾"字设为孔雀蓝色。这种表达方式，生动地表现了设计者链接城市核与自然水体的设计意图，多种图层的叠合使得图面信息量丰富，又能紧抓住设计的概念主题；曲线形的要素构图，使得图面更加柔和，视觉效果更佳。

规划亮点展示的方式在概念主题表达中运用比较广泛。如图3-2所示，主要对设计中将使用的主要技术亮点做了一个详尽的展望，得到4种典型的规划技术亮点：生态湿地、汽车公园、公共绿廊、树荫塔影。左侧示意图主要对4种技术亮点进行剪影式的绘制，生动直白、直观地体现出规划技术亮点的主要特征，便于甲方的理解领悟。右侧以大号的黑体字注释，能够直白地表现出技术亮点的特征，并使用4个字的模式简洁优美地概括出这些特征，而且与左侧的图块文字形成映射，构成4组互相联系又有分割的图文组合，很富有逻辑性和秩序感，便于人们理解设计者的意图。在色彩使用上，采用4种不同的色彩来绘制相关示意图，在色调上都以灰色为主基调，色彩上又有区别，这样既统一又有变化，丰富而精彩。

规划要素分析的方式在概念主题表达中运用得比较广泛。如图3-3是宜宾市城市风景策划中重点地段设计的

一部分，主要对重点地段规划中使用的主要规划要素做了一个详尽的梳理，也可以说是规划的创新点所在，通过归纳得出方案存在以下4种要素：石舞园、玉露湖、幽篁谷、引龙台。在内容上，分别对应宜宾城市特色的石、酒、竹、台地等要素，扣紧了宜宾的城市独特性，又以诗意对仗的语言表达了自己的规划意图。图纸上部采用4个相同的矩形框，配合下部设计平面图，形成"四纵一横"的格局，图面平衡而有韵律。整个图面以黑色为底色，白色文字为注释，再点缀以红色的元素，色彩丰富而协调。整个图面以矩形、圆形构图元素为主，辅以曲线形的地形，整份图纸层次凸显，逻辑清晰，主次分明。

　　规划概念抽象的方式在概念主题表达中也比较常见。如图3-4是某城市概念性城市设计的一部分，主要将规划概念分为网络聚合、内生循环、复合永续3个方面，每一方面以2~3个抽象图分析，形成8个子项目，分别为：①完善的生态网络、多样的密度组团、文化的时空拼贴；②国内的市场依托、内部的优势重组、生态的循环经济；③对外的多向关联、运作的持续发展。图面上分为绿、紫、蓝3组图，每组图中以2个或3个小LOGO图构成，每个小图表达设计者的一个观点。整个图面采用"二分法"布局，左侧为图，右侧为注释文字，也是设计者总的观点。这样以图文并茂的方式来表达案例研究，不仅以图来表达文字以外的内容，而且以文字来解释图，两者相得益彰，结论清晰有力。

　　规划概念抽象的递进方式在概念主题表达中也比较常见。如图3-5是某城市概念性规划的一部分，主要将规划概念分为协同、策动、极化、引领、辐射、共生6个方面，这6个方面层层递进，由外部到内生，由区域到城市，从区位关系、产业定位、空间布局、生态理念等方面综合体现主题。图纸布局上，采用中部分析图、两侧大号文字的方法，生动地烘托出主题，又明确反映了设计策略。整个图面以矩形、圆形构图元素为主，辅以曲线形的地形，整份图纸层次凸显，逻辑清晰，主次分明。图纸用色上，采用灰蓝色调为基底，配合补色橙色、淡黄色，色彩协调而明快，取得了很好的表现效果。

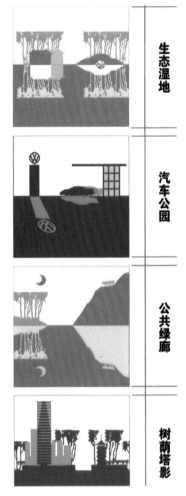

图3-2　亮点展示

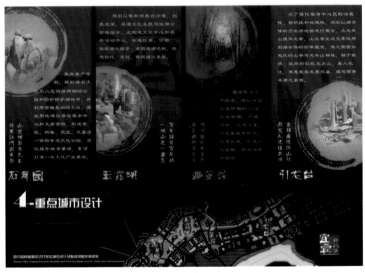

图3-3　要素凸显

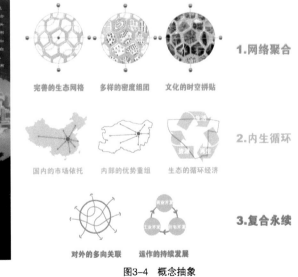

图3-4　概念抽象

3.1.2　目标定位

在总体构思中，目标定位是指导其发展方向及最终发展水平的重要指标，对于地区或者区域的发展具有重要的指导意义。以区域发展目标为例，它规定了区域在一定发展阶段内的经济、社会、环境发展等各方面的方向和水平，集中反映了各类效益的优化组合途径。这一目标定位对于地区及区域的发展具有直接指导意义。一般来说，它具有以下原则：层次性、动态性、地域性及时间性等。具体做法包括分片区定位法、情景假设法、示意图定位法、等级圈层定位法等。

如图3-6所示，根据滨湖新区内部的资源条件及区位条件，对其进行分片区，每个片区具有自己的特色及定位，具体而言，将滨湖区段分为三河古镇—桃花源里景区、生态农业区、现代都市旅游区、省级旅游度假基地、农业观光区、长临河—六家畈古镇景区及四顶山—黑石嘴景区等8个片区。并对于8个片区分别进行定位及特色提取，最终形成对于整个片区的目标定位。

如图3-7所示，对于这一半岛的目标定位，首先，对于其尺度进行一定的度量，并运用情景假设分析方法将各个世界著名的特色片区进行罗列及布局，最终通过这一假设方式对该半岛的定位进行最终判定。具体而言，该半岛的实际尺度为2.63km×2.75km，呈现大致的正方形，设计将上海新天地、巴黎水晶宫、大山子、巴尔的摩内港、温哥华Granville岛、杜塞尔多夫媒体港、温哥华东奥湾区及横滨21世纪滨海乐园等不同尺度的特色片区按照实际面积排列布局在其适宜的位置。通过这一情景假设，对该半岛可能适宜的功能定位有较为清晰的认知。

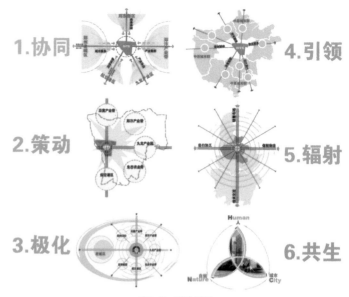

图3-5　概念递进

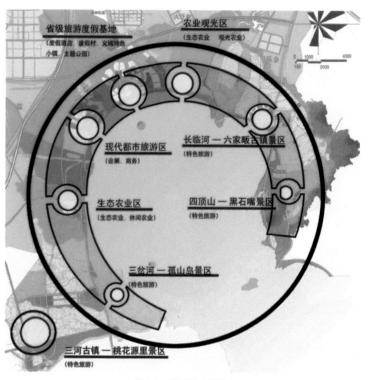

图3-6　分区特色定位

如图3-8所示，对于该新城的河流进行分段示意图定位，该目标定位与片区整体的定位及结构相互关联，同时也结合每一片区的具体特色及资源，得出4段不同的片区分区。具体而言分为上塘古韵段、文化公园段、都市华城段及文化创意段，并赋予每一片区的定位目标意向图片示意，以更好地指导片区的定位发展。

如图3-9所示，采用等级圈层定位法，将机场这一片区首先划分出机场核心区及外围区域，同时，疏通若干条机场公路干线及机场列车专线作为发展廊道连接各片区，对整个片区的目标定位进行拆解划分。其中，机场核心区片区中也划分出机场购物中心最中心片区及核心周边片区，包括商业办公、航空货运、酒店、会议中心及相关仓储服务等区域，这些区域通过航空城环路进行联系。同时，外围片区按照各自的区位特点及资源禀赋划分出

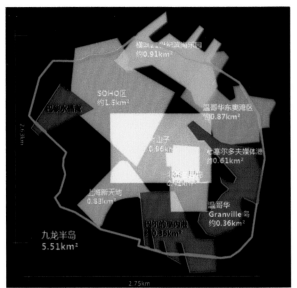

图3-7　目标定位

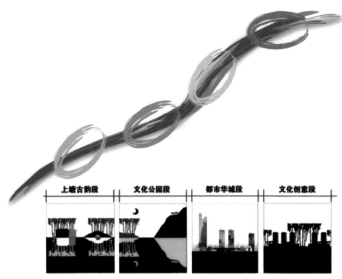

图3-8　分段河流定位

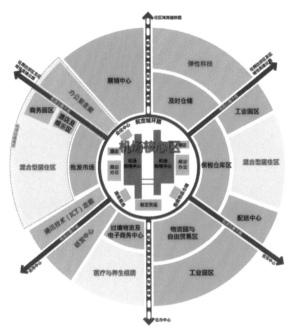

图3-9　等级圈层定位

各小片区，并按照各自不同类型进行颜色划分，最终得到整个片区的具体定位分析。

　　如图3-10所示，为探寻某经济技术开发区的内核，从内部联系、区位关系、公共设施比重、开放空间探究等方面对于基地的整体条件进行分析。内部联系考虑各产业区之间的联动及分离关系；区位关系将老城（各类物资基础丰富的区域）与基地之间的关系以及基地与外围新城之间的关系进行比对分析；而对于公共设施比重的

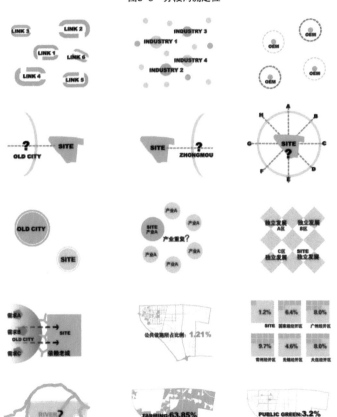

图3-10　多要素综合定位

探究，则是对于其他成功案例经开区现
有的公共设施所占比例进行分析，得出
一个区间范围；开发空间探究则是从农
田、公共绿化及水文3个方面进行整体
分析最终得出其合理布局。基于以上分
析，最终从文化、地标、轴线、空间及
中心等方面对基地进行分别总结判定。

如图3-11所示，在对基地进行特色
分析之后，最终定位为该湾岛的整合设
计，采用分段定位整合方式进行整体策
划。根据各段的特色，将其分为不同性
质的4个湾岛：绿色生态岛、灵动创意
岛、都市活力岛及梦幻娱乐岛。并对于

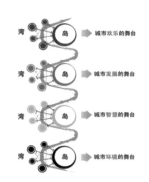
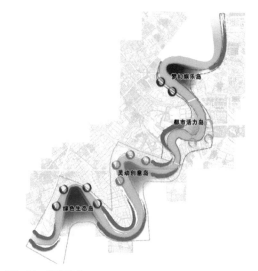

·设计理念
根据基地特色分析，总体理念为
江湾半岛，设计理念是产生4个不同
性质的半岛，在半岛对岸设置与其相
关的活动点，形成湾，湾与岛之间存
在对望或空间联系。

图3-11　湾岛定位

每个岛对岸设置相关的活动点，形成互望或者具有空间联系的湾，两者共同组成城市欢乐的舞台、城市发展的舞
台、城市智慧的舞台及城市环境的舞台。这种设计方式既使得整体可以较好地整合为一个发展主题，同时也充分
发挥各自的优势及特点，对各段也进行了恰当的定位和利用。

3.1.3　策略愿景

在规划设计的总体构思中策略愿景是很重要的一个部分，它指
设计者以展望想象的视角对规划对象未来的属性、功能、情景的总
体判断和阐述，是对规划设计目标进一步的说明和更具体的落实。
其一般做法可以通过文字概述、概念图表、结构分析等手法进行具
体表达，通常为了达到表述充分的效果往往前面几种方法相互结合
使用。因为事物发展具有复杂性、动态性、整体性等性质，所以制
订策略愿景遵守的原则一般是整体架构原则、结构合理原则、预留
弹性原则。

图3-12的策略愿景分析主要是以上海门楼为主要分析对象，
通过对上海门楼在未来城市空间交流、空间交往、景观游览、门户
节点等方面进行功能锁定，以期通过对门楼这一核心资源周边空间
环境的塑造有效改善城市居民的生活品质。从类型学的角度分析这
是对规划对象功能性方面进行概念界定，其主要作用体现在关注上
海门楼这一历史资源未来功能方面的定位以及可以取得的预期效
果，进而可以明确工作的核心目标，合理有效地把控下一步的工作

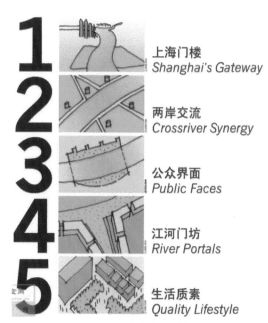

上海门楼
Shanghai's Gateway

两岸交流
Crossriver Synergy

公众界面
Public Faces

江河门坊
River Portals

生活质素
Quality Lifestyle

图3-12　门楼发展愿景

方向。其具体表达方法是通过简单明了的概念图结合概括性的语言进行形象直观的展示。

图3-13的策略愿景分析是以滨河景观空间为核心对象，这与上面以单一核心要素为分析对象有明显区别，因
为是整个滨河空间的愿景分析，分析对象不再是单纯的整体滨河空间，而是要以空间范围中各个主要构成要素为
分析对象，因此分析具有多样性、复杂性的特点。此分析选择了滨河小区、滨河核心功能片区、滨河特色空间、
滨河岸线等6大分析对象进行策略远景的归纳总结，从类型学角度来看这是一种要素性分析方法，分析策略上更偏
重运用设计的视角。通过对各要素核心价值的判断分析出未来远景的发展方向，然后通过进一步的整合将其各自

特色融为一体，达到先分后总、各个击破的效果。

图3-14的策略愿景分析是以城市与山水空间关系为核心对象，因为城市的发展离不开自然资源的支撑，良好的自然环境是现代城市核心竞争力要素之一，特别是规划目标为设计生态宜居城市时更是要以"景—城"的良好关系为发展愿景核心。因为城市是个巨系统，为了有效把握核心目标，该分析将城市复杂系统进行简化抽象，将表达内容聚焦到景—城关系的空间分析上，从分析策略来看更偏重设计理念的表达与传递。通过对理念关系图的

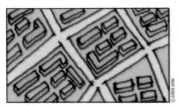

历史性的小区
Historic Neighborhoods

- 保留历史性的街道组合
- 保持低密度，作为极度的城市开发的暂时的休整
- 在现有的建筑中协调地插入新的开发项目

- Preserve historic street alignments
- Maintain lower densities as a respite from intense urban development
- Sensitively insert new development into existing fabric

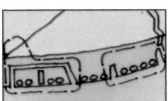

两个新的滨江地区
Two New Waterfront Districts

- 沿江创造两个新的地区，"支流地区"和"市场地区"
- 每个地区将都有其自己的个性和特征，反映其在江边的独特位置
- 两个地区将通过不同的功能建筑，包括住宅、商业和教育建筑赋予其不同的特征

- Create two new districts along the river: the Canal District, and the Market District
- Each district will have its own identity and character, reflecting its unique place on the river.
- Both districts will be characterized by a mix of uses, including residential, commercial civic, and educational.

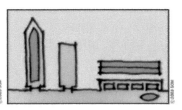

近海的先迹
Maritime Precedents

- 突出W7地区的近海先迹和"活的水流"特征。
- 利用现有的干船坞以创造独特的支流地区。
- 通过创造一个与众不▷同的、新的市场地区强化历史性的鱼市场。

- Celebrate the maritime precedents and "working waterfront" character of the W7 district
- Utilize existing dry-docks to create unique Canal District
- Celebrate the historical fish market by creating a distinctive and new Market District

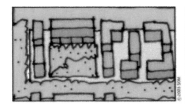

亲和的住宅区
Intimate Residential Neighborhoods

- 实施和维持低层住宅
- 为周围的国民创造微型公园
- 在小区内鼓励为小区服务的商业设施
- 为小区创造强烈的个性感

- Implement and maintain lower-scale housing
- Create pocket-parks for surrounding residents
- Encourage neighborhood-serving retail within neighborhoods
- Create strong sense of identity for neighborhoods

一个绵延、活跃和色彩斑斓的水滨
A Continuous, Active, Diverse Waterfront

- 通过实施一个绵延的50m的休闲大道将江滨统一起来。
- 沿休闲大道创造不同的所在，使各个地区和小区的特征更为清晰。
- 休闲大道和沿休闲大道的各个所在成为吸引人们的目的地。

- Unify the river edge with the implementation of a continuous 50-meter promenade
- Create distinct places along the promenade that define districts and neighborhoods
- The promenade, and the places along it, become a destination unto itself.

整个小区的绿色节点和公园
Green Links and Parks through Neighborhoods

- 通过实施绿色走廊将小区和江面连接起来。
- 通过"江门"将主要街道和江边的休闲大道连接起来。
- 在整个地区促进新的社区公园的建设。

- Join all neighborhoods to the river with the implementation of green corridors
- Connect major streets to the river promenade with "river portals"
- Promote new small neighborhood parks throughout the district

图3-13 滨河空间愿景

疏解老城	城湖交融	山水入城

疏解老城建设压力，以**钱江新城**和**江南新城**为疏散单元，缓解老城在人口、交通、公共设施等方面的巨大压力。

加强西湖与东岸城市的联系，打造杭州**"城湖合璧"**，**"水绿交融"**，独具东方审美情趣的景观特色。

提升**"三面云山一汪水"**对东岸城市景观的渗透，强化西湖、宝石山、吴山对老城的景观渗透，打通视觉景观廊道

图3-14 山水城愿景

设计表达为未来城市发展愿景在疏解老城、城湖交融、山水入城3大方面进行了概述与分析，以期达到总体把控愿景引领的效果。

图3-15的策略愿景分析是以城市一个特色发展区为核心对象，因为分析对象具有结构复杂、功能多样的特点，所以对其将来整体的空间结构进行分析设计是至关重要的，结构的合理性决定了一个发展新区的发展潜力和综合效益。该愿景策略分析通过对发展新区功能核心圈层与绿色核心圈层空间关系的分析，为整个发展建设提供结构性的策略愿景。从类型学的角度该分析属于结构性分析，分析策略偏重规划手法。其具体做法是通过对发展区域未来结构体系的规划分析，以此总结出研究对象结构层面的发展愿景，同时结合主要空间要素的空间分析图来进一步阐述愿景实现的步骤与方法。

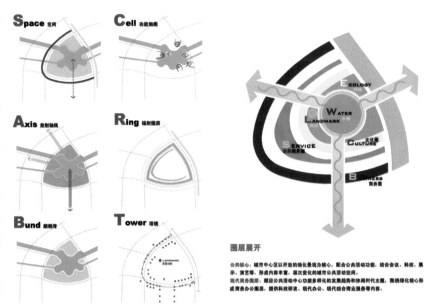

图3-15 分类策略愿景

图3-16的策略愿景分析是以创新城区的创建为核心对象，因为分析对象为较为创新的概念，具有前沿性的特点，所以对其要素构成与具体策略方法相比更显重要，结构组成的合理与否对于一个发展新区的发展潜力和综合效益具有决定性作用。该愿景策略分析通过对发展新区的3大发展要素构成分析，为整个新区的发展建设提供合理性的策略愿景。从类型学的角度该分析属于策略性分析。其具体做法是通过对城市创新新区未来结构策略构成的规划分析，以此总结出研究对象策略层面的发展愿景。

图3-17的策略愿景分析是以城市建设发展轴线与景观体系方面的创建为核心分析对象，因为分析对象分为城市建设实体骨架和景观虚骨架两个层面，因此具有多样性、复杂性的特点，所以对这两大分析对象进行分类研究更易于研究的深入，该分析首先分析了城市以点带面的发展策略，提出了城市发展要依轴拓展的发展策略，然后对城市滨水资源的利用和具体策略进行了总结，最后聚焦山体等自然地理资源，为城市的发展愿景提出因地制宜、引景入城的发展策略。该愿景策略分析通过对城市的3大发展层面进行宏观策略的愿景分析，为整个城市的发展建设提供合理性的愿景建议。从类型学的角度该分析属于策略性分析。

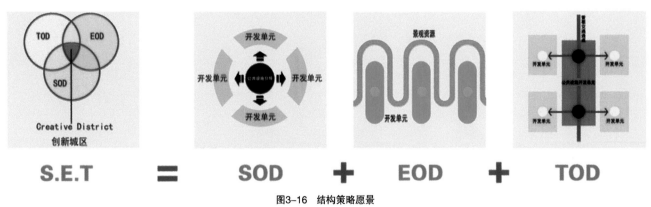

图3-16 结构策略愿景

核心引领，轴向生长

依托轨道交通三号线笕丁路站的建设，规划以4大建筑综合体为核心，作为城市生长点，领航规划区的建设。通过一纵一横两条功能景观轴线作为生长轴，将核心的辐射功能扩散到整个规划区，实现片区的整体发展。

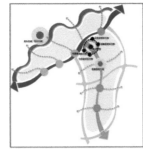

水脉纵横，蓝绿映城

通过基地内部水库、河道、鱼塘等现状水体的梳理，形成纵横贯通的水脉体系。以水脉为线索，规划多条绿化廊道，将生态绿地引入新城之中，实现水体、绿化、建筑交相辉映的城市景观系统。

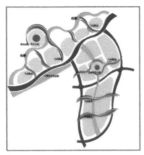

半山半城，南华北幽

基地具有良好的自然景观资源，半山、上塘河等自然资源丰富。由于田园综合体自然条件优越，建筑宜采用组团式布局，将山水景观充分引入城市内部。丁桥综合体，作为北部新城的核心区域，规划中应彰显其繁华与人气。由此形成了半山半城、南华北幽的城市景观。

图3-17 空间骨架策略愿景

3.2 手绘草图构思

草图设计是城市设计工作中最常见的一种形式，它指设计师以草图绘画的方式记录设计思路以及分析过程的工作形式。其优势是可以随时随地地记录设计构思，容易捕捉灵感思路，而其中记录设计过程是其一大主要功能。过程推进类草图具有整体性、系列性、连续性等特点。手绘草图作为方案构思核心手段，是设计师手脑结合的典型方式，以过程性的线条为主，线条有叠加重复、轻重缓急、潦草不拘的特点。手绘草图不追求精确工整，而追求创新思维火花的灵光乍现，设计构思过程中反复调整，而形成一种独到的表现效果。

3.2.1 结构构思草图

设计草图一般是指城市设计初始阶段的设计雏形，以线为主，多是思考性质的，一般较潦草，多为记录设计的灵光与原始意念的，不追求效果和准确。结构构思草图主要在规划设计结构的初始阶段，该阶段用于表达规划设计的整体框架。特点是在大的视角下确定规划设计的各个主要要素的合理安排，整体布局。主要目的是为阐述结构的特征、结构、组合方式以利沟通及思考（多为设计师之间研究探讨用）。表达中注意各个结构之间要清晰明了地表达出来，不同要素的线形表达要区分开。

如图3-18所示，这是一个滨水区的景观规划设计结构图，结构构思草图简单清晰，便于沟通和思考。草图中现实要素有绿地和景观建筑及亲水平台的表达。结构图中通过不同线形的表达勾勒出主要轴线、景观流线、视线通廊等要素。两条最宽线型是其轴线，两条南北向的轴线近乎平行布置。在东西向上布置了5条景观流线，分别是休闲、文化、市民、历史和运输流线，用虚直线表达。在主要节点处设置了眺望点，通过圆圈和两条放射式的轴线表达出视线通廊。此结构设计草图没有使用其余色彩，为单色钢笔线条表现手法，这种方式的优点在于图面简单清晰，设计意图一目了然。在主要轴线及节点处用英文加以标注，文字的作用不仅是有利于交流，而且参与了整体的图面构图，使得图面丰富不单调。

如图3-19所示，这是一个城市主要基础设施——主要开发项目结构的设计草图，表现手法生动活泼，设计要素区分很大，使人

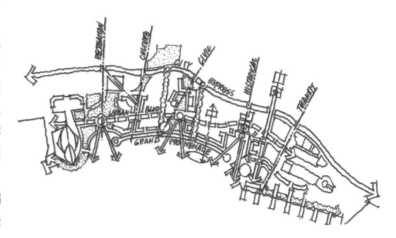

图3-18 景观结构草图

一目了然。用粉红色的轴线来表示电力线网路，草绿色的轴线来表示主要基础设施的合流线路。用虚线框来表示市镇中心、商业中心、市民广场、体育设施建筑群、会议区等各个功能区，简单明了。使用黑点来标注地铁站点，同时使用淡彩勾勒出河流和公园绿地。此结构草图用色统一，不杂乱。这种钢笔淡彩的表现手法使得各个设计要素相互区别，利于表达设计意图。文字随着轴线的走势进行排版，整体构图和谐统一。

如图3-20，这是一个历史文化街区及旅游景点的保护规划和游览路线设计草图，此类为典型的要素很多的结构草图。设计内容由两块历史文化街区和4块旅游景区构成，同时使用单色粗线表示出水系和山体等自然要素。采用蓝色虚线同时配以红色箭头来表示陆上游览路线，采用线型较宽红色虚线来表示水上游览路线，用线型较窄的红色虚线来表示水上游览路线与陆上游览路线之间的联系。火车站采用红色内外圈来表示，各个节点采用绿色内外圈表示。此结构草图色彩使用很多，但是通过线形的变化、颜色的对比，很好地将各个要素统一在一张图面上。通过不同大小和表现的文字将旅游景点、旅游景区、历史文化街区很好地区分开来。

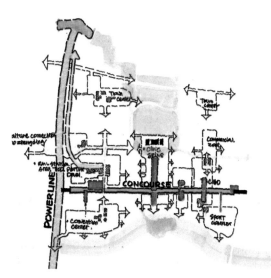

图3-19　设施项目结构草图

图3-20　历史文化景观结构草图

如图3-21所示，这是一个滨河地区的综合开发结构设计草图，牛皮纸上的钢笔淡彩表现让人很愉悦。通过面状斜线排列来表示酒店、会议、购物混合中心、商务办公区、主题零售商业区、高密度商业开发区等功能分区，斜线的间距不一，对应着功能分区的不同。用不同颜色、线形及画法来区分不同的轴线关系。围绕着公园四周采用彩色表现，将重点设计区域与周边区域区分开来，重点突出。此设计草图很好地向我们展示了结构图最主要的3个要素：点、线、面。每一类又有多种表达手法，同时通过一些技

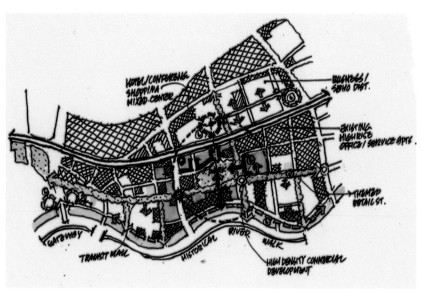

图3-21　功能分区结构草图

巧将众多要素统一在一张图纸上，和谐统一，不杂乱无章。文字的引线标注法同样参与到构图当中，整体版面经过精心的统一构图，所有的要素都参与进来，统一协调是构图的关键所在。

如图3-22所示，这是一个结构概念草图，先用钢笔手绘，然后在Photoshop中用画笔工具将主要轴线和活力单元加深，最后用AI将其绘制成结构概念图。通过颜色相同、粗细不同的线形来表示道路系统，不仅将不同等级的道路表示出来，同时保证了图面效果的统一。用大小相同的圆圈表示活力单元，结构清晰，调整透明度使得路网及水系等要素不被遮盖，这种表现手法很好地表达了各个要素内容。活力核的表达很醒目，在红色透明区外加了一条不透明的边线，标志性很强。"U"形活力绿带的表达是仅次

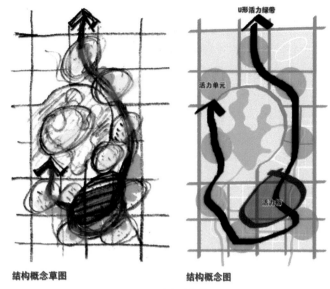

结构概念草图　　　　　　　　　　**结构概念图**

图3-22　空间结构草图

于活力核的表达地位，不透明的黑色带，除表达了想表达的内容之外，还压住了活力核的醒目红色，这样就不会出现图面很"跳"的现象。

如图3-23所示，这是一个展现新城市主义理念的概念草图，钢笔马克表现能够突出其设计意图。这个概念草图很好地表达了社区在人口密度及使用上的多样性，为行人以及多种交通方式的换乘而设计，塑造良好的城市空间形式以便捷联系公共开放空间与社区公共服务设施，建筑与景观设计应当结合当地历史、天气、生态和建筑的实施方式。主要道路使用双线形加箭头的方式表示，在将道路的等级跟支路区别的同时表示了道路的走向。图中将水体、居住用地和商业设施用地用马克笔上色，要点突出。同时利用多个小箭头表示出要素之间的相互关系，小箭头的排列整齐，利于构图的统一。文字在表达意图的同时也参与了整体构图，横向直排版的文字使得图纸更加协调。

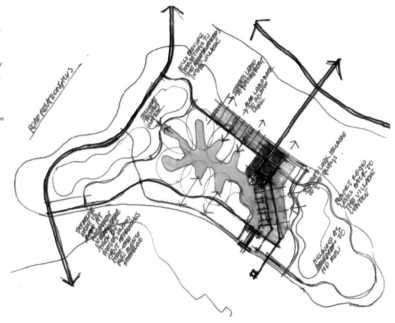

图3-23　整体空间结构草图

3.2.2　功能构思草图

功能构思草图就是通过对设计地块周围的用地类型和交通关系进行分析，并基于用地的功能定位和初期地块内部交通关系安排地块内的功能分布。因此，这一阶段一般处于设计前期，用于表达设计地块的功能分区，从而使得设计方案的功能关系得到优化。功能构思草图在设计中的作用类似于设计前期重要的战略判断，对于设计方案的实际使用效果举足轻重。但是需要注意的是，功能草图的表达最关键的是能够通过颜色、线条复杂程度或者文字轻松地区分不同的设计功能，而至于表达的风格和美感居于次要地位。

如图3-24所示，本设计地块的面积较大，位于城市的新城中心区，并有良好的水体和公园绿地的自然资源优势。地块功能上有市政办公、文化休闲、商业研发、住区和校园等类型，由于功能类型较多，在表达和分析时必须设定好颜色类型，尽量使表达颜色与通常的认知功能类型相匹配，并处理好不同颜色功能块在表达时的和谐性，使得功能分析图美观并方便他人解读。从这张图可以清晰地判断出地块绿地滨水和分割不同功能区的特征及地块水体从外向内引入的弧线格局特征。同时基于通常的用地功能颜色，可以清晰地判断出设计地块三角形功能结构和地块中心望水格局关系。

如图3-25所示，本设计地块面积较小，图面表达上主要是通过文字表达和线条的不同组合以区别地块内不同的功能分区，而不是通过颜色差异来表达设计的功能分区。并且由于分析的目的指向现状地块的细节策略，通过在现状基地底图上以文字和不同类型线条组合的方式可以迅速而直接地表达设计者的功能定位。因此这种类型的功能构思草图最大优点在于可以迅速地将设计地块的功能特征予以表达，有利于设计思维的展开和进行，并方便后期的功能调整，灵活

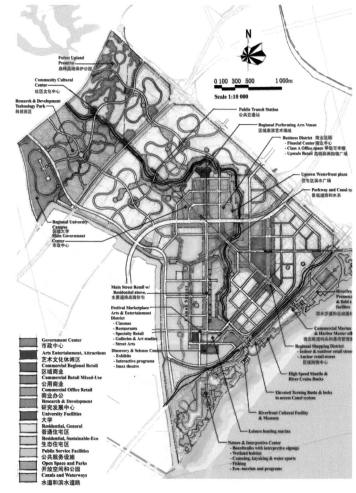

图3-24　功能模块草图

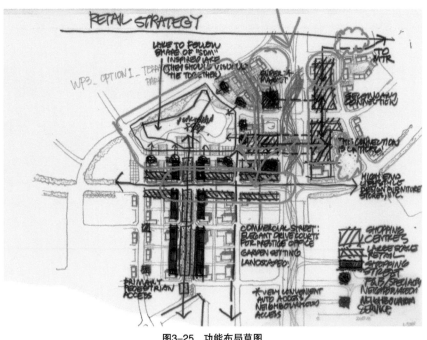

图3-25　功能布局草图

度较高。但需要注意的是，此类型的表达方式文字较多，而且后期的功能调整与前期的功能结构表达叠加，非常容易使得图面效果凌乱，因此注意文字的工整性和后期功能调整的颜色区分，从而方便分析图的解读。

如图3-26所示，本地块面积较小，分析图的表达比较精致，总体的颜色表达较为和谐，不同的功能分区通过颜色和色块来区别，使得最后的效果既精美又有层次。设计者首先通过草绿色的打斜线色块和涂实的浅蓝色色块表达地块的绿地和水体两大基质的特点，体现了地块较好的自然本底优势。基于这样的自然本底，设计者通过黄色涂实色块表达了基地内板块化的城市本底。并通过比较明显的紫色、橙色涂实色块和粉色打斜线色块清晰地表达了基地内特殊用地类型分布情况和地块的轴线结构关系。因此通过这样有重点、有层次的颜色类型表达了基地的自然水绿格局和建筑空间格局

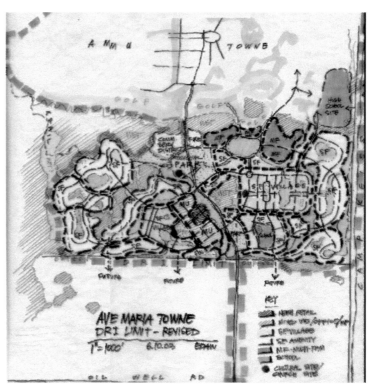

图3-26 功能分析草图

的相互关系，可以清楚地表达设计者的思维和意图。

如图3-27所示，该功能构思草图表达较为随性，但是整体效果十分统一，简单明了地表达了设计师的设计思维和理念，并完整阐述了地块的周围自然环境，非常适合初期阶段的设计构思，有利于设计者形成并抓住这些发散性思维，进而对这些思维进行后期的评价和整合。从这张图中我们首先可以观察到地块滨水这一大特征，并且设计者通过一条望向水面的轴线和在轴线尽端沿水向两翼展开的滨水绿地形成了大的"T"形结构。基于此结构特征，设计者在主轴两端安排各类型的功能用地充实了大的"T"形骨架。需要注意的是，因为此类型功能构思草图的关键在于对灵光一现的设计思维的快速捕捉，所以表达时只需要保证设计思维的快速表现，切不可拘泥于细节，在无关痛痒的地方费时费力。

如图3-28所示，该功能构思草图旨在整合设计前期的分析结果，表达了设计背后技术路径的选择和具体的技术路径设计中的整合与应用。虽然草图里线条、点等要素类型繁杂多样，但是细看可以发现设计者在颜色表达时

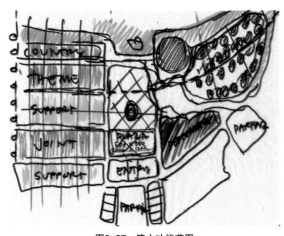

图3-27 滨水功能草图

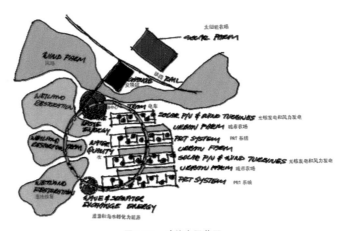

图3-28 功能布局草图

经过了设计，整体看上去就绿色、蓝色、红色3个大类，但是红色和绿色下又有几个亚颜色。这样通过一整套色彩体系使得图面效果看上去整体而和谐。构图上左边部分为技术路径部分，右边则为技术在设计中的具体应用，并通过蓝色的大环整合了左右两个部分，使图片统一并体现了技术与设计应用的具体衔接。总的来说，此类型的功能构思草图适合于设计前期对设计理念的整合并概念化地表达最终的设计思路，简练美观，实用大方。

3.2.3 场地肌理草图

场地肌理草图主要在设计初始阶段用于表达设计者对场地的主要空间想法。特点是可以清晰地表达设计方案的主要图底关系，优点是表达速度快，大关系表达清楚。表达中注意不要拘泥于局部的建筑形体或环境的表达，在主要的路网轴线关系确定后，建筑只需要表达大体的形状和轮廓，环境也只需要示意性地勾勒，并配以少量表达设计意图的文字。

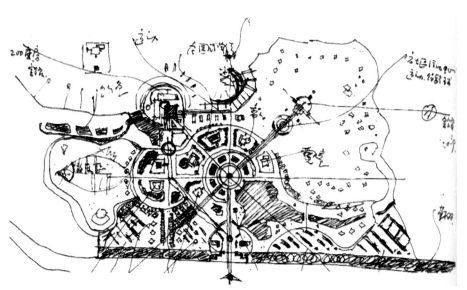

图3-29 滨水区肌理草图

如图3-29所示，该场地肌理草图是一个滨水区的设计草图。场地中心形成一个轴线放射中心，中心处建筑呈270°围合，东南角用斜线表达引入水系景观。轴线向西延伸止于游乐区，游乐区的形状类似于眼睛状，周围有一圈形态自由的路径。轴线向南延伸至主入口，基地和城市之间通过绿化相隔，入口处布置一个小广场，广场两侧有一对对称的雕塑。轴线向东北延伸至公园绿地中形成一个广场，公园的表达主要是留白，在边缘处点缀一些几何状的碎片表示环境。滨水岸线布置港区和码头，岸上用连续的小矩形表达运动场地和设施，码头处用一圈一圈的线条和潦草几笔的短笔触线条表示游船的动感。图面点、线、面要素组织得当，图面效果极佳。

如图3-30所示，该场地肌理草图是深圳福田中心区轴线设计的草图。路网以深南大道为东西向主要交通轴构建起区域交通网络体系，在中心位置用两条弧形道路将整个轴线分成3段。轴线最北段莲花山脚下为行政中心，建筑肌理方方正正，并在中心形成一个内向的广场。轴线中间段为商业商务中心，中心布置水

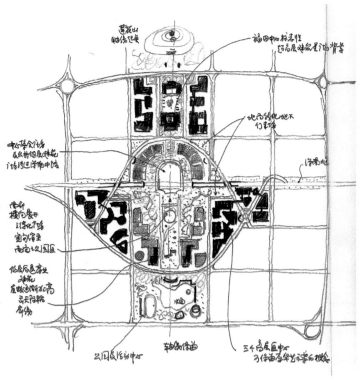

图3-30 主轴肌理草图

面和绿地景观，沿弧形道路形成建筑布局，形成了很好的中心围合感。轴线最南端布置公园及活动中心，形态区别于北侧几何状的布局，形成一种自由灵动的布局方式，表达上用一些不规则的线条点缀其中，形成了丰富的层次。

　　如图3-31所示，该场地肌理草图是一个山地城市较大尺度的城市设计草图。该设计的骨架路网顺应地形呈现出扭曲形，次一等级的路网主要呈格网形。山体和水体的表达是本设计的精彩之处，运用自由扭曲的线条表达山体等高线的形态，值得注意的是用粗线条勾勒山体的轮廓，水体的轮廓更是用圈圈树将其强化。整个设计中形成几个重要节点。北侧山体旁面对山体形成轴线，轴线上布置体育馆及五星级酒店；中部山体东侧形成商业文化中心和6万人体育场，同时配置200床医院；南部山脚下布置一个大型学院，整个方案的表达十分有秩序，路网及建筑同自然山水景观之间既相互对比，又相互嵌合。

　　如图3-32所示，该场地肌理草图是一个山地地区中等尺度的学校设计草图。该草图操作起来较为便捷，直接在打印出来的地形图上展开设计构思。根据地形图上的山体布局形成了路网结构，用棕色的马克笔绘制形态曲折却等级分明的路网体系。在地形较为低洼的地区形成方案的几个集中建设的组团，分别是运动区、宿舍区和教学区。其余建筑体量见缝插针，布置在顺应地形适宜建设的地区。方案的亮点在于留出了场地中心的一个大型山体作为景观绿地公园，同时将水系引入校园形成网络。在设计者看似快速的表现下，阅图者能想象出一个山水如画的校园场景。

　　如图3-33所示，该场地肌理草图是一个街道尺度的小设计草图。该草图表达形式比较新颖，一方面注重建筑层数的表达，用偏移的建筑轮廓的个数代表建筑的高度；另一方面，功能细化到每个建筑的平面，将每个建筑的功能标注在图纸边缘。两个细节的表达也同样值得注意，一

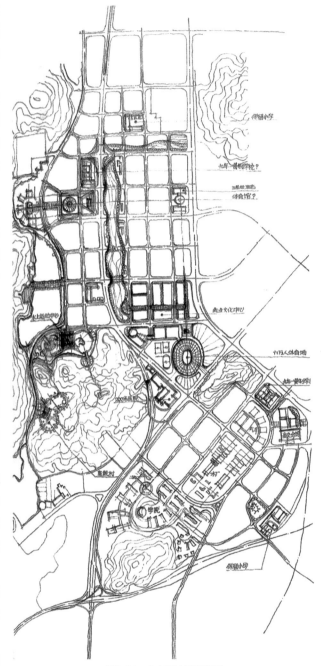

图3-31　山水街坊肌理草图

个是标注出整个街区的主要出入口，另一个是表达出南部街区广场同建筑之间的视线关系。该场地肌理草图采用两种颜色的草图笔，先用绿色的草图笔整体画一遍，再用黑色的草图笔修改个别地方，既是草图深化的过程，也是思维深化的过程。

　　如图3-34所示，该场地肌理草图是一个综合性问题中心的设计草图。该设计围绕一个核心的主体育馆体量形成环形加放射的布局模式，体育场周围布置一些运动场地，紧贴着环形道路的两侧布置相对小体量的建筑。建筑之间即场地边缘布置绿化空间。草图的表达有几大亮点，一是大胆地将一些辅助线延伸出建筑留在场地上，用以强化表达设计想法；二是将绿化涂得比较夯实厚重，整个图面显得压得住，不轻飘；三是曲线线形和直线线形的有序组合，使得方案有秩序却不呆板，灵动却不失控。

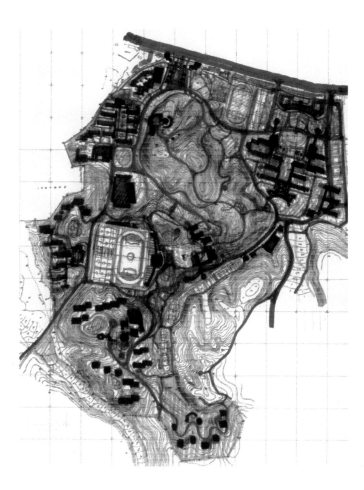

图3-32　学校肌理草图

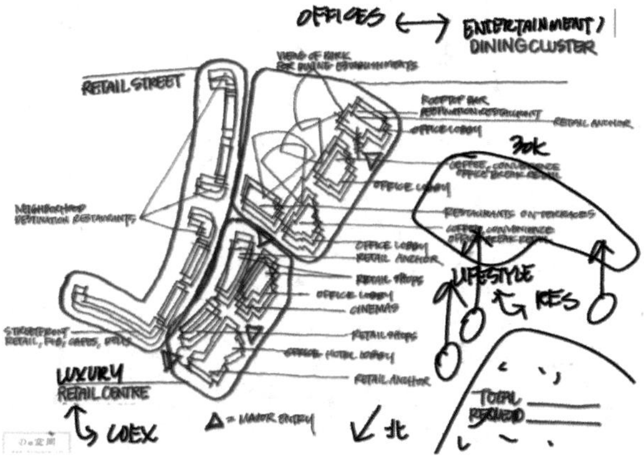

图3-33　空间拓扑肌理草图

图3-34　体育中心肌理草图

3.2.4　意向表现草图

　　意向表现草图主要用于建筑设计、景观设计与城市设计综合形态设计初步构想阶段。在完成基础的结构、功能构思后，进一步作设计对象的剖立面、三维结构、多维形态等方面的概念设计。意向草图多用简洁的钢笔线条表达，可适当用色彩进行强调突出或增强表现力；另外，一般须采用标注线与文字对设计构想、功能安排做特别注释。总的来说，意向草图的表现一般较为简洁，表达要素较为综合，不拘泥于特定的表达内容与表现形式，只需有效记录下设计者的创作灵感及设计意图即可。在该类图纸的表达中应注意：线条应流畅随意，由于意向草图多用线条表现，因此对线条的流畅感和张力的要求更高；标注应明确清晰，图面中文字标注是作者意向表达的重要方式，必要时可增加具体设计理念的意向说明；图面内容应具有层次感，由于意向草图的表达内容较为繁杂，因此厘清图面构成要素的内在逻辑并做分层次表达就显得十分重要了；设计概念与主题理念的表达为意向草图的重点，对于形态的准确性并无过高要求，满足基本的尺度比例关系即可。

　　如图3-35所示为场地剖面设计的意向草图。该草图通过简单的线条及注释表达了整体场地的高差变化，同时示意出各分段的功能定位、景观主题、节点构筑物、标志性建筑物等设计意向及理念，还对夜晚的特色灯光照明做了初步设计构想。该意向草图基本囊括了丰富的场地设计要素，且通过注释清晰地表达出重要建筑物或景观的设计概念，整体上非常具有可读性。

如图3-36所示为建筑及其周边场地的设计意向草图。该图主要从建筑立面的角度对建筑物各层的功能、局部空间营造手法、立面材质等进行了构想与概念设计。另外，设计者通过简明的线条对建筑物周边场地也进行了设计，以抽象图形配合文字标注进行景观环境的营造。整体上看，图面线条精练简洁，文字及引线标注增加了图面的丰富感，配景的表现方法也十分值得学习借鉴。

如图3-37所示为某商业综合体三维形态设计的意向草图。设计者通过"推演法"，从大自然的山水环境中获得空间设计灵感，并注入建筑群的形态设计中。本组草图虽并无文字标注，但通过对比推演的方式，明确清晰地表达出主要设计构想。绘图者用线条表示建筑物结构与立面分割，用颜色区分材质，整体表达简洁明了、重点突出。该图不仅对绘制意向草图具有参考价值，也提供了方案设计、理念构想的新途径和新思维。

如图3-38所示为大尺度城市空间结构及城市界面设计意向草图。首先，在结构草图中提取出城市最重要的新、旧城节点，山体背景与线形界面、路径等几大要素，通过点与线的平面关系研究城市空间结构；再对应平面绘制城市界面（天际线）的意向草图。该图重点在于表达几大城市空间要素之间的关系以及城市空间的整体特征。本图简洁明了的空间结构表达方法值得借鉴，但应对设计理念做进一步的文字性解释说明。

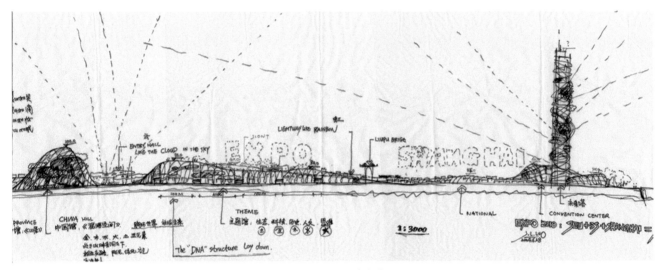

图3-35　场地剖面意象草图

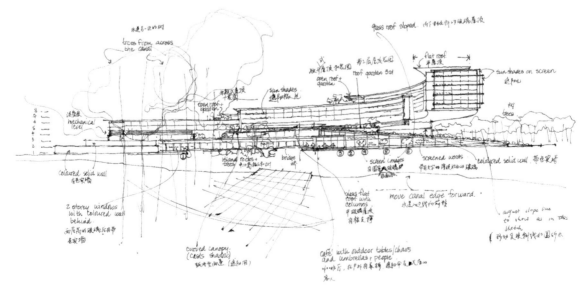

图3-36　建筑场地意象草图

图3-37 三维形态意象草图

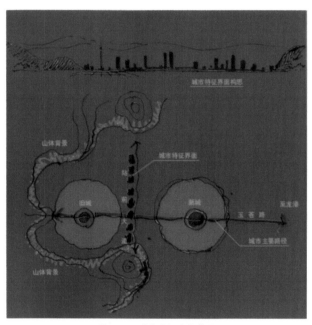

图3-38 城市空间意象草图

3.2.5 过程推进草图

过程推进草图一般是一组手绘草图集合,这些草图按照时间先后顺序或者某种逻辑思考顺序排列在一起,共同构成一套完整的方案推进过程。往往在方案推进的过程中,设计师会根据对现状研究的进展在不同的阶段有不同的草图构思,在同一深度下形成结构不同、功能各异的多个方案;另一种就是在统一的构思下形成一个方案,由浅入深不断补充和深入,在结构、功能、交通、开放空间等不同层面进行不断完善而形成多套构思草图。无论哪种过程推进草图形式,都是规划设计师思维火花及思考过程的展示,所以草图是规划过程中最具设计感和设计魅力的展现形式,在总体构思阶段用以表达设计思维是最适合不过的。由于手绘草图是设计师灵感的再现,笔触和风格往往都带有强烈的个人特色,不用拘泥某几种表现形式,在表达时可以以单色线条笔触绘制,也可以用彩铅、记号笔、马克笔等上色,甚至可以手绘线稿扫描后运用计算机软件上色以突出重点等方式。

多系统平行推进的方式在方案中运用比较广泛,通过多系统的架构,得出相互关联的结论,再将这些系统叠合形成最终方案。如图3-39是某跨江城市滨水地段城市设计的方案推进过程,通过对滨水要素的统筹考虑,解构为空间结构、功能结构、绿地系统、步行系统这4个子系统。在分析空间结构时,主要聚焦于路网骨架、绿地骨架和城水关系的研究,设计者形成了套环状的路网、连续线性绿廊的概念。在分析功能结构时,着重分析公共服务设施的布局,布局时较为注重公共服务设施的服务范围,最终形成相对均匀的布局模式。在研究绿地结构时,在整体空间结构的绿地基础上,更为注重绿地分布的不均匀性,采取点、线、面结合的模式,并将屋顶绿化纳入整个绿地体系,形成多层级的绿地系统。在步行体系的设计中,呼应了套环式的路网结构,并更加注重步行系统与绿地节点、滨水系统的衔接,采用高密度步行路网与二层步行廊道系统相结合的特色模式。多系统平行推进方案的方式综合考量了多要素对方案的影响，也很能开拓设计者的思维，形成更好的设计概念。

逐层分析推进的方式在方案推进中运用比较广泛，这种方案推进方式注重设计思维的递进性，层层叠加，层层深入，最终得到目标方案。如图3-40是某城市概念性规划方案的草图推敲过程：第一步先以现状水系为方案的主骨架，构建以水为脉、以水为轴的空间主结构，各个组团围绕水系生长，与水系衔接。第二步将各功能组团围绕水系组织，形成高尔夫球场组团、城镇区域组团、运动组团、大学校园组团、4A风景区组团等5大组团。第三步将方案进一步细化，从路网、绿地、功能、节点等方面继续做详细设

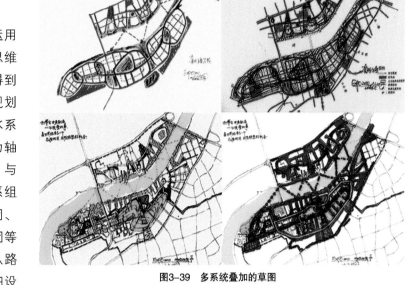

图3-39 多系统叠加的草图

计。这样由略到详，由浅入深，最后得到最终的目标方案。在图纸表达上，设计者以草图笔为工具，以不同色彩区分功能性质，构图上注意点、线、面相结合，整份图纸层次凸显，逻辑清晰，主次分明。

图3-41的过程推进式草图属于分类草图设计的类型，它首先将水系、绿地等城市环境"虚骨架"单独进行设计，在这一步工作中重点考虑水系形态、空间区位等重要问题，摈除建筑物以及建筑空间等实体要素的考虑，下一步再将城市建筑空间等"实骨架"作为主要考虑的要素，暂时不将环境因素的分析设计纳入思考范畴。这类草图分析方法可以起到发散思维、充分挖掘各个要素资源潜力的作用，思考系统的简化可以促进思维更加聚焦，保证分类思考的深度。具体做法可以利用绘图笔在记录本等一些方便自身理解的纸张上进行绘制，同时结合简明的文字进一步说明。

图3-42的过程推进式草图属于过程记录草图设计类型，它利用黑白图底关系分析方法首先将城市建筑空间等作为图，将水系等城市环境要素作为底，在第一步中将底展示忽略，将图作为主要设计对象，第二步将图—底关系置换，着重分析水系等环境要素的空间设计和形态构思。最后将前两步的设计进行空间叠加构成整体设计构思方案。这类草图分析方法可以准确记录设计者进行思考创造的过程，有利于详细生动地记录每一个设计的环节，整体上形成明确的设计思维流向。同时可以清晰地看出最后方案的生成过程以及与各个要素之间的关系。具体工作做法可以通过绘图笔在记录本、绘图本等一些便于观看的纸张上进行绘制完成，其应该注意过程图纸的各自逻辑顺序，便于过程图纸清晰地展示。

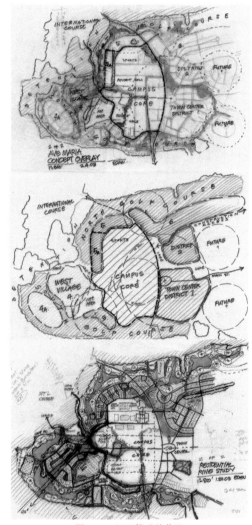

图3-40 逐层推进的草图

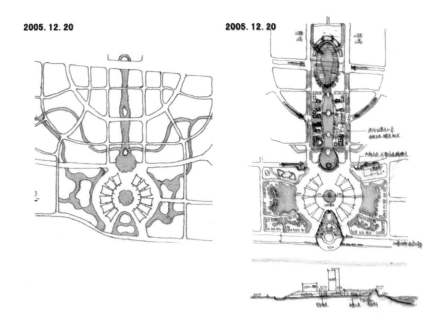

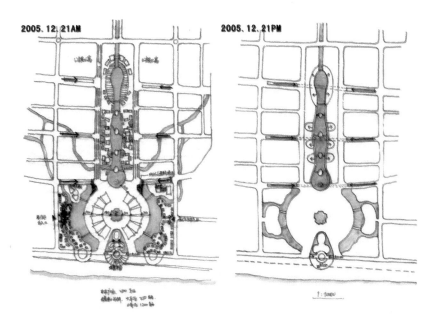

图3-41 虚实骨架推进的草图

第一阶段　　　　　　　　　　第二阶段　　　　　　　　　　方案完善

图3-42 过程记录式的草图

3.3 规划设计结构

规划结构图主要是运用简化的图形图案来表达规划方案的整体结构层次和组织方式，用于表达规划方案层次结构、交通视觉上的联系和组织、功能或职能分工等，在表达时，运用点、线、面作为图面基础元素，包括中心、节点等点要素及轴线、廊道、视线等线要素，并以面要素表达组团、分区、结构单元等内容。结构构思和表达要注意两点原则：一是做到多层次结构组织，区分主轴和次轴、主中心和节点、功能性区域和景观性区域等，这种分层次方式有利于清晰地表达结构层级关系；二是点、线、面3种基本图面要素必不可少，一般在规划底图的基础上以功能面域区分出各主要区域，以带箭头的线条标示出结构中的重要轴线，并用颜色或粗细进行主次区分，同时以点或圈标示出结构中心、重要节点等，这样结构不但图形清楚，而且表达明确。

如图3-43所示，将该规划结构图划分为4个层次依次分析。首先，图面底图仅用一定灰度、颜色较浅或透明度较高的色块表示出绿地、水系、道路、建筑物及周边用地轮廓线，底图信息表达主次分明，清爽简洁；其次，以不同色块的面表示3大功能分区，应注意可根据需要对用地进行适当梳理，将功能区的形状抽象化、规整化；再次，以各色双向箭头实线分别表示车行道路与轨道线路等实体存在的空间线条，双向箭头虚线则表示功能轴线、景观轴线等虚体性空间联系；最后，以圆圈或点表示功能节点与景观节点，应根据各节点的重要程度差异采取不同形式的图标，越重要的

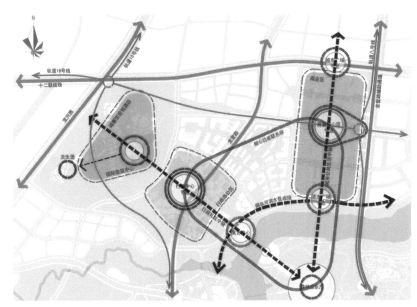

图3-43　规整的设计结构图

节点应由最大体量或最复杂的图形表示。图形的具体含义可用小号文字标注在图形旁，也可采用图例的方式在图面的角落里统一示意。应特别注意的是，由于本图各类要素繁多、层次丰富，为了清晰地表达每一类图示，可将部分图形要素设置一定透明度或通过适当排布图层顺序以避免信息遮挡。总的来说，该规划结构图线条流畅、色彩清爽、信息表达简明清晰。

如图3-44所示，表达了某城市各区功能布局及功能结构关系。相比于图3-43，图3-44更为抽象化、几何化。同样可分为底图、面、线、点4个层次。底图处理更为简单抽象，仅区分各主要片区；面的层次除了表示块状功能片区外，还结合线要素标示出线形功能带及带上各功能区；线的层次则仅表示出虚体的空间功能关系及区位关系，本图特别关注研究对象与外围片区、节点的关系；点的层次则按图形颜色及大小的差异区分了各功能节点的类别与重要性。该规划结构图层次分明、重点突出，通过图面的抽象化、几何化过滤了干扰信息，强调了空间的功能结构关系，增强了表达效果。

如图3-45所示，通过点、线、面要素的组合，完整而清晰地表达了方案的整体构思和结构层次，这一点是规划结构图的关键，将有助于更为直观地理解设计方案本身优劣。首先，可以看出本方案是以核心区为主，辅之以大大小小的7个其他功能组团，并通过这8个组团构成了总体不规则的梯形基地。其次，组团内并不是均质的，可以看到每个组团内都有一到两个组团内部核心节点，而核心区更是形成了3个核心节点。最后，不同的功能组团通

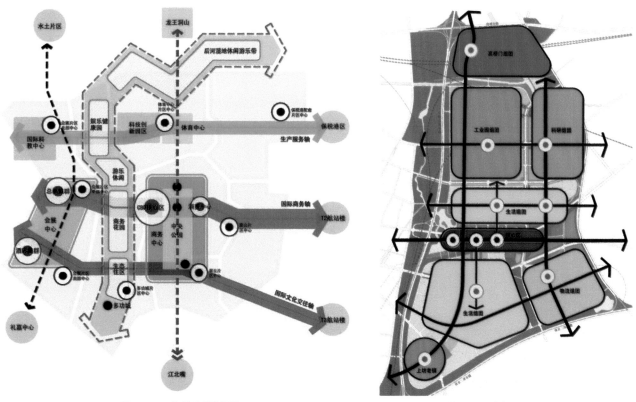

图3-44 几何的设计结构图　　　　　　　　　　图3-45 抽象的设计结构图

过线性要素对其内部核心节点的串联实现了各自之间的有机联系，这些联系既可能是交通功能联系，也可能是视线联系。同时，表达时需要注意的是，一定要区分重点，既要有表现力又要凝练概括，绝不可拖泥带水，否则会使得图面效果混乱，不利于对方案的整体解读。

　　如图3-46所示，这是一张手绘规划结构图，总体表达生动有趣。通过不同的色块、箭头和节点等元素的混合使用，清晰明确地表达了设计师的设计思维和理念。首先，不同色块的分布让我们看到了方案大致的"U"形结构关系，尤其是方案的建筑与水体、绿地、广场等公共空间的互动关系。其次，一系列的红色节点有力地表达了方案中的步行公共空间体系，并对公园附近重要的几点进行了视线分析，强调了方案设计阶段设计师对公共景观的思考。最后，通过蓝色和粉色的箭头表达了基地重要的对外节点，体现了方案与城市关系的互动。通过这样的表达，明确了方案中的核心的资源点和步行线路，并强调了基地与外部的关系，很好地诠释了方案本身。但是表达时务必要关注核心要

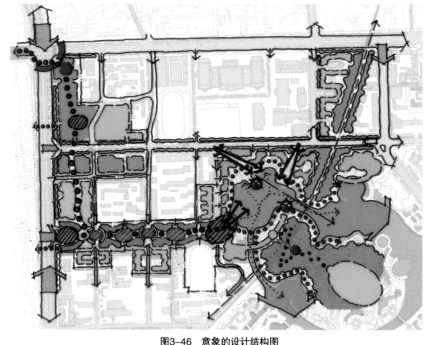

图3-46 意象的设计结构图

素的组织，围绕设计理念展开，对于一般区域可以忽略，切不可贪多求全。

如图3-47所示为某市滨湖新区空间结构规划设计图，该图主要表达了城市各片区与水系、交通干道以及湖湾沿线重要功能节点间的空间关系。本图底图透明度及灰度较高，与之相对的上层分析符号则采用较为浓重的色彩及厚实的线条，以此突出规划内容。本结构图虽然依旧以点、线、面为要素，但由于采用线框表达区域范围，加之水系、交通干道、湖湾等线形，造成画面线条较为繁杂，对重点信息的表达形成了干扰。另外，本图仅按照方位划分南、北、中、东片区，缺乏对片区功能定位的说明；在线要素表达上，也仅标注了道路名称，未展示出对轴线主次关系、功能差异的思考。

如图3-48所示，这是一张经济技术开发区的规划结构图。结构图可以分为底图、面、线、点4个层次。底图将路网和街坊用抽象的形态表达出来，表示道路的箭头向外延伸；面的要素主要体现在两条带上，一条现代产业带，一条城市发展带；线的要素又细分为两种，一种是骨架结构性的路网轴线，另一种是弧形的主要中心节点环线；点的要素分为两个等级，一个等级是包括

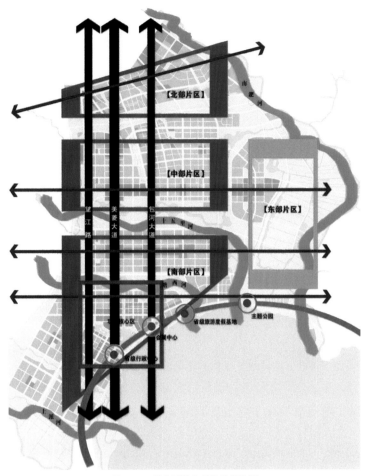

图3-47 风格派线条的设计结构图

现代产业服务中心、生产力服务中心及生态景观核心，另一个是包括滨水文化休闲中心和综合服务中心等8个次一级的中心。整张规划结构图要素齐全、层次分明、重点突出，完美地诠释了"绿核引领，两带延展；双心辉映，点轴布局；生态网络，七组协同"的规划结构。

如图3-49所示表达了城市的一个片区的景观设计规划结构图。该结构图在一张白色的图纸上用AI绘制，没有地块底图，但是依然能够看出结构的层次，能够准确地表达设计师的意图和理念。首先，用两条蓝色的带构成了"J"形水系，水体周围用绿色虚线、双箭头表示出岸线关系。其次，用5个圆圈表示出不同的功能分区，在节点处用不同形状大小的点来表示各自不同功能的节点，用带箭头的直线来表达不同元素之间的关系及轴线。最后，用渐变的黄色线来表示时空联系，两条平行的红色线表示出长街，强调了方案设计阶段设计师对各个要素之间互动的思考。整个规划设计结构清晰明了，明确了方案中的核心资源点以及对这些资源点的整合，突出了彼此之间的联系。但是表达中由于要素众多，表达方式过多，造成了整体上有点儿杂乱，对于这种规划设计结构图可以统一下表达方式，对于线形的选择可以再统一、简单一些。

如图3-50所示，将城市规划结构模仿计算机运作系统，分别将城市功能带、主要道路、核心增长点比作城市脐带、城市路由器、经济驱动力。将城市系统划分为3大层次依次分析。首先，城市主要核心增长点为城市提供了主要的发展引擎，通常新区发展首先选择沿主要道路的区位优势地段进行核心经济发展区设定，通过经济增长点的强势发展作为整个地区的发展引擎，逐渐将发展沿路拓展，慢慢形成发展轴线，随着大量公共服务设施的集聚发展界面初步形成，然后采取以点带线、以线带面的发展策略，逐渐向街区的内部腹地拓展。这种发展策

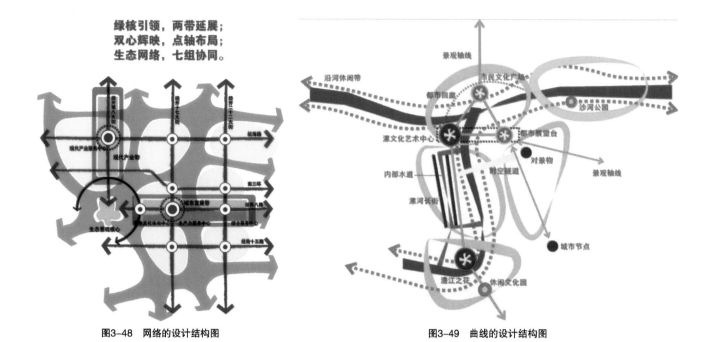

图3-48　网络的设计结构图　　　　　　　　　　　　　　　图3-49　曲线的设计结构图

略要求城市交通优势的发挥，通过对"城市脐带"结构的规划形成区域资源输送通道。具体表达技巧采用底图灰度、颜色较浅，将3大要素颜色凸显的方法，底图信息表达主次较为分明简洁。其次将3大发展要素形状抽象化可以使得表达更加清晰，同时以双向箭头表示城市发展总体态势。总体来看，该规划结构图表达简明生动、色彩清爽、信息表达简明，值得学习借鉴。

图3-51的规划结构是基于地块的自然属性和经济属性来划分各个类型的功能区，比如核心功能区、生态景

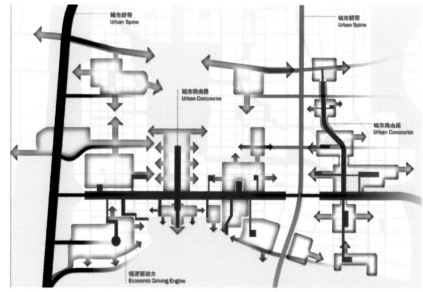

图3-50　电子元件式的设计结构图

观区和步行商业街等功能区类型，然后对整个地块的规划设计要素进行系统的设计，比如地标系统、视觉通廊系统、路径系统、景观界面系统、景观节点系统和开敞空间系统等。其中地标系统主要是分析并梳理地块的地标性建筑和特征建筑；视觉通廊系统主要是分析整合地块内的主要景观轴线、次要景观轴线和视觉廊道，从而形成一张组织起地块结构的骨架体系；界面系统主要是对地块内重要的街道空间和城市界面两个方面进行建筑界面的设计，使得公共空间两侧具有良好的建筑风貌；路径系统主要是对地块内的交通系统进行分析设计，通过对地块内快速路、城市干道和城市支路的等级设计实现对地块内交通流的利用和控制；景观节点系统主要是整合设计地块内标志性的节点空间，提升地块内核心空间的景观质量，满足行人驻留需求或者给行人留下强烈的地块印象；开场空间系统主要是梳理出一个流畅的、步行良好、景观风貌优异的空间流线。通过对以上各个体系的分析，将成果汇总并整合到一张图上，形成完整的设计结构。

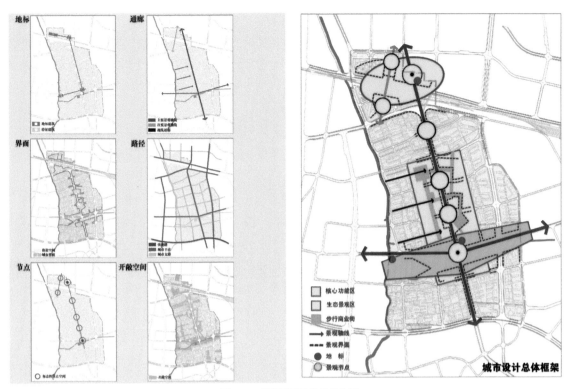

图3-51 纤细精致的设计结构图

3.4 多方案比较的解析

在总体构思过程中，根据设定的目标定位不同、制定的规划策略不同而产生多种设计方案，这些方案之间各有立意、各有优劣，往往会形成多情景方案的比较和选择，但共同点是这些方案的设计深度比较深入，多到街区和建筑层面。在比较多方案时主要从空间结构、功能分区、景观环境及公共设施配置等多角度进行综合比对，列出各自优点和不足。多方案的比较，一方面作为规划设计师来说是一个方案择优和改进的步骤；另一方面也为甲方提供多方案选择和拓展发展思路。在比对判断时需要统筹考虑规划经济效益和景观生态或人居环境的综合平衡关系，最终敲定最适合建设发展的最终设计方案。

如图3-52所示，这是一张多情景多模式探讨图，分别对商业设施的布局、绿化空间的布局以及公共配套设施的布局进行了多种模式探讨。在对商业设施的布局这一多模式探讨中，有一个商业活力点和北侧的一条南北向的商业带是确定的，然后比较了南侧不同街坊的南北向商业带、"h"形商业带、"H"形商业带、

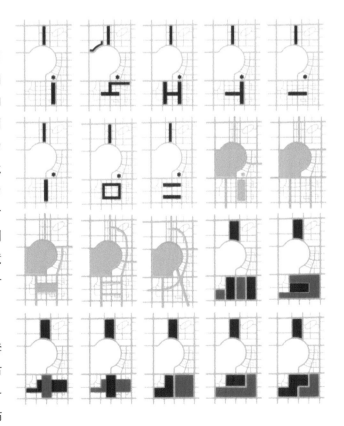

图3-52 多情景解析方案的不同可能

"T"形商业带、东西向的"一"形商业带，"口"形商业带，"二"形商业带，通过比较可以总结出各种商业设施布局的优缺点，然后经过整合之后可以选出或者设计出最优的商业设施布局。在对绿化空间的布局这一多模式探讨中，在确定主要的公园绿地以及北侧和南侧的各一条南北向的绿带之后，比较了块状形、沿主要道路形、带形加条形以及由几条绿轴组成的绿化空间，通过比较可以总结出各种绿化空间布局的优缺点，然后经过整合之后可以选出或者设计出最优的绿化空间布局。在对公共服务设施的布局这一多模式探讨中，确定了北侧的社区中心之后，主要比较了南侧的社区中心与公共服务设施之间的关系，探讨的模式有包围形、组合形、嵌合形、平均形等，通过比较可以总结出各种公共服务设施布局的优缺点，经过整合之后可以选出或者设计出最优的公共服务设施布局。

如图3-53所示，这是一个项目的前期概念方案的多模式探讨，在确定了地块所需功能之后对方案的一种多情景模拟。这种前期概念方案多模式探讨中，只有地块所需功能是大体确定的，对不同的功能分区、道路系统、绿化景观系统等进行多方案的模拟。这3个方案有一个共同点就是中间围合出一块大绿地，分别进行了不同的景观设计。左边的方案中会展中心和商业综合体均为大尺度的建筑单体，建筑沿街界面整齐一致，主体建筑之间通过步行空间串联，车行道路基本能满足交通需求。中间的方案中住宅的占地面积最大，有一个单独的居住小区开发模式。右边的方案中建筑形体简单，以方块为主，商业建筑、会展中心以及文娱中心通过连廊串联成一个整体。通过这种不同方案之间的比较，虽然地块的需求一致，但是空间效果则会出现完全不同的情形。对于前期的方案来说，是需要通过这种多模式的探讨的。

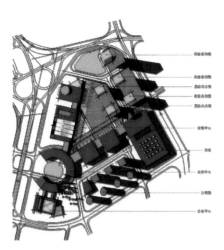

前期概念方案一　　　　　　　　　前期概念方案二　　　　　　　　　前期概念方案三

图3-53　多方案比选

如图3-54所示，该草图构思是项目组在理性分析及项目策划基础上进行的多方案推敲比较。比较主要从4个方面进行判断：湖、城、山的相互渗透关系；湖区的形态与空间划分；内环路南北区块的衔接关系；各功能区块的空间布局。基于这些判断得到6个草案，草案图有的强调用地性质，有的强调绿化系统，有的强调水上游览体系。将6个草案排版在一起进行比较，可以直观地对比不同导向下方案的优劣势。

如图3-55所示，该草图构思是对3个方案的对比研究。比较主要从4个方面进行分析：水域面积、景观环境、功能结构和高铁关联。比较发现，3个方案产生了较大的差异——水域面积分为较大、适中和较小3类；景观环境分为自然生动、庄严大气、生动活泼3类；功能结构分为东面延展、有机关联、双心并列3类；高铁关联分为较大、适中、较小3类。在3个差异强烈的方案的比较下，可以分析各种类型方案的优劣势，从而进一步展开之后的方案。

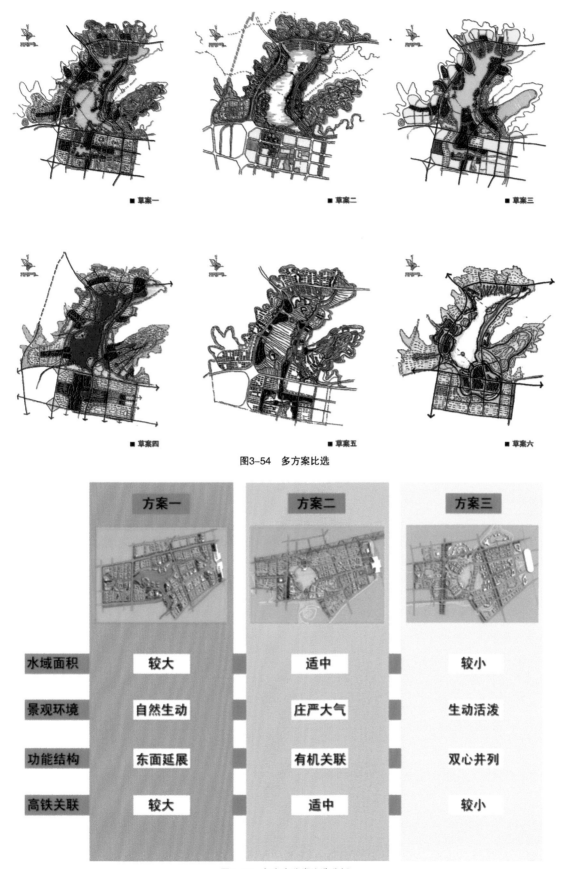

■ 草案一　　　　　　　■ 草案二　　　　　　　■ 草案三

■ 草案四　　　　　　　■ 草案五　　　　　　　■ 草案六

图3-54　多方案比选

	方案一	方案二	方案三
水域面积	较大	适中	较小
景观环境	自然生动	庄严大气	生动活泼
功能结构	东面延展	有机关联	双心并列
高铁关联	较大	适中	较小

图3-55　多方案分类比选分析

如图3-56所示，该多方案研究是某项目前期规划结构对6个方案的对比讨论。比较主要从3个方面进行分析：商业服务设施布局、绿地结构、水体布局。比较发现，6个方案产生了较大的差异——一号方案中将商业服务设施、绿地和水体平行依次布置。二号方案以带状水体和线性商业街围合中心的大体量商业。三号方案以东南侧块状商业半围合西南侧块状水体。四号方案以线性商业街和带状水体围合出中心绿地。五号方案以网络状的绿道为特色。六号方案以水体和绿地围合中心大体量商业。通过这种不同方案之间的比较，空间效果会出现完全不同的情形，也会体现出基地的不同禀赋特色。这对于前期的方案结构构思及后续方案的发展来说都是很有益处的。

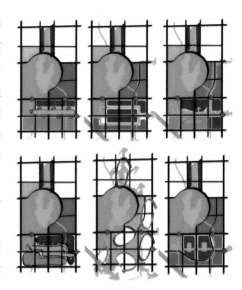

图3-56 抽象比选

如图3-57所示，这是一个项目设计多方案的设计过程及思路的完整呈现。就时间过程而言分为概念中期、概念终期及概念修改期。其中前两个阶段均为3个方案的比对。就概念中期多方案而言：方案一采用流线型设计组织人流，方案二采用环状动线设计，而方案三采用简洁的线性空间进行组织。三者的另一区别在于对于PTI理念理解的差异而对其具体位置设置具有一定的差别。这一过程之后与甲方进行初步讨论，提出方案一及方案三为优选方案，第二阶段一方面在方案一的基础上进行了深化设计，得出方案A1和A2，两者的主要区别在于形态流动方面的设计，此外，也对方案三进行了优化设计，得到第二阶段的第三个方案。这3个方案一方面是对于空间流线的设计差异，同时也是在与甲方初步沟通之后得出的新思路。此后，再次与甲方进行讨论之后，选取方案A2进行深化，得出最终方案。这一方案在人流组织、空间系统及功能布局方面都有了较好的深化及改善。

在总平面图的布局中，3个方案均考虑了在地下一层与基地周边设施建立便捷交通联络的可能性，将北部的城市会展中心、南部的二期开发商业用地以及西侧地铁枢纽站有效地联系起来。3个方案均在首层沿地块的东侧布置了商业步行街。

方案一
裙房部分运用流线型设计组织商业人流，在商业裙房的南北两端提供入口广场。酒店和办公的上落客区布置在地块西侧的中间地段。
（PTI设置在地块西北角）

方案 A1
将PTI由地块的西北角向南移，以避免对酒店的不良影响。酒店和办公的上落客区自然沿地块西侧布置，但由PTI加以分隔。

最终方案
结合甲方意见，将前方案A2进一步深化。PTI仍然布置在地块的西南角，酒店和办公的上落客区仍然沿地块西侧布置。

方案二
裙房部分利用环状动线设计，在地块的东西边界营造两个风格迥异的室外主题广场以及一个商业下沉广场、酒店和办公的上落客区沿地块西侧布置，由PTI加以自然分隔。
（PTI设置在地块西侧的中间地段）

方案 A2
将PTI由地块的西北角移到西南角，酒店布置在地块的西北角，办公楼的上落客区仍然沿地块西侧布置。地块东侧提供下沉广场。

方案三
裙房部分运用简洁的线性空间组织商业人流，在商业裙房的南北两端提供入口广场。酒店和办公的上落客区均布置在地块西侧的中间地段。
（PTI设置在地块西南角）

方案 B
总平面布局尊重原有方案，对东侧商业布局进行整合，借鉴原方案2的下沉广场，并与商业入口结合布置在东南角。

概念中期 08.11.07 　 讨论会 　 概念终期 09.01.14 　 讨论会 　 III 概念修改版 09.02.20

图3-57 多方案逐层比选

4 总平面设计

　　城市设计总平面图是根据规划区的区位地形地貌、综合周边城市功能环境、人群需求及配套支撑等情况，全面落实空间形态格局，统筹衡量专项功能组织，合理布置建筑物、构筑物、道路、软硬地的相应位置，塑造轴核关系及景观效果，使之成为城市组成的一个有机整体，充分发挥规划区在城市中的功能及作用。总平面既是城市设计思想的最终体现，也是对规划区未来空间形态和风貌的综合展示和表达，为后期规划及建设提供依据。

4.1 不同尺度等级的城市设计总平面

城市设计是一种关注城市规划布局、城市面貌、城镇功能，并且尤其关注城市公共空间的一门学科，相对于城市规划的抽象性和数据化，城市设计更具有具体性和图形化特征，直接指向最终的目标，遵循总体规划的指导精神，满足市民高品质生活要求并传承地方文化特征。当代城市设计发展至今，已经拓展出区域设计、总体城市设计等丰富的新类型，按照不同的空间尺度，涉及区域、城市、片区、地段等层面的总平面图。在城市设计过程中，或需要解析、转译和深化上位设计的总平面布局意图，或需要将自己的设计成果反馈落实于上述总平面图中去，因此，理解不同尺度等级的总平面，学习将不同尺度等级的城市设计图相互"转译"，是设计师必须掌握的技能。无论何种规划类型，在总平面设计中都要注意以下几点原则：人工环境与自然环境相和谐原则；历史环境与未来环境相结合原则；保护生态环境、历史文化遗产和地方民族特色原则；塑造特色城市形象原则；节约用地、紧凑发展原则等。

4.1.1 区域设计

当代区域设计起源于传统的区域规划和空间设计的复兴。随着计算机和通信信息技术革命的发展，区域联系成为一个网络，同时交通流动性也大大增强，在这样的背景下区域设计就尤其必要。区域设计致力于塑造区域的物质形态，通过区域景观轴线、交通廊道及其他联系方式将各片区连接成为一个区域网络，但同时保持这些片区的相对独立性，通过河道、农田、公园、湿地等开放空间来相互缓冲隔离。区域设计的内容包括区域景观格局、区域城镇景观风貌、区域景观联系通道（运输通道、生态走廊、遗产廊道）、乡村边缘区景观风貌、区域景观节点及轴线等。良好的区域设计可以有效地提供基本的公共与商业服务（基础设施、物流与通信），保护乡村土地和敏感的自然环境，支持农业、牧业及其他乡村经济活动，有效控制城市蔓延等。总的来说，区域设计将宏观城市设计与区域空间景观格局发展引导相结合，从而实现区域资源在整体空间上的合理配置、区域整体生态环境的优化。区域设计的成果是以区域城镇宏观的景观格局、空间发展为核心，形式非常多样，甚至以城市公约的形式出现。

如图4-1是芜湖区域设计的空间格局图。区域设计的内容包括：区域整体格局、区域景观体系（包括山体和水系）、区域中心职能体系、区域历史承载体系、区域游憩观览体系、区域交往门户体系等。具体来讲，在区域整体格局上构成"青山接吴楚、沃野连江淮、古泽聚成圩、江自城中来"的大地肌理；在山体景观体系上形成"三脉平行、远山出郭、近丘入城"山体格局，即构建了北、中、南3条平行的山地景观主脉、若干都市外围的山体景观节点和簇群式的山丘景观节点体系，并以此为基础构建市区山体体系；在水系景观体系上形成"一干五射、一心一源、多点联网"的水系格局，其中一干为长江，五射为芜申运河、青弋江、漳河、水阳江和裕溪河，一心为龙窝湖湿地，一源为古丹阳湖湿地功能区，多点为市域内星罗棋布的湖泊、湿地节点；在区域中心职能体系上构建沿江发展轴和淮合芜宣发展轴，并形成中心城、新市区组团、市域新城组团、新市镇的中心地体系；在区域历史承载体系上，以芜湖古城和开埠区两个历史核心为中心，用放射状的3条遗产廊道（皖江遗产廊道、芜申运河遗产廊道、青弋江遗产廊道）串联起区域内主要历史文化观光节点共14个；在区域游憩观览体系上，在市域范围内结合自然景观和文化景观建设10～20个郊野公园，成为集休闲、观光、生态功能为一体的面状绿色空间系统。依托交通线路构建游憩路线体系，通过景观大道、节点标志和服务设施的建设为游客提供连续的观赏体验，

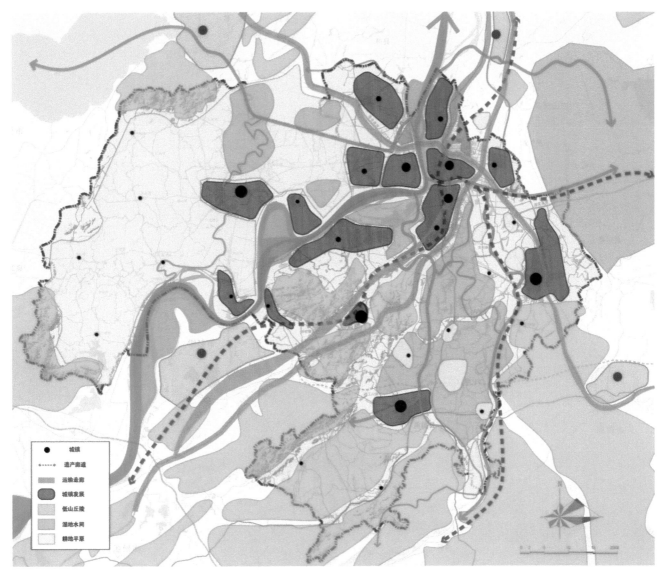

图4-1 芜湖区域设计的空间格局图

构成区域游憩观光网络；在区域交往门户体系上，打造3条综合运输走廊作为区域高效率联络的核心通道，打造5条特色鲜明的景观大道作为景观展示和联络的景观走廊，结合综合运输走廊和景观大道的走向形成6大市域门户，结合高速公路出口打造5大特色入城节点，依托市中心高铁站打造芜湖站综合交通枢纽。

如图4-2是郑州区域设计的空间格局图。主要涉及区域空间格局、区域空间结构形态、区域功能组织等方面。具体来讲，在都市区范围内构筑"一主三副"的区域整体空间格局，其中"一主"指中心城区，"三副"分别为西部新城、东部新城和南部新城；以中心城区作为区域整体纵横联系的交点来统领区域空间结构形态，形成"双核、两轴、七廊、九点"的区域空间结构，其中"双核"指二七商业中心和郑东商务中心，"两轴"即区域空间东西向拓展主轴和区域空间南北向拓展次轴，"七廊"在区域空间上形成"两横五纵"的生态隔离廊道，"九点"包括刘集、荥阳、航空新城等3个组团节点，以及飞龙顶风景旅游区、黄河风景名胜区、雁鸣湖森林公园生态旅游区、官渡之战历史文化名胜区、张庄森林公园和西南林区等共6个大型生态节点；在区域功能组织方面，将东部新城、西部新城和南部新城这3大片区，构建出有别于中心城区综合服务的功能特色，其中东部片区以现代产业、物流服务为核心功能，西部片区以医疗保健、职业教育、运动休闲为核心功能，南部片区则以邻空产业、

✿ 区域空间结构梳理

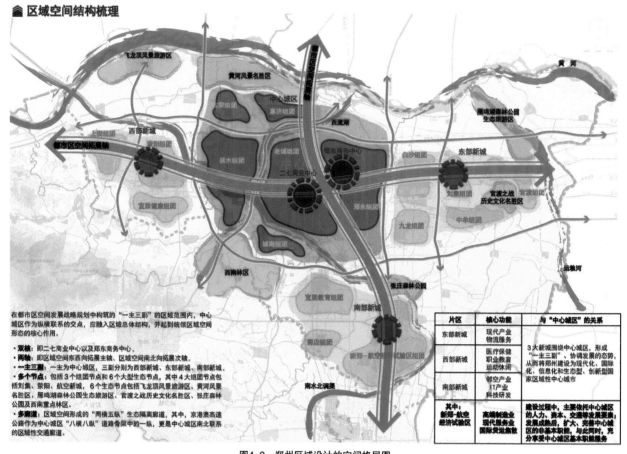

在都市区空间发展战略规划中构筑的"一主三副"的区域范围内，中心城区作为纵横联系的交点，应融入区域总体结构，并起到统领区域空间形态的核心作用。

· **双核**：即二七商业中心以及郑东商务中心。
· **两轴**：即区域东西向拓展主轴，区域南北向拓展次轴。
· **一主三副**：一主为中心城区，三副分别为西部新城、东部新城、南部新城。
· **多个节点**：包括3个组团节点和6个大型生态节点，其中4大组团节点包括刘集、荥阳、航空新城，6个生态节点包括飞龙顶风景旅游区、黄河风景名胜区、雁鸣湖森林公园生态旅游区、官渡之战历史文化名胜区、张庄森林公园及西南重点林区。
· **多廊道**：区域空间形成的"两横五纵"生态隔离网，其中，京港澳高速公路作为中心城区"八横八纵"道路骨架中的一纵，更是中心城区南北联系的区域性交通廊道。

片区	核心功能	与"中心城区"的关系
东部新城	现代产业 物流服务	3大新城围绕中心城区，形成"一主三副"、协调发展的态势，从而将郑州建设为现代化、国际化、信息化和生态型、创新型国家区域性中心城市
西部新城	医疗保健 职业教育 运动休闲	
南部新城	邻空产业 IT产业 科技研发	
其中：新郑—航空经济试验区	高端制造业 现代服务业 国际货运集散	建设过程中，主要依托中心城区的人力、资本、交通等发展要素，发展成熟后，扩大、完善中心城区的非基本职能，与此同时，充分享受中心城区基本职能服务

图4-2 郑州区域设计的空间格局图

IT产业和科技研发为核心功能，其中南部片区中的新郑—航空经济试验区致力于打造高端制造业、现代服务业和国际货运集散功能。以上3大各具特色的新城片区围绕中心城区形成"一主三副"、协调发展的态势，各具特色、相互协调发展，从而将郑州建设为集现代化、国际化、信息化于一体和生态型、创新型国家区域性中心城市。

如图4-3是宁波市沿海区域设计的空间布局图，显示了宁波海岸带的整体区域空间格局。可以看出，宁波沿海区域设计基于自然空间形态与开发现状，充分利用原有河流、山体构建了珍珠串模式的区域空间框架，并以多个组团形成了"山水城市"环境特色。在区域整体格局上，建构了杭州湾—龙山板块、镇海—北仑板块、象山港板块、大目洋板块和三门湾板块等5大功能板块，并对各功能板块进行了清晰的功能定位，明确其发展导向。具体来讲，杭州湾—龙山板块重点发展技术密集型和知识密集型产业，打造生态环保、循环节能的智慧创新型产业集聚区和田园风光的国际化新城区。镇海—北仑板块主要打造宁波滨海新城，建设成为集航运服务、研发教育、旅游休闲、邻港产业和生态宜居功能于一体的现代化滨海新城和世界

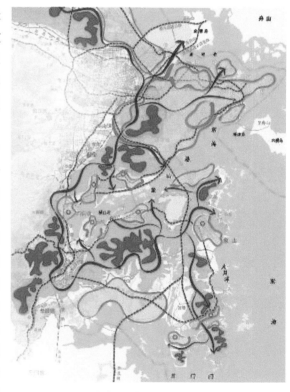

图4-3 宁波市沿海区域设计的空间布局图

级石化产业基地。象山港板块则充分发挥滨海区位和生态等资源组合优势,重点发展海洋旅游业、海洋渔业、海洋新兴产业和海洋服务业,打造一批以休闲旅游为主导功能的滨海休闲型新市镇。大目洋板块主要是提升城镇的居住、休闲、金融、商贸及其他服务功能,依托红岩景区、半边山景区等开展中低强度的滨海旅游。三门湾板块以宁东新城开发建设为基础,重点发展新能源、生物医药、滨海旅游等战略性新兴产业,为宁海现代化综合性滨海新区的崛起奠定基础并提供储备空间;在区域交通组织上,利用原有省道和堤岸建立多元并存、景观开阔、顺畅便捷的快交通体系,并利用原有水系构筑完整的水网慢交通体系,确保空间活力;区域设计中还在开发时序上通过创建规划控制构架,来明确区域各分区功能组团的发展目标与意图,以提高区域设计实施的可操作性和可行性,保障经济发展与资源环境相协调。

4.1.2　总体城市设计

总体城市设计是以城市总体规划为基础和指导,将城市及其周边环境的整体作为研究对象,以总体规划原则为指导,从全局上把握和制定城市空间发展整体框架,整合城市与自然环境、城市各功能区、城市局部建设与整体景观体系的关系,指导下一层次的城市设计及具体的建设活动。设计方法上主要是通过从宏观—中观—微观的逐层深入,逐步落实相关的技术路线和工作框架,重点在于总体上把握城市的形态结构,并分若干专项体系深化,如城市空间格局、城市道路系统、城市风貌特色、开敞空间体系、绿地系统、视线眺望系统、历史文化系统、竖向形态控制、城市密度分区和地标系统等进行纵向深化。

如图4-4是郑州总体城市设计框架图。基于对郑州的总体定位和城市风貌特色判断,并结合郑州未来发展诉求,规划分别从都市骨架、水绿骨架和文化骨架3个维度出发,对城市各个体系展开具体的设计。都市空间骨架部分对骨架中的两心、四轴及二十五节点进行了着重塑造,具体包括对核心、轴线区域的功能定位分区、开放空间布局、空间开发强度、建筑群落高度控制等进行有针对性的设计引导,以及对城市标志性建筑和门户空间的建筑高度、空间界面及景观视线等的控制性引导。水绿骨架部分充分结合及利用郑州市原有的生态资源条件,将其进行进一步的整合,形成了环绕于中心城区的生态大绿环。同时考虑到土地集约利用的要求,在生态绿环的建设中穿插了若干城市小组团,各组团之间则有大大小小的绿楔辐射到城市内部,从而达到既满足城市建设用地发展需要,又不影响城市的生态效应。在形式上看,各组团穿插于生态绿环之间,犹如一个个形状各异、形态优美的宝石,故得其名——郑州"翡翠项链"。文化骨架部分主要解决城市文化发展问题,主要包含文化承载体系、文化活动体系、文化风貌体系,分别从城市文化核心结构塑造、城市文化活动组织及

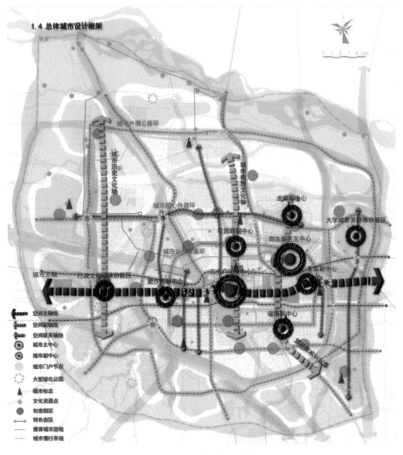

图4-4　郑州总体城市设计框架图

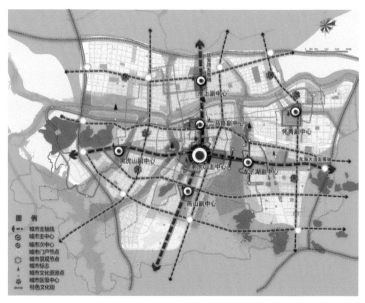

图4-5 蚌埠总体城市设计结构图

文化风貌片区控制3个层面展开。通过3个大的维度的逐层深入设计，有利于提炼城市的特点，强化城市的风貌，使得规划成果有利于后期的实施和操作。规划方案进一步地提升空间在城市与铁路的关系上，因为郑州发展与铁路有非常大的关系，因此对于某些遗存的铁路线路与城市空间的整合是历史型、枢纽型城市的主要特征。规划建议对城市内某些遗存下来的废弃铁路线路进行梳理和再利用，使其再度进入市民的生活并发生较强的联系，进而提升城市的魅力。

如图4-5是蚌埠总体城市设计结构图。对上位规划和现状特色优势进行详细解读是总体城市设计前的重要研究内容，蚌埠总体城市设计通过解读区域定位、市域空间结构、城市发展方向、高度控制、强度控制、密度控制等上位规划，进而凝练都市、山水、文化3副骨架，与后续的设计进行衔接，与此同时，梳理了现状区域空间特色、历史文化特色、公众感知特色和标志要素特色。在城市意象上提出将蚌埠作为东方山水城市的一种范型，并构筑城嵌山水、山水绕城的城市人居空间与山水脉络相融相织的独特东方山水城市格局。以打造一座宜业、宜居、宜游的山水淮城为目标，提出"九龙入淮分南北、十山环城连楚吴"，并建构"十字轴+绿楔+环连"的空间形态发展模式，具体概括为"双轴为枢、井字贯通、山水绕埠、五峰望城、七核连山、九龙入淮"的总体城市设计结构。如图中所示，双轴分别指东西和南北向的城市主轴，构成十字轴；井字贯通指4条横向和3条纵向的主干道，呈现井字网络状；山水绕埠即山水格局如张开的蚌壳状环绕城市；五峰望城指西芦山、黑虎山、涂山、东芦山和老山5座山峰与城市相望的山城格局；七核连山显示出与山联系紧密的老虎山主中心和燕山、龙子湖等6个副中心的格局形态；九龙入淮指西玉河、双墩河等共9条水系与城市相织交融的态势。在此基础上建构了包括城市空间骨架、城市山水骨架和城市人文骨架在内的3副结构骨架，其中城市空间骨架包括公共中心体系、骨架轴线体系、道路交通体系、空间标志体系、轮廓眺望体系，城市山水骨架包括山水格局体系、生境网络体系、城市绿地体系，城市文化体系包括文化风貌体系、游憩活动体系、观览展示体系，并分别对11种体系进行详细的空间组织和设计。

如图4-6是南京东山副城总体城市设计规划结构图。利用GIS的空间分析平台，对影响城市环境的因子进行量化分析与综合评价，最终建立基于空间分析的高度与密度控制模型。通过对山水江宁、时代江宁、创新江宁、宜居江宁的定位，规划得到"一核两轴三心"的结构。针对核心区的功能风貌特征，重点通过调整、增加公共绿地，构建系统的开放空间，强化建筑与街道风貌，维护核心的文化与景观特征，进一步增强城市的文化特色，优化生态环境。三带分别为秦淮文化带、都市形象带和山水休闲带，在三带的基础上还特别提出十八廊道和二十八节点的框架体系。总体城市设计分别从山水格局、绿地系统、特色意图区、城市界面、公众可达视点与视域分析进行生态景观引导；从自然景观廊道、人文景观廊道、复合景观廊道进行交通廊道引导；从历史文化引导构建、轴线文化注释山水格局、四十八景印记、历史人文足迹、都市休闲焕发历史资源新辉进行历史文化引导；从公共活动节点、慢行系统引导、步行系统引导进行公共活动引导；从用地布局调整、路网调整、开发时序策略进行开发策略引导。总的来说，东山副城总体城市设计从生态景观、交通廊道、历史文化、公共活动及开发策略几个大的方面把东山副城整体的结构拎了出来，很好地把脉城市。

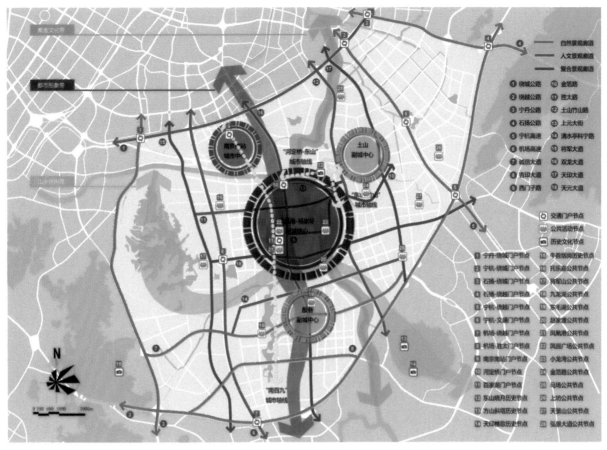

图4-6 南京东山副城总体城市设计规划结构图

4.1.3 片区城市设计

片区城市设计主要涉及城市中功能相对独立，并具有环境相对整体性的空间单元。这是城市设计的典型内容，其目标是基于城市总体规划确定的原则，分析该地区对于城市整体的价值，保护或强化该地区已有的自然环境和人造环境的特点和开发潜能，提供并建立适宜的操作技术和设计程序。此外，通过分区级的设计研究，又可指明下一阶段有限开发实施的地段和具体项目，操作中可与分区规划和详细规划结合进行。

如图4-7是钱塘江两岸城市设计总平面图。该城市设计从钱塘江景观及历史双重核心价值入手，强调东方式营城特色与人文情怀，以"大山水人文画卷"为核心理念，并以"三图一卷"的形式展开分段风貌特色及意象控制引导，具体呈现出以中国传统山水形胜为依托的上游段富春山居图、以现代都市风貌为主的中游段之江新语图，以及以面向未来大气开放的下游段钱塘观潮图。"三图"共同构成一幅具有东方山水城市特色千里江景画卷。方案基于问题判断与控制体系引导，对沿江全域空间的山水都市结构与街廓肌理展开设计；在沿江890km²的全域范围内构建"双峰立阙，九曲绕城，十脉通江"总体空间格局。在总体设计的结构框架下，将钱塘江全线从上游至下游划分为富阳段、湘湖段、之江段、滨江段、钱江段、下沙段、空港段、江东段8个具体分段设计，遵从总体设计层面的"三图"空间氛围；最后，选取钱江世纪新城段、浦阳江入江口段、富阳区段、下沙段4个重点地段进行详细方案设计，分别打造以"胜楼江市""三源江聚""绿绕江汊""智慧江湾"主题的城市节点空间。该总体设计平面图既清晰勾画出了城市空间整体结构框架，确定了山水廊道、江湾汊汊、都市簇群的宏观格局，又突出了中观层面的空间设计重点，明确了城市空间形态与肌理；结构明确、详略得当、重点突出。

　　如图4-8是广州白鹅潭片区城市设计总平面图。该城市设计围绕两条水系珠江旧航道和珠江新航道为核心展开。围绕两条内部水系构建地区核心绿楔渗透贯穿整个场地。方案采用混合功能布局模式，公共建筑和居住建筑混合布局，充分尊有场地原有建筑，是一种渐进式的城市设计方法。重要的洲头和河道空间留出绿地和场地，把滨水的景观价值充分发挥出来。方案总图带有相当一部分周边地区的路网肌理，对比下来就能清晰地看出城市设计的意图，在老城致密的肌理和外围区域的大尺度肌理之间引入中间态，协调好城市的肌理，延续城市的文脉。基于城市总体规划确定的原则，分析该地区对于城市整体的价值，保护或强化该地区已有的自然环境和人造环境的特点和开发潜能，提供并建立适宜的操作技术和设计程序。

　　如图4-9是香港中环滨水区城市设计总平面图。该城市设计挖掘该地区潜在的机遇和限制，并将整个基地划分成休闲区、遗产区、滨水互动区、滨水公园区、文化艺术区、公民遗迹区、内港区、工作生活区。该城市设计总图表达简单干练，对建筑的刻画比较细致，充分地将港岛的建筑风貌完整地展现了出来。在建筑的基础上重点表达二层人行步道系统，将香港最具特色的城市系统表达在图上，展示城市设计的分系统。规划的重点不在于建筑的大面积更新，而是梳理好城市该片区的资源，深入考虑人的行为和活动，激活城市公共活动空间。

　　图4-10是郑州市贾鲁河滨水片区城市设计总平面图。为了充分挖掘贾鲁河郑州河段3 300hm²水面、6 000hm²郊野绿地、700hm²滨水土地开发、70km滨水岸线的特色优势，从水生态、水文化和水生活3大发展目标入手，形

图4-7　钱塘江两岸城市设计总平面图

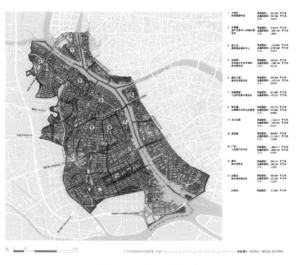

图4-8　广州白鹅潭片区城市设计总平面图

图4-9　香港中环滨水区城市设计总平面图

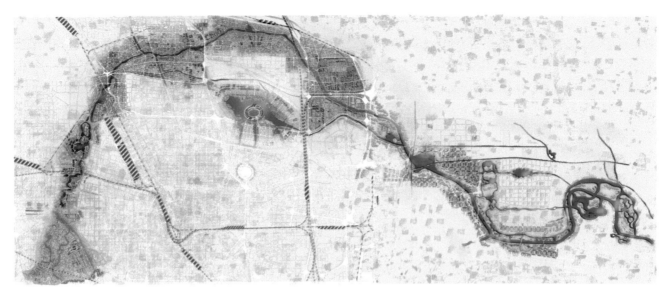

图4-10 郑州市贾鲁河滨水片区城市设计总平面图

成"一曲青萝琉璃水、千载礼乐文明源"的城市设计理念。在整体空间结构上提出"一河、两区、三源、七湖、八景、十中心",其中一河即贾鲁河,两区指生态休闲观光区和建筑景观控制区,三源指邙山干渠复线、牛口峪引水工程、西水东调备用水源工程,七湖为西流湖、荥泽湖、贾鲁湖、龙湖、象湖、圃田泽、官渡湖,八景依据老郑州八景而设置的沿河特色景观节点,同时也将贾鲁河划分为8个各具特色的区段,由上游至下游分别为生态涵养区、城市游憩区、都市生活区、农业观光区、科教创新区、主题游览区、生态观光区和生态旅游区。在项目实施上提出5大工程,分近、中、远3期进行。近期围绕水清、水畅的主题,疏津点穴,在生态修复的同时打造核心主题空间,构筑滨河地区发展引擎;中期围绕水荣、水美主题,聚气通脉相结合,疏通公共交通网络和次级节点建设,完善游览体系、滨水慢行体系和特色空间的启动建设;远期以水活工程为主,在前期基础上将贾鲁河特色空间框架逐步完善,向周边腹地渗透,达到融城的目标。

图4-11是安庆市北部新城城市设计总平面图。通过城市设计为安庆北部地区构想了一个充满动力、活力和魅力的山水新城,力图超越传统城市的单一发展模式,以"休闲绿谷、智慧新城"的崭新营城理念,打造健康美丽之城。在动力之源、魅力之都、活力之城的总体目标定位基础上形成3大设计主题:动力创智谷、魅力休闲都、活力生态城,将安庆北部新城打造为一个内外兼修、高低相成、动静皆宜的独特城市。在总体空间结构上通过山水生态骨架、都市空间骨架、文化空间骨架的塑造来提升整体魅力、

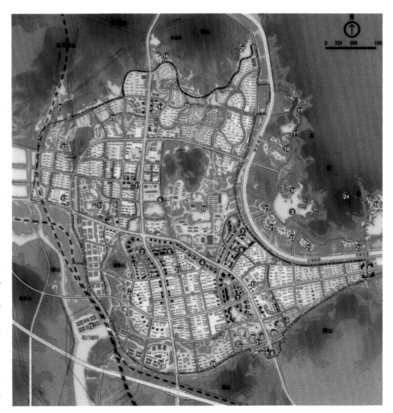

图4-11 安庆市北部新城城市设计总平面图

动力和活力,成为整个城市设计的亮点特色所在。在对这3个空间骨架具体设计时,又分别塑造了共10个空间体系,包括:"山环水绕"的山水格局体系、"游山览水"的绿地游憩体系、"通廊塑景"的道路景观体系、"凝城强心"的公共中心体系、"连城立轴"的骨架轴线体系、"通城兴业"的道路交通体系、"眺城望景"的空间标志体系、"塑文凝魂"的文化承载体系、"示文显貌"的文化风貌体系、"织文游绿"的文化活动体系等。以空间骨架为依托,又进行了多个专项设计,提出功能主导、组团发展、相互渗透、各有亮点的功能集群发展模式,对综合交通、慢行交通、道路断面、景观系统、夜景层次、滨水岸线、建设强度、高度控制等专项进行了详细的规划设计。在项目策划上还提出"三谷、三大道、四组团"作为城市设计启动的重要点、线、面。

4.1.4 地段城市设计

地段城市设计主要是针对城市中特定的要素或系统为线索所引发的城市设计,又称为特定意图区城市设计或者特色空间城市设计。特定区城市设计的对象较为灵活,它既可以是城市的一条轴线,也可以是一个重要的园区;它既可以是城市中的重要湖面的周边地区,也可以是城市的水文系统。其目标是将城市中的某个线索强调出来,并运用新颖的设计概念和灵活多变的设计方法将线索演绎和表达出来。

如图4-12是南通通津九脉城市设计总平面图。规划设计范围包括从濠河环城水系为源点向四周放射的城山河、西山河、南川河、通甲河、金通河、秦灶河、幸福河、通扬运河、任港河和姚港河的"九脉"滨水两侧各约50m的空间范围。通过南通"通津九脉"特色空间城市设计,整合城市整体空间环境资源,塑造具有鲜明南通特色和个性的中心城区形象;保护和加强城市格局,延续历史文化,强化其系统性和整体性,综合提升和优化环境品质。以城市景观评价、景观双向互动、总体城市设计和城市中心体系等视角出发,进行通津九脉特色空间城市设计,以项目矩阵簇群的模式进一步落实。该城市设计视角新颖,通过"通津九脉"的特色空间凝练南通城市风貌的精气神。

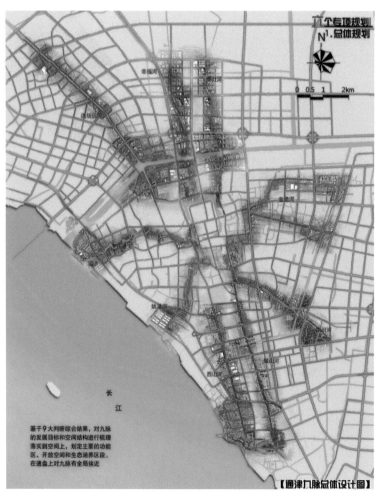

图4-12 南通通津九脉城市设计总平面图

如图4-13是重庆大学科技园沿江地段城市设计总平面图。基于对发展条件及要求分析,规划提出设计策略、用地策略、建筑形态及场地设计策略。其中设计策略就该科技园的总体定位等进行了设想,提出要使该用地成为城市综合性区域,具体要体现大学科技园区特色、局部就地平衡与功能多样性、步行生活为主、发展第三产业解决低层次人口就业问题、社会阶层与职业构成的多样性集结、生态环境良好及继承并发扬现代山地乡土建筑的优良特色;用地策略就基本为120m消防间距左右的地块均等划分、适应未来不确定性的用地职能、每块用地的功能综合及可变、厂区台地遗址城市性及滨江季节性公园进行了相关规划;而建筑形态、空间及场地设计策略则针对场地、空间、景观的明确方向性及场地、空间、景观的透明处理，基本垂直岸线的高层板楼体系，用户视野的均好性，用户使用朝向和通风的均好性，城市性公园及滨江季节性公园做了具体设计。重点在于两个公园体系的设计，城市性公园主要采用每块用地内的1/3的面积、遗址的选择保留与更新、多种城市的重叠、生态保护与宣传示范及台地花园几个策略；而滨江季节性公园主要利用滨江高架桥下及洪水线下的场地、季节性使用方式、城市生活的亲水性及生态保护宣传示范作用几个途径。其优点在于问题与解决策略一一呼应，使得整体很好地遵循提出问题到解决问题的路径，说服力较强；同时，该项目也将各项规划落实到最终的可视化总平面表达中，对规划定位、目标很好地进行了落地处理。

如图4-14是济南大明湖地段城市设计总平面图。大明湖是济南三大名胜之一，繁华都市中天然湖泊是泉城重要风景名胜和开放窗口、闻名中外的旅游胜地，素有"泉城明珠"的美誉。这张总平面图很好地将规划设计成果展示了出来，总体面貌有了直观的展示，各个出口与周围的关系也表达得很清晰。在此基础上，可以更加凸显该济南大明湖风景名胜区规划的设计理念："泉城明珠"大明湖，是济南市总体规划中泉城风貌带的核心组成部分。大明湖风景名胜区建设工程实现了"泉城特色标志区规划"中"一城一环一湖"的战略意图，将大明湖由

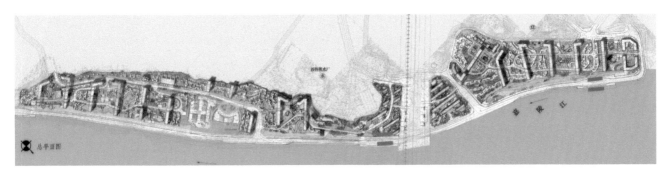

图4-13 重庆大学科技园沿江地段城市设计总平面图

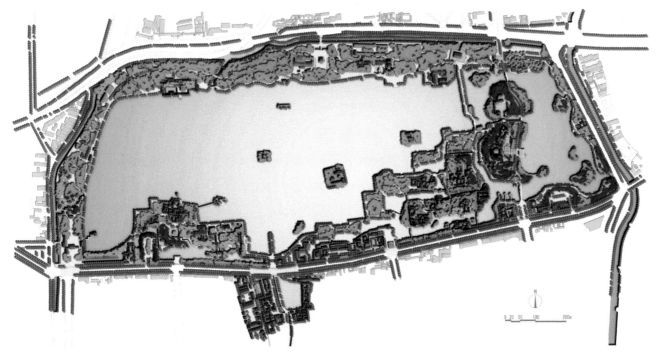

图4-14 济南大明湖地段城市设计总平面图

"园中湖"变为"城中湖",深入挖掘并继承发展济南传统景观文化精髓,达到优化旧城内用地结构,增加城市休闲与服务设施,建设宜居城市的重要目标。基于此,可以把周边的主要用地有所介绍,与主要的服务设施串联起来表达。平面图上如果能把各个景点标注出来,以及能把主要游览路线显示出来会更好。

如图4-15是南京地铁宁和城际线高庙路站地段城市设计总平面图。运用特色要素评价、POI大数据的业态构成预判、物理环境综合评价和多维视觉分析等方法,对轨道站点特色意图区进行设计,提出"社区自由生活、慢交通自由换乘、温馨社区步行街区"的设计目标,并在用地功能构成、综合交通组织、空间形态、建筑与环境景观上进行详细控制设计,提出高庙路核心区一体化设计的控制要求,依据控规确定的用地性质,结合功能一体化的设计理念,对基地内商住混合用地及社区服务用地进行进一步的用地功能优化,通过丰富地块用地性质、多维度扩展用地类别,以实现活力注入。具体来说,在用地一体化上鼓励轨道交通与土地联合开发,建设社区活动中心,在功能一体化上统一组织地上、地下公共空间的功能,完善业态功能引导和公共步行系统,在交通一体化上进行机动车流线控制引导和出入口设计,在景观一体化上进行景观体系设计、控制建筑群体风貌。

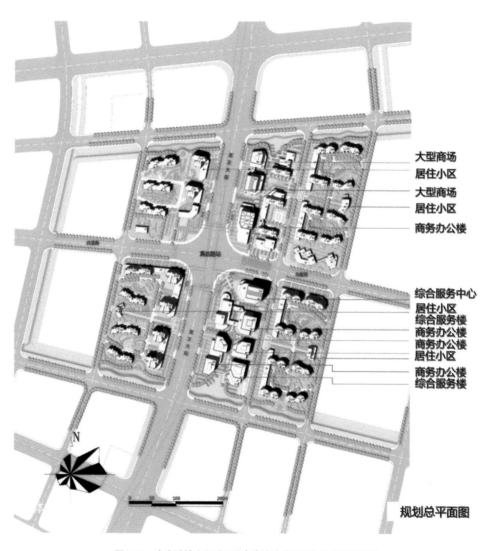

图4-15 南京地铁宁和城际线高庙路站地段城市设计总平面图

4.2 不同功能区的城市设计总平面

按照规划区主导功能的差异，城市设计总平面可以进一步分为不同类型，城市不同的功能区组成包括中心区、居住区、产业园区、行政中心、大学校园、中小学校园、广场公园、滨水空间、历史遗迹、主题园区（世博会、园博会）等。如中心区作为城市的核心地区，开发强度高，功能组织更为复杂，在总平面组织和设计过程中要综合考虑多种要素合理组织城市各项功能以及交通景观联系；而居住区、产业园区、历史遗迹等相对来说其功能性更强，需要结合特定功能合理布局、完善公共配套。以下会结合案例来详细说明这些不同功能区总平面设计的特点和注意事项。

4.2.1 中心区总平面图

中心区的结构在城市设计中具有至关重要的作用，它不仅起到对整个规划设计最直观展示的作用，而且对于规划设计的任何一部分工作具有指导作用，是以后项目进一步实施最重要的参考依据。其主要内容包括建筑形态、建筑空间、景观环境、道路交通、配套设施、方位尺度、设计构思说明等方面的规划布局和空间形体设计信息。按照城市中心体系来划分，中心区平面大概可以分为城市综合主中心总平面、城市特色副中心总平面、城市区级中心总平面。按照中心区所在城市区位可以分为老城中心区平面、新城中心区平面。按照自然地理条件划分可以分为城市滨水中心区平面、城市滨江中心区发展带平面等。

由于中心区平面对整个项目设计具有重要作用，因此在具体绘制设计中一般遵守平面图的自明性、平面图的完整性、信息表达选择性、图面表达优美等原则。虽然不同类型的中心区平面图内容和风格千差万别，但一般共同遵守的门槛是信息表达需完整、设计结构清晰、地块与周边环境关系和谐、功能分区完整等基本要求。在具体绘制的过程中需要避免设计结构、建筑形态、空间设计等方面自明性不强，从而带来读者对信息提取的障碍，同时整个地块与周边自然环境的关系以及对城市肌理的延续方面也需要设计者重点关注，同时由于中心区对整个城市具有地标性作用，因此其平面的设计尤其要重视特色的体现，避免千城一面。

图4-16是南京市浦口中心区城市设计总

图4-16 南京市浦口中心区城市设计总平面图

平面图，该设计规划图是对南京浦口中心地区未来发展的一个整体谋划，具有引领未来发展、对接现在城市建设的重要作用，本规划方案从具体规划设计细节中跳出来，将设计思路聚焦在打通"山—城—江"廊道关系上，更加重视概念创新方面的突破。其具体设计思路是将地块通过道路等要素划分为3大功能片区，分别是最北边的生态居住功能片区、中部商业商务公共服务设施集聚功能片区、南部生态游憩购物休闲功能片区。具体3大功能片区因地制宜，根据地块原本自然地貌要素进行区位选择，最大限度地利用了原有地形优势，其中中部商业商务公共服务设施集聚功能片区和南部生态游憩购物休闲功能片区分别结合优良的滨水空间进行建设，起到提升建筑空间品质的重要作用。北部的生态居住功能片区注重绿化设施的建设，并与中部公共服务设施集聚功能片区具有良好的交通设施进行连接。同时3大片区之间通过中部景观步行绿化带进行有机串联，通过鼓励人群步行行为将3大片区进行内在关系的疏通与勾连，进一步激发人群在整个地区的自由流动。该规划设计图方案完整，分区合理，在与环境结合方面做得比较好。

图4-17是某市城市中心区城市设计竞赛总平面图，这个中心区设计方案将设计思路放在对整个城市最核心的片区未来发展建设的方面进行概念创新化设计，包括对这个地块的功能布局安排、地块与周边大环境的整合、城市建设与景观生态营造相结合等大的城市建设方面，对具体空间形态和建筑形体进行刻意的忽略，进而提高整个设计的针对性。其具体设计思路是将地块的未来建设分为建筑空间实骨架和生态景观虚骨架两大层面进行分别设计，再通过相关手法将两者在功能、空间、景观方面上进行连接沟通，使得两者可以互为联动成为一体。整体来看，建筑空间实骨架的空间结构为环形加放射状形态，主要商业商务公共服务设施集聚在地块中心，满足均好性使用原则的要求，同时结合主要环形道路沿街布局，呈现出环形的空间形态，中心布局主要景观湖面，从而形

图4-17 某市城市中心区城市设计竞赛总平面图

成主要公共服务空间与主要景观水面相结合的空间联动，有效地提升了空间使用的品质。其他公共服务建筑沿着道路呈放射状发散出去，有利于创造出良好的城市街道空间。同时，生态景观虚骨架的空间结构呈现出"丁"字轴统领环形拓展的结构，中央"丁"字水面起到统领整个地块景观系统的作用，其他水系自由延展与公共服务设施有机结合形成了自由活泼的建筑空间效果。

图4-18是某大学城中心区城市设计总平面图，这是城市大学城的中心区，它具有自己的特点，方案的设计重点集聚在城市中心区公共服务设施的空间布局、景观资源的布局、高层与低层空间关系上面，在设计视角方面是比较微观的，这满足了大学城片区空间较小、学生人群对商业消费等公共服务设施的需求等现实因素的考虑。具体方案最大的特点是整个中心区采用典型的线性空间布局的模式，将各个商业生活服务设施依规划主轴线依次展开，值得称道的是，为了避免线性空间常出现的空间单调，建筑形态单一对使用者带来不利的影响，该方案在主轴线的空间布局上故意设计出中间景观开敞区域，这不仅提升了中心区空间的环境质量，而且打破了线性空间单调的形象。在高层与低层相结合布局方面，设计将高层集聚在线性空间中间，低层公共服务设施分布在高层带两侧，这种布局手法有利于提高步行空间的聚焦感，有利于创作出内部活力充足的步行商业空间。外部布局居住等生活其他配套设施有利于均好性的生活使用，但同时由于居住靠近外围可能会带来环境安静舒适度下降的问题，另外，由于方案缺少对中间跨越河流这一问题的应对，导致河流南北两岸交通沟通可能存在不方便的问题，这一问题不利于整个地块的有机连接，影响地块的使用活力和效率。

图4-19是某市民公共文化服务中心城市设计竞赛总平面图，这个设计将市民公共文化服务中心作为设计的主要对象，因为市民公共文化服务中心具有强大的市民心理认知，是一座城市的品牌，所以设计应注重建筑空间、建筑形态的营造，在保证功能合理、使用高效的前提下尽量提升建筑空间的品质，为整个区域的发展提供动力，为城市的形象建设提供强有力的支撑。在该方案的具体设计中重点打造中央步行景观轴线，围绕景观轴线进行高层为代表的商务商业开发，不仅创造出围合感强烈的公共空间，而且起到消费公共空间与核心景观的互动结合，有力地起到了提升空间品质的作用。同时将居住等一部分配套建筑安排在两侧，尽量与河湖等绿化空间结合，起到了很好的功能分区布置作用。整个景观系统呈"工"字形布局，与建筑环境很好地结合在一起。

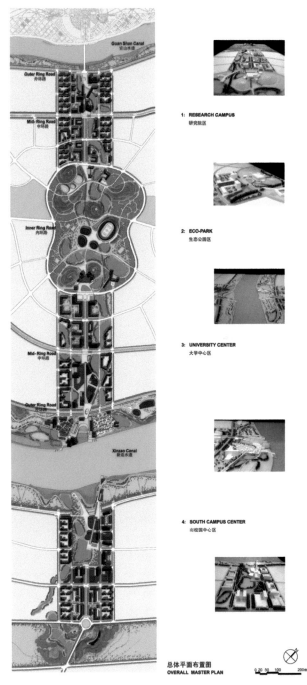

图4-18 某大学城中心区城市设计总平面图

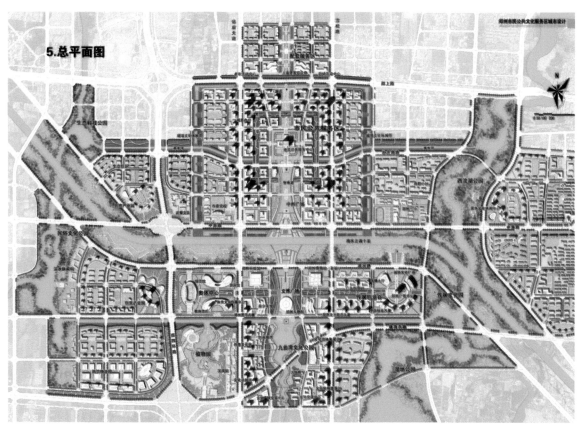

图4-19 某市民公共文化服务中心城市设计竞赛总平面图

图4-20是某商务中心区（CBD）城市设计竞赛总平面图，整个城市设计聚焦在城市商务中心的形态上，由于商务中心对建筑开发强度具有功能上的要求，所以在保证合理安排高强度建设布局的基础上，尽可能多地创造出别具特色、环境优美的低密度休息空间，对整个方案来说至关重要。其具体设计将整个高层开发分区布置，呈组团状分布在地块的北部和南部3大区域，整个建筑空间结构呈"T"形布局，而在3大高层集聚区之间间歇布局低密度的特色文化建筑、绿化游憩空间很好地起到了功能丰富与景观丰富的高效互动。同时，重点打造贯穿各个分区的步行景观轴线，整个步行轴线没有死板地套用传统轴线的形式，而是不拘小节地因地制宜，顺应整个建筑空间的布局灵活建设，使得整个轴线形态丰富，空间富有变化，具有强烈的吸引力，起到了很好地提升空间品质并激发行人步行热情的双重效果。美中不足的是，整个高层分区形态

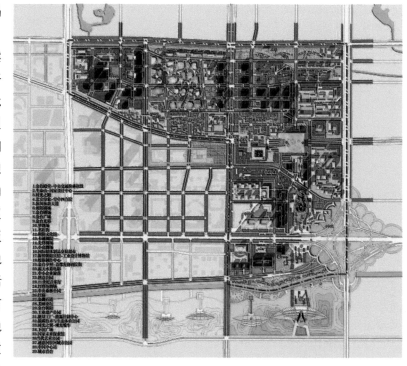

图4-20 某商务中心区（CBD）城市设计竞赛总平面图

特色不强，缺少具有统领整个景观空间的要素，均质化的设计对整个区域空间的整体质量带来不利的影响，如果适当调整中央高层集聚区的建筑形态，创造更多特色鲜明的空间，会起到更好的聚焦统领效果。

4.2.2 居住区总平面图

居住区是城市居民居住和日常活动的区域。居住区规划是指对居住区的布局结构、住宅群体布置、道路交通、生活服务设施、各种绿地和游憩场地、市政公用设施和市政管网各个系统等进行综合的、具体的安排。居住区规划是城市详细规划的组成部分。从城乡区域范围来看，可以划分为城市住区、独立工矿企业住区、科研基地住区和乡村住区等，按住宅层数不同可以划分为低层住区、多层住区、小高层住区、高层住区及混合层数住区。居住区的规划原则为以下5条：①要为居民创造卫生、安静、舒适的居住环境（包括内部环境和外部环境）。要选择合适的住宅类型；住宅布置上要满足当地日照、通风，防止噪声和视线干扰，不受污染等要求；要为不同年龄的居民提供休息、活动的场地；要考虑防火、防震、防空、防盗等安全上的要求。②设置一套齐全、方便的生活服务设施。一些大型文化、商业服务设施一般采取集中布置，形成居住区中心；居民日常生活所需的粮食、副食、早点等服务网点要分散布置；占地较大的中小学、锅炉房等布置在居住区内的独立地段。③要建设现代化的基础设施，包括道路、公共交通、给水排水、供电、供热、供燃气、垃圾清除、路灯、汽车及自行车停车场地等。私人汽车拥有量较大的居住区，采取车行道和步行道分离的设计原则，有的还设计专用的自行车道。居住区内市政工程管线要布置合理，便于维修。④要形成丰富、优美的建筑空间，外观上注意完整、统一并富于变化。居住区的内部空间应给人以亲切感，并有民族风格和地方特色。要特别重视绿化，改善卫生条件。低密度的居住区还可提供宅园用地。⑤要取得较好的经济效果。在规划上采取适当的标准，布局紧凑，以节约用地、降低工程造价。居住区规划要注意社会规划和建设规划两方面问题。社会规划主要是对居民结构的调查、分析和预测，调查内容包括居民的职业、收入、年龄、民族以及对商业、服务、文化、教育、医疗卫生、休息娱乐等方面的需求。建设规划要为居民创造物质环境条件。一个完整居住区的建设周期往往需要几年，完善各种设施所需时间更长。因此全面的规划应充分考虑阶段性。每个阶段的发展建设要尽量紧凑，并注意各阶段之间的衔接和协调。在建设上，采用综合开发的办法。

图4-21是某新城居住区总平面图。规划方案以3条水系分割用地，整体的空间结构上呈现为三组团的布局模式。该规划方案优点在于：①围绕水体布局，采用营造水景的设计手法，以中心的水景作为构图的中心，并以水体联系外围绿地，形成完整的景观系

01 水疗养生度假村　10 山间游步道　　19 城市广场
02 森林别墅度假区　11 水上游乐园　　20 农家乐餐饮
03 虎山水库　　　　12 蔬菜采摘园　　21 森林公园出入口
04 虎山水景酒店　　13 森林观赏园　　22 山顶眺望亭
05 森林别墅区　　　14 农林体验园　　23 溪流探索
06 爱狗品鉴坊　　　15 组团绿地　　　24 垃圾转运站
07 野营俱乐部　　　16 幼儿园　　　　25 山道骑马
08 滑雪场　　　　　17 小学　　　　　26 次生林观赏区
09 　　　　　　　　18 滨水绿谷商商社区

图4-21 某新城居住区总平面图

统。同时，水景又能呼应基地南侧的河道，形成景观上的连续性。采用不同的材质，构成多种空间感受，绿植、水体、木平台、硬质铺地的穿插使用，使得住区充满生气，层次丰富。并在基地中间圆形水景广场处汇合放大，形成空间上的高潮。②规划方案由3个不同组团组成，西部组团为围合院落式布局，中部组团为行列式组团，东部组团为点群式组团，3个组团布局上各具特点，满足了多元性的要求。单体构成上又呈现不同的特征，使用不同的住宅户型组织形体，不仅功能上多元，满足不同人群的使用要求，也能在细节上有所区别，使每栋住宅具有标示性。规划方案还可以提升其整体性，加强中心的内聚性，形成一处居住区级的公共空间与设施体系，满足居民生活的要求。

　　图4-22是某居住小区平面图。整体规划结构为"两环多组团"的空间结构，即外环的路网和内环的水网。该规划方案优点在于：①采用空间对比的手法，以外围的组团式空间和内部的岛屿式空间作对比，拉开空间层次。外围的组团式住宅为相对高密度的开发，强调经济性；内部的岛屿式别墅为相对低密度的开发，强调景观性与宁静性。②采用水环的设计手法，以环状的水系连接北部的河道，在小区内部营造水体景观，配合别墅组团的岛屿式布局，最大限度地增加住宅与水体的连接面，提升景观品质，增加每一栋别墅的经济价值。③南部住宅的底部沿街配建了大量的公共服务设施，不仅方便了居民的生活，提升了社区的活力，而且提升了整个景观系统的价值与经济性，为更多的人群服务。本方案还可以提升的地方为西北和东北方向的两条斜轴线比较生硬，建议予以消除。

　　图4-23是某居住小区平面图。该规划的空间结构为"三圈层"模式，即行列式组团的外围圈层，院落式组团的中部圈层，公共服务设施组团的内部圈层。该规划方案优点在于：①层级式结构清晰。整体结构上为3个层次的"金字塔式结构"，分别对应"居住区级—居住小区级—组团级"设施。②公共服务设施的共享性。中小学和商业中心等居住区级的公共服务设施沿城市干道分布，不仅服务本居住区，还注重与城市的共享性。居住区级服务设施与公园结合布置，提升了公园的活力，真正地服务于民众。本方案还可以提升的地方为：①居住小区级和组团级公共服务设施不足，建议予以增加配置。②规划对水体的处理消极，建议结合公共空间、公共服务设施布置，作为一个极佳的资源来利用。

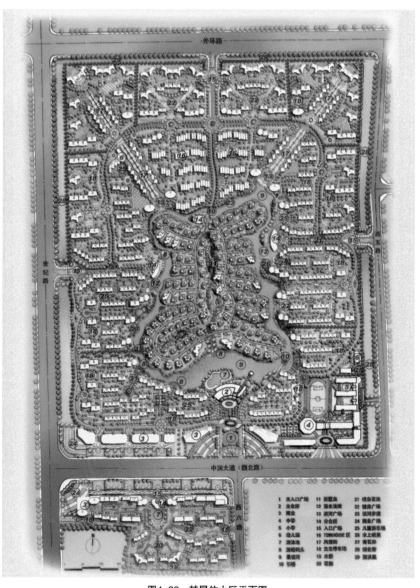

图4-22　某居住小区平面图

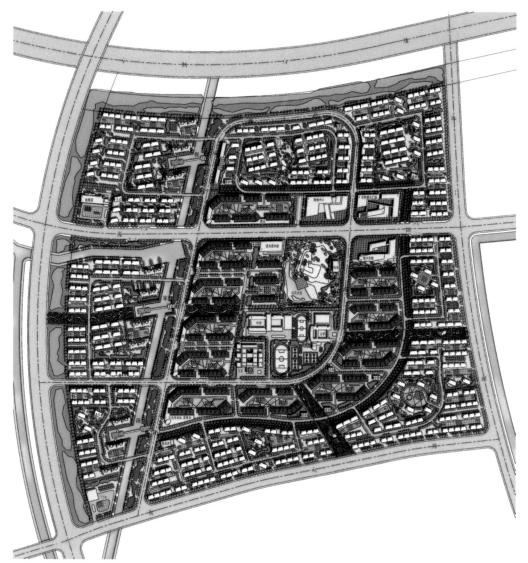

图4-23 某居住小区平面图

图4-24是某高档别墅小区平面图。该方案为低密度开发导向下的高品质别墅区规划，以水体景观为方案中心主题，以岛屿式布局结构为主要框架。入口处布置中式庭院式的公共服务设施，塑造一种精致婉约的门户特征。该规划方案优点在于：①采用营造水景的设计手法，以中心的水景作为构图的中心，联系各小组团的绿地，形成完整的景观系统。②岛屿式的布局方式使每栋建筑享有最大的景观面，大幅提高了住区的价格和品牌价值。③庭院式的会所建筑舒展而优美，凸显了住区的高端属性，有种园林景观的意趣。本方案还可以提升的地方为：小区的机动车交通解决得欠佳，尤其是路面停车位缺乏，建议在景观效果较差的区域集中设置停车场。

图4-25是某居住小区平面图。该规划方案为"五组团式"布局。该规划方案优点在于：①在居住区北部布置公共服务设施，结合城市区级中心，打造城市次级发展轴线。②5个围绕水体的组团包含两种节奏，亲水界面采用点式高层布置，远水区域采用行列式板房布置。两种节奏的对比活跃了空间效果，也使得图面构图得以丰富。③采用复合的院落式绿地布局手法，5组自由流线的组团绿地形成各居住组团独自休闲的空间场所，又以一条纵向的道路绿廊将它们串接起来，形成一个整体。这种复合的空间可以提升空间的深度以及复杂性，营造出不同的空间感受。本方案还可以提升的地方为：5个组团被城市道路分割得比较碎，这导致穿越交通的形成，不利于邻里之间的交往，建议设置人行天桥等方便居民交通。

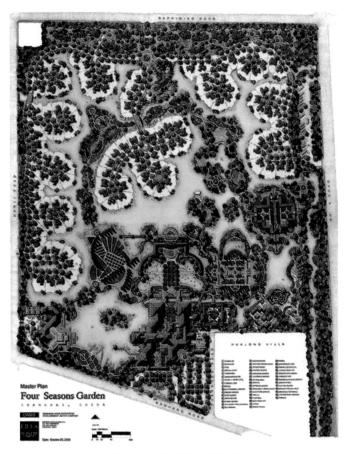

图4-24 某高档别墅小区平面图

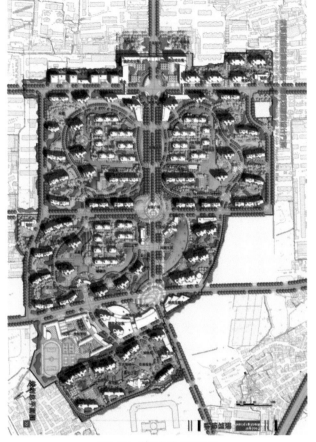

图4-25 某居住小区平面图

4.2.3 产业园区总平面图

产业园区总平面主要内容是功能布局、片区空间结构、道路交通、景观生态、轴线节点等。产业园大概可以分为工业园区、经济技术开发区、高新技术产业开发、特色产业园区、出口加工区、保税区及边境经济合作区等类型。需要注意布局合理、集约等原则。

图4-26为某科技产业园城市设计总平面图。该项目的总体规划理念是将北京市典型的城市肌理结构形态与现代自然的城市元素结合，融入生态（低碳），并应用"三位一体"形成具有地域特色的新兴活力新城。根据这一理念，形成"一带一轴"的用地结构，其中"一带"为沿南北向是绿色景观带，结合汽车博物馆，设置展会、会议、休闲娱乐、商业及部分高档公寓，周边配以总部办公功能的一条"绿色生态带"；"一轴"为东西向沿五圈路，作为连接轨道交通站点，串联一期、二期、三期和未来东部区域的发展轴，设计为"城市活力轴"。在"一带一轴"的规划结构下进行功能布局，每个街区都设有一定比例的混合功能，使各个街区内的人群在街区或步行范围内满足购物、休闲等一般生活需求，减少交通出行；同时沿四环分布展示、商业等功能，作为人们通过快速路进入区域的第一形象，吸引人群。城市设计对地标设计做了几个层面的设计——建筑地标：建筑是城市空间界面和最具标志性的地标，在五圈路商业带和绿轴上设置了不同高度和功能的建筑地标，以强调区域的至尊性，最高地标建筑突破140m；广场地标：博物馆的大型景观广场以及"一轴一带"交汇点均设计了标志性广场。其作为地标可提供人群聚集和大型活动的场所；城市雕塑：在城市不同的节点分布了不同功能和主题的城市雕塑作为次级地标，使城市空间更具文化氛围和品质。区域内的公共空间分为3个层级：主要节点大型公共广场空间、次级节

图4-26 某科技产业园城市设计总平面图

点区域广场绿地空间、各街区公共空间。通过这3个层次的公共空间规划并通过城市设计的路径将其串联，形成一个完善的公共空间网络。

图4-27为某科技园城市设计总平面图。该规划重点在于生态和文化。生态方面强调立体化策略+合院城市模式，以绿色光谷形态来体现未来型城市。生态强调立体化，形成地面、空中多层次、多维度的千层绿公园，其中空中合院层主要布局高层建筑公寓/企业楼/酒店；绿地公园层增加城市绿地，屋顶绿化，绿地翻起，连续起伏，串联各地块；未来生活层主要为生活服务商业层、商业/SOHO办公；步行城市层采用地面人车分行，局部考虑少量地面停车的方式；交通内化层主要布局有地下停车、餐厅服务功能。同时，合院城市也是生态的一个重要部分，它构建绿色里坊（地块），形成环围空间+中央公园，要求每个地块建筑功能复合化，包含企业楼、商业、公寓多功能。这样，整体构建三大生命循环系统工程：小循环主要为建筑单体；中循环主要为生活小区，两者均为自我循环模式；大循环为城市自然，采用综合循环模式。文化方面强调双核共振，打造出商务与休闲核心区。前者主要突出平面功能化，后者则为混合立体化。基于两大重点，规划提出文化、生态及科技3大系统工程，同时这一系统

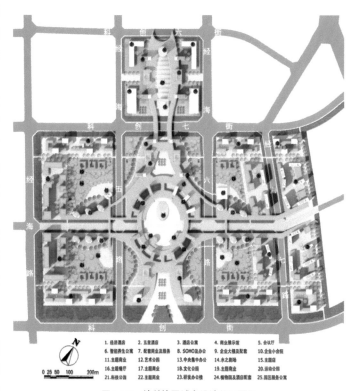

图4-27 某科技园城市设计总平面图

工程构建三网合一模式：①交联网，交通共构，无缝对接；②物联网，不同交通载具智能链接；③互联网，信息网络→智能城市。整体架构结构为"一心二轴，五园一体"：一心——媒体中心商业广场；二轴——商业生活大街之轴、绿色光谷景观服务之轴；五园——文化公园、科技公园、艺术公园、运动公园及热带植物园；一体——绿色飞燕之形。具体分区采用大聚大散模式：大聚为人气集聚、商业集聚、企业村大楼集聚；大散为公园、主题馆、屋顶大公园，以期创造宜人环境。

图4-28为赣州香港产业园南区城市设计总平面图。其规划理念为"生态低碳、聚合生长"，具体而言包括架构持续生长的生态结构、布置群组相依的功能组团、规划动态生长的路网骨架、创造多元聚合的文化氛围及聚集集群互动的现代产业。基于以上规划理念，提出10大构思。构思1——基于区域"联动"的功能布局：提出未来创新新城的功能布局形成"一心、两轴、两廊、六片"的空间格局；构思2——基于区域发展的道路骨架优化与搭建：南北呼应，构建大区域现代产业带、就近瞻远，搭建新城北延发展框架、承东启西，构建内外有序的创新新城；构思3——基于生产带动型新城建设目标下的用地结构优化；构思4——基于自然山水格局下的轴线布局模式：以轴线为依托，合理地将山体、盆地、水系等组织并梳理，形成独特的江、岛、谷、山、湖、城等相互交融的城市景观，并由此形成"群组相依，城景相合"的组团发展格局；构思5——赣南大道引领，城市名片再造：提出功能分区、主题打造，混合多样、积聚人气；构思6——基于生长理念的路网规划与设计：强调开发时序的路网规划，注重景观与功能协调的道路设计；构思7——基于现状地理属性的生态新城建设：充分利用现状自然地理属性，挖掘多种生态因子，规划形成"生态内核——大型生境斑块——多样化廊道"的集中与分散相结合的生态格局；构思8——基于"低碳"理念的用地布局：用地布局与自然和谐统一，保留大面积果园，实现新城碳氧平衡，强调组团功能复合的"扁平化布局模式"；构思9——高铁站周边用地布局：从性质定位、功能布局、形象展示设计3个方面进行整体布局；构思10——"五分钟生活圈"的构建：规划提出构建"五分钟生活圈"的设想，居住区级公共服务设施、公交站点、步行系统长度均按照500m的半径和长度布置。最终，规划思路为两江相融，三片拥江发展；五弦合音，都市合力繁荣；群组相依，生态新城典范；道路引领，城市名片再造。其中两江相融、三片拥江发展指的是规划确定章江、蓉江为赣州香港产业园南区的空间发展带，通过生态廊道和生态斑块的划分，在江的一侧形成3大功能片区，强化生态智慧岛的聚集效应，引动三片协同发展。五弦合音、都市合力繁荣指的是通过赣南大道、兴国大道、创新大道、港潭路、科技大道5条区域性城市主干道的建设，强化赣州香港产业园南区在赣州都市区中的副中心地位和交通枢纽作用，协同赣州其他几个功能区，合力促进都市繁荣。群组相依、生态新城典范指的是秉承"聚合生长"的理念，保留果园和林地，形成生境斑块和生态廊道，并在斑块和廊道间布置功能复

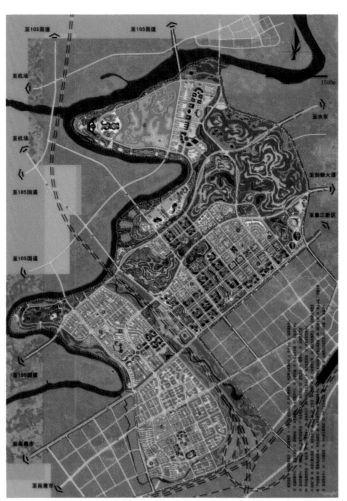

图4-28 赣州香港产业园南区城市设计总平面图

合的城市组团。以"山—城—江"贯通的空间结构形成功能组团与生态斑块群组相依的格局，打造生态新城的典范。道路引领、城市名片再造指的是以中央大道串联多个功能区，并在其上形成多个城市核心，以MCBD的发展模式，带动周边土地高效率综合开发。

图4-29为某高新园区规划设计总平面图。在现状条件分析的基础上，规划将区域用地分为8个功能区：医疗器械生产区、大飞机生产区、新材料生产区、研发及培训区、特殊加工区、商业服务区、仓储区及交通站场区，各功能区之间用道路与绿地分隔，又彼此相互联系。园区内路网系统延续上层次规划的路网，与北部路网对接，并规划3条东西向道路，形成整个园区的道路系统骨架。洪湖路是沟通东部医疗器械与其他两个产业园的主要交通性道路，是园区内货物出入口的主要生命线。园区内部道路自由与规整相结合，货运交通与客运交通合理分流，在交通合理和高效的基础上与生态环境有机结合。规划范围内形成完善等级、合理规模、景观丰富的道路系统。同时，规划结合入口形成多个景观节点，为整个园区创造优良的门户景观。园

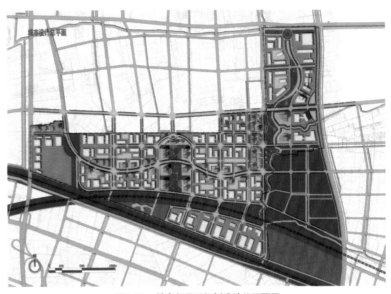

图4-29　某高新园区规划设计总平面图

区内水系河道丰富，本次绿地系统规划充分利用河道及其两侧绿化和道路绿化进行布置，形成线形网络发展格局。结合铁路防护绿带、基地东南部的花桥生态园和局部集中绿地布置，形成面状绿化区域，最终形成点、线、面结合的网络型绿地系统。此外，本次景观系统规划依托曲线形景观大道和东部绿带及水系的渗透形成主要景观界面，在两景观轴的起点和交叉点形成景观节点。并且在沿沪大道和洪湖路交叉口塑造门户景观的形象，作为产业园对外的主要形象展示点，同时也丰富了沿沪大道一侧的形象界面。依托河道和两侧滨水绿地形成多条相互穿插滨水景观轴线，凸显本产业园的滨水生态环境。最后，利用重要服务设施和区域形成面状的主要景观节点，最终形成重点突出、特色鲜明的网状景观系统。

图4-30为某重点地段城市设计总平面图。该项目基地的基本特征可以概括为：四水汇聚、七脉环绕、一岛点睛。其中四水汇聚启动区内的杨兴河等汇聚到本区域内形成生态、开敞的空间，天然生成了一个与其他区域迥然不同的景观区；七脉环绕是由于河流、地形高差等自然因素的分割，在四水汇聚的低地形成了数个岛状的坡地，创造出独特的景观风貌；一岛点睛当中的绿岛与周边隔离，岛上保留当地居民

图4-30　某重点地段城市设计总平面图

早期建造的教堂，具有较高的历史价值，建筑风貌保存完好。基于这一现状特征，规划提出两个设计目标：生态之城和活力之城。其中生态之城的要求为水与绿、风与光交融对话，要求设计充分考虑生态要素与城市建设之间的关系，充分纳入水、绿、风、光等自然要素；活力之城强调功能混合，目标是塑造一个具有活力的新区形象。在设计目标的指领下，规划形成"一心、六带、七岛"的规划结构。其中，"一心"为暖泉湖公园，面积约20hm²，是工业新区启动区内的空间核心，以绿化景观为主；"六带"为3条滨水景观带和3条绿化景观带；"七岛"为尚居岛（两个）、创智岛、商务岛、综合服务岛及产业岛（两个）。尚居岛以高品质住宅及部分底层商业建筑为主；创智岛以教育、科研、培训及部分商业建筑为主；商务岛设有新区管委会及大量的企业办公研发功能；综合服务岛布置有会展、标志性的酒店等公共服务设施及部分企业办公；产业岛为企业办公及部分生产用地。

4.2.4 行政中心平面图

　　行政中心指一个国家的中央政府或地方政府所在地。目前我国行政中心规划与设计在平面布局上主要分为集中式、分散式、综合式3种类型，设计时一般以政府四套班子构成布局主体，分别是党委——体现共产党领导的政治管理机构；政府——行政管理的部门，也是行政中心的主体部分；人大——人民民主专政的立法机构；政协——多党合作与政治协商机构。城市空间强调开放性和文化性，建筑布局延续中国传统模式，或突破传统轴线对称的政府居中布局，使主体建筑不再作为城市广场对景出现，创造能进入的城市活力空间，贯彻设计初衷。

　　行政中心已不再作为一孤立项目进行设计，而是从城市整体设计角度出发，充分发挥中心区重要组成部分。在设计中强调通过行政中心建设形成富有活力综合性的新城市中心：表现民主、开放形象，增进和市民交流；同时注重与周边历史环境、自然环境融合；并讲求生态办公模式，对城市的可持续发展起到促进作用。因此，行政中心公共环境设计如何塑造出具有亲和力、体现现代民主文明的精神内涵成为城市建设中的重要挑战。回归本源，设计对场所特质的挖掘要更贴近市民活动需求，毫无疑问，透明开放、鼓励参与、功能复合与尺度人性是行政中心公共环境在未来的重要发展方向。

　　如图4-31，本案例是湛江市行政中心控制性详细规划总平面图。集行政办公、商务会

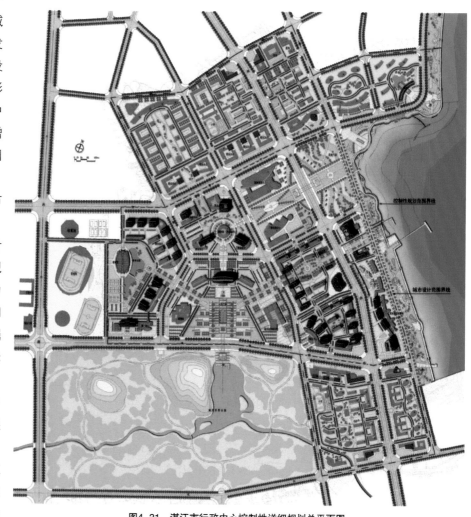

图4-31　湛江市行政中心控制性详细规划总平面图

展、金融贸易、文化娱乐、体育休闲、居住生活6大功能于一体，体现了南国风情和滨海特色的综合性行政中心。布局模式采用集中式，将大量行政职能部门集中于同一栋建筑物内。这种布局提高了办公效率，利于管理与监督。行政建筑主体采用"一"字形，再通过不同的楼层或左右楼段将其分开。这种模式形体简洁有势，并且能找到较好的朝向关系。行政主楼南侧为市民广场，广场设计成扇形，对景为南国热带公园，这种设计旨在突出政府的开放与包容。整个设计开合有致，大密大疏，功能配套齐全，建筑密度适宜。景观设计很好，环境优美，绿化面积大。道路系统比较完备，街坊划分大小合适。在整体上突出了和谐、均衡的理念，尤其是通过领航项目的引导带动整个行政中心的发展及运作，强调了多功能复合、活动高度集聚、演绎地方文化、尊重自然环境、创造多样性活动空间。

如图4-32，本案例是武汉省级行政中心城市设计总平面图。平面图中强调了几大重要设计主题：整体空间架构、功能整合提升、土地价值发挥、交通体系完善、城市意象强化、城市活力激发等。方案平面整体性较强，各功能相互协同辉映，一定程度上彰显了生态性和文化魅力。在区域层面：6向通达连接，山水人文融合来整合空间框架；主题上：省级行政领航，文化创意提升来引领建设方向；在产业层面：现代服务产业、功能集聚协同来构筑3产集群；在功能层面：主导功能集群、多元功能复合来形成紧缩体系；在结构层面：点线轴线布局，两心东西辉映来构建整体网络；在景观层面：城湖交融相升，新旧空间协调来塑造和谐境域。其中省委大楼片区轴线对称，主体突出，南侧正对为科技馆。两侧建筑布置密度略低，这样就使得广场的围合度很低，广场做得有点大，方案设计一定程度上有追求平面效果的倾向。省政府大楼布置在洪山广场的东北侧，大楼南侧设置了一个小广场，很有亲切感。两个政府机构大楼区用一条轴线串联起来，轴线设计符合起承转合。整个行政中心片区，建筑尺寸和建筑密度比较符合行政中心的气质，行政中心大楼周边设计了很多大型公建，环境也利用充分。

如图4-33，本案例是胶州行政中心及其周边地区城市设计总平面图。在结构系统上形成了"一城、三轴、四

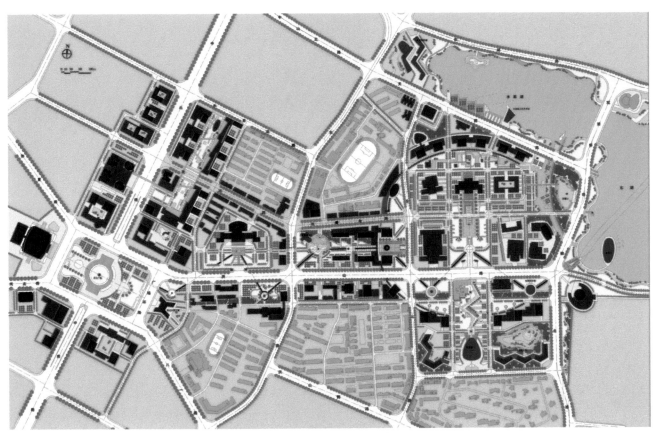

图4-32 武汉省级行政中心城市设计总平面图

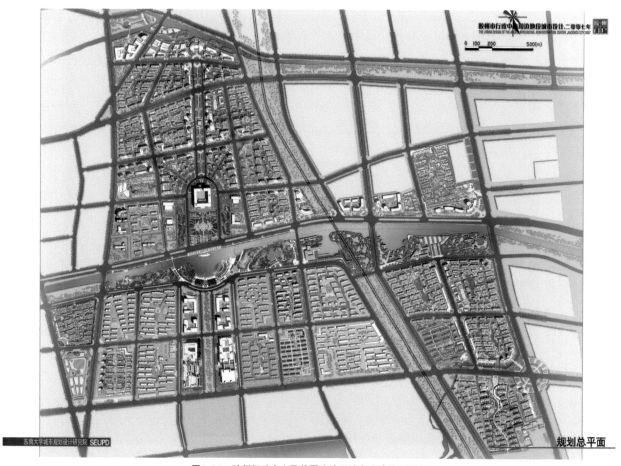

图4-33 胶州行政中心及其周边地区城市设计总平面图

区"的行政中心蓝图，强调用地、道路、交通、景观等各方面整体协同作用。从城市形象展示角度，通过视觉与形态、流线与景观、标志与高度等方面的总平面设计，构筑具有胶州特色的城市地标与门户空间。行政大楼采用"口"字形，将中国的庭院空间引入其中，通过围合而成内庭院，形成好的环境景观效果。这种建筑的4条边分别为"四套班子"，再利用中间虚的空间组织庭院景观。从交通上看，基本满足通行需求，街坊划分尺度适宜。从环境设计上来看，考虑到行政中心与三里河公园在空间景观上的协调，通过建筑、节点、界面、高度上的控制与引导，南侧滨河岸线设计了很多内容，整体景观丰富多彩，趣味十足，方案西侧有一生态隔离带，整个方案设计绿化面积很大。若是能在轴线上做细节设计处理，可以使轴线尺度亲切宜人，更易烘托出行政大楼亲民和谐的政治氛围。

图4-34是南通市新区行政中心总体布局图。其总体构想采用集中式布局方案，由于行政中心地处新区中心区北端，代表首领性城市标志，集中布局有利于形成总体形象效果，强化建筑体量感受，使与2km长的核心区中轴线相适应。另一方面，有利于形成高效、多样化办公空间组织，减少不必要的交通联系，体现现代城市政府简洁、高效的办公特征。建筑整体布局特点为对称，在保持行政中心主楼、市委、市政府、市人大、市政协办公楼独立使用功能的前提下，将这5个单体组合形成一个功能合理、明确，气势恢宏、端庄、造型新颖的标志性行政中心建筑群体。沿着中轴线，行政大楼单体建筑对称，两侧广场布置对称，两侧建筑群体对称，这种对称的设计手法很好地烘托出行政中心的气场，整体形成一个合抱欢迎的空间形态，既突出了行政中心主导地位，又与市政广场、市政大道、雕塑广场相协调，融为一体，充分体现了城市行政中心对市民的亲和力，增强民众参政议政的意识。行政大楼坐落于公园中间，环境优美，楼前有水系穿过，主广场坐落在曹公路南侧。行政大楼采用集中与分

散综合式布局，既有利于提高办公效率，利于管理与监督，又避免单调，富于变化易于融入城市肌理，创造了良好的室内外环境。"四套班子"分列在行政主楼的南侧，用连廊将各个大楼串联起来，寓意团结。路网为棋盘式，各个地块的交通可达性良好。

如图4-35，本案例是无锡太湖新城行政中心概念设计总平面图。规划思路是以景观为主导的城市空间构筑，体现民主、开放的现代政治空间和公众参与市民空间的融合。在空间布局上，最重要的

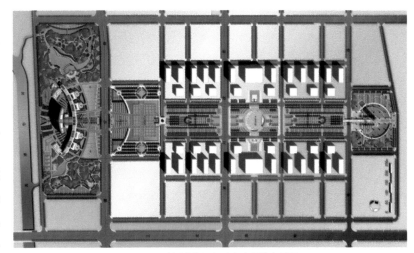

图4-34　南通市新区行政中心总体布局图

特征是城市开放空间（包括水景空间、山体、广场和街道空间）为中心来组织建筑群体布局。平面布局整体特点为围绕一圆形水面组织建筑、道路和景观设计。其中中心湖泊及其周边绿地形成的环湖湿地公园是这一区域的视觉中心，空间景观着重于水景的营造以及水与建筑关系处理，根据水位标高的变化涉及的亲水廊道、叠水渠等保证了丰水、常水、枯水时期的不同景观效果，而广场、码头、栈桥、湿地等景观为人们提供了从各角度观赏水面的空间。其中山体空间将水景与建筑环抱起来，烘托出行政中心庄严的气势。中央公园南侧呈现出轴线对称的模式，比较能突出行政中心的气氛，中央广场不仅是重要的城市开放空间，也是行政中心区表达民主、开放的城市主题、满足公众参与与行为要求的主要媒介。行政大楼主体采用集中与分散综合式，广场中央布置城建展览馆，其空间位置是湖泊在中心地块的呼应。沿湖建筑组群形成连续完整的弧形界面，既体现行政办公建筑的威严气势，同时也是整个太湖新城核心区水岸两侧不同建筑空间形态的过渡，基地外围也确立了较为连续的街墙控制线，作为对周边城市空间的衔接，中心内部圆弧道路两侧街道空间较为自由，强调与自然景观的融合。空间结构上以一条主要空间景观轴线将3个不同主题的城市开放空间串联起来，并通过对景与转换有机地联系地块内的建筑和道路，同时也通过视觉走廊加强了开放空间与周边住宅区的空间联系，使整个空间呈现"山环水踞"之势。在功能布局上，以5大机关办公楼为中轴，左右两翼的各部委办公群组对称布局，市民服务中心、会议展览中心和后勤服务依次沿湖展开，形成紧凑整体的行政中心整体布局平面。

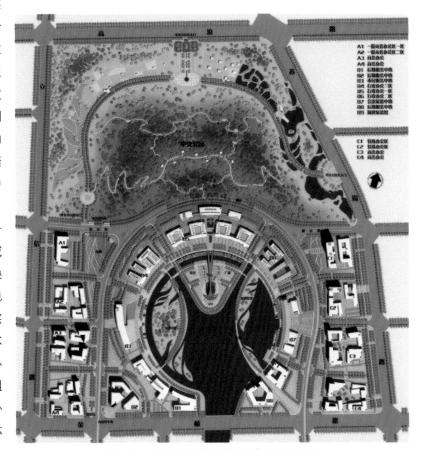

图4-35　无锡太湖新城行政中心概念设计总平面图

4.2.5 大学校园平面图

　　大学校园平面主要是城市中的大学校园以及大学城等规划，从区位上有的分布于城市的中心区，有的分布于城市边缘区，由于集中的大学园区会给城市带来巨大的交通压力，因此后者成为主要的发展趋势。规模上高校日趋规模化，很多地方通过多个高校的邻近布置形成了大学城，有利于校园文化设施的共享以及学术交流。同时也有部分校区呈现出与科研机构邻近规划布置的趋势，以实现产、学、研的一体化发展优势。因此在规划高校的总体平面时必须充分把握好所在城市的区位特征和发展特色，在积极利用自然景观资源创造校园内部环境的同时，协调好城市的交通，并尽可能地为城市的公共空间提供有益的支持。交通上一般采用环路和人车分流模式，并积极创造安全宜人的步行景观体系。由于校园内部功能分区明显，因此，必须处理好各个功能分区之间的联系与交流，避免出现相互间的干扰，一般来说，图书馆、信息中心等建筑位于高校的核心位置，配合公共景观构成了空间的焦点。而行政办公区则通常位于校园的外边缘，以实现对内对外交流的方便，体育运动区与教学区、生活区需要保持一定距离，以防对这些功能区域的正常使用带来困扰。

　　如图4-36所示为某大学城北单元城市设计总平面图。基于对地块的整体解读和发展判断，对其发展的目标定位为一个富有浓郁生活氛围的生态居住目的地、一个充满现代时代气息的时尚商业目的地和一个产生无限生机活力的高端商务目的地。规划理念上则提出"核晕放射"的圈层布局、"带轴延展"的慢行系统、"岸岛联排"的滨河低层住宅和"网绿连接"的江滨小城4大理念。其中，"核晕放射"的圈层布局是指体育公园旁边布置综合体，并以此为核心向外晕散，外圈依次为商住混合及文化公园带、高档居住带；"带轴延展"的慢行系统是指南北轴成为核心区和居住区内部有效过渡的灰空间，并与横向的绿色景观带共生为有序的慢行景观系统，贯穿于居住区内部；"岸岛连排"的滨河低层住宅充分利用河道的景观，并尊重市政建设的限制性要求，在南侧布局低层景观联排住宅；"网绿连接"的江滨小城是指通过绿色的轴带体系和商业综合体以及居住小区的有机组织，形成具备示范性、环境优美、配套齐全、极富特色的一体化滨江小城。功能布局以综合体公用服务区、商住综合功能带、高强度开发居住区、低强度半岛居住区和绿色慢行系统在内的5大功能片区为支撑，重点开发以春澜路、农垦路为核心，集商业、娱乐、餐饮、办公、居住于一体的服务于大学城北单元及周边区域的城市综合体区域，并基于这样的功能布局，强调圈层化发展和轴向延展的趋势，内圈以城市综合体为核心，中圈为城市商住混合带、城市文化公园，外圈为生活居住，最外圈为岛状居住，4条绿色的轴线贯穿各个功能板块，加强了板块之间的交流与联系。方案的优点在于对地块内7类绿地的系统整合，形成了与地块空间结构高度协调的绿地景观系统，极大提升了地块的生态效益和宜居度。

　　如图4-37所示为某大学城城市设计总平面图。规划本着以人为本、显示学校特色、与城市共融和以综合体见个性的理念，塑造了具有江南水乡特色的多重交往空间，凸显了学校人文精神，实现了大学校园对城市的良好互动互通。空间结构上根据开放论和生态化原则，采用"中心突出、整

图4-36　某大学城北单元城市设计总平面图

体分散、局部集中的组团式"布局模式，将校园内部空间和校外城市空间有机整合，形成了"一园、一带、二体、四片"的空间格局："一园"是指由图书馆、中心水面、生态园林构成整个校园的中心及中心生态园。图书馆位于中心生态园的中心，图书馆东西两边设有会议室和望湖台，望湖台的对面是具有特色的钟楼，是大学城的标志性建筑之一。"一带"是以河道为中心，由各个广场、运动场以及特色综合体构成。"二体"位于大学城正门处大学综合体和处于良睦路边的城市综合体；"四片"是指两片教学区、生活区和运动区。基于校园

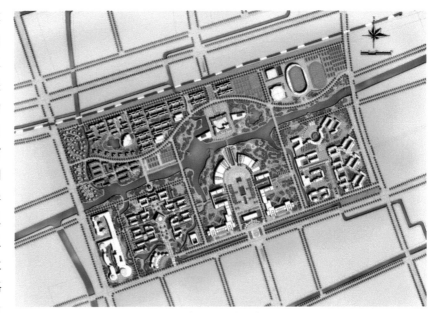

图4-37 某大学城城市设计总平面图

的空间结构，规划布置了大学综合区、大学生活区、大学运动区、城市综合体区、大学教学区和生态景观区六大功能分区，而且各个分区基本都依附在以中心水系为主轴的余杭塘两旁，保证了开放空间开发的公共化。交通上规划强调与城市交通的衔接，减少了规划区域路网拥堵的机会，并采取人车分行系统和深入各个功能区的步行系统，形成了水、陆、空并行的立体网络。方案的优点在于积极利用城市空间走廊把新城和旧城融为一体，以河道、绿道、水道来构筑新城的发展轴线，并以水为主题，结合水岸开发系统，将现有水系网络向外延伸扩张，创造了不同尺度与形式的湖体，充分体现了曲水流觞的校园景观氛围。

如图4-38所示为南方某大学城城市设计总平面图。设计理念上强调"城园环聚、荷塘书色"，"城园环聚"是非均质的圈层结构将城市卷入校园核心，形成了一个容量巨大的环，其中聚集了大量差异性空间，安排了多种功能，构成了大学开放式教育的核心场域。"荷塘书色"是指将"水乡、鱼塘、浮萍"等区域地景元素融入校园，形成极具江南水乡韵味的风光。空间上强调"一带蜿蜒、一环围绕、两核相映、四轴贯穿和六区融合"的格局。"一带"是指依托基地中央河道打造东西向的绿色生态走廊，为本区的校园主要开敞空间；"一环"是指围绕中央生态岛打造的共享环，将教学区、办公区、院系区和城市综合体有机联系在一起；"两核"是指由图书馆、会议中心、学生活动中心及生态岛共同构成的校园公共中心和由科创研发综合体等构成的城市综合体中心；"四轴"分别是高教路生活服务轴，联系校园中心与城市综合体中心的互动轴，贯穿校区的礼仪景观轴；"六区"以公共绿化区为核心，周围布置办公区、教学区、生活居住区、体育运动区和城市功能区。公共绿化区为学生提供了一个休憩、交流的环境，周围的几个学部教学区采用园林式和单元模块式布局，肌理统一，空间富有变化。方案的优点在于充分利用水体等自然景观资源，在校园内部形成了丰富多变的水网体系，极大提高了校园内部的空间品质，同时又注意了核心景观对城市的渗透。

如图4-39所示为某大学校园规划设计总平面图。设计理念上，方案以贯穿地段的东西向绿轴为核心，构建校园景观空间网络并连接地段两侧的城市绿带，是校园景观生态体系城市空间的完整组成部分，并积极利用穿越校园的城市道路，促进了学校部分功能区与城市的融合及社会化管理，形成了高度开放共享的景观体系。同时营造了传统人文气息浓厚的校园氛围，注重空间的人性尺度及形态，通过景观空间节点与重要公共建筑的契合，营造了宜人的活动交流场所，并将主要联系道路控制在步行距离内，易于校园的公共交往活动的展开。功能结构上，规划强调效率与共享，效率主要体现在各功能组团之间明确的划分与便捷的联系，从而降低相互间干扰又有利于

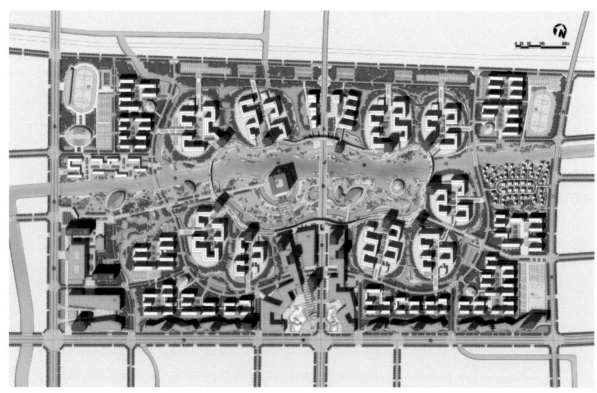

图4-38　南方某大学城城市设计总平面图

校园的合理运转。校园的功能分区包括教学区、宿舍区、学术交流接待区、科研区、行政管理区、体育运动区、绿地景观环境区以及相关服务配套设施区域。校园的中心区包括基础教学、各学院建筑、图书馆等公共建筑，位于基地中部，与其他功能区联系便利，同时为了创造人性化场所，中心区规模被控制在步行尺度之内，通过安排活动区域距离与日常行为联系，使得校园各功能区有良好的可达性。基于校园的功能布局特点，空间结构上以东西向主轴线空间为轴心，其中布有数个重要的公共空间，是一个完

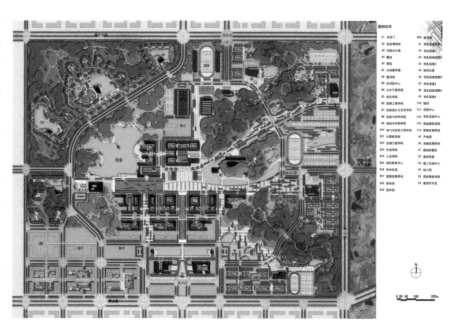

图4-39　某大学校园规划设计总平面图

整的空间序列，包括体育公园、图书馆、中心广场、后花园、学术会堂及后山等空间片段及节点，其中图书馆是空间序列的焦点，由东西向轴线向南北分生出若干支状空间，作为教学楼、学院组团主轴的联系，学生与教师宿舍区各个组团主要以环路为依托生成分支性组团空间。方案的特色在于各个功能区之间的互相渗透与联系，以及各处空间的围合与景观视线的对景设置，并结合空间具体功能形成了不同的气氛，空间富有变化，若能够进一步加强水体的景观连续性和体系化，校园空间将更加宜人。

4.2.6 中小学校园平面图

中小学校园用地布局是一个城市设计必须解决好的重要课题，关系到青少年的教育与健康成长，其由于中小学生具有不同于成年人的人群活动属性，因此中小学校园的规划设计具有自身的特点。虽然方案设计形式众多，但其主要内容仍然具有相同的基本要素，其中教学区、宿舍区、运动区、生活区的布局和空间关系是评价一座中小学校设计成败的最基本因素。另外，丰富而具有特色的优美景观环境的设计对青少年的健康成长也具有不可忽视的重要意义。其次，交通流线的处理和各类出入口、地面停车的设计都是需要注意的内容。

在具体的设计规划过程中，需要本着以人为本、均好使用等原则为校园创造出安静舒适的学习生活环境，在具体建设中，应该避免过分强调标新立异却忽略最基本功能使用的形式主义。

图4-40是某中学改扩建工程总平面图。方案将设计视角聚焦在游走校园的主题上，整个方案注重各大功能区空间的紧凑布局，试图在有限的空间中创造出便捷的步行使用空间。在其具体设计中，将教学主功能区与学生部分生活活动中心连通设计，整个建筑群位于基地南部，建筑形体自由组合，完全以功能合理便捷布局为设计原则，创造出具有特色的建筑空间。将学生宿舍区以及部分生活服务功能置于地块北部，并毗邻次入口安排布置，方便学生正常出入同时利于创造出安静宜人的生活休息环境，将运动功能区放在地块的东北部，位于教学区与生活区之间，布局合理，符合人群活动的规律。但美中不足的是，在建筑空间环境的创造中，主题功能区室外空间设计略显凌乱，有待商榷。

图4-41是某小学总平面图。整个设计针对小学生日常生活学习的行为特点设计方案，在具体设计过程中，将教学主体功能区布置在基地西部，将学生宿舍区布置在基地北部并设计了宿舍出入口，方便日常使用，将生活以及运动区布局在地块东部，整个功能分区明确，功能布局合理。整个方案最大的特色是功能分区灵活，建筑空间变化丰富，创造出较多的趣味性空间，符合小学生的天性。在交通方面注意了适度的人车分行，创造了宜人舒适的步行空间，不仅保障了小学生的交通安全，同时为机动车行驶提供了较为便利的交通流线支持。其方案设计的不足之处在于将主入口面向城市主要道路开口，可能会造成交通行驶方面的障碍，不利于学生出入的安全，也对城市交通运输的效率造成影响。另外，将宿舍区布局在最北端离教学区距离较大，在一定程度上造成了学生使用上的不便，可以考虑将宿舍适当往东部运动区附近布局，将可能造成噪声的运动场地转移到基地北部。

图4-42是某中学总平面图。该中学作为市区中较为重要的中学，其学生来源主要来自市区，学生构成以走读为主，所以整个学校没有设置学生宿舍区。在其具体设计规划中将主要的教学区、学生活动中心、实验楼放在地

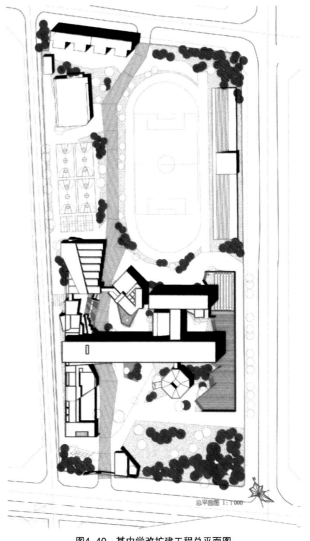

图4-40 某中学改扩建工程总平面图

块的南部，将会产生噪声的运动场地布局在基地的北部，整个规划方案在大的功能分区上布局合理。在建筑形态的设计方面，整个教学主体功能区采用高密度合院形式安排布局，这不但和北部运动场地和生活休闲区的低密度形成视觉上的强烈对比，实现大疏大密的布局形式，有利于创造出富有特点的城市学校空间，同时，合院类建筑有利于为师生提供安静舒适宜人的学习休憩空间，在建筑形态方面采用了设计主要步行主轴线的手法，并且以综合楼作为使用者视线的收尾，起到了很好的对景作用，整个空间设计显得别具特色。在交通的设计规划中，采用了典型的人车分行的设计手法，不仅有效地保证了师生日常步行环境的安全，同时将需要机动车运输的学校食堂等建筑合理布局，并没有影响其日常运作需要。

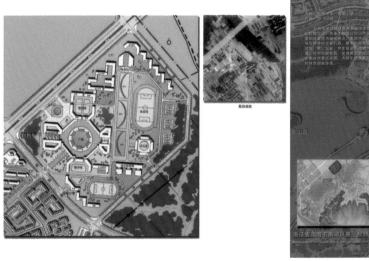

图4-41 某小学总平面图

图4-43是某典型的中学总平面图。整个学校分为小学部和中学部，因为两个学校的适用人群在年龄差距和性格特点等方面存在较为明显的差别，所以这类校园的规划设计重点是合理安排两个校园校区的空间关系，保障互相不干扰，同时在风格形态方面又要做到和谐统一，便于使用。在其具体设计过程中，设计者将中学部分设置在地块的北段，将小学部分设置在地块南端，之间通过主要步行景观轴线进行空间上的划分，并且在主要景观步行轴线上结合艺术楼、剧场等公共文化建筑，形成局部空间放大的景观广场，这不仅丰富了整个校园的空间内容，同时对两所不同性质的校园进行了空间上的有效分割。在建筑空间形态和风貌上设计采用了多变的建筑形式，形成了不同的公共户外空间类型，同时，大量围合空间的设置对校园安静等舒适度起到了关键的作用，有利于创造出丰富多样的校园空间。在交通方面设计采取人车分行的设计思路，车行道围绕学校外围布局，在地块内部设有完善的步行体系，不仅保障了行人步行的安全，而且有利于校园安静学习环境的营造。

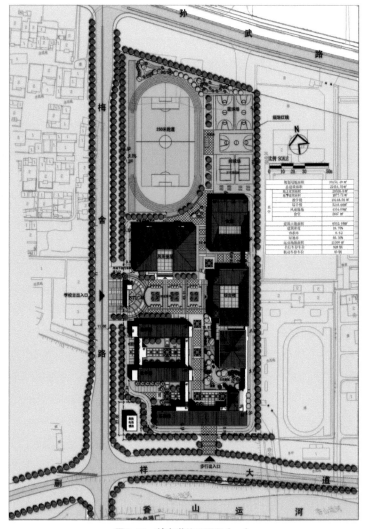

图4-42 某中学总平面图（一）

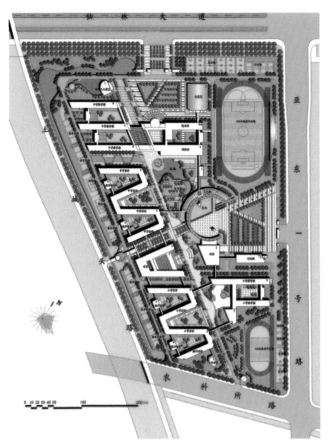

图4-43 某中学总平面图（二）

图4-44 某中小学整体总平面图

图4-44是某中小学整体总平面图。学校存在小学部和初中部两部分，根据不同的学校功能将小学部和中学部分开设置，将中学部设置在地块北部，将小学部设置在地铁南部，在功能分区上做到了互不影响，有利于不同类型学生的学习和生活。在整体空间的设计上，方案采取主要轴线引领的手法，在中学部设置主要步行轴线，结合图书馆和文艺中心设置中心广场，但从使用便利性的角度来看，广场的使用存在不便。在小学部主要轴线末端以露天舞台收尾，在整个设计上略显不足。在具体建筑形态可空间设计上，方案的建筑形态灵活多变，取得了特色鲜明、空间丰富的效果。

4.2.7 广场公园平面图

广场公园平面主要内容是分区布局、生态景观系统、道路交通系统、重要节点建筑、特色意图标示等。我国城市公园大概可以分为综合公园（市、区、居住区三级）、专类公园（宗教广场，市民集会广场，交通广场，纪念广场，商业广场，休息娱乐广场）等。它们需要共同注意的原则为完整性、生态性、特色性、效率兼顾（多样性）、突出主题。

图4-45为某中心广场景观概念设计形态总图。规划认为湖区是一个包含着商业活动、舒适生活和娱乐机会的地方，它提供了人与自然的和谐关系。其设计理念为中心广场和未来的城市公园，根植于过去伟大的景观遗产和自然风景。故规划建议湖西中央商务区设计开发一个绿色中心，带给大家一种身在城市但却处于湖边之感，将湖直接引入中央商务区而不只是仅仅临湖、面湖，同时也通过动态的图案结合富有诗意和美学的功能布局等一系列城市景观设计语言，以现代方式去体现古典园林设计和水系之美，同时，让湖西中央商务区发扬工业园区的创新力、创造力及活力。此外，规划认为景观设计提供了灵活性，以及各种规模和用途，全部都可阅读作为一个充

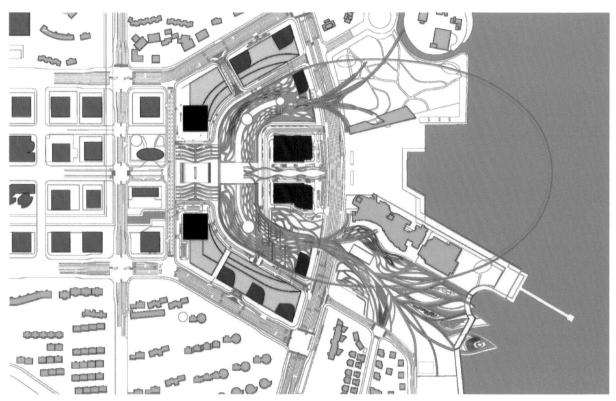

图4-45　某中心广场景观概念设计形态总图

满活力的动态空间，广场、屋顶平台、绿化步桥和湖畔花园，每个区域富有不同的个性和用途，但仍带有强烈的美学关系，直接连接到其他各个空间。从季节方面考虑，春天和秋天是最宜人的季节。在春季，树木绽放绿色，同时鲜花含苞待放，秋天则有色彩缤纷的树叶显示。以湖畔花园为例，该花园设置了步桥至湖畔花园、步桥连接轻轨电车站、星港街、步桥连接湖滨新天地、步桥连接城市广场、变电站绿化、湿地池塘过滤系统、雕塑园、竹林、出租铅设备广场餐饮、土丘、轻轨电车站、出租乘车处、旅游巴士停车处、地下停车场入口、模型铅戏水池、攀岩植物绿化凉亭、公园入口喷泉、运动场、花灯岛、李子园、风园等多种功能。

图4-46为某市民文化广场景观规划设计方案总平面图。规划将公园设计的首要目标定位为以下3点：建立一个清晰的城市结构，为城市中心区公园提供一个良好的环境，同时改善交通以及基地与周边区域的连接；总体布局要对现有的和计划的、自然的和城市的、老的和新的、动态的和静态的等各方面元素进行综合考虑，为城市创造一个值得骄傲和独一无二的形象；叠加历史文化元素层面，附加休闲娱乐功能，保证公园真实地反映出昆山市的精神风貌。基于这一规划定位，将基地划分为滨水空间、体育俱乐部和草坪设施、水上广场和剧场、水上庭院、庆典广场、体育中心、公共空间、昆石广场、图书馆及住宅。该基地的文化功能主要有昆石广场、历史之路、并蒂莲花床、文化广场、人行天桥及五音亭。庆典功能主要布局在庆典广场、绿色心脏及水上舞台与表演艺术中心。本规划的另一重点在于细部设计，主要包括照明、建筑、铺地设计、种植设计及小品设施。其中照明需要突出公园里的景观和标志性建筑物，灯柱指引夜间的交通，同时突出整个公园有代表性的建筑，水下照明为水岸安全提供保障，同时强调水体空间；整体设计中，建筑主要采用玻璃幕墙结构，突出公园的开放空间和种植设计；全园铺装分为城市广场、城市步道及更具私密性的滨水步道3个区域进行设计，赋予各个区域不同的特色和风格，同时把昆山的传统文化融入其中，让全园铺装形成有机的联系；将并蒂莲和琼花运用在新的景观设计中，组织一年一度的琼花节；小品要突出昆山的传统和当代文化，同时要与公园整体的设计风格相协调，同时其所采用的材料应和谐统一。

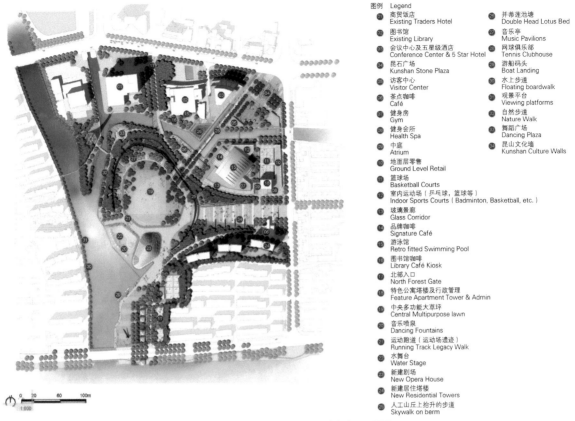

图例	Legend
01 商贸饭店 Existing Traders Hotel	26 并蒂莲池塘 Double Head Lotus Bed
02 图书馆 Existing Library	27 音乐亭 Music Pavilions
03 会议中心及五星级酒店 Conference Center & 5 Star Hotel	28 网球俱乐部 Tennis Clubhouse
04 昆石广场 Kunshan Stone Plaza	29 游船码头 Boat Landing
05 访客中心 Visitor Center	30 水上步道 Floating boardwalk
06 茶点咖啡 Café	31 观景平台 Viewing platforms
07 健身房 Gym	32 自然步道 Nature Walk
08 健身会所 Health Spa	33 舞蹈广场 Dancing Plaza
09 中庭 Atrium	34 昆山文化墙 Kunshan Culture Walls
10 地面层零售 Ground Level Retail	
11 篮球场 Basketball Courts	
12 室内运动场（乒乓球，篮球等）Indoor Sports Courts (Badminton, Basketball, etc.)	
13 玻璃景廊 Glass Corridor	
14 品牌咖啡 Signature Café	
15 游泳馆 Retro fitted Swimming Pool	
16 图书馆咖啡 Library Café Kiosk	
17 北部入口 North Forest Gate	
18 特色公寓塔楼及行政管理 Feature Apartment Tower & Admin	
19 中央多功能大草坪 Central Multipurpose lawn	
20 音乐喷泉 Dancing Fountains	
21 运动跑道（运动场遗迹）Running Track Legacy Walk	
22 水舞台 Water Stage	
23 新建剧场 New Opera House	
24 新建居住塔楼 New Residential Towers	
25 人工山丘上抬升的步道 Skywalk on berm	

图4-46 某市民文化广场景观规划设计方案总平面图

图4-47为某滨水公园设计方案图。该设计提出了4点规划要求：明确绿地总体功能：作为世博园区的入口区域必须要解决的3个问题——陪衬功能、生态调节、入口区接待功能；对绿地率的研究，永久性和临时性有一定的限制，考虑到绿地与空间关系，会展期间绿地率控制在60%～70%为宜；景观方案需要综合考虑人流活动和绿化的关系，要加强场地与人流密度和人的行为活动规律的研究，为各个开放空间的利用提供一定的依据，需要进一步考虑大型活动组织与绿化组织相互配套协调；码头的设计应该将活动设施与绿化设计结合好，从滨江的角度看，码头区人流活动的解决是方案的关键。具体体现在以下几个方面：①主角与配角。从总整体区域来看，公园处于世博公园和世博村之间，从该区域位置及作用来讲，此绿地的作用主要是补充衔接过渡。②碎片与整合。由于地块自身的用地条件限制，该用地被浦明路、白莲泾河道、防洪墙、各种市政设施及专用码头等的分隔，导致用地十分零散及无规则，设计试图找到一个潜在的规则将碎片进行整合。③记忆与重构。文化是流淌的，该区域曾经是莲藕荡漾生态自

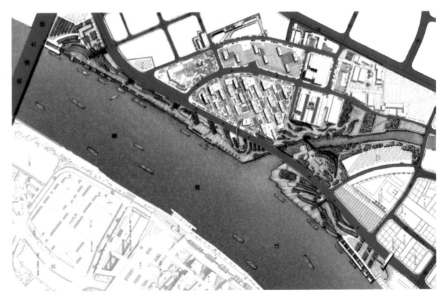

图4-47 某滨水公园设计方案图

然的美丽河道，随着中国工业的快速发展，见证着港口城市的辉煌，一个时代成就一个特色的时代文化。随着新时代的到来，将创造什么样的文化？如何在满足城市使用要求的前提下将记忆进行重构？创造出新的沉淀。设计师提出的"漾"，是一种在冲击后逐渐的平静、一种在主流中冷静的延续、一种在破碎后有机的整理、一种在缝隙中从容的生长。

图4-48为某湿地生态公园总平面图。该规划的愿景为珍藏自然遗产，创建生态文明典范：创建华北地区最具特色的湿地国家公园；创建国内一流的科普、教育基地；创建高档度假休闲的特色风尚区；创建国内湿地生态恢复和建设的典范。总体规划概念为权衡、整合、特色和细部。功能布局方面，规划将整个基地划分为湿地风情小镇、湿地公园、湿地保育区、湿地净化区、风景林地、栖息生态岛、远期控制区、体育风尚区、岛屿度假区、功能协调区及特殊用地。交通系统方面，规划将道路系统划分为铁路、外围道路、基地主要道路、到达湿地公园的风景路、水畔风景路、商业主街及小镇内部道路，同时也设置通往接驳点、通往湿地公园的接驳点及通往湿地小镇的接驳点。生态控制方面，对基地水系采取了4项措施：黄港水库改善、塑造内部水系、周边水系衔接及良性循环。其中黄港水库改善主要是改变黄港水库的水岸形态，提高生态功能、休闲与景观价值，提高水体的流动性，利用人工湿地对水质加以改善；塑造内部水系要求围绕湿地小镇、湿地公园建设多样的水系统，维持自北向南的水体流向；周边水系衔接是指维持潮白新河向黄港水库输水，连接黄港水库与南部新建水系，连接内部水系和杨北排河及新河东干渠；良性循环利用人工湿地系统、城镇雨水净化系统、水位调节系统提高各个地区水体的流动性，维持整个区域水位和水量，并实现水质的逐步改善。栖息地规划要注重生态系统的多样性，基于原有自然肌理，并进行人工辅助，构造主要的栖息地类型，包括滨岸栖息地、岛屿栖息地、湿地栖息地与林地栖息地。同

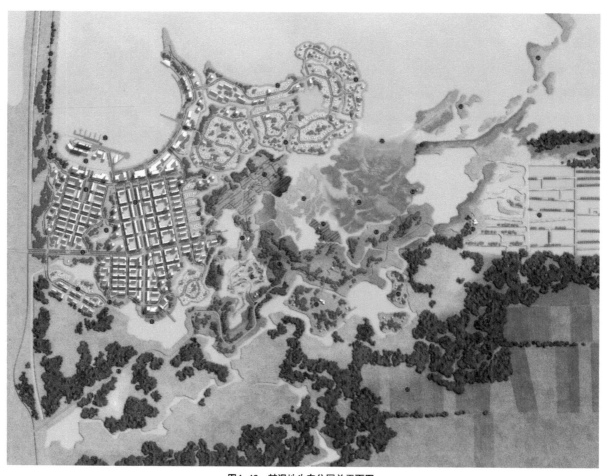

图4-48 某湿地生态公园总平面图

时，为促进湿地生态公园的各项设施在旅游淡季也能被善加利用、发挥效益，在冬、春季旅游淡季期间，规划静态的旅游活动，提高游客的参与度；在夏、秋季旅游旺季期间，发展热闹的动态活动，以衔接成精彩动人的旅游乐章。

4.2.8 滨水空间平面图

滨水空间的主要构成要素为水系、绿地、建筑、广场硬地等。滨水空间城市设计可以分为滨水核心区城市设计、滨水新城城市设计、滨水产业带城市设计、滨水公园设计等4大类。滨水空间规划设计中要改善沿岸生态环境，重塑城市优美景观，提高市民生活品质，而且往往能增加城市税收，创造就业机会，促进新的投资，并获得良好的社会形象，进而带动城市其他地区的发展。滨水空间规划设计时要遵循以下几条原则：①注重滨水区空间环境中的实体形态——设计中需考虑滨水沿岸建筑实体；临水空间的建筑、街道的布局；建筑造型及风格；桥梁——城市跨越空间形态。②强化滨水区沿线绿带的景观设计——设计中需考虑滨水区空气清新、视野开阔、视线清晰度高；场所的公共性；功能的多样性；水体的可接近性；环境保护与生态化设计；驳岸的处理。③充分尊重地域性特点，与文化内涵、风土人情和传统的滨水活动相结合，保护和突出历史建筑的形象特色。

图4-49是某滨水区城市设计总平面图。基地位于江河交汇的区域，水体景观资源丰富，绿地禀赋优良，规划要将其打造成城市的滨水核心区，承担城市级商业、商务、居住等职能。规划方案整体顺应水势形成了"T"形的空间发展结构，保持了水系两岸绿地的生态特征，结合相关码头遗迹，打造小体量休闲商业。六岸地区分为3个组团分别发展，西南岸团块状发展形成集中的商务办公组团；北岸开发形成低密度的总部基地；东岸沿主要道路轴向发展商务办公设施，塑造城市主要界面。该规划平面有以下优点：①滨水区域采用低密度开发的方法，最大限度地保持亲人。小尺度的空间特征，便于居民的活动。②采用空间对比的手法，3个组团保持着不同的空间特色，西南岸为集中式团块状发展；北岸为低密度组团发展；东岸为轴向带状发展。改进之处是该规划平面在空间尺度上可以稍微减弱一些对比手法，通过空间的缓慢过渡，在规划设计中不断予以协调。

图4-50是某新城滨水区概念性城市设计总图。基地毗邻长江，规划方案的主要特征在于其垂直于长江的水轴，轴线的端头为行政办公组团，围

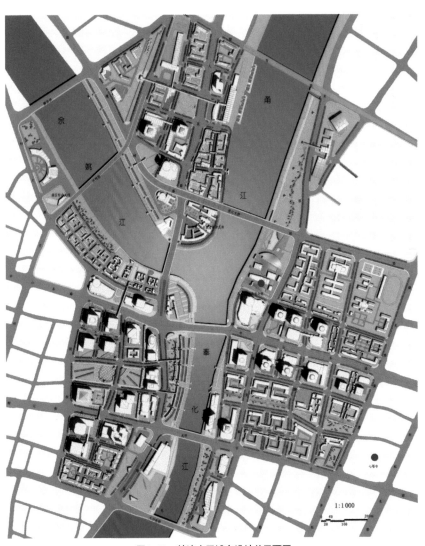

图4-49 某滨水区城市设计总平面图

绕内湖排列城市住区，形成优美的环状空间形态；轴线的南侧为城市文化会展中心和商业零售中心。该规划平面有以下优点：①结构清晰、收放自如。方案为"一轴、三区、五组团"的空间结构，整个方案轴线交代清楚，功能分区明确，满足城市副中心的功能布局要求。②以水为轴。以水系形成整个方案的虚骨架，并在轴线端部以内湖放大，形成空间上的收束。这样布局，既支撑起整个方案的框架，又能将优美的水系资源作为城市居民游览与交往的空间。在后期改进方面，建议可将图案轴对称化的空间转换为人性化的步行空间，考虑加密路网，形成多种适宜人行尺度的空间。

图4-51是某滨水产业带城市设计总平面图。规划的设计概念是打造EIRD生态型文化创意休闲区：以文化创意为特色的体验带、以商业休闲为主导的经济带、以滨水生态为特征的景观带。整体规划结构突出以水为轴的特征，沿水系两侧形成产业发展带。该规划平面有以下优点：①产业定位较为明确，突出了

图4-50 某新城滨水区概念性城市设计总图

滨水产业带的设计要求，设置了如传媒创意产业区、滨水酒吧街、火车主题餐厅等具体的功能，并与滨水空间相关联。②构建点、线、面相结合的绿地骨架体系，形成空间的虚骨架。滨水区空气清新、视野开阔、视线清晰度高。方案在滨水区沿线应形成一条连续的公共绿化地带，在设计中应强调场所的公共性、功能内容的多样性、水体的可接近性及滨水景观的生态化设计，创造出市民及游客渴望滞留的休憩场所。

图4-52是某湖片区城市设计总平面图。该规划的主要概念是围绕西流湖相关水系"湾"的特点重点打造周边空间，周边采取低密度开发的模式，突出其生态性的特征。该规划平面有以下优点：①空间收放自如。在"湾口"地区建设空间节点，如区级行政中心、休闲购物公园、生态湿地公园。其他沿河地区采取平铺居住区的手法，整体结构收放自如、对比明确。②具有动感的滨水节点建筑，因为建筑造型及风格也是影

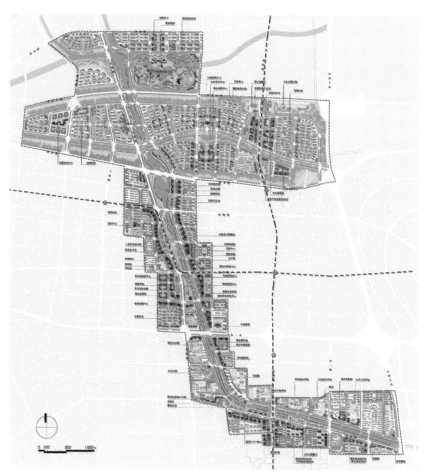

图4-51 某滨水产业带城市设计总平面图

响滨水景观的重要因素。滨水区作为一个较为开敞的空间，沿岸建筑就是对这一空间进行限定的界面。规划方案采用流线型的滨水节点建筑设计，并对节点建筑的细节进行详细控制。当观者在较远的距离观看时，城市轮廓线往往成为最外层的公共轮廓线，是剪影式的、缺乏层次的；而当视距达到一定范围内，建筑轮廓的层次性便显得极为重要；在近一些视点往往使观者对建筑物的细部甚至广告、标志和环境小品都一览无余，城市两岸的景观不再局限于单纯的轮廓线。具体到单体建筑的设计上，要与周围建筑有所统一，如相同高度上的挑沿、线脚、相同母题等。在设计上可以通过沿"湾口"区域增加底层商业的布置，使得这一景观极佳的区域汇聚了更多的活动与人气，形成一条滨水商业步行街。

图4-53是某江北岸滨水区城市设计总平面图。该规划方案的整体空间骨架沿江平行展开，近江区域建筑群高，远江区域建筑群低，形成一种退台式的城市空间形态。该规划平面有以下优点：①优美的滨水天际线。在滨江区块布置滨水商务区，形成高低错落的高层建筑群，雕塑出优美的滨水天际线，同时也可以作为江对岸的主要景源。②丰富的桥梁造型。该规划在江上设置了5座造型格局特色的桥梁，成为城市滨水空间的点睛之笔。桥梁在跨河流的城市形态中占有特殊的地位，正是由于桥梁对河流的跨越，使两岸的景观集结成整体，特殊的建筑地点，间接而优美的结构造型以及桥上桥下的不同视野，使桥梁往往成为城市的标志性景观。③采用人工驳岸与自然驳岸相结合的手法处理滨水岸线。该规划中根据不同的地段及使用要求，进行不同类型的驳岸设计，如人工型驳岸与自然型驳岸。自然型驳岸除了护堤防洪的

图4-52 某湖片区城市设计总平面图

图4-53 某江北岸滨水区城市设计总平面图

基本功能外，还可治洪补枯、调节水位，增加水体的自净作用，同时生态驳岸对于河流生物过程同样起到重大作用。可以改进之处在于规划平面空间摒弃过多均质与对称元素，转而在空间上进行更多收放处理，建议远江地区减少商业商务设施，增加住宅区的供给，从而保障滨水宜人居住条件。

4.2.9 历史地区平面图

历史地区城市设计的核心任务是保证城市建设成果与历史建筑、街区整体景观风貌的协调统一。它通常被概括为3个方面的工作，即对文物保护单位的修缮保护、对历史地区的规划设计以及对城市整体风貌形象的控制。城市设计内容首先包括对历史地区格局和风貌的继承与保护；其次，包括对历史风貌区的建筑区、街区、村镇以及文物保护单位的护存，同时还包括对于历史文化密切相关的自然地貌、水系、风景名胜、古树名木的保护。除了应对传统建筑或街区的复原或修复及原样保存，以及对城市总体空间结构的保护，还应关注对旧建筑以及历史风貌地段的更新改造，以及新建筑与传统建筑的协调、文脉继承与特色保护。对历史地区保护性城市设计应遵守原真性、整体性、可读性以及可持续性4大原则。具体地说，一个历史文化遗存是连同其环境一同存在的，城市设计不仅是保护其本身，还要保护其周围的环境，特别对于城市、街区、地段、景区、景点，要保护其整体的环境。因此，要从城市全局和城市的整体发展来进行保护和城市设计工作，而非单纯地考虑特定历史遗迹或建筑。另外，可在充分尊重历史环境、保护历史文化的前提下，对一些历史文化遗存进行合理的开发和利用。

如图4-54为某沿河历史地区城市设计总平面图。该方案旨在保留沿河历史地区的空间特征，通过合理的空间组织解决其公共游览的空间需求，并以传统居住的空间延续并处理两者关系。方案设计的两条主线分别是滨水公共空间以及解决街区居民居住需求的巷道肌理设计。在公共空间组织上，该方案提取了地区"水弄堂"的特色空间元素，并结合具体功能进行详细设计，将其打造为旅游、文娱等公共活动场所，使滨水公共空间既亲切宜人，又充满历史文化韵味。在巷道的梳理上，保留了阡陌纵横的传统街区肌理，使其既能承载现代生活，又能体现传统文化特征。整体来说，该设计方案的街区骨架结构层次分明，不同尺度的肌理关系有机协调，并且滨水空间、巷道街区、景观界面等要素都得到了较好的处理。

如图4-55为某遗址周边地区城市设计总平面图。该方案融合遗址展示、绿化景观、商业服务、文化产业、居住生活等多种城市功能于遗址公园，充分利用了大遗址、文保单位、历史地区等多种文化要素。在城市空间的设计上，公园以城垣遗址的线性特征为基础，不断延伸；同时结合周边机会用地和已有功能自由发展，创造灵活

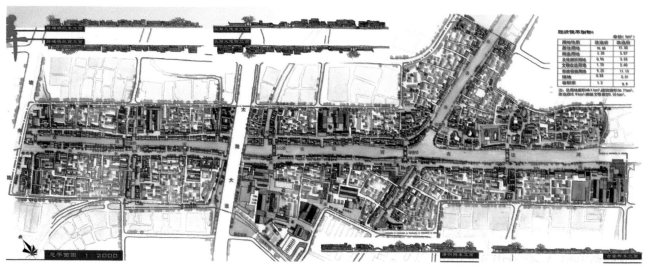

图4-54 某沿河历史地区城市设计总平面图

多样的节点空间。规划设计了书院街、文庙—城隍庙及旧衙署—清真寺3个历史文化片区，遗址景观带、文庙—城隍庙传统文化景观带、衙前街历史轴线景观带，以及多条廊道与空间轴线，形成了多层次的文化空间结构。在道路系统规划方面，通过对外围路网的梳理在城垣遗址外围形成交通"保护壳"；增加沿城垣遗址的绿化景观道路，实现城垣遗址的开放性，同时加密支路、街坊路网系统，提升老城区的整体活力，优化与完善片区道路交通条件和系统可达性。

如图4-56为某市河北岸历史地段保护与改造城市设计总平面图。该方案由西至东打造5个各具特色的功能片区：福新河畔居住区保留了老的福新磨坊的建筑特色；四行文化区采用小规模的混合用地居住开发并重点打造了抗战博物馆和市民公园；旧仓储改造区则将定位为未来河岸区的中心，采用混合用地形式，重点开发商业休闲娱乐功能；里弄公园区以艺术里弄为主题，将大型滨河公园与特色里弄建筑相结合；东部的混合居住区结合了沿街商业与

图4-55　某遗址周边地区城市设计总平面图

沿河居住，重点打造总商会和天后宫。整个方案充分尊重了基地的历史脉络，在提升地区商业开发价值的同时，突出了重点历史性建构物的保护和再利用，将古老建筑和现代建筑有机整合，营造出独具历史记忆的场地氛围。在河岸设计上，也保证了通往河岸边缘的视线与空间的联系，创造出亲切尺度的、景观多样的滨水空间。

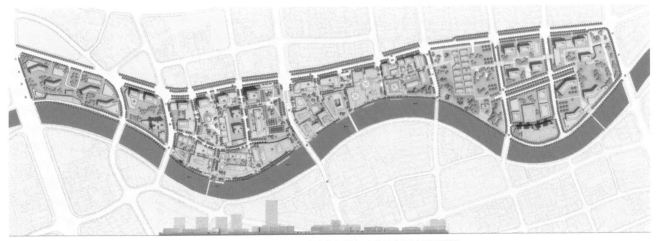

图4-56　某市河北岸历史地段保护与改造城市设计总平面图

如图4-57是广州十三行历史地区城市设计总平面图。十三行地区在荔湾区和越秀区边界上，由于位于板块交汇处，景观、旅游和文化资源丰富程度较高，同时十三行地区的历史发展体现了广州传统"商"文化，基于此，规划设定十三行地区的总体定位可归纳为两个层面：首先是功能业态层面，主要延续（传承）十三行地区近现代商埠文化的历史记忆区。其次是物质形态层面，主要展示十三行地区中西建筑文化交融的创新示范区。设计策略上主要是梳理地块的历史记忆分区，首先，针对十三行时期的历史记忆策略，复原十三行时期著名街巷，如同文街、靖远街、豆栏街，复兴部分夷馆建筑空间，尊重原建筑的空间尺度和体量，恢复美国花园和英国花园，纪念十三行时期的珠江岸线。其次，针对民国时期的历史记忆策略，主要保护和整饰十三行路北部的传统民居建筑及巷里空间，强化沿江路历史保护建筑群的风貌特征和商业氛围，对周边建筑进行更新改造，转换居住为商业功能，并降低沿江路历史建筑周边的开发密度等。再次，针对建国时期的历史记忆策略，主要修缮五座"华南土特产展览交流大会"时期的展览馆，还原最初纯粹的现代主义形式，并以景观手段维持展览馆群的整体性、连续性和独立性。最后，针对文化公园的集体记忆策略，主要将原文化公园中心广场交换至西南角地铁上盖，在地铁施工结束后，恢复文化公园西部的绿地，拆除处于原十三行时期美国花园和英国花园位置上的园中院和汉城，保留其建筑内部的庭院景观，融入花园广场。依据规划思路，规划安排了十三行公园、文化公园、创意文化街区、精品商业区、服装批发商城、保留功能区和配套服务区7个功能分区。方案优点在于采用梳式的布局和两套肌理构成回应城市记忆，形成了高度可识别性的空间形态特色，并在梳式肌理的城市空间形态下，以纵向的路径联系为主，通过城市设计的整理，增加了步行路径和街区之间的连通性，提升了地块的活力。

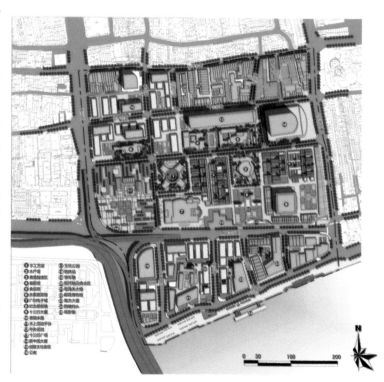

图4-57 广州十三行历史地区城市设计总平面图

如图4-58是宁波市郁家巷历史地区城市设计总平面图。郁家巷街区位于老城中心海曙区，西接镇明路，北临柳汀街，与宁波火车南站和汽车南站相去不远，因此解决老街区保护和新商业环境营造的矛盾是主要核心难点。城市设计把郁家巷街区改造为充满活力的城市中

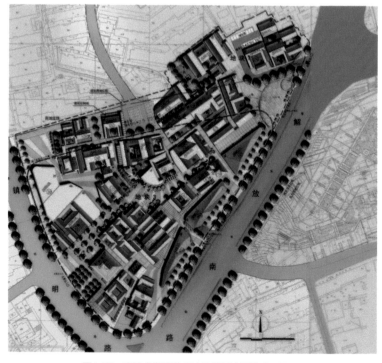

图4-58 宁波市郁家巷历史地区城市设计总平面图

心。基于此，首先，保留所有具有历史文化价值的院落和历史建筑，采用"整旧如旧"的原则，对部分拆除重建的建筑采用"整新如旧"的原则，使人们在今天的环境中感受到历史文化的积淀；其次，尊重原有的城市肌理，再现一些重要院落，比如陈鱼门故居、冷静街林宅等重要建筑；再次，恢复原有的院落体系，在保存建筑的现存面目前提下，加以清洗、维修，对不能满足现代标准需要的部分采取补充或更新的方式使之完善；最后，尊重并恢复原有街巷结构，恢复原有相对宽敞的外部空间、城市天际线和原有屋顶体系，让历史地区从私人化走向公众化。空间结构上，方案主要结合重要的公共建筑设计一系列的城市公共开放空间，并将其串联一起，再对外部空间进行功能组合和环境布置，保证原有的建筑装饰得以保留。为了体现地块的城市时代感，加建建筑以通透为主，体量上予以控制以衬托老建筑。交通组织上，街巷内部及不同院落之间以一条主要道路轴线为主，主轴线两端分别指向城市广场（天一广场和月湖历史文化保护区），使得整个地块与城市有机联系，并在内部形成了纵横交错的步行交通系统。地块内部的机动车交通以镇明路及解放路为主要城市道路，共设置了两个地下停车场出入口以满足用地内公共设施需求。方案最大的特色在于积极利用历史文化建筑资源的同时又有机地植入了新的建筑元素，体现了传统与现代的对话，突出了地块的经济活力和人文魅力。

如图4-59是南京南捕厅历史地区城市设计总平面图，南捕厅位于新街口以南，基本处于鼓楼-新街口的南北向城市主轴延伸线上，并邻近朝天宫和夫子庙，是南京城南重要旅游线路的核心节点之一。因而对地块的定位主要体现南京老城南典型风格的传统民居街区特色，强化其历史价值和未来的开发潜力。现状南捕厅街区尺度亲人，交往活动丰富，但是交易活动单一，街区物质结构日益衰退，亟待更新以提升其活力。基于此，设计首先对现有建筑的风貌、质量、高度和年代进行评估，小规模拆除综合评价低、影响空间形态的建筑，进而确定车行路线、开敞空间、十字风车状主街和井字状次街结构。其次，根据复合活动程度以及特点的不同提出了3种规划后的复合街巷类型，并参照现有街坊大小确定街坊的尺度和具体形态，对于破坏风貌和规划结构的建筑进行渐进式的改造和立面的修缮。再次，新建筑以院落为发展单元核心，依照结构和肌理遵循原有风格进行横向、纵向的扩展，完善街区的肌理。最后，对街区内不合理、不健康的活动进行去除，引入新的交易活动以提升其街区活力，最终形成一个充满活力的步行街区。本方案的优点在于设计者整合地块空间形态和城市肌理的同时又考虑了对地块内人的活动类型的优化以及引导，使得方案带有十分强烈的人文关怀。方案中进一步的提升空间在于对提出的人文活动空间的分类引导，在落点的基础上，强化不同类型活动场所的空间界面和建筑风貌具体引导措施，提高方案的可操作性与针对性，最终实现方案对南捕厅的价值定位和人文构想。

图4-59 南京南捕厅历史地区城市设计总平面图

4.2.10 主题园区（世博会、园博会）平面图

主题园区平面的主要内容是主题公园（theme park），是根据某个特定的主题，采用现代科学技术和多层次活动设置方式，集诸多娱乐活动、休闲要素和服务接待设施于一体的现代旅游目的地。大概可以分为大型会议园区、遗址公园和体验式主题游憩公园3类。

主题公园是为了满足旅游者多样化休闲娱乐需求和选择而建造的一种具有创意性活动方式的现代旅游场所。它是根据特定的主题创意，主要以文化复制、文化移植、文化陈列以及高新技术等手段，以虚拟环境塑造与园林环境为载体来迎合消费者的好奇心，以主题情节贯穿整个游乐项目的休闲娱乐活动空间。

主题公园设计、规划与策划只有根基于6大要素：准确的主题公园设计的选择、恰当的主题公园园址的选择、独特的主题公园创意与主题公园文化内涵、灵活的营销策略、深度的主题公园产品开发，主题公园设计才能独具一格。

图4-60是某单位世博会城市设计竞赛总平面图。该城市设计的主体是部分采用绿色化设计，用模拟山体形态的巨型建筑分别创造出出租独立展馆、主体馆、联合展馆、表演中心以及中国山，并用一个核心的世博广场将其统领起来。主体西翼，布置各个国家的主体场馆区。并在临江的位置布置地表世博塔。主体东侧位置布置新闻中心、管理中心以及其他协调区。主体北岸跨黄浦江设有内港码头区，内港区西侧布置各大企业馆。该城市设计重点突出，大尺度的主体场馆和各分片区的小尺度场馆形成了强烈的反差和对比，将中国山水特色演绎得淋漓尽致，恰好呼应了设计单位对于上海世博会的理解：对世界问题给出一个中国式的解答。

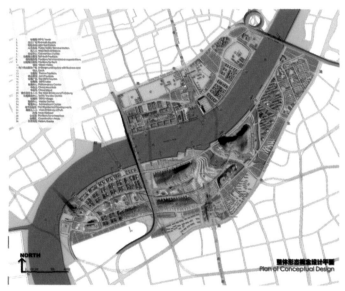

图4-60 某单位世博会城市设计竞赛总平面图

图4-61是某世博公园景观设计总平面图。该设计主要是基于针对世博会原有场地的改造。功能上包括带状休憩景观、集中型活动休闲广场、历史风貌保护区、室外展览平台、保护及改造建筑群等。从交通上来说采用人车分流的交通模式，人行景观流线主要沿江、沿码头

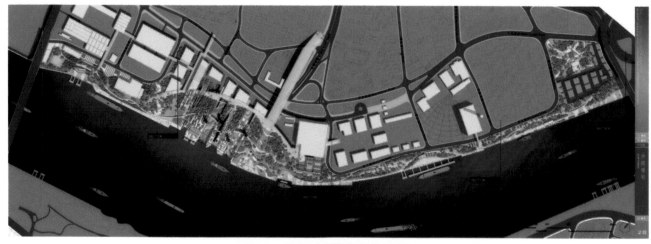

图4-61 某世博公园景观设计总平面图

为主，车行流线主要穿插在城市道路与园区出入口之间。规划中对原有的防洪墙、原有驳岸有保留、改建和重建3种模式。雕塑设计中有纪念性雕塑、主题性雕塑及趣味性雕塑。在景观上，尤其是人的视线安排上采用了对景的处理手法，将世博公园与江对岸的世博公园景观呼应，相互映衬形成对景，因此在平面布局安排上形成了垂直于江岸的景观步行道和植株种植意向，均为对岸眺望提供了视线通廊。规划设计中考虑园区的主要出入口和步行线路主要的景观节点和滨江景观视线，特别考虑了基地内的高程和防洪讯息。世博会前后，江南滨江带状绿带的绿地率均有提升，考虑到了会后的再续利用问题，同时把该园区作为城市重要的开放空间和市民活动场所加以设计和利用，世博会赛后土地重新利用是一个很重要的议题，设计者有责任去探索一些先锋式、开拓式的设计理念。

图4-62是某遗址公园城市设计总平面图。该设计将遗址与城市之间的过渡区域建成开放式的城市商业和绿色文化休闲空间，使公园相对独立而不孤立，实现两者的过渡和融合。院内总体上延续原有的3大功能格局，即殿前区、宫殿区、宫苑区，塑造不同氛围的景观空间。宫墙内部引入水系，复原宫廷苑囿，各遗址建筑保留地面基底形状，唤起人们对历史的追忆和思考。围绕宫墙布置建筑群，每一组建筑群围绕内部中心院落形成向心形布局模式。同时紧扣保护与展示两个主要内容，从功能性、标志性、观赏性等因素出发，用现代艺术与技术手段，复原部分遗址，展示其规模及风貌，尤其在街道尺度上运用历史上规模尺度来复原和保护街道风貌。在景观环境设计中，将国家遗址公园打造成为城市绿肺，融入市民日常生活活动。同时，方案研究和借鉴国际上成功的遗址保护案例经验，并从中寻找新的保护和展示手段，使得遗址公园能够更具空间层次、风格丰富多样的形象，结合不同遗址的特点和潜质，运用新的材料和技术手段，创造出层进式空间演变的遗址公园。

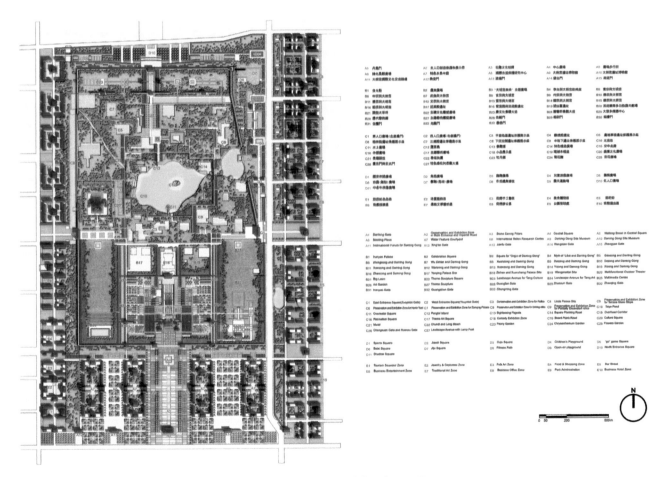

图4-62 某遗址公园城市设计总平面图

　　图4-63是某国家地质公园城市设计总平面图。本规划根据有关恐龙的历史特点，与基地条件相结合，提出5大主题板块：诞生、兴盛、灭绝、遗存、传说。5大板块是特色各异的子景区，并且通过一条主题游线（或情境体验游线）穿起，将游客从一个高潮引向另一个高潮。在平面布局上，设置入口服务、教育、体验、娱乐、休闲等多种适合各年龄层次游客的不同区域，在功能流线上以一条环形的游览线串联起各个区域。公园和外界保留了相当程度的绿化隔离带，内部用一个外环路将各个景点连通在一起，入口处几个轴线的转折也引人入胜。这个高潮迭起、寓教于乐的主题游线牢牢地将游客吸引其中，使他们沉醉于一个精彩纷呈的恐龙世界。在环境意象上多运用不同象征性的几何图案来暗示各区域主题，这个在主题园区设计上使用尤为突出，往往取得较好的空间效果，利于增加场所的辨识度和独特性。另外，如果能在总图的表现上增加色彩的引用，并通过数字标志共同表达概念会使得设计和平面表达更具有感染力。

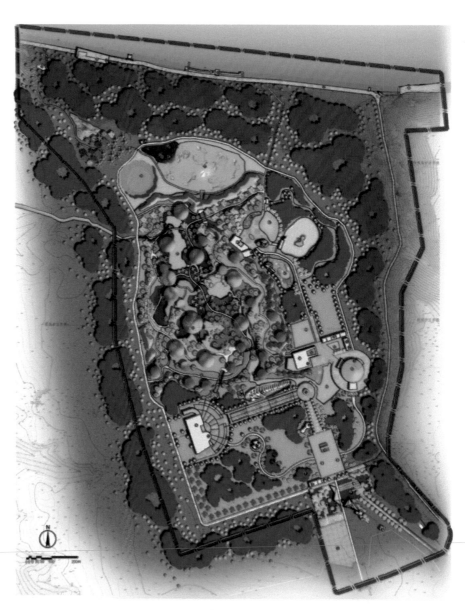

① 停车场
② 瞭望塔
③ 恐龙脚印广场
④ 折纸恐龙草坡
⑤ 售票
⑥ 神舟第一龙广场
⑦ 公园入口
⑧ 宣传栏
⑨ 导示牌
⑩ 地质公园标志牌
⑪ 省级自然保护区标志牌
⑫ 卫生间
⑬ 诞生主题雕塑
⑭ 中外古生物专家长廊
⑮ 鸭嘴龙雕塑
⑯ 博物馆
⑰ 树窟桥洞
⑱ 烈风谷
⑲ 彩蝶谷
⑳ 翠谷
㉑ 霸王谷
㉒ 巨树谷
㉓ 野人谷
㉔ 怒涛谷
㉕ 宁静谷
㉖ 刀锋谷
㉗ 灭绝地景观
㉘ 火山台地
㉙ 陨石坑展场
㉚ 枯木林
㉛ 病木林
㉜ 冰霸台地
㉝ 恐龙化石遗址
㉞ 下江石台阶
㉟ 化石断层观光棚
㊱ 水下地质观光厅
㊲ 沿江休憩亭
㊳ 化石寻迹线
㊴ 景观平台
㊵ 餐饮牌
㊶ 主题BBQ
㊷ 欢乐草坪
㊸ 恐龙主题餐厅
㊹ 金刚战暴龙景
㊺ 龙之舞主题溜冰场
㊻ 儿童作坊
㊼ 儿童游戏场
㊽ 惊叫白垩纪
㊾ 户外娱乐互动展厅
㊿ 主题纪念品专卖店
　 主题咖啡吧
　 水景休闲广场
　 哥斯拉入侵场景
　 科技娱乐互动馆
　 4D特效影院
　 主题水景／蓄水池／水幕电影

图4-63　某国家地质公园城市设计总平面图

5 空间 形态设计

空间形态设计是城市设计方案构成的核心内容，是总体定位构思前提下，在空间结构及功能的基础上对建筑及环境空间形态个体及组团的深化设计环节。总的来说，它包含街坊建筑群三维形体设计、城市景观环境形态设计两个主要设计对象。以完整的空间形态设计必须同时涵盖实骨架和虚骨架形态，并确保建筑单体设计和组合形态并重。

5.1 实骨架形态

空间实骨架是指在整体空间设计中起核心作用，统领片区甚至更大范围的城市空间，在空间组合、城市发展中起决定性作用的空间要素，其主要内容包括核心、轴线、节点、街巷和街坊。在城市空间组织中，实骨架起到如身体内脊椎的作用——统领、整合和引导，其形态有以下几个特点：①空间特殊——在整个城市中，其具有明显区别于其他区域的特殊性，这种特殊性主要表现在视线通廊开阔性、第三产业集中、开发充分性、空间形态特殊性、建筑文化性等几个方面；②空间开放——实骨架是城市公共服务空间的重要组成部分，其一般具有开放性的产业、开放性的空间组织，并通过这种开放性向非骨架空间渗透。在实骨架空间组织时一般遵循以下原则：a. 统领全局原则——实骨架在城市发展中起到决定性作用，在设计时要考虑与城市结构、发展方向、历史轴线等城市发展重点内容的结合；b. 形象展示原则——实骨架是影响城市形象的主要内容之一，在设计时要考虑其与当地历史、文化等的结合，展示城市形象；c. 人流吸引汇聚原则——实骨架以二、三产业为主，其发展与人流等有很大关系，通过人流汇聚不仅有利于实骨架形成，而且有利于城市整体经济的发展。

5.1.1 核心

实骨架中的核心主要指城市功能的中心，一般是城市核心功能集聚地区，具有高通勤效率，在建筑密度、高度、容积率指标上不同于城市其他地区，有一定的标志性建筑或景观特色。

（1）高密度核心

一般来说，现代城市中都会有一个或者多个高密度核心。与城市中其他区域相比，城市高密度核心地区的建筑相对密集，只保留必需的道路和广场等开放空间满足市民需求，因此建筑面积密度较高，建筑高度上主要以高层为主，具有高强度土地开发的特征。同时，居住和就业人口较为稠密，土地价格一般较高。总的来说，城市的高密度核心具有以下优点：实现土地集约利用、提高交通效率、发挥高强职能、突出景观标志等优势。

如图5-1，本地块除了道路交叉口的街头绿地、道路以及道路两侧的线性开放空间之外，基本布满了建筑，建筑密度非常高。建筑高度上，除了底层裙房外，建筑平均层数在25层左右，最高建筑50层，最低建筑10层，地块的容积率也很高，因此在一定程度上实现了土地的高效利用。高强度的开发必然带来人口的高密度集聚，为了满足市民日常的出行需求，高效的道路交通系统在高密度核心区是十分必要的。如图中依托一条较宽的城市干道，多条鱼骨状的城市支路渗入建筑群体中，实现了交通的分流，同时整个建筑群又有一个互通互联的空中步行廊道。

如图5-2，地块的用地较为分散，形状不甚规矩。因此在

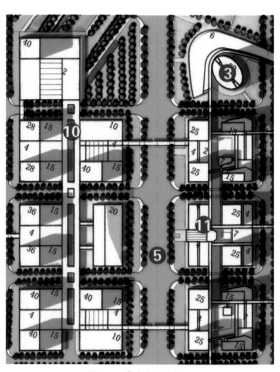

图5-1 高密度核心之一

设计上通过与地形遥相呼应的道路网来统一整个地块。道路网密度根据不同地块单元的相对开发强度予以相应增减，从而保证了地块内道路交通系统的高效运行。基于地块水网和路网的特点，设计上有意突出了几个重要景观节点，形成了一套点、线、面结合的景观标志体系，联动性地提升了整个地块的景观风貌。尤其是在轴线近端的滨水节点——一组核心标志性建筑完全可以作为该区域的城市名片，增加了此区域的辨识度和市民的城市文化归属感，进一步凝聚了城市的活力。

如图5-3，设计依托规划范围内北面的主山体和顺势向南部延伸的3个山体形成一个从北面契入的山体骨架。结合地块内原有的水道、道路网布局和功能分区，形成了一张覆盖整个地块的水网。这样就确定了方案的山水骨架，构建了地块基本的开放空间体系。基于这幅山水骨架，对不同动能分区的建筑予以具体落实，并通过不同建筑功能的分类集聚，形成特色的功能组团，进而发挥规划欲实现的职能。需要指出的是，由于地块内水网较为复杂，道路交通设计上通过城市干道联系被水网分割的大地块，在局部地块内则通过环通的城市支路实现交通的微循环，经济高效地解决了地块的交通需求。

如图5-4，可以明显看出该方案以水平方向道路和两侧的步行空间为主要骨架，并在主轴线两端建立两个延

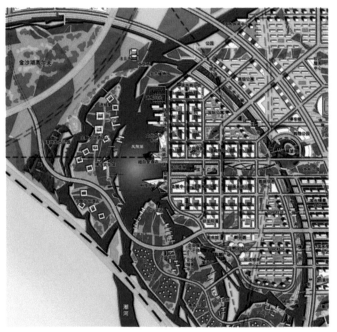

图5-2　高密度核心之二

图5-3　高密度核心之三

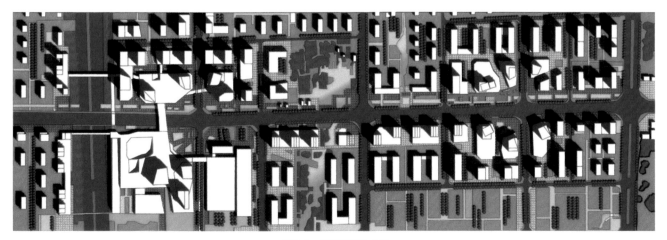

图5-4　高密度核心之四

伸向两侧副轴，从而形成支撑地块的空间骨架结构。以主轴和两个副轴交叉点作为重要的景观节点，进一步设计地块的标志性建筑群体，形成了等级不同的两个空间节点，同时对整个线性空间的其他建筑群体予以设计，形成一个开敞度不同的沿街界面和有收有放的空间秩序。为了软化骨架系统的硬质空间，设计又引入一幅"T"字形水系，并在地块中部区域形成最大软质开放空间。最终，形成一套硬软结合、景观标志鲜明的空间体系，在丰富行人的空间体验时，更凸显了地块的魅力。

（2）中密度核心

中密度核心相对高密度而言建筑的数量较少，密集程度相对稀疏，建筑之间的绿化空间增多，但功能上仍是城市核心功能集聚地区。

如图5-5，这种虚实分明、大密大疏的方案就是典型的中密度核心。方案设计中，建筑与场地相得益彰，同等重要，共同构建了骨架支撑地块的集约利用和高效率的交通。在确定了人工湖的面积大小以及位置形状之后，场地为此展开布置，之后确定轴线方位、开敞空间及街道走向，最后就是建筑形体的落位。这种从外部空间入手的设计手法能够清晰地组织内部空间结构，让各种要素之间相互融合，不会出现结构散架的情形。围绕人工湖有多条轴线设计，轴线一端的起点基本上为人工湖。这种由内向外发射出的轴线很好地连接了外部与人工湖之间的联系，使得人工湖不仅仅为这一片区所独享，能够让更多的人群分享。街道设计以人工湖的走向为原型，按照其趋势进行设计，保持了一致性，同时与轴线相结合，在轴线处设计出入口，增加了交通可达性。这种高度相关性的设计手法使得结构更为突出、整体性更强，同时建筑形态的设计也是如此，基本上为轴线和街道等户外空间所切割出的负形空间。

如图5-6，这个方案设计更多地体现了场地与水体及建筑之间的关系。自由切割的水体有收有放，方案中围绕水体设计了大量的亲水平台，这些场地的营建使得外部空间具有开放性及统一性。沿水体面布置的建筑采用半围合空间，将开放一侧面向水体，这种设计手法使得建筑有好的通风，更主要的是人群能够与水体亲密接触。北部大量密集的建筑中间设置了一块场地，这种小中见大的设计手法满足了土地集约的使用及对建筑数量的需求，同时也营造了良好的外部空间，使得人群在密集的建筑之间、狭窄的街道中豁然开朗。方案中地块被水体分为3个小地块，两两之间用轴线连接起来，这种设计手法使得方案整体性较强，同时又相互独立、分区明确。

如图5-7，这种大尺度连续的带形公园，以及沿公园两侧布置的密集高层建筑也是中密度核心的一种典型案例。这个方案结构设计得更为清晰，高强度开发的密集建筑的中间是大尺度的公园设计，这种大开大合的设计手法为城市创造了更多的外部空间，同时也营造了良好的城市景观。假设将中间的大尺度公共空间去掉，同样容积

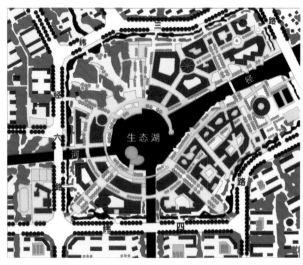

图5-5　中密度核心之一

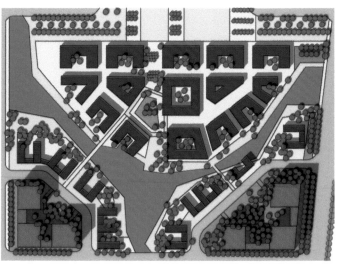

图5-6　中密度核心之二

率的开发强度下将建筑布满基地，不可能带来这种情形下中所拥有的更好城市景观，以及更好的生态环境和更好的外部空间。建筑沿带形公园两侧不完全对称布置，既保证了结构清晰、流线畅通，同时也并不显得乏味，充满变化，使得城市界面更加丰富多彩。建筑的形态也是按照开放空间的走向布置，这种律动的设计手法使得本方案充满活力与生机，符合协调性与统一性。建筑与场地之间无缝衔接，在满足通风及日照的前提下获得了良好的景观环境。

如图5-8，这个方案设计更多地体现了建筑的形体与场地及水体之间的关系。以上几个方案中我们可以看到建筑的形体是由外部空间所决定的，这个方案设计则更多地体现出外部的空间也可以由建筑的排列组合及形态的变化所围合出来。通过建筑之间排列组合，有规律地变化，营造出富有节奏的外部空间。四周高密度的建筑，高容积率的开发模式与中间开阔的水体形成鲜明的对比，这种开发模式能带来优美的城市景观以及舒适的生活环境。这种容积率转移法的使用，为城市带来更多的活力。四周高层建筑，内部底层建筑的高差，使得中间水体景观的使用分享最大化。在水体周围，建筑的布置不再完全按照水体走向布置，而是更多采用富有变化的设计手法，在结构清晰的情况下，这种设计会让场地更有趣味性。完整的慢行系统，景观连廊的构建，使得方案形散神不散。

（3）低密度核心

低密度核心一般是以一组大型公共建筑周边围绕水绿景观要素的城市功能中心，如体育会展中心、行政中心等，往往结合大型水面或绿地景观。

如图5-9所示，该空间的核心部分围绕中心水系展开，通过重点打造核心区景观要素，形成环境优质的、景观丰富的、建筑低密度的核心空间。核心区内部舒朗自由的建筑布局和富有变化的建筑形态与核心区外围紧密规则的建筑布局和方正统一的建筑形态形成较强的反差对比，打造出疏密有致的核心空间，有好的收放效果；中心景观部分以水系营造为主，滨水绿地为辅，配合园林小径式的硬质铺地与少量节点广场形成层次分明的中心景观体系；3栋公共建筑或位于轴线节点处，或位于视线焦点处，构成了片区内的地标及图面的视觉中心，空间主次分明；环形步道及其节点构筑物的设计不仅有效串联了各区，形成了蜿蜒变化的景观绿链与流线通道，还增强了核心区的空间围合感，有很强的平面视觉效果。

如图5-10所示，该方案为校园公共活动核心区的节点设计，该场景下的空间设计重点在环形道路内展开。其中，北部片区为以水系为主的"软质空间"（生态景观）的营造。大小不一的水面丰富了平面效果，园林绿地嵌合硬质广场铺地形成了沿水系的中心景观区。南部片区为以建筑为主的"硬质空间"（实体建筑）的营造。学生活动中心、图书馆、食堂等重要的校园公共建筑围绕轴线端点的中心广场较

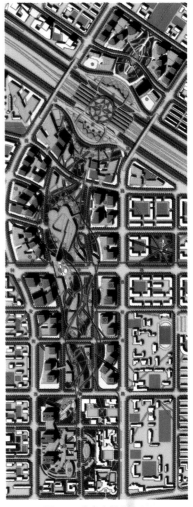

图5-7 中密度核心之三

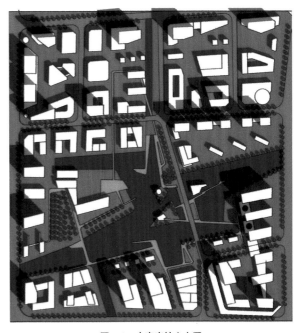

图5-8 中密度核心之四

为紧密地布局，各类建筑的平面造型曲直交错，建筑层数的变化则增强了三维空间的错落感，进一步提高了空间的丰富度。总的来说，通过软与硬的对比性空间设计，形成了北疏南密、主次分明、张弛有度的核心区整体空间。

　　如图5-11所示，该方案为产业园中低密度的公共活动核心区设计。水系由东北至西南方向贯穿核心区，并在画面中心设计为较大的景观水面，结合周边广场铺地形成了优质的中心景观区；各类公共建筑布局于景观区周围，或三五成组，或为独立单体，整体布局具有节奏感；密集式布局的建筑空间从北、东、西3个方向围合中心景观区，形成了半开放式的核心区空间结构，以此使更大范围的建筑群与使用者能够充分共享生态优质、环境优美的中心景观资源。

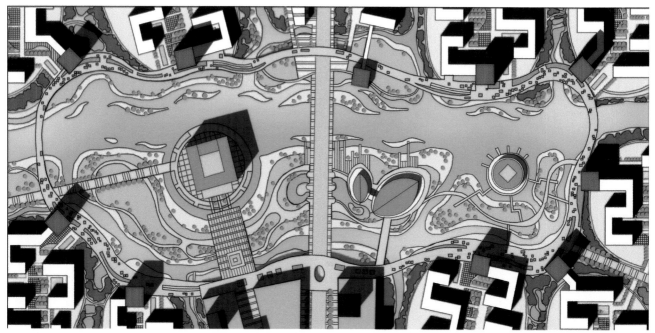

图5-9　低密度核心之一

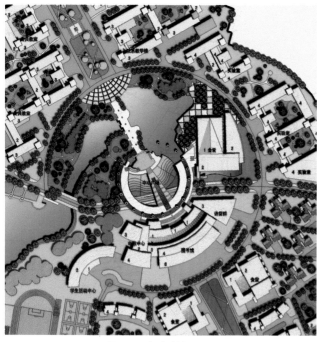

图5-10　低密度核心之二

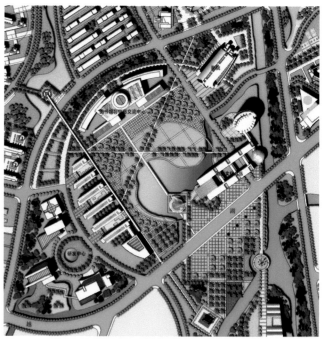

图5-11　低密度核心之三

如图5-12所示，该方案为较大尺度的核心区城市设计。画面中灰色部分为较高建筑密度的城市建设区，街区划分及建筑平面形式均呈现规整、均质的特点；彩色部分为两个景观园林区，由南北向的轴线串联，大规模的山体、绿地及水系可构成片区级甚至更高级别的城市公共绿地，合理调和了中心区的建筑密度与绿地率，是高密度建筑空间与低密度景观空间相辅相成、有机互补的核心区空间设计模式。

5.1.2 轴线

轴线与核心相并列，是最基本的空间形态秩序之一，城市空间由于轴线所具有的方向性与运动效果而被统一，具有空间秩序和心理引导作用。作为一种空间轴向关系，可以对称，也可以不对称；可以是转折或微曲线的；可以与城市交通系统紧密联系；也可以是自然虚轴，在形态设计中非常注重结构、秩序和层次。

（1）单轴

单一轴线一般是城市主要交通性或景观性道路、城市重要的水绿长轴或历史文化轴线。

图5-12 低密度核心之四

如图5-13所示，该中心区轴线运用南北向水系及绿地串联起整条轴线，水系形态蜿蜒环绕，整体为直，细节处又为曲，这样使得轴线活泼而不生硬，并且由于水系的曲折产生了多变的开放空间，增加了硬质铺地与软质绿地的有趣互动；轴线两侧建筑组团采用非完全对称布局手法，三五成组、方圆各异，但街区及软硬铺地则采用相似的尺度划分，这种非完全对称设计使得轴线既整体又生动而富有变化；轴线尽头运用放大的处理手法，水系在这里汇聚形成月牙形湖，湖心岛上大型公建、软硬铺地都为轴对称设计，既对轴线起到强调作用，又使得轴线在此处得到很好的收尾。

如图5-14所示，该中心区是依托大型的交通客运枢纽形成的一条大轴线，分为站前广场轴线和站后广场轴线两个部分。站前大轴线并没有采取生硬的直线，而是采用轻微的曲线，轴线上主要以绿化为主，绿化中间布置一些步行曲径穿过，并且步行体系连续，从空中跨过车行道路，增强了人群活动的连续性；建筑布置在轴线的两边，采用裙房加高层的综合体模式，使轴线气势宏伟，场所感很强；轴线上也会零星布置"一大带几小"的低层公共建筑，将商业、文化等功能引入轴线，激发了人群活动的参与度，具有很强的趣味性。轴线到交通枢纽并没有戛然而止，而是向后延伸一部分，形成站后广场轴线，使得整条轴线在交通枢纽处形成标志性节点。

如图5-15所示，该轴线是一条社区内部的景观型轴线，轴线以景观绿化为主。轴线上形成了3个圆形的节点，多采用环形圈层扩散的设计手法，有时也会用一些放射性的线条加以切割，这种处理手法图案性很强，同时向心性和场所感也很强；树种配置表达方面，时而单株点缀，时而成排呈阵列布置，点、线、面组合，空间的趣味性十足；轴线上主要布置长条形树池，上部车行道处处理成中分带的做法，甚是巧妙。

如图5-16所示，该行政中心轴线背山面水，是一条十分符合中国风水格局的轴线。轴线背山一头的尽端是对称的行政中心建筑，呈一体两翼状分布，气氛庄严肃穆。轴线面水一头的尽端是一个飘逸的弧形构筑物，与水之间形成了融洽的关系，整个行政轴线显得严肃又不失活泼；轴线上主要是绿化，环境宜人，轴线两侧布置公共建筑，基本按对称分布，强化了轴线的序列感和仪式感；公共建筑之外建设有相当量的居住建筑，为这样一条公共性的行政轴线提供了人气来源，使得整个行政中心活力十足。

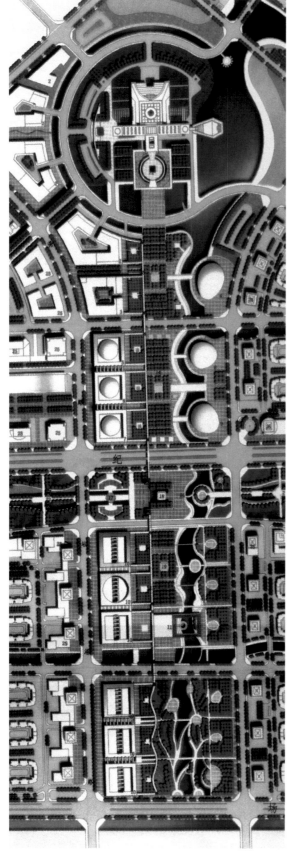

图5-13　单轴之一

图5-14　单轴之二

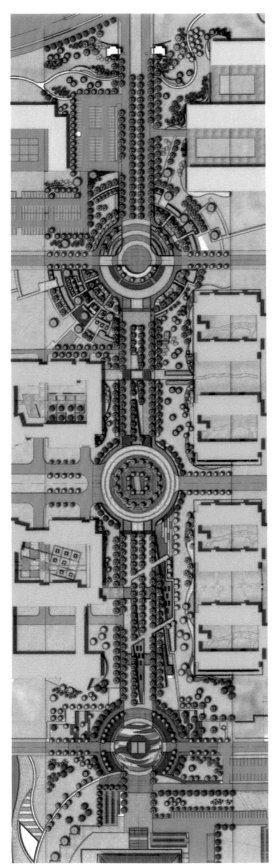

图5-15　单轴之三

图5-16　单轴之四

（2）双轴

双轴的形式多样，可以是两条平行的轴线，也可以是交叉轴线，交叉轴线有正交的十字轴也有非正交双轴，"T"形也是常见的双轴。一般来说双轴有主次之分，两条轴线在功能上也有差异。在设计中要注意主次区分、功能安排、对景配置等。

如图5-17所示，该中心区轴线是片区景观轴，从形态上来看，由东西向的软质轴线与南北向的硬质轴线组成"T"形轴线。其中，东西轴线成为城市副中心与片区中央商务区的连接纽带，两者形成互望关系；南北向轴线打通片区商业文化步行区与浑河，轴线上布置市政厅及温室等公共服务设施，使得步行区与浑河的过渡和互动更为自然及缓和。同时，东西向轴线端头运用水广场放大处理，其放大的形态与周边的建筑进行形态呼应，两者形成很好的互动景观关系；南北向轴线北端在与浑河交界处设置亲水平台，增加亲水性，并由这一亲水平台为起点设置沿河步行道，充分考虑到亲水、戏水等人本活动；在与步行街交接处设置大广场，能起到疏散人流的作用。此外，从轴线形态来看，主轴线设置得较为规整，与两侧富有变化的建筑布局及副轴线形成鲜明的对比关系。

如图5-18所示，该中心区轴线为城市轴线，从形态上划分为"十"字轴线。具体做法如下：首先，这一"十"字轴线中的南北向轴线设置了该中心区的核心公共服务设施，东西向轴线集聚着该中心区的核心绿地，两者共同形成该中心区的集中休闲娱乐带。同时，在"十"字轴线引入水系，且在端口处放大水面形成集中的亲水休闲区，使得两条轴线规整而不呆板，趣味性十足；另外，轴线处的水系与中心区其他水系形成网络，使得整体水系形成良好的生态格局。最后，"十"字轴线与周边地块的开放空间通过连续的步行廊道体系形成良好的互动连接关系，增加中心轴线的可达性。

如图5-19所示，该中心区的轴线为片区轴线，它是由一条南北向的实轴与斜45°的西北—东南向的虚轴构成。南北向实轴以硬质铺地为主，集聚了该片区核心的公共服务设施，且在核心地段设置连接环增强公共服务设施的集聚程度及联系紧密度，两者的设置使得轴线满足可达性及便捷性双重要求；同时，斜45°虚轴实际为片区的绿化轴带，连接着中心广场与核心公共建筑，也穿越片区中的部分建筑，与部分建筑围合而成的庭院交融，营造出良好的互动景观。最后，虚实两条轴线在端头处通过共同的核心节点进行汇合联系，使得虚实相融，整个中心区因虚实而活泼起来。

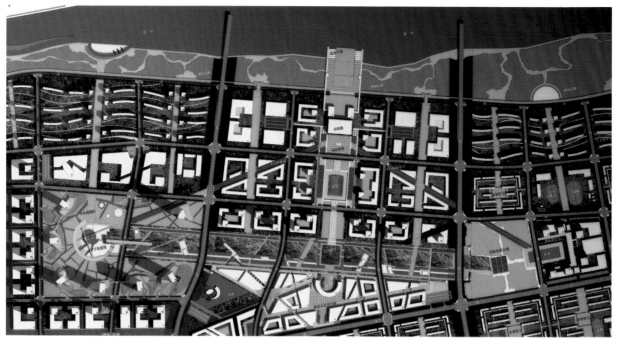

图5-17 景观轴、"T"形轴

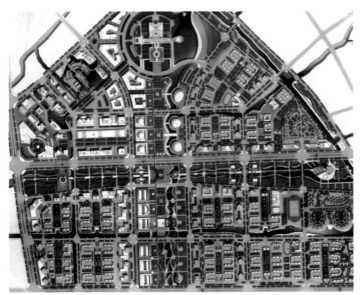

图5-18 "十"字轴

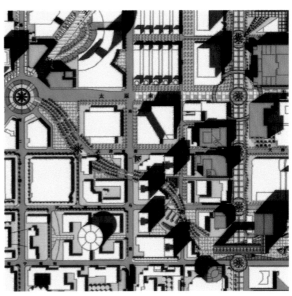

图5-19 实轴和虚轴

如图5-20所示，该中心区的轴线为片区轴线，它是由一条景观轴与一条功能轴组成的。景观轴环绕该中心区的东南区域，一方面与中心区外围的东南门水系形成良好的景观呼应与生态联系，另一方面也大大提升了该中心区的环境品质；同时，景观轴内的水系时而蜿蜒曲折富有变化，时而规整划一与周边的建筑布局相互呼应，与周边环境融为一体；此外，景观轴内的水系渗透入中心区内部，使得空间更为开放。中心区内的功能轴是一条斜45°的西北—东南向的轴线，为步行轴线，同时集聚着该中心区的主要公共服务设施，形成良好的功能集聚轴线；另外，功能轴两端进行水面放大，形成良好的景观互动。

（3）多轴

多轴是3条及3条以上轴线的情况，多见于大尺度的城市空间形态组织，因为轴线越多，

图5-20 景观轴、功能轴等

需要考虑的轴线功能、交通组织及景观构成就越复杂，多轴组织要充分把握场地地形要素、历史文化遗存，协调城市景观并合理组织功能交通关系。

图5-21属于片区轴线，该类轴线常在一定范围的片区设计中出现，一般的作用是在空间形式上将片区中的各类功能空间串联，使其功能的正常发挥得到空间连通上的支持，同时在形式风貌上使得片区空间完整统一。主要轴线位于场地中间位置，在使用者的心理因素上构成统领主体的意识。轴线上串联主要公共建筑，结合步行区域的设计，使得轴线上的步行体验富有趣味。而两侧安排主体功能建筑，并均与轴线发生联系，这样不但形成了明确的空间功能分异，同时又使于空间的高效使用。在形式风貌上，该类轴线给使用者以主从有序的空间体验，仪式感较为强烈；另一方面，无论是轴线上的主要公共空间还是两侧的主体使用空间，均给使用者以节奏变化鲜

明、建筑疏密、体量、色彩等多方面丰富对比场所感受。该类轴线手法多用于学校、行政机构、市民广场等公共服务设施集聚地区。

图5-22属于商务轴线，该类轴线常在商务设施集聚片区设计中出现，特别是周边环境出现水体、山脉等景观资源的条件下。主要的作用是在空间上使得场地与核心景观资源发生空间联系和对话，空间指向性鲜明，再以此组织商务及其配套功能空间的排序，使其功能的正常发挥得以空间连通上的支持，另一方面在形式风貌上取得明确的向心发展风格。主要轴线有多条，具体位置根据功能、交通、地块大小等因素共同确定，多条轴线一端汇聚至核心景观空间，另一端往往与城市周边主要交通干道相连，轴线交通类型可以是步行为主，也可以是车行为主或者是人车混行的交通功能。这类轴线统领下的空间组织往往形成明显的空间功能圈层的布局形式，便于形成丰富的空间类型。在形式风貌上，该类轴线给使用者明确的空间导向性体验，往往可以获得高品质的景观体验，不但可以有效保证场地空间与核心景观发生空间的有机联系，同时梳理各个功能空间的组织安排。该类轴线手法多用于滨海商务区、滨江经贸区等商务设施集聚地区。

图5-23属于功能分区轴线，该类轴线通常与片区轴线功能类似，常用于对地块内的功能分区进行划定，若干条轴线将场地划分为几个组团，使得功能在空间分布上更加清晰纯粹。同时，这类轴线也可以起到连接场所和周边景观资源的作用，兼具景观视廊的作用。这类轴线可以有多条，通常位于不同功能区块之间，结合绿地或场地原有景观、文物资源设置。这类做法可以起到不同功能区块之间的组团式分布，使得功能结构清晰。在空间风貌的营造上，该类轴线可以为使用者提供充分的景观空间。内聚式的空间导向，容易形成核心空间，在此安排重要的公共服务设施。无论在功能上还是景观上形成统领场地设计的中心。该类轴线手法多用于创智产业园区、文化创意区等创意设施集聚地区。

图5-24属于景观轴线，该类轴线的功能与片区轴

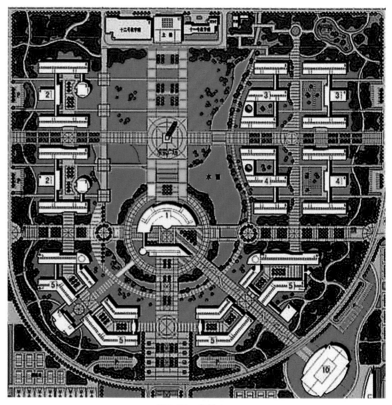

图5-21 多轴之一

图5-22 多轴之二

线较为类似，在空间上往往位于场地的中间位置，起到统领的作用。在功能上往往起到串联其他功能区的作用；在景观上作为核心空间起到保证景观视廊通畅，同时其本身就是核心游憩空间。这类轴线体系一般由一条主要轴线和若干条次级轴线构成，主要轴线一般遵守均衡性、共享性的设计原则而居于场地中间位置，次要轴线从其中延展开，对场地进行进一步划分。主要轴线一般具有一定的规模，地块的主要公共服务设施布置其中，形成景观轴线和公共服务设施轴线双轴线的设计模式。保证了公共服务资源的共享和景观资源的最大化。从设计结构层面看，这类轴线体系可以形成主从有序的景观"虚骨架"，不但有利于地块功能"实骨架"的有效展开，而且容易形成网络化的景观绿道，是比较经济实用的景观空间处理手法。该类轴线手法多用于综合商业片区、城市新区等地块设计中。

图5-23 多轴之三

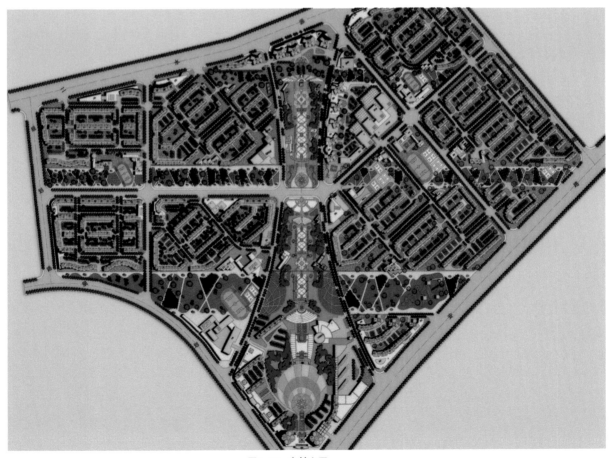

图5-24 多轴之四

5.1.3 节点

节点是实骨架形态中功能组织的重心，它具有功能多样化和复合性特征，也是城市景观重要控制点。按形态特征分为点状节点、线状节点、环节点和面节点4种基本类型。

（1）点状节点

点状节点多为标志性建筑、构筑物等，在城市门户地区、重要交通设施和景观对景上使用。

如图5-25所示，该中心区节点为标志性建筑。运用文化展览类建筑作为轴线的对景，成为整个轴线的收束。该节点采用非对称式的弧形建筑造型，打破了周边方正的建筑肌理，丰富了周边的建筑秩序，也在滨水形成了宜人的流动空间，成为方案视觉上的焦点。该节点运用岛屿式布局手法，增大了建筑与水体的接触面积，将人们的活动有意识地向水边引导，并在滨水设置硬地、树阵、片墙等建筑小品，增进滨水的人性尺度，提升水岸的公共活力。有助于节点建筑外部空间的营造，易于形成人与景的互动，提升滨水建筑的经济与景观价值，成为城市的点睛之笔。

如图5-26所示，该中心区节点为标志性建筑物及构筑物。运用南北向的"步道—行政建筑—行政广场—景观柱"的秩序串联整个轴线，空间上有收有放，硬质铺地与软质绿地巧妙结合，塑造出优美的宜人环境。该中心区节点采用"弧形+'一'字形"的行政办公楼作为轴线的主要对景，在造型与体量上很具有标示性，也易于形成宏伟的城市形象。该节点端头采用景观柱作为轴线的收束，延续了整个轴线的秩序，强化了整个轴线的空间效果。同时，软硬铺地、花坛、树阵都为轴对称设计，形成了建筑前部的虚空间，强化了节点的领域感。

如图5-27所示，该中心区节点为标志性建筑及活动广场形成的开放空间节点。该中心区以清真寺结合水景广场，人民公园形成"L"形的开放空间节点。该节点将清真寺的尖顶作为重要的地标，成为整个开放空间的核心。该节点采用空间对比的手法，以水景广场的小空间与人民公园的大空间作对比，空间上收放有序，形成由水景广场到人民公园空间逐步打开的秩序。该节点采用院落围合的手法，依托原有周边建筑形成"U"形的院落空间，为驻足的游人提供眺望人民公园的场所，形成景观的互动。同时，院落空间成为清真寺教徒朝圣的宗教场所，使得这一地区的文脉得以彰显。

图5-25 点状节点之一

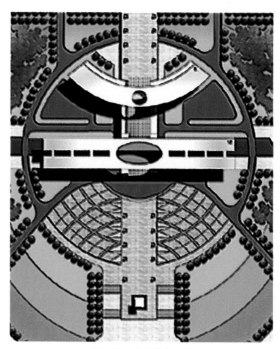

图5-26 点状节点之二

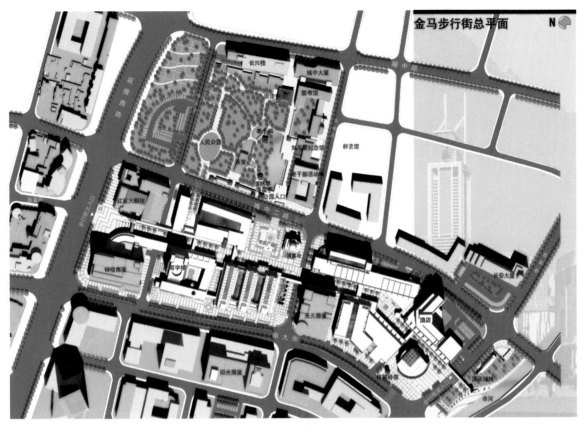

图5-27 清真寺+活动广场

（2）线状节点

线状节点一般是城市功能中的亚核，空间形态偏线形而非点，一般由建筑、场地共同组成，沿道路或轴线线性布局。

如图5-28所示，该中心区线状节点（亚核）由3个线状母题式建筑构成。3栋建筑分别承载了幼托、超市等职能，构成该中心区亚核区域。运用重复的建筑手法，形成南北向秩序，在楔形的建筑形体中进行建筑功能的布置。同时，尤其注重对周边住区服务功能的设置，幼托、超市的功能定位很好地弥补了周边住区的实际要求，完善了城市亚核的功能。采用空间渗透的手法，在不同功能建筑间留有空隙，可以将基地西侧的公园绿化通过空隙引入社区，不仅美化社区的景观，而且改善社区的通风，塑造社区的小环境。同时，也可以将社区幼托包围在绿地植被之中，使儿童能置身于优美健康的学习环境中。

如图5-29所示，该中心区线状节点（亚核）由建筑、场地共同构成次要节点。整个节点空间疏密有致、结构清晰，空间由北向南逐步丰富，由虚到实，北部以人工空间为主，南部以自然空间为主。采取

图5-28 线状节点之一

沿水系线性布置公共建筑的方法，将人流向水系两侧引导，并结合滨水绿地，形成人游憩休闲的场所。运用黄色的构筑物联系公共建筑与绿地，以简洁的矩形划分场地，遵循方正简约的景观秩序，并设有一些栈桥、平台给人们观瞻游玩之用。植被使用上采用草地、灌木、树阵相结合的手法，丰富了场地空间层次，以植被为本底，以建筑为点缀，形成建筑与场地相映成趣、和谐相生的节点空间。

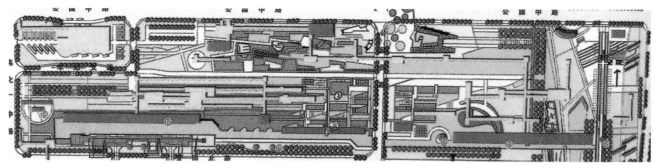

图5-29　线状节点之二

如图5-30所示，该中心区线状节点（亚核）由一组沿道路或轴线线性布局的建筑综合体构成。这组建筑由4个母题式的会展功能单元组成，结合圆弧形的绿地广场，共同构成该中心区亚核区域。运用母题式的建筑设计手法，4个功能单元浑然一体，体现出建筑的秩序美，同时，以弧形的廊架联系，形成和谐统一的外部景观。运用曲直对比的手法，以建筑造型的方正与弧形的绿地景观作对比，丰富了空间层次，塑造了城市景观，也为会展建筑预留出足够的疏散防灾场地，形成了生动鲜明的城市界面。采用退台式的建筑处理手法，建筑由西往东逐层跌落，最后以绿地作为主要对景，形成了建筑与绿地及城市的良好互动，也使会展空间远离城市交通噪声的干扰，为使用者创造高质量的空间。

（3）环节点

不同于点状节点、线状节点和面节点，环节点一般是通过多个建筑围合形成的环状空间节点形式。但是具体而言，这些环节点又各不相同。

①平交型环节点。如图5-31，此类节点一般位于道路的交叉口，地块的交通可达性较高，因此地价也较高。市场化运作的环境下，建筑物高度偏向于中小高层，并且高层建筑会有2~5层的附属商业或者其他社会服务类裙房。因为交叉口各个街角建筑功能的关联度不强，而且交叉口规模较大，设计时不需要考虑环形天桥等设施来连通人流，各个转角建筑前广场空间相对分散，设计时需要关注开放空间的界面整合。同时，由于地块常位于中心地段，城市的人工景观较强，因此如若能够引入较好的自然景观，将会大大提高局部的城市环境品质。

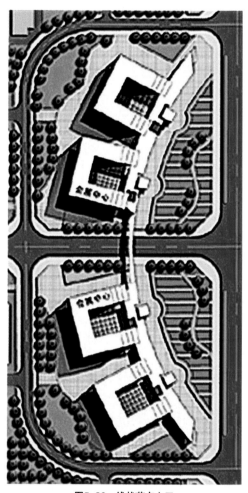

图5-30　线状节点之三

②滨水型环节点。如图5-32，此类节点最大的特点在于毗邻优质的自然景观资源，设计时需要围绕它展开公共空间的设计。建筑和空间的第一性上，建筑处于次要地位，建筑从属于空间，建筑体量和业态上偏向小型化的休闲商业服务设施。由于毗邻面状水体，设计时以此为起点，结合水体形状，首先，创建滨水的核心开放空间。其次，需要通过周围小体量的建筑强化空间界面，因为建筑功能上偏向于休闲商业服务，因此需要注意建筑灰空间与核心空间的过渡。最后，作为公共性资源，还需要注意核心空间的开敞性。主要是通过视廊或者轴线打开空间，使其能够服务大众。

③立交型环节点。如图5-33，此类环节点最大的不同在于它具有地面、地上或者地面、地下的双层交通体

系。主要原因在于道路交叉口各个街角建筑功能上近似，有相似的消费服务人群，为了减少人群转移消费场所时的时间并提供一个安全舒适的步行环境，设计时常常通过环形天桥或者地下步道的方式实现各个建筑之间的互通互联。在建筑设计上需要注意底层裙房入口界面与环形天桥的呼应并考虑街角建筑入口广场空间与天桥人流的关系。同时，因为各个街角建筑入口广场面积较小，景观的观赏性不强，设计时若能够在不影响地面机动交通的情况下在环形天桥中央引入点状景观，将大大增加步行环境舒适性。

④共生型环节点。如图5-34，此类环节点最大的特点在于两组或者多组建筑共用一条在它们之间穿过的城市道路，建筑功能上常为公司的总部楼或者国际会议中心等，而两组建筑前的附属广场共同构成完整的城市开放空间。建筑和空间的第一性上，空间处于从属地位，因此需要强化建筑的造型，尤其是底层裙房，平面形态上可以做得更为灵活，增加广场的丰富性。需要注意的是，由于此类型的建筑高度较高，在设计广场时需要格外考虑外部空间的尺度和比例，以创造舒适的空间感受。

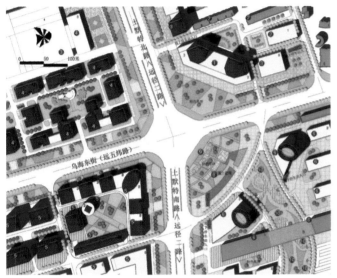

图5-31 环状节点：平交型

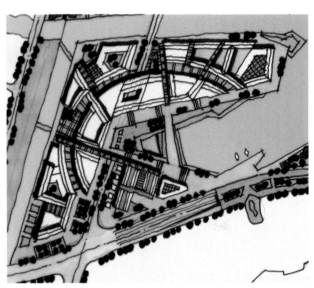

图5-32 环状节点：滨水型

图5-33 环状节点：立交型

图5-34 环状节点：共生型

（4）面节点

面节点的范围更大，一般是一组建筑和景观共同构成的城市空间簇群。内部具有完整的空间结构、功能及交通组织体系。

如图5-35所示，该簇群是由线性水系、公共建筑（包括图书馆、剧院等）及硬质铺地组成的一个休闲娱乐组团。首先，该簇群整体呈现"U"形形态，端头设置核心公共建筑，形态舒展，两侧公共建筑形式较为规整对称，使得整体形态整中有变；而且建筑多为低层建筑，整体呈现开放的空间格局；簇群中的水系与建筑相互呼应，呈现宽—窄—宽的变化形式，核心建筑与水系直接接触，形成良好的互动景观；同时，在"U"形形态结构中加入一条硬质轴线，一方面打破原有的规整形态，使得整体形式更为活泼，同时也加强了各栋公共建筑之间的联系。此外，硬质轴线的增加也为簇群提供了完整的步行体系，使得整个簇群的休闲娱乐吸引力加强。

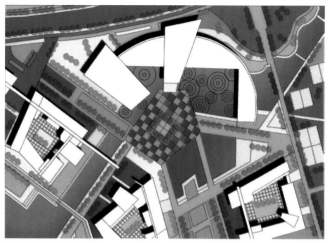

图5-35　面节点

如图5-36所示，该簇群是由较为规整的10栋高低错落的建筑群、硬质轴线铺地及软质轴线共同组成的，整体空间形态变化多样，空间元素也较为丰富。首先，就建筑群而言，该簇群采用西部裙楼加塔楼、东部相对低矮的建筑形式进行组合：西部裙楼与塔楼的组成形成较好的退台效果，减弱了高层的压迫性；东部建筑群多

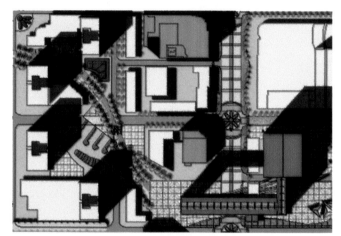

图5-36　面节点

采用"U"形组合方式，使得整体空间活泼不呆滞。其次，从开放空间角度看，该簇群除了集中的一级开放空间之外，存在由建筑围合出的庭院所组成的二级开放空间，等级分明，且大大提升了簇群的空间品质。最后，该簇群的核心轴线采取硬质铺地加软质铺地相结合的处理方式，同时两者通过核心的公共建筑进行联系，一方面使得核心公共建筑的可达性及品质最高，另一方面也使得步行空间更富有趣味性。

5.1.4　街巷

街巷是实骨架形态中依靠城市道路交通系统而展开的，体现城市景观风貌。街巷要满足城市交通通行、景观形象展示和城市功能复合等内容，一般包含景观道、林荫道和步行街3种。

（1）景观道

景观道一般有道路绿带和交通绿岛的要素，多为人车分离，道路较宽敞，在形态设计时要注重道路绿化合理配置，绿化配置应符合行车视线和行车净空要求。

如图5-37所示，该设计方案的景观道起于南部的景观林园，止于北部的体育操场及其周边庭园。整个景观道按照功能及形态可划分为两部分。其中沿车行道布置的道路绿化，以笔直的线性形态贯穿地块南北，构成了景观绿廊的骨架；其东侧的步行景观道则位于地块内部，蜿蜒曲折的廊道既增加了园林趣味，丰富了步行体验，又以此巧妙地分割地块与建筑，增添了建筑群的形态动感，并创造出建筑围合内的庭园空间；除了南北两个主要的景观节点，另在主要道路的交叉口处布置开放式园林绿地，结合封闭的线性绿廊，形成了"放—收—放—收—放"

的景观空间序列。

如图5-38所示，该方案中的景观廊道为高架轨道交通下的绿化空间。园林绿化的设计充分利用了城市边角地带，变消极为积极空间；在景观道北部，结合滨水空间设计园林景观、铺地广场与亲水设施，构成了景观轴的端点；随着实体空间由城市内部向开放的滨水环境过渡，景观空间也呈现由收到放的秩序；在表现方式上，该方案仅以绿地加规则配植的树木进行设计表达，风格简约清新、结构明晰。

如图5-39所示，该方案的景观道可根据构成要素及平面形态划分为不同的分段，各分段有着不同的景观主题。或以中轴对称式的硬质铺地为主，嵌合植物景观池，呈现开放式的带形广场景观，供人流的集中与停留；或

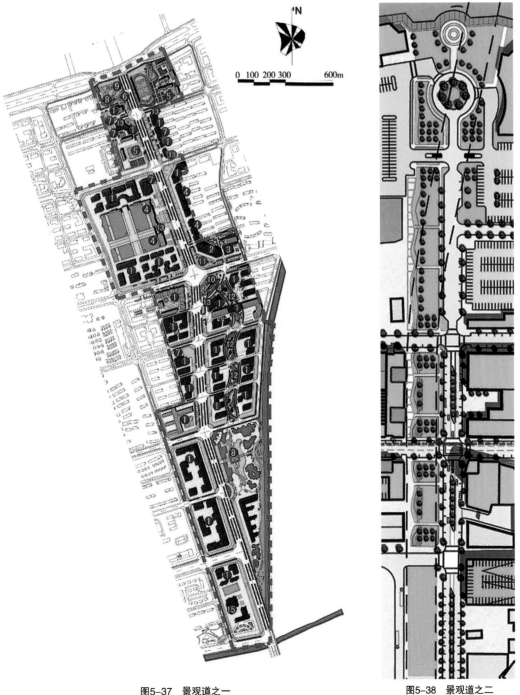

图5-37　景观道之一 　　　　　　　　　　　　　图5-38　景观道之二

图5-39　景观道之三

以园林绿化为主，嵌合小尺度的步行通道，形成较为封闭的园林景观，为行人提供优质舒适的步行及休闲体验；此种分主题式的手法营造出丰富多变的景观空间序列，创造出一种可观、可赏、可憩、可走、变化丰富、亲切宜人的公共空间。在整条景观道上结合小型广场，设置了景观水池、张拉膜结构等设施构成了景观轴线上的小节点，并以滨水广场为轴线端点，设计亲水性平台；通过入口台阶以及景观台地、阶梯等要素提高了三维空间的丰富度；该景观道设计方案整体上为中轴对称式的平面布局形态，但又利用局部设计手法的变化打破了中轴对称的呆板，庄重恢宏的氛围因此多了些许灵巧与活泼。

（2）林荫道

林荫道是指道路两侧有高大茂密树木的宽阔大道，两侧植树为行人提供遮阴的散步道，结合一定的休闲娱乐设施和功能，一般来说人行道比较宽，如法国巴黎的爱丽舍田园大街。另一种指在街道上供居民散步和短暂休息用的带状绿化地段。林荫道宽度一般不小于8m。林荫道还具有防尘、降低噪声、游憩和美化环境的功能。在城市绿地系统中，林荫道可把块状绿地、点状绿地联系起来。林荫道的布置应妥善处理步行道与绿带的划分、分段和出入口的安排、游憩场所的内容和设置、植物的选用及配置等问题。有下列设置形式：①设置在城市道路中轴线上。其优点是两侧居民有均等机会入内散步休息，并能有效地组织来往车流，但行人进入林荫道必须穿越车行道，既影响交通，又不安全。这种形式适用于以步行为主或车流量较少的街道。②在道路一侧设置林荫道。一般设置在日照条件较好的一侧，以利于植物生长，或在眺望景色较好的沿山坡、沿江地带。③林荫道分设在车行道的两侧，与人行道相连，则行人和附近居民不必穿越车行道，比较方便安全。一般居住区内车行道两侧的绿地往往采用这种布置形式。

如图5-40所示，该林荫道是一条基本呈中轴对称的弧形道路，弧形内外两侧均种植连续的行道树。内侧行道树往里布置一圈丰富多彩的活动带——包括几何形的水系和步道，以及各种形态的绿化灌木丛和设施小品。内圈活动带和林荫道之间打开3个大的豁口，形成3个节点。节点处水面放大，布置亲水的步道或平台，创造出宜人的滨水环境。整个方案通过巧妙的设计，使内外两个圈层的林荫带和活动带发生了很好的互动关系。

如图5-41所示，该林荫道属于一个住宅小区的外环道路，用以分割住区内部用地和外部的城市公园绿地。住区需要一定程度的私密环境，区别于公园这样的城市公共空间，在这两种品质不同的空间之间设置一条林荫道有

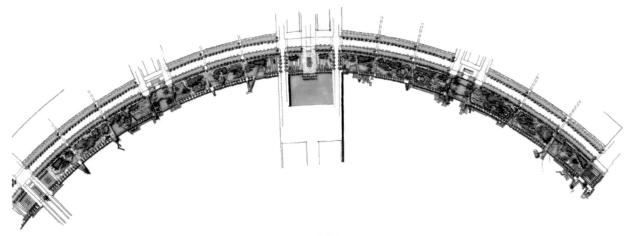

图5-40　林荫道之一

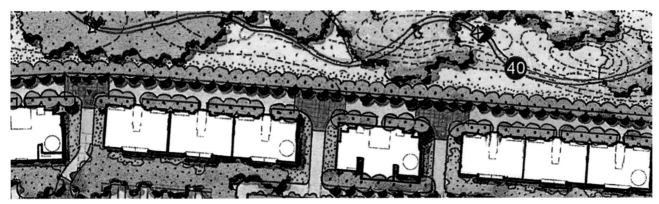

图5-41 林荫道之二

利于减少空间之间的相互干扰——例如噪声、视线。同时，林荫道两侧成排的高大树木洒下荫蔽，给两边活动的人群带来舒适宜人的环境。

如图5-42所示，该林荫道围绕社区公建周边的绿地公园展开。公园里造景局部小山水，布置了小山包和水池，并有一条曲折的游憩线路。正对着公建的入口处形成一条轴线，轴线两侧种植乔木，轴线中间布置矩形灌木树池。外部道路两侧同样种植乔木，并沿路间断布置汽车停车位。好

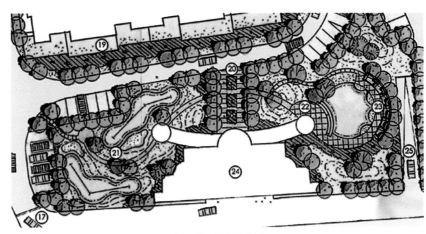

图5-42 林荫道之三

的方面在于用路边停车代替集中停车，节省了空间；不好的方面在于间断的停车位使行道树形成的界面参差不齐，缺乏连续的空间体验。

（3）步行街

步行街是指在交通集中的城市中心区域设置的行人专用道，原则上排除汽车交通，外围设停车场，是行人优先活动区。步行街是城市步行系统的一部分，是为了振兴旧区、恢复城市中心区活力、保护传统街区而采用的一种城市设计方法。从步行街的功能来说，可以分为商业步行街、旅游休闲步行街、社区生活步行街、特色景观步行街等。步行街要注重交通管制，以扩大步行空间，合理安排步行休闲设施及塑造绿化环境，在交通组织上可以将车行道从步行街外围通过或将机动车交通及停车布置在地下层等方式。

如图5-43，本案例的步行街属于城市休闲商业街。位于学校周边，处于城市公园周围，此步行街以谋求商业利润作为根本目标，同时注重步行街环境的质量。在步行街上有比较亲切宜人的氛围，设立了绿地、彩色的路面、街头雕塑、座椅等，使人们在购物之余，仍愿意留在步行街中活动。周边的学校及居住区为步行街提供了大量的人流，使得商业能够发展下去。街道尺度宜人，与两侧建筑高宽比符合步行空间要求，在各主要入口设置广场。这种设计手法不仅满足集散需求，同时使得人们的行为方式非常丰富，在轻松的环境气氛中享受人与人交往的乐趣，步行街区加强了人们的地域认同性，成为城市的象征，也成为城市的社会活动中心。建筑沿步行街两侧按照一定规律连续布置，建筑形体之间突出功能化、差异化，将街道及公园较好地衔接在一起。这种设计手法围合出来的空间是连续的、不间断的，满足步行的通畅性要求，同时不同形态的建筑之间围合出富有变化、生动有趣的公共空间，不会让置身其中的人们感到乏味。另外，结合广场进行了景观设计，这种设计手法对步行街内部

的宜人性很有作用，使人们在购物之余能够享受景观不断变化带来的愉悦感，不仅是购物的场所也是放松休闲的场所，更是一个社交的平台。

　　如图5-44，本案例的步行街属于旅游商业街。位于旧城的新区，滨水空间是其特色。该步行街兼多种功能于一身，为步行者提供一个宜人的购物、娱乐环境，是该步行街的主旨。在这样的步行街中，人们往往可以充分感受到交往、娱乐的乐趣，购物不再是单一活动。街道中间有车行道，沿车道两侧设置了连续的步行空间，与水环境主要接触点进行了广场设计，同时广场也作为步行街的转折点。这种设计手法是为满足物流而进行车行道设计，广场设计一是为了突出主要连接点，二是作为单调乏味、无变化的街道转折点。建筑沿道路两侧展开，不再

图5-43　步行街之一

图5-44　步行街之二

是围合出生动有趣的外部空间，而是极力营造建筑内部的空间设计，几乎每一栋建筑都是围合式的。这种设计手法旨在为步行街的旅游吸引做出物质空间的呼应，游憩方式的设计主要体现在商业形态的趣味化、主题化、体验性与参与性设计，商业配置的全程游憩设计，以及商业行为的游乐化设计等方面。步行街位于水体一侧，在滨水空间设计中采用绿化、栈道及步行系统的营建。这种设计手法大大地增加了滨水区的空间，使得人们在购物、旅游休闲时能够驻足欣赏美丽的景观，令滨水空间产生增值效果。

如图5-45，本案例的步行街属于新城市的中心区，按人车分流原则设计的商业步行街。这种小尺度的步行商业街，不再是单一的街道，而是增加了很多要素，如步行街联网，街的两端配有

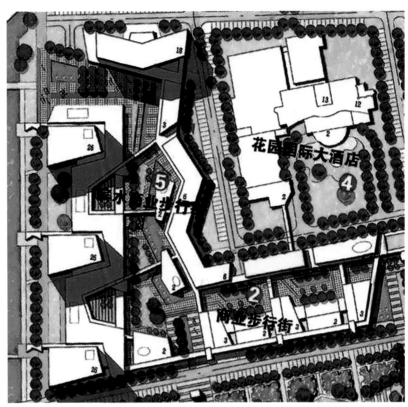

图5-45　步行街之三

广场，出现了地下的步行购物中心、空中天桥步行系统等，使步行街区的环境更加宜人。街道的形状由建筑的组合空间所决定，建筑之间通过连廊串联成一个整体，建筑形态统一形式感好。这种设计手法使得街道空间与建筑外部空间具有高度相关性，形成一个整体，同时建筑之间构架出天桥步行系统，这种步行分层带来更多的步行空间。街道的景观设计增加了几何切割的水体和有规律出现的绿化空间，结合入口广场整体设计。这种设计手法总结起来，就是城市步行街的景观首先是商业型景观，然后运用情趣化、情景型商业景观、消费型景观以及公共空间的设计理念，因地制宜地进行打造，给人们更多的购物愉快体验，让购物不再单调，充满了趣味性。

5.1.5　街坊

街坊主要指由城市道路或自然界线（山体或河流）所划分的街区空间范围，是城市"实骨架"形态中组成比例最高、范围最大的空间形态。一般来说，一个街坊内拥有相对独立的土地权属，相同或相近的用地性质、城市功能，其在形态构成上一般有行列式布局、组团式布局和点式布局3种基本形态。在形态设计上要注意结合建筑单体形态进行空间组合，建筑组合面貌要既有整体感又要避免单调，同时符合公共设施和景观配套齐全等原则。

（1）行列式

行列式的形态组合方式多用于长条形板式建筑，一般来说，建筑根据一定的朝向、合理的间距，成行成列地布局，该类形态常见于居住区和工业园区的建筑组合布局。最大的布局优点能使大多数的房间和居室获得最好的日照通风条件，行列式排列过于整齐会显得单调呆板，可以用错落、拼接成组、条点结合、高低错落等方式，力求在统一中求变化。

如图5-46，行列式布局指在地块中按一定的前后左右对应顺序成行成列布局建筑物的方式。这是最常见的建筑布局方法之一，具有经济、高效、易于排布的优点，但同时也容易造成空间单调乏味、缺少变化的现象。行列式布局模式常用于居住区、工业园区等区域的设计中，其中传统风貌的生活居住区基本全都使用该布局方法，特

别是周边环境中拥有河流等自然元素的时候，传统的行列式可以形成多条"胡同空间"，与河流垂直相交是中国传统滨河空间的一大特点，这种布局方法有利于创造出宜人的亲水空间，使得场地与河流发生密切的空间联系，在功能上方便沿河居民的日常使用，在景观上一方面提高滨河风貌，另一方面将河流景观引入场地内部，提升场地品质。

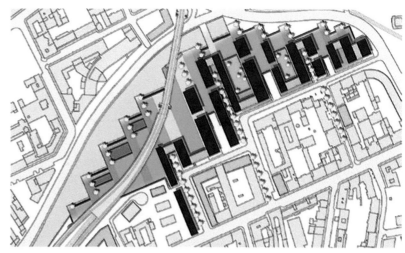

图5-46　行列式街坊

如图5-47，行列式布局模式在现代居住区中仍然是最常见的布局方法，其最大的优点就是兼顾经济性与实用性，成行成列的布局可以最有效地利用场地面积，在其他条件相同的前提下是最经济合理的做法，同时在交通联系上可以带来最便捷的使用效果，并保证建筑之间绿地资源使用的公平性，易于创造出良好的公共交流空间，因此得以广泛使用。在具体设计上，为了避免行列式带来的空间单调乏味问题，通常的做法是通过局部有规律的变形、错位、拉大间距等手法打破千篇一律的布局节奏，完善视觉上的缺陷。

如图5-48，现代工业园区是行列式布局另一个主要使用的领域，由于相关产业对高效连通、经济合理、厂房成规模集聚等方面的诉求，行列式正是能较好满足此诉求的方法之一。同时，由于行列式的布局会产生方整规则的用地形态，便于地块的使用和管理，可以为厂区减少管理上的负担，因此被广泛使用。在具体设计上为了满足产业园区对交通的高度需求，设计时需要充分考虑交通空间所占面积，预留充分的道路间距，促进棋盘式网络路网的形成，做到行列式与网络路网的完美契合。

（2）组团式

组团式形态相较于行列式布局其建筑密度更高，无论是居住区、商办区、工业区还是历史街区，这都是一种较常用的街区形态组合方式，具有组合方式多样、适用性高的特点，建筑通过围合和半围合的组合方式形成公

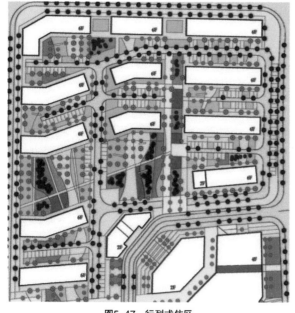

图5-47　行列式住区

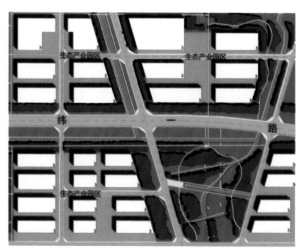

图5-48　行列式工业园

共、半私密和私密3个层次空间。

图5-49，组团式布局指在城市中由于自然条件因素的影响形成以江河、绿地、农田等为间隔的具有一定独立性的多个团块状城市地域形态。每个组团都有比较完整的基础设施和公共服务配套设施，是常见的建筑布局方法之一。这种有机疏散成组团的空间布局可以高效利用绿色资源，防止城市摊大饼式的发展。组团式布局模式常用于商业商务区、居住生活区等区域的设计中。其中，商业区运用该布局方法，可以形成特色鲜明的商业空间，同时在功能上进行空间的划分，有利于使用效率的提高。其不利因素可能会造成各个组团之间空间联系上的缺乏，造成较大的交通负荷。

图5-50，组团式布局模式运用于商务综合区是很常见的设计手法，由于商务建筑与其配套的相关公共服务设

图5-49　组团式布局

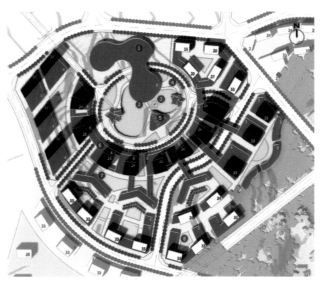

图5-50　商务综合区组团式布局

施无论在功能还是体量外观上都存在较大的差异，因此将它们成组成团布局可以形成特色鲜明的商业空间，有效优化功能结构，丰富景观空间类型。通常的做法是商务组团向心布局，其他公共服务设施外围环绕布局，或者是公共服务设施向心聚集，商务办公设施外围布局，两者之间通常设计便捷的步行交通系统。

图5-51，在传统生活居住区中经常使用组团式布局模式，由于中国传统文化常常是以院落空间的形式进行布局，常常形成均质延展的空间形态，现代常用的方法是通过交通道路的设置对院落空间进行组团式切分，并在每个组团中配置相应的公共服务设施，保证每个生活组团具有一定的独立性。特别是江南水网地区可以利用水网、水街的元素对组团之间进行分隔，也可以起到较好的景观效益。

图5-52，在商业综合区中由于需要对多种功能空间进行布局，同时需要保证公共空间的品质，采用组团式的布局手法可以起到空间的合理划分，并以绿地、水体等景观要素进行空间品质的提升。特别是现代商业综合区功能的逐步复合，使得功能结构越发复杂，适当的空间组团分离可以缓解较大的空间使用压力，对空间使用的秩序起到

图5-51　传统生活居住区组团式布局

较好的优化作用。

（3）点式

点式布局的每个建筑都能获得最好的采光及通风效果，常见于高层点式塔楼和低层独立别墅的居住小区、度假村或酒店的空间布局。一般结合地形或受到地形地貌限制，但建筑布局比较自由活泼，因地制宜，绿地景观也灵活多样。

如图5-53，本案例是一个典型的居住点式街坊。在本案例中，建筑成组成团点状布置，建筑之间有规律地排列着，按照滨水切割的圆形空间进行有组织的点式设计。这种点式街坊的功能多为居住为主同时配套商业、小学等。方案中的居住建筑按照弧形排列，呈现出圈层结构，每一层的建筑尺度高度相同。这种设计手法使得空间层次分明，内低外高的建筑层数让更多的居民享受到水体景观的优美环境，同时建筑之间的采光和通风更好。中轴横向布置一条商业街，作为南北两个组团的分界线，商业建筑形式规整，沿街排列。这种曲中有直的设计手法让街坊空间不单调，不单单是弧形空间，中轴线很好地发挥了连接南北同时打破单一弧形空间的作用。滨水景观设计以弧形空间为主，将水体引入建筑围合出的内部空间，使得滨水空间增值，为更多的人提供自然景观。

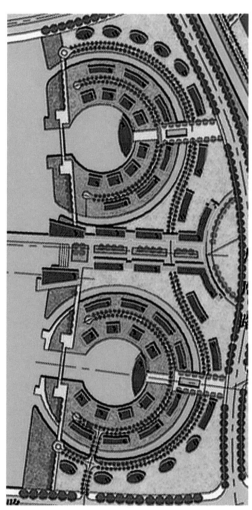

图5-52　商业综合区组团式布局

图5-53　居住区点式街坊

如图5-54，本案例是一个中等尺度的公园设计，点状分布的建筑分散在四周，也属于点式街坊的一种。建筑在公园设计中虽然占地面积不大，但是建筑高度能够很好地控制这一片区，不会让人产生空旷的感觉。一个个分布的点，看似毫无联系，但是内部结构之间起到了很好的相互关联，不管是建筑形状还是建筑的层高都起到了呼

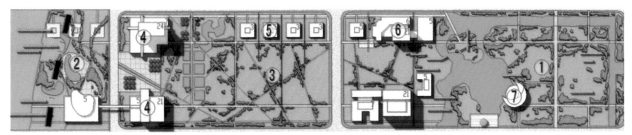

图5-54 公园点式街坊

应作用。外部公园的景观设计以自由水体和几何水体为主题，结合广场设计，通过步行系统将街坊统一成一个整体。水体的连贯不连续，为公园景观营造了更多的趣味空间，连续的步行系统及线性的步行空间让整个公园成为一个整体，同时，广场也很好地起到了集散作用。

如图5-55，本案例属于城市中心区中拥有大量公建及商业设施的点式街坊。建筑密度高，道路交通可达性好、人流量大，服务职能为主是其主要特点。建筑形态规整，有秩序地组合排列，点式的高层分布四周形成一个硬核。这种满铺建筑的设计手法能够最大化地实现土地的集约利用，同时形成良好的、高低错落的城市景观界面。高层的沿街分布有利于缓解交通的压力，维持内部空间的稳定性。街坊中部斜向的轴线街道设计，很好地缓解了建筑密度过高带来的局促感，同时为人们提供步行空间，入口处结合广场设计，起到了集散及标志作用。商业建筑点状分布，围合出步行商业街，街道尺度宜人，街道形态多为建筑形体组成的外部空间，结点处以一栋大尺度建筑为对景。这种设计手法使得人们在购物休闲时能有安全感、标志感。

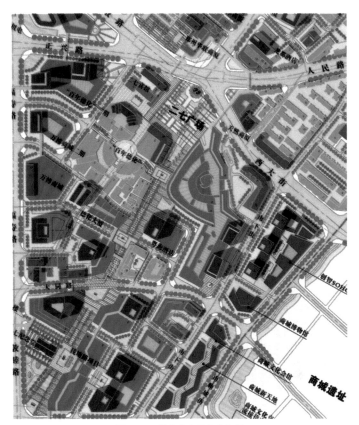

图5-55 城市中心区点式街坊

5.2 虚骨架形态

与实骨架形态对应的是虚骨架，虚骨架是指对实骨架起辅助作用、辅助城市形态形成的空间要素，其对城市形象展示等方面具有极其重要的作用。如果把实骨架比作身体脊椎，虚骨架类似于身体血脉，两者的主要区别是实骨架注重城市发展，虚骨架辅助城市发展；实骨架注重城市经济性，虚骨架注重城市宜居性，其主要内容包括绿地公园、城市广场、道路绿地。虚骨架主要形态特点是以软底为主、休闲娱乐性强、宜居性强，在虚骨架组织时一般遵循以下原则：与城市各要素搭配得当原则——这些要素主要包括城市山水环境等自然要素、城市实骨架等空间要素、城市历史环境等非物质性要素等；服务性强原则——通过不同等级的虚空间划分，尽量使各实体组团等都能受到相应虚骨架的服务，增加宜居性。

5.2.1 绿地公园

绿地公园主要指水和绿地为主的软质铺面的城市公共虚空间，具有向公众开放，主要功能为供人游憩的特点，是城市建设用地、城市绿地系统和城市市政公用设施的重要组成部分，其规模可大可小。在形态设计时要注意以下原则：配套一定的游憩设施和服务设施，同时兼有健全生态、美化景观、防灾减灾等作用，注重与整体城市环境和谐等原则。

（1）大型绿地公园

大型绿地公园主要是指城市级综合的公园绿地、风景名胜公园和植物园等专类大型公园。大型绿地为城市环境带来整体生态效应，为城市提供防灾空间，同时也是城市大型景观绿地系统重要的组成部分。包括城市大型的生态绿轴、景观绿轴、沿大型湖泊水系的绿地公共空间。

如图5-56所示，该方案为较大尺度的城市中心绿地与步行生态景观带设计。首先，方案将南部的水系引入地块内，形态自由的秦淮湖构成中心水景，一系列规则方正的景观水池则构成景观蓝轴直通北部的站前广场；西部线形由蜿蜒的绿化带构成景观绿轴，与东部笔直的步行道形成较大反差，增强了平面韵律感、节奏感；贯穿南北的蓝轴与绿轴共同构成本案景观轴线，南北分别以湖景与广场为轴线端点，整个空间结构丰富而明晰，多变而有序。其次，景观构成要素丰富，亲水平台、景观水池、乔木与灌木的混合配植、步行栈道、亲水景观亭等细节处理使本设计更为精致出彩。最后，需特别注意北部轻轨站前广场的设计，该广场除了作为景观要素外，还有较强的交通集散功能，有利于公交站点乘客的集中与分流。

图5-56 城市中心绿地与步行生态景观带

图5-57 大型居住区生态景观绿地设计

如图5-57所示，该方案为城市大型居住区生态景观绿地设计，主要沿河流水系展开。整体上看，岸线设计曲直多变、灵活动感；细节方面，各段沿岸景观设计在空间形态与功能上变化丰富，漫步道、湖心岛、亲水平台、临水构筑物、景观台地、景观桥等要素的组合布局为居民的河边休闲活动提供了多样化的空间载体。总的来说，该方案设计有强的空间韵律感，并兼具生态性、景观性与功能性。

如图5-58所示，该方案为城市体育休闲公园景观设计。整个平面形态呈现中轴对称的特征，放射状的步行通道强化了体育活动中心的人流聚集性；水系西部的景观设计以园林绿地与林间小道为主，如同公共建筑的后花园，供市民休闲性活动；水系东部的景观设计主要结合滨水绿地布局硬质铺地、体育活动场地与运动设施，供市民体育类活动使用，在功能上与体育公园的主题相契合。除此之外，通过平面形态设计与景观营造的变化设置不同主题、不同功能的分园，丰富了景观设计的图面效果与功能内涵。

如图5-59所示，该方案为围绕城市自然山体展开的生态式大型园林景观设计。方案以山体为中心，设置南北向的景观轴线，南北分别以公共建筑群与开放式广场为景观节点，创造出由山顶眺望城市的通透视廊；山体的自然形态、树丛云线、蜿蜒的林间小道与笔直的景观轴线、硬质空间的几何形对称布局形成反差，增强了平面形态的艺术感；南部山脚处设置的对称式公共建筑，背山面水，有着优质的生态区位与景观资源；图面表达简洁清爽、重点突出，与静谧宜人的自然环境主题相符合。

图5-58　城市体育休闲公园景观设计

图5-59　生态式大型园林景观设计

（2）中型绿地公园

中型绿地公园一般多为沿河湖的带状绿地或城市区域级的公园绿地。沿河湖的带状绿地一般起到隔离防灾、提升城市景观环境的作用；区域级的公园绿地为市民提供综合性的游憩休闲设施，同时提高城市生态效应、美化片区环境等作用。

如图5-60所示，该绿地围绕滨水空间展开，水体串联起文化公园、中央水公园和明湖公园，同时3个公园的序列也构成整个中心区空间的虚轴。环绕湖面一周，形成一圈绿地步行系统，步行系统串联了图书馆、文化艺术培训中心、博物馆、演艺中心等文化设施，五星级酒店等商业设施，以及游船码头、音乐喷泉、雕塑等设施小品。整个绿地步行体系松紧节奏变化，并且一直和水面之间产生良好的互动。

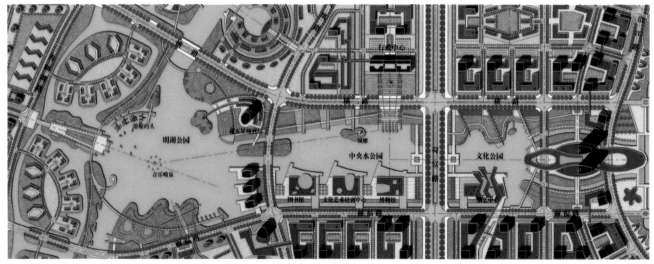

图5-60　中型绿地公园之一

　　如图5-61所示，该绿地分为两部分：一部分是滨水的条形绿带，另一部分是利用交通环岛设计的绿地。滨水条形绿地中包含两条步行道：一条靠近水边的直步行道；一条穿梭在绿地中的曲折步行道，几条垂直向的斜线联系这两条步行道并连接至路边人行道。在路口处节点放大，运用条纹式铺地和绿化间隔的处理手法，增添了趣味。交通环岛绿地设计属于小空间的设计，在本来以景观功能为主环岛绿地中加入景观喷泉和主题雕塑等元素，并通过硬质铺地将活动引入其中。滨水条形绿地和交通环岛绿地分属4个街区，却通过十字路口的街角步行广场统一在一起，手法较为巧妙。

　　如图5-62所示，该绿地位于城市滨水空间，滨水地区的岸线处理较为曲折，呈现出若干个深入水中的半岛形态。每个半岛上的绿地结合建筑处理，整体用一条弧形的绿化步行带将各个半岛串联在一起。绿化处理多呈条状分布，特别是右侧半岛依托地景建筑产生了形态十分优美且有层次的条形绿化带，面向水面也形成了层层跌落的台地式绿化。树种配置上，多以树阵和树列为主，大片开阔绿地中也会零星点植绿化，显得有层次。

　　如图5-63所示，该绿地是社区内部的中心绿

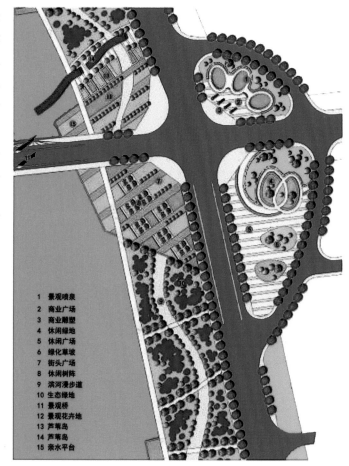

1　景观喷泉
2　商业广场
3　商业雕塑
4　休闲绿地
5　休闲广场
6　绿化草坡
7　街头广场
8　休闲树阵
9　滨河漫步道
10　生态绿地
11　景观桥
12　景观花卉地
13　芦苇岛
14　芦苇岛
15　亲水平台

图5-61　中型绿地公园之二

地。在道路围合的街坊内部，一条水系穿过，将街坊分割成两个部分——建筑部分和绿地部分。以核心建筑为端点，形成一条轴线，跨过水面，延伸至入口广场。轴线中间形成一个核心小广场。广场四周多被山包和树林围合，仅一面打开亲水，具有很强的场所感和亲水性。轴线之外的空间处理得丰富而有趣味，有儿童游戏场、码头、亭子和一些遮蔽构筑物，促发各类人群各种活动发生的可能性。

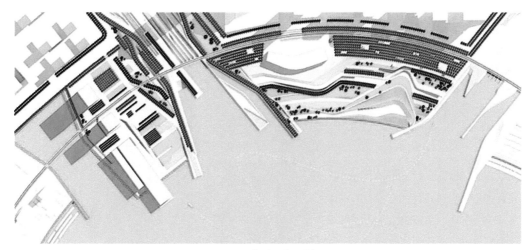

图5-62 中型绿地公园之三

图5-63 中型绿地公园之四

（3）小型绿地公园

小型绿地公园主要指社区级的公园、游园或小型条带状道路绿地、铁路工业园区的隔离绿地等，一般强调小景观和小意境，为居民提供休闲散步娱乐的景观生态场地，同时调节城市微气候、营造宜居生活等作用。形态设计中要注意强调小景怡情，注重植被选择和配置，小水景、小意境的巧妙组合使用。

如图5-64，该小型绿地公园为社区级绿地公园。整个景观以曲线形式为主，强调自然的构图，水体收放有致、灵秀婉约，具有江南园林的韵味。空间上注重以植被围合创造小空间，形成建筑之外的负空间，使人们在生活中感受到远离钢筋混凝土森林的休闲舒适。运用岛屿式布局的手法，将岛屿设于水面开敞处，不仅增加了空间的层次感，更为人们的活动提供了新的可能性，更注重空间的隐私感和密闭性。采用圆形滨水木栈道收束水体端头，给人们创造了更加亲水的场所，人们在这里可以驻足眺望，很有意趣。运用局部坡地的处理手法，增进景观在垂直空间的秩序，加强这一景观作为半私有空间的围合感，也使得周边的房产获得经济上的增值。

如图5-65，该小型绿地公园为条带状滨水绿地公园。整个景观呈现带状形态，但河心洲采用弧线造型，整体上统一不失变化，空间规则不显呆板。采用虚实对比的手法，以河心洲的绿化空间对比河道两侧的建筑空间，拉开空间上的层次，也可以保持3块用地各自的功能性、景观性。滨水建筑也采用小体量的形态，这样易于与周边环境相协调，小尺度自由形态的建筑，也很易形成步行空间，使人们游览滨水空间时能充分享受绿地水体的渗透，避免大尺度建筑的压迫感。运用景观互动的手法，在河道中间设置河心洲，在空间上增加了层次，更可以在人们游览河心洲时与岸上甚至建筑中的人们产生景观上的互动，增强空间的趣味。

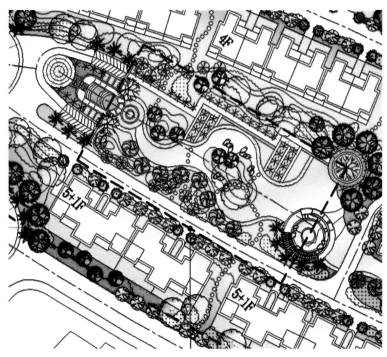

图5-64 小型绿地公园之一

如图5-66，该小型绿地公园为块状滨水绿地公园。整个景观为自然性空间，以水体、植被造景，曲径通幽，空间层次丰富。水体的营造上，以3条路径将水体划分为3部分，分别为曲尺形、扇形和圆形水面，3片水面形式上各具特点。植物的使用上主要集中于基地的东南面，采用高大乔木、小乔木、灌木混植的方法，易于形成多变、多层次的景观。采用空间对比的手法，以曲尺状的大水面对比扇形、圆形的小水面。这种手法形成了开敞和私密、热闹与安静两种截然不同的空间，增加了空间可能性以及使用者的选择性。运用木栈道、木平台的手法，增加了使用者驻足、休憩、眺望的空间，在材质上也与绿色植被形成了对比与协调，增添空间的美感，还可以以材质的区分暗示功能上的过渡与区别，增进空间的识别性。

图5-65 小型绿地公园之二

图5-66 小型绿地公园之三

5.2.2 城市广场

城市广场是指虚骨架形态中以硬地为主的空间构成，为市民提供交往、娱乐、休闲和集会的场所，城市广场所拥有的文化内涵也是城市建设的文化缩影，作为城市客厅，体现和展示城市风貌和景观特色。按广场功能性质不同主要分为市政广场、纪念广场、商业广场、交通广场、休闲活动广场和建筑广场等类型。在空间形态上，它可以满足城市空间构图需要，在设计时要注意几点原则：①把握好广场主题，选取合适的风格取向；②必须展示城市特色、文化内涵，做到形式与功能相衬、空间与意向匹配；③注重视线景观联系，塑造好景观视角；④注重休闲娱乐等公共设施的配置。

（1）市政广场

市政广场主要是依附市政厅或政府大楼而规划建设的城市公共广场空间，多位于城市中心位置，通常是政府、城市行政中心，用于政治、文化集会，庆典、游行、检阅、礼仪、传统民间节日活动等功能。一方面，它具有政治上民主和平的象征意义，另一方面也是城市公共开放空间的重要组成部分。在中国传统文化的影响下，常为正南北布置，采用中轴对称效果较多，一般面积较大，以硬质铺装为主，辅以少量软质绿地景观，便于大量人群活动。市政广场在形态设计时要兼具公共性、开放性、实用性等特征，注重将景观形象与实用功能相结合，应使用简洁明快的空间设计线条，体现市政广场时代感和文化特色，避免过多布置娱乐性建筑或公共设施。

如图5-67所示，该中心区市政广场采取完全中轴对称模式，其中主轴线上串联着宾馆、会议中心及市政大楼核心职能，轴线两侧对称分布着办公、博物馆、科技馆等次级核心职能。首先，市政大楼北边布局具有围合感的弧形建筑，南部空间较为开阔，一方面符合中国传统风水所述的背山靠水的布局方式，同时也使得空间收放变化得当。其次，这种中轴对称式布局体现在其对称的路网及建筑，增强了市政广场应有的庄严宏伟气势，同时也增加了其中的序列感。广场内部的建筑布局与路网相呼应，形态规整而富有变化，使得整个广场活泼起来；建筑高度与广场的尺度形成宜人的高宽比。此外，在市政大楼南边引入一条形态蜿蜒的水系，增加空间趣味性，也将整个步行系统更为丰富及巧妙地连为一个体系。

如图5-68所示，该中心区市政广场采用较为自由灵活的布局方式进行设计，在南部端头布置行政中心，并设置共享平台与文化设施进行联系，在北端设置生态公园，用水系将整个广场串联起来。从建筑布局上来看，该广场的建筑形式较为规整，但布局采用零散成组方式设置于可达性高的区域。从景观设计看，整体从北向南采用软质—软硬质—硬质逐步过渡的步行系统设计方式，使得整个步行系统富有变化。同时，水系的设计与周边环境融合密切，在南端采用较为规整的序列方式，与两侧序列的建筑对应；端头采用环形水系进行收束并与北端的自由形式的水系相互协调。此外，行政中心与文化设施的隔路阻碍通过二层共享平台进行连接，增强了共享性及景观眺望点。整体广场设计较为丰富自由，同时也与周边的环境良好呼应。

图5-67　市政广场之一

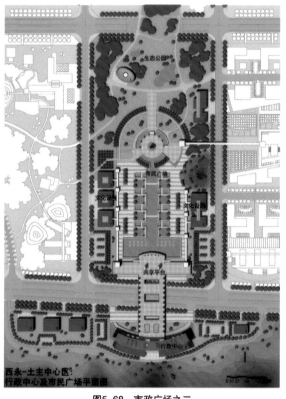

图5-68　市政广场之二

（2）纪念广场

城市中的纪念性广场，通常是指在具有历史纪念意义的地区以历史文物纪念碑等为主题来纪念某一历史事件或某一历史人物的广场。在这类广场中，雕塑往往发挥着重要作用，成为被市民认同的城市标志物。纪念广场中心或侧面以纪念雕塑、纪念碑、纪念物或纪念性建筑物作为标志，这些标志物常位于整个广场的构图中心，其布局形式应满足气氛及象征的要求，塑造宁静祥和的环境气氛，凸显严肃的纪念主题及深刻的文化内涵。

如图5-69，纪念性广场通常以大型纪念性雕塑为主体，一般位于主体广场主要轴线上或者主体地段的几何中心，形成控制广场空间的主要焦点，使广场成为一个核心突出、脉络鲜明的空间体，对整个广场起到一种烘托作用。在雕塑的尺度上，需要考虑整个广场的尺度和人体的尺度，并且常以广场的尺度为依据，以此来体现广场的宏观壮

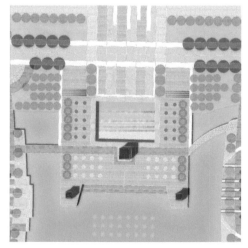

图5-69　纪念广场之一

丽。在形式上，纪念性广场的整体形态大多较为规整，并且以中轴对称为主，从而有助于塑造整体较为严肃的气氛。

水体在纪念性广场中也扮演着非常重要的角色。首先，人类本身就有着利用水、观赏水和亲近水的需求，而且水体还能改善局部的小气候，降低噪声，因此对人的身心大有裨益。其次，纪念性广场是一个比较严肃的空间，从心理上会无形中给市民以压抑感，而水体恰好可以以其极具亲和力的特征缓解这种状况，与纪念性空间坚实庄严的氛围互补。如图5-70，基于水体岸线特征，纪念性空间的形状可以是自由曲折富有变化的。此类纪念性空间中，雕塑也是必要的元素，以形成核心突出的空间体，但是在雕塑和其他构筑物的尺度上，则更偏向于亲人化。

如图5-71，轴线是纪念性广场的另外一个常用的设计手段，设计师常常通过一个严整而对称的轴线来组织整体空间的大格局。轴线两端一般通过树列或树阵限定这个线性空间，并在轴线顶端通过一个雕塑或者其他标志性的构筑物来聚焦人的视野。同时，广场的铺地形式也是值得关注的一个方面，在本方案中，轴线空间能够区别于其他空间也是因为轴线的铺地形式与一般空间不同，从而能够轻易地强化这个空间，体现整体设计的空间层次。

（3）商业广场

商业广场是用于集市贸易和购物的广场，在商业中心区以室内结合室外的方式把室内商场和露天、半露天市场结合在一起，为满足人们的日常生活购物休闲需要。大多采用步行街的布局方式，使商业活动区集中。在商业广场形态设计上应同时满足人们心理生理以及审美需要，应多设置布局各种城市小品和娱乐休闲实施；应该考虑其社会性大众审美，避免只追求表面的形式、时尚化、精英化与视觉冲击效果。

如图5-72所示，该广场是结合地下商圈设计的一个下沉式商业广场。商业的大体量建筑进行立体式开发，形成了地下商业空间，将其引入室外，便形成了地下的商业广场。地下的商业广场和地面的商业广场通过大楼梯将空间连接起来。广场上三五成群地种植树木，避免了广场过于空旷，同时也起到遮阳的作用。广场上撑起大型的张拉膜，里面可以容纳相当规模的商业。同时，广场上布置了一定量的休闲设施，供消费者休憩，使整个商业广场成为一个可游可憩的活力场所。

如图5-73所示，该广场是一个立体式的商业广场。整个建筑群呈对称且围合式布局，以轴线上主体商业建筑为一段，展开一条中轴立体商业广场平台。整个广场平台与地面层的车行道路形成立交关系，平台越过马路形成一个半圆形的广场，广场放射出两条通道连接至两个商业中心，广场上的布置也很丰

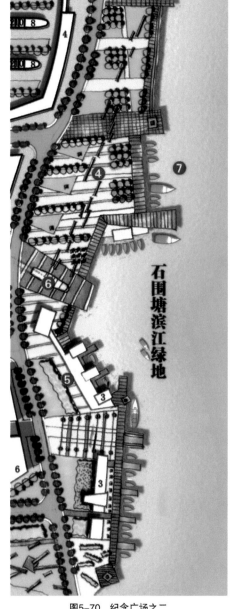

图5-70　纪念广场之二

图5-71　纪念广场之三

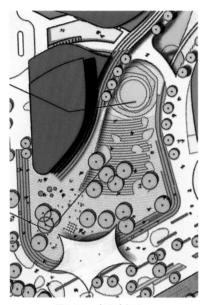

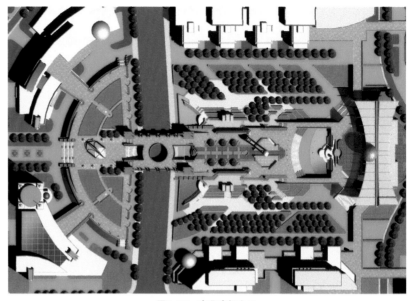

图5-72　商业广场之一　　　　　　　　　　　　　　图5-73　商业广场之二

富，沿中轴线依次展开了雕塑、水景以及挖出来的通高。广场向着两侧退台，形成层层跌落式的景观空间，层次丰富。

如图5-74所示，该广场是一个中世纪欧洲小镇般的商业广场。周边建筑对广场的限定使其具有很强的围合感，同时广场向周围发射出5条放射状的道路或轴线。除了建筑，广场自身还通过绿化和铺地进行了限定。广场中心设置一个水池，铺地呈圈层放射状展开，最外圈用一圈树木限定。圆形的广场沿着向右的放射轴线又接到一个梯形的广场上，过渡十分自然，同建筑之间形成了很好的匹配关系，收放自如，场所感很强。

（4）交通广场

交通广场是交通连接枢纽，起到通行、集散、联系、过渡和停车等作用。通常分为3类：一种是城市交通内外会合处，如火车站和汽车站站前广场；一类是城市地上与地下交通会合处，如地铁站点处入口；另一种是城市干道交叉口处的交通广场，如环岛交通广

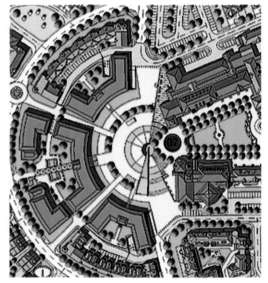

图5-74　商业广场之三

场等。在设计时要注重人车分流、停车场位置布局、解决交通人流集散问题，景观植被小品配置方面设计时注重标志性和引导性。

如图5-75，本案例是典型的交通集散广场，主要解决人流、车流的交通集散，属于交通枢纽站站前广场。此

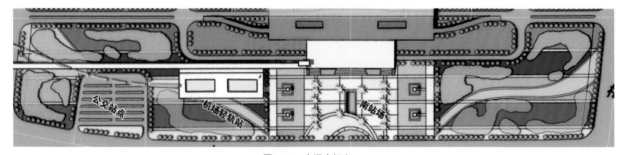

图5-75　交通广场之一

类交通广场起着交通集散的使用，对人、车、货流的解决均有要求。交通集散广场车流和人流有着很好的组织，以保证广场上的车辆和行人互不干扰，畅通无阻。南站场的景观设计方面，采用中轴对称式，在入口处稍做变化，秩序中不显得单调。轴线两侧有很宽的两条绿化带，为广场提供良好的景观以及遮阴空间和私密空间。广场中间的几何形水体很好地点缀了整个开放空间，这种设计手法使得硬质铺装下的广场由软组织空间来取得平衡。

如图5-76，本案例是变相的道路交叉的扩大，疏导多条道路交会所产生的不同流向的车流与人流交通。此类交通广场偏重解决人流的集散。在道路交叉口，有地铁出入口以及地下车库入口这样的人流和车流集中区，建筑在交叉口四周退后形成一个椭圆形的集散广场，给人流和车流提供了足够的流动空间。这种设计手法不仅很好地解决了人流和车流，同时使得沿街界面统一并且富有美观性。在交叉口西侧的主要建筑与广场的交会处设计了一处地面景观廊道，这样的安排不仅打破了建筑与广场之间生硬的连接，同时使得人群能很好地感知此处的城市空间。

如图5-77，本案例是交通集散广场，主要解决人流、车流的交通集散。本案例中广场被中间穿过的道路分为南北两个部分，这种分割的手法很好地解决了车流与人流之间的冲突。同时，北面的开放空间以软组织为主，大量的绿化和景观设计为人群提供了优良的休憩场所。南面的开放空间以硬组织为主，大量的铺装和放射状轴线的加入，为人群提供了便捷的步行空间。

如图5-78，本案例是典型的交通集散广场，主要解决人流、车流的交通集散，是体育场前的广场，同类型的还有影剧院前的广场、展览馆前的广场等。此类交通广场起着交通集散的使用，偏重解决人流的集散。广场通过放射状的轴线来突出强调主场馆的重要性，同时设计了无规律的弧形线来打破这种强烈的轴线关系。在主广场区设计了下沉广场，丰富了广场内容，划分了动静空间。在下沉广场内设计了一个很高的景观雕塑，用以强调广场空间。这种设计手法使得集散广场更具标志性，更易被人群使用。

（5）休闲活动广场

休闲活动广场是城市中提供人们游玩、游憩以及举行多种娱乐活动的重要场所。在设计时，应注意空间的围合感，同时注意选择合理的空间形态。广场上需要布置一定的树木绿化和提供游人休憩的附

图5-76 交通广场之二

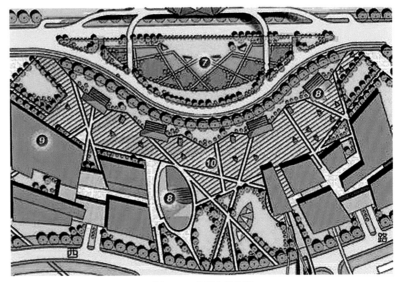

图5-77 交通广场之三

属设施，比如台阶和座椅以及其他像雕塑、花坛、喷泉、水池之类的景观元素。需要注意的是，一般休闲活动广场都会设计相应的水体空间来软化整体的空间气氛，增加空间的宜人性。

如图5-79，本类型的休闲活动广场的典型特征是一般位于城市的中心区，而且其周围会有公共服务型的建筑围合，因此这类休闲广场的空间界面界定较为清楚，领域感很强。同时，因为会有大量来自于周围公共建筑的人流，因此广场周围需要考虑一定的自行车停车等交通停放场所和城市公共交通站点的布置，以满足人流的交通需求。在空间界定上，需要注意的是广场周围的建筑界面不可过于零散，空间形状不能过于模糊。此类空间自然景观元素不多，如若能够引入一定的水体和绿化，将会大大增加空间体验的舒适度。

如图5-80，本类型休闲活动广场的最大特点在于其三维的线性场地设计。尤其是设计场地中覆土建筑给游人提供了一个特殊的高低变化的游览路线，从而使游人能够通过三维角度体验空间，大大丰富了游人的视觉感受。但是需要注意这条路径在入口、拐点和终点空间尺度的变化，并在这些空间转换的地方安排设计实现聚集的标志性景观或者构筑物。配合高出地坪的游览路径，方案也提供了常

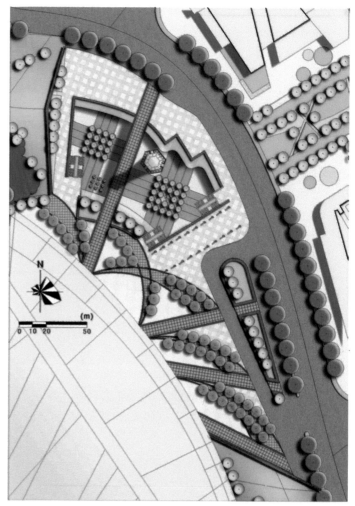

图5-78 交通广场之四

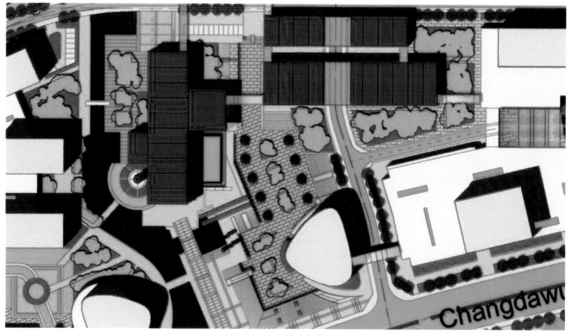

图5-79 休闲活动广场之一

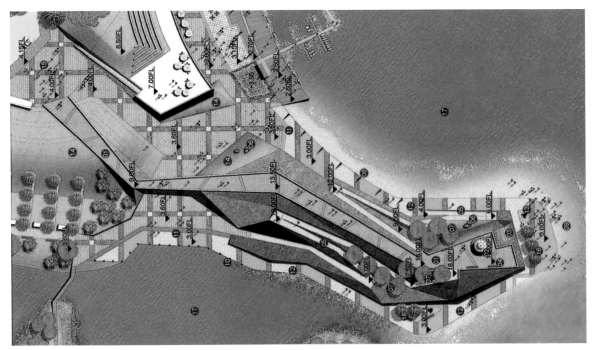

图5-80 休闲活动广场之二

规的地面游览空间，需要注意的是，地面活动空间与覆土建筑的关系，这些地面空间常常通过高低变化的覆土建筑来限定空间界面，并在滨水部分打开空间，设计相应的亲水设施，增加空间的水体感知度。

如图5-81，本类型的休闲活动广场一般夹于城市道路和水体的中间，地块面积通常不大，线状沿着水体展开。基于广场的线性特征，设计时重点强调滨水的步行带并通过两边的植物、座椅和其他景观性构筑物丰富步行体系。由于毗邻水体，因此在设计时特别需要注意驳岸的处理，比如可以通过草坡、栈道和砌石的方式多增加滨水的小型节点，增加空间的亲水性。同时，为了减弱城市交通对它的不良影响，常常会采用灌木、乔木等树木绿化布置在道路一面，使得线性步行空间获得相对安谧的气氛。

（6）建筑广场

建筑广场顾名思义是以建筑为主题的城市广场，建筑物作为广场整体的核心部分，既是标志物，也是广场景观空间组织的重要元素。建筑广场应有明确的立意主题配合城市功能，尤其是建筑形式与广场铺装绿化形式要相得益彰、整体设计。要注意加强广场的图底关系，尺度感要控制得当，空间组织要有机和谐，力求做到整体中有变化。通过硬地铺装的形态设计将建筑本身和外

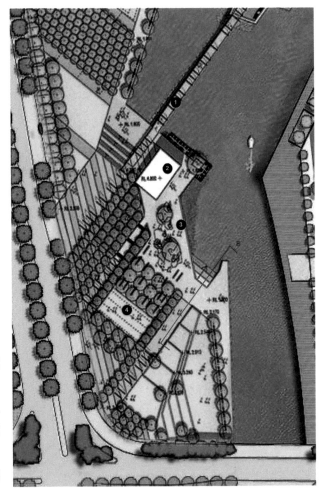

图5-81 休闲活动广场之三

部广场空间联系起来，增强广场的可识别性。

如图5-82，该方案为湖心岛建筑围合内的广场设计。图面以湖心岛上的圆环形建筑为中心，其外围以园林绿地为主，东、西、北3个方向分别嵌合亲水小广场；建筑围合的内部空间设计半开放式的圆形广场，通过中心构筑物、亲水台阶与铺地的变化，丰富了原本单一外轮廓的建筑广场设计；中心大广场与外围的小广场皆以圆形与扇形为主体形态，与建筑平面形态良好呼应融合，图面井然有序；中央广场虽在3个方向上被建筑围合封闭，但又通过对话式的景观设计与外界环境巧妙联系，其中广场东北部通过空中走廊与外围建筑联系，广场西部通过水上汀步与另一广场节点连接，广场南部则通过建筑物与外围开放空间进行对话，使广场在三维空间上既围合又开放，空间层次丰富多元。

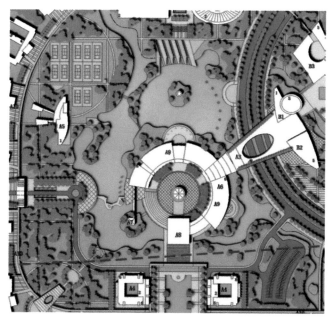

图5-82　建筑广场之一

如图5-83，该方案为公共建筑群前的广场设计。广场平面形态为圆形与三角斜线的组合，其中广场东部的圆形硬质铺地部分与艺术楼的弧线形态呼应，东部的绿地、铺地外轮廓及其内部划分则与邻近的剧场、行政楼的折线式平面形态相呼应。通过曲与直的组合搭配，使建筑与景观设计的平面效果相得益彰；本设计中运用了丰富的广场景观要素，如铺地变化、树池与景观构筑物、灌木乔木的混植、灯柱廊道、广场入口标志以及围合广场边界的建筑连廊等，各种要素的叠加不仅丰富了平面效果，也增强了广场的功能多样性。

如图5-84，该方案重点围绕建筑群与水系展开了景观设计。其中，由于建筑平面形态已经具有足够的自由性与多变性，因此在进行地块东部建筑前广场的设计时，并没有另行突出广场的平面形态，而是随着建筑的外轮廓与道路形态展开广场边界设计，广场铺装也以简单为特点，以此衬托并融合于更为核心的建筑设计中；与此相对的是西部的景观广场设计，3个景观广场形态各不相同，广场要素也更为多元，以此强调景观在该分区的主体性。本方案以手绘彩铅来对设计进行表现，色彩冷暖对比强烈，线条表现具有张力，是在景观设计中另一独特而具有感染力的表达方式。

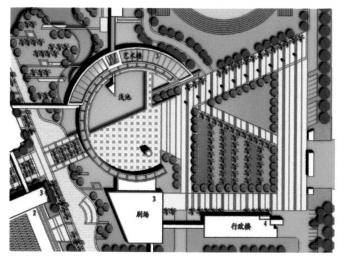

图5-83　建筑广场之二

图5-84　建筑广场之三

5.2.3 道路绿地

道路绿地主要指道路两旁线性的分隔带或绿地，起到提升城市道路景观、改善交通环境和空气质量等作用，包括人行道绿化带、分车绿化带、街头休闲绿地、交通绿岛、绿化停车场、花园林荫道等多种类型。道路绿地有净化空气、降低噪声和热辐射、保护路面等安全防护作用，还有道路分隔、安全岛、立体交叉、停车等组织交通的作用。在设计上要注意几个原则：①道路绿地要与城市道路性质、功能相适应；②要符合行车视线和行车净空要求；③在设计时要注重生态功能，并与其他街景元素相互协调；④设计时要符合用路者行为规律和视觉特征等。

（1）景观绿地

景观绿地主要是满足人们沿街观赏游憩、散步休闲用的道路绿地空间。主要分布在城市居住区、办公区、商业区沿街。在植被景观配置时要避免采用单一树种绿化而造成城市街道面貌大同小异、失去各自景观特色。应当在地域特色的基础上进行合理规划设计和景观配置。常运用形状多样的树带、树池配合通透性的路面基质，注意软硬铺地比例合理、公共活动设施多样化等形态设计原则。

如图5-85所示，该道路景观绿地为滨水道路景观绿地。该滨水景观绿地主要分布在道路单侧，另一侧为水体景观，整条道路被景观渗透，风景优美，环境清新。该滨水景观绿地形态较为自然，以曲线形为主，水体呈环形网，绿地穿插其间，符合江南水乡的景观特色。运用空间对比的手法，以东侧几何轴线式的空间与西侧自然曲线式的空间对比。以树阵围合几何轴线式空间，形成方正古典的空间感受。以线性树丛引导曲线形路径，形成幽静自然的空间感受。两种空间的对比使得整个景观绿地空间感受丰富，富于趣味。采用园林式造景手法，筛选农田、岛屿、花丛、曲径等景观要素，以曲径串联其余要素，营造出私密而幽静的小环境，具有很强的、中国化的空间意境。

如图5-86所示，该道路景观绿地为楔形道路景观绿地。该景观绿地整体上呈现几何三角形，向水体逐步开敞的形态。以弧形的水景勾连河道，形成活水，丰富了广场绿地的景观层次，柔化了空间上硬地多的效果。运用不同形式的水体整合整个绿地景观，采取点式水池、曲线形水轴、人工河道相结合的方法，以水为脉，以绿为轴，形成形态丰富的水景观绿地广场。采用不同方式的硬地铺砌手法，以横条纹状、斜45°条纹地砖铺砌场地，配合方形大理石节点广场，形成丰富多变而不呆板的地面空间，并且有效地划分了场地的空间，形成宜人的小尺度。同时，以斜45°的树阵嵌合进广场空间，秩序上有变化，材质上有区分，空间上很和谐。

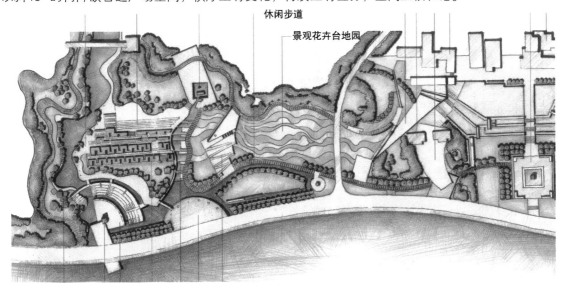

图5-85　景观绿地之一

如图5-87所示，该道路景观绿地为带状道路景观绿地。该景观绿地为线性绿轴结合点式面状水体，配合两侧公共服务设施带，形成具有活力的线性景观绿地。采用轴对称式的设计手法，整个形态布局上规整有致，绿地布置、两侧建筑大体上遵循对称性布局关系，但在建筑单体造型、绿地细节设计上有变化。如建筑单体造型采用院落式、大体块式相结合的模式，绿地采用线性加点式相结合的模式，空间上有变化，又符合轴对称统一的秩序。运用空间对比的手法，以条带状的绿带与中心放大的水体相对比，空间上有收放，节奏上有停顿，在中部的水池也可以形成人们聚集活动的场所。绿地两侧建筑采用玻璃材质，形成与中部绿轴的景观互动，将建筑外部景观引入室内，提升室内环境的品质。

如图5-88所示，该道路景观绿地为交叉口景观绿地广场。整个景观绿地采用圆形为母题，构图上始终以同心圆为秩序，以绿地、花丛、街道家具填充不同的圆弧形区域。采用材质对比的手法，以软质绿地、硬质铺地、木质家具穿插空间，使得空间不乏趣味。另外，不同质感的材料形成不同的空间领域，给人以不同空间感受。采用非对称式的设计手法，4个象限的处理完全不同，西北象限以扇形绿植构图，并设置有停车场；东北象限以扇形树阵结合草地布局；西南象限以扇形树阵配合木质座椅布局；东南象限以绿植、草地结合院落式建筑布局。采用不同高度、色彩的树木营造空间，创造出不同层次感、渗透性的空间效果，饶有趣味。

（2）隔离绿地

如图5-89所示，该隔离绿带是针对斜交叉的高架路及河流水系的隔离绿化设计。该隔离绿带打破原有的常规线形绿带模式，采用圆弧完型的设计方式沿

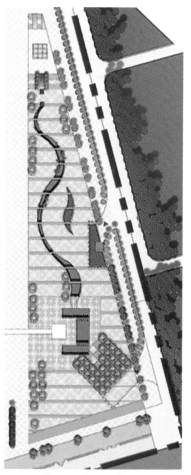

图5-86 景观绿地之二

图5-87 景观绿地之三

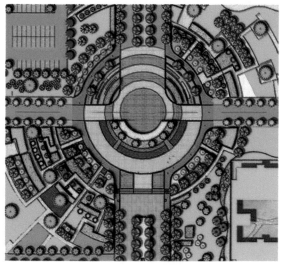

图5-88 景观绿地之四

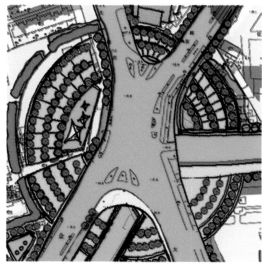

图5-89 隔离绿地之一

高架路设置一圈绿带。一方面，这种设计方式满足相关规定对于隔离绿带的设计要求，同时也增强了景观性及美感。此外，该隔离带采用硬质铺地与软质树木相结合的方式，使得隔离带不仅起到应有的隔离绿化作用，同时也加入休闲娱乐等功能，充分发挥隔离绿带的多重作用。这种圈层式的绿带与硬质铺地的设计也丰富了层次感。最后，设计采用水系插入的方式打破圆形完型，使得整体规整但有变化。总体来说，此处隔离绿地的设计突破传统设计模式，采用隔离及景观双重作用进行规整而富有变化的设计方法。

如图5-90所示，该隔离绿带针对快速路的隔离绿化设计。该隔离带为线性设计，将整段绿化带分为不均等的

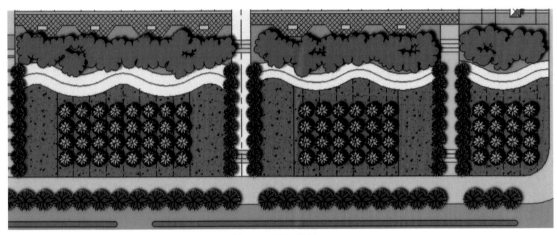

图5-90　隔离绿地之二

3处，并通过绿化小路连接步行道及非机动车道。整条隔离绿化带以绿化草坪为主，其中栽种整齐划一的绿化树木，这些树木类型与步行小道两侧的绿化道路分开，同时在步行道旁边设置绿篱，不同层次及种类的绿化设计使得整体的隔离绿带具有较强的层次性，也增强了该绿带所起到的隔离噪声及相关污染的作用。此外，在隔离绿带中也设置蜿蜒的绿化小路与主要的步行小道相连，使得整个步行道成为一个体系。总体来说，此条隔离绿带也是景观性与功能性结合较好的一个典范。

（3）绿化岛

绿化岛在交通上主要是在道路交叉口、道路中间起到安全岛供行人停留，引导交通的作用。在绿化植栽时尤其要注意交通安全视距、预留视距三角。某些绿化岛是为了在较宽的路面中央提供可供行人短时间停留的空间，需要留出行人停留的硬质铺装空间。转盘式的绿化岛则是为了阻止环形交通、提高交叉口通行能力的设置，在交通量大的主干道转盘内不宜布置成供行人停留游玩的游园，在城市郊区、居住区等交通量小的地方可以结合转盘布置公共活动场所。

如图5-91所示绿化岛指在城市道路中由于交通、景观、安全等因素的需求形成以绿地、花卉、灌木等为主要覆盖物的道路中心绿化区域，起到划分道路交通区域空间的作用。绿化岛所在区域往往交通流量较大，人不宜进入绿化的区域。形态往往呈现出条状、弧形等模式布局，空间形态简洁流畅，岛与岛之间间隔呈现规律性布局，富有韵律。一般绿化岛的设计不宜过分复杂、华丽，以免分散机动车驾驶员的注意力，驻足观赏不利于交通的安全。绿化岛之间的规律性布局，可以创造出美丽的交通景观，同时产生一种连续动感的韵律节奏。可以为整条交通线路带来生机和活力。

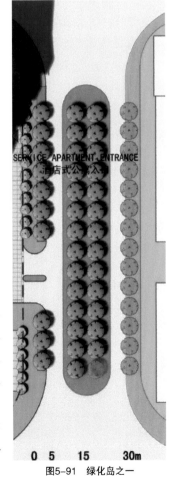

图5-91　绿化岛之一

如图5-92所示，在道路中心绿化岛的形式中有一种中央环状绿岛的设计。其位置往往在道路十字交叉口处设置，中央环状绿岛的主要功能是分割交通空间，组织车流的有规律行驶，一般简称为中心绿岛。其植物覆盖往往采用草坪、花卉、绿篱的形式。不宜高密度地种植乔木，避免遮蔽机动车驾驶员的视线范围，产生交通事故。中心岛屿中心可以设置广场等公共活动空间，方便行人的使用以及机动车司机的停留休息。在景观上可以形成具有吸引力的交通休憩空间，给整个道路带来空间、功能、景观上的多种变化。

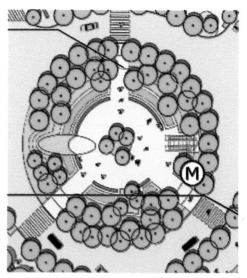

图5-92 绿化岛之二

5.3 建筑组合形态

这里按照建筑组团的功能及使用性质主要分为以下5种主要类型：商业与商务类、公共管理与服务类、居住区类、工业开发区类、历史风貌类等。

5.3.1 商业与商务类

商业与商务类建筑虽然在城市整体建筑中比重不是最高，但是在城市经济或社会发展中却是最重要的。商业与商务类建筑的主要功能是承载影响街区、片区、城市、区域甚至更大范围内的商业服务、办公服务等功能，其在形态设计中应遵循以下原则：①量适当原则。根据城市服务的辐射范围、城市规模等估算城市建筑商业与商务总量，切忌量过多或过少。②分级明确原则。不同规模商业街或商业街区服务不同规模的区域，城市有城市级中心、街区有街区级中心。③区位良好原则。商业商务中心在设置时应选择恰当的区位，比如在城市形态中的位置、在城市景观区位中的位置、在城市交通区位中的位置等。

（1）线性街区

随着城市的快速发展，土地开发的高效利用正逐渐引起人们的重视，在一定范围的区域内保障生态宜人环境与公共权益的前提下，最大限度地挖掘土地经济效益是城市提高竞争力的合理选择。其中商业与商务类开发正是提高土地收益的有效方式，同时由于此类空间需要环境的高品质，因此多沿景观资源较好的滨河、景观通廊等空间地段线性分布。

图5-93在主要步行入口与主要景观点之间往往设计有宜人的步行轴线，同时也是将景观资源向地块内部腹地渗透的景观通廊，在景观通廊的两侧多设计有商业与商务类建筑，因为功能的需要要求此类空间多、完整而连

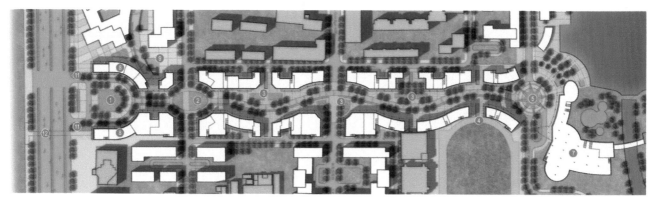

图5-93 线性街区之一

续，呈线性布局的建筑空间可以起到良好的景观通廊界面的限定作用。作为整个区域的主要公共交流空间，往往以均好性为原则将主要景观通廊布局在基地的中间，其他另有若干廊道从两侧伸展开来，同时需要将商业类空间居中布局，以便服务于整个区域。从另一个方面紧靠主要景观廊道可以有效提升商业、商务空间的环境品质，最大限度地增加商业商务类空间的经济收益。

图5-94是商务与商业类空间滨河线性布局，底层商业建筑沿河岸走向线性拓展，随河岸形态变化而变化，形成围合感很强的滨水商业界面和空间，同时商务类建筑以高层的形式点式规律性布局，不但满足建筑本身的高容量需求，同时丰富了滨水空间，增添了空间形式，起到了优化滨水商业空间品质的作用。同时这种线性布局的方法可以最大限度地增加建筑群的景观界面，有利于创造出尽可能多的高品质空间，增加土地收益。该类设计手法多用于滨河城市设计之中。

图5-95中城市的主要干道通常可以作为城市主要的发展轴线，对整个区域起到发展引领的作用，而作为紧邻道路两侧的地区更是寸土寸金的开发地段，同时对于整个街道甚至整个城市的形象展示都具有重要作用。初期由于资金等条件的限制，主要道路通常以"沿街一层皮"的模式进行开发，即在紧邻街道的两侧布局有商业与商务类等高收益的建筑空间形式。随着地区的发展，经济实力的提升，逐渐由"沿街一层皮"的模式向街坊整体开发模式转变。其背后的发展机制是由于初期开发强度、经济实力的发展而采取以点带线、以线带面的模式进行发展。这样不仅可以使得商业与商务类空间获得最好的交通、区位等方面的优势，同时可以优化主要街道两侧空间质量，对于提升整个地区的形象具有显著的效果。

图5-96中，在一些岸线蜿蜒优美的滨湖地区通常也布局有商业与商务类建筑空间，由于滨湖与滨河的自然地理地貌不同，滨湖往往拥有更充分的滨水

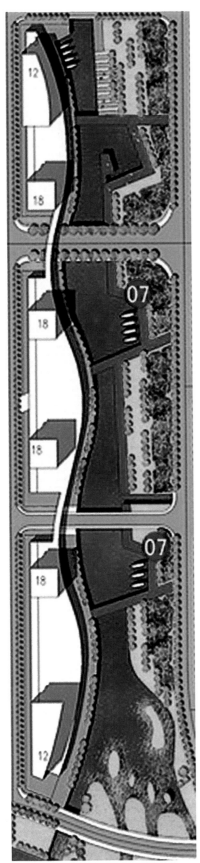

图5-94　线性街区之二

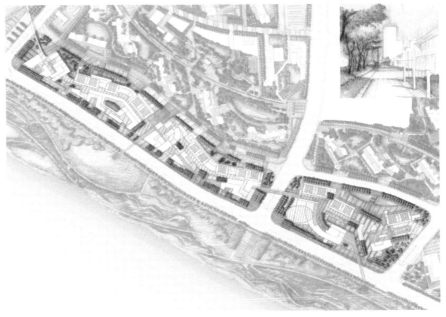

图5-95　线性街区之三

空间，因此可以考虑采取低密度布局的手法来分布商业与商务类建筑空间，采用传统民居类商业空间，可以使得环境与建筑互相配合体现传统风貌、弘扬民族文化的效果，因此被广泛采用。建筑因地制宜，形态随着湖岸的走势采取相应的变化，不仅可以创造出饶有趣味的滨湖空间，而且可以大大增加滨湖景观的类型和观景的层次，起到建筑、空间、环境三者相得益彰的效果。

（2）半围合式组团

如图5-97所示，该组团是一个向心形的半围合式组团。组团中心布置一个大综合体，裙房为4层，占地面积较大，高层为一个50层的办公楼和一个12层的酒店式公寓。高层办公楼恰好位于中心位置，酒店偏安一隅，打破了对称性和均质性。组团中心往外呈放射状布置3个小组团，围绕着中央的大综合体。3个小组团具有高度一致性，裙房部分向着外侧高度递减，形成了10层、8层、6层的高度差，组团内侧布置24层的高层体量，与场地中央的高层产生一定的联系。

如图5-98所示，该组团是一个围合度较高的半围合式组团。在该街坊内，南部是一个整体的大体量，北部是两个分散的小体量，这3个体量的关系构成了整个组团整体上的一个开敞度。在此基础上，组团中心对外的3个出入口均做了不同的处理：组团朝北的入口完全打开，组团向西的入口有一玻璃体隔断，组团向东的入口空间架着一个体量，从体量下面可以进入。整个组团建筑布局层次较多，分为5层的裙房、10层或15层的板式高层以及20层或25层的点式高层，对于组团中心的围合感形成了丰富的建筑形体效果。

如图5-99所示，该组团是一个开敞度极高的半围合式组团。组团内仅有两组建筑：一组整体呈团块状，布置在地块内部的西北角；另一组略微呈弧形，布置在基地东侧的一整条。两组建筑处理上，层数的层叠关系复杂，建筑与外部空间之间形成参差的咬合关系。地面的处理很丰富，不同方向维度的路径组合在一起，形成了不同的高度差，整体的组团中心空间和建筑之间的关系是匹配的。另外，基地内的景观设计也极大地辅助了组团感的形成，包括绿地、小山包、水池、树木种植等。

如图5-100所示，该组团是一个环湖的半围合式组团。设计中将水引入基地，并在中部形成一个中心水域，围绕着水面形成4个主要体量。左侧两个主要体量被一个弧形的步行大平台连接起来，整合内侧3个小体量，同时步行平台中引入水体，和环境中的水体连为一体。上侧两个偏小的体量

图5-96 线性街区之四

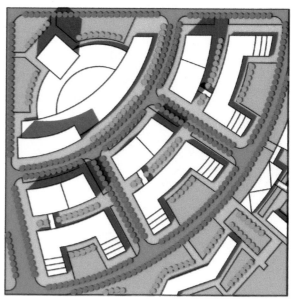

图5-97 半围合式组团之一

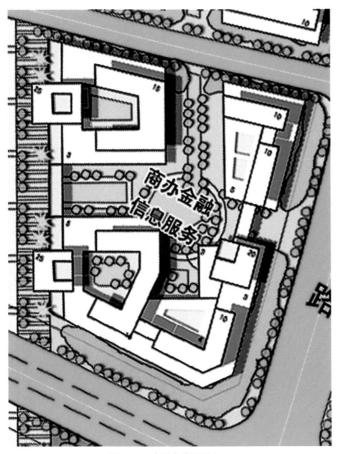

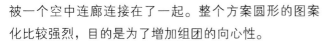

图5-98 半围合式组团之二

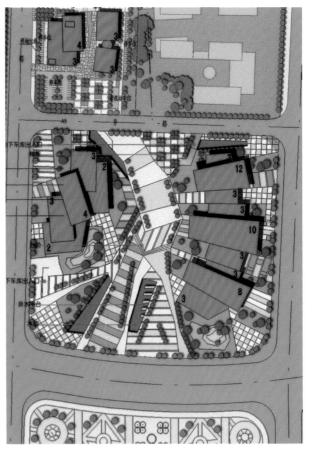

图5-99 半围合式组团之三

被一个空中连廊连接在了一起。整个方案圆形的图案化比较强烈，目的是为了增加组团的向心性。

（3）围合式组团

如图5-101所示，该商业与商务类建筑组团为方形围合式组团。该围合式组团为线性休闲商业街区结合团块状五星级酒店构成。整体形态上呈现院落组团式，外部轮廓相对完整，由3个独立建筑单元组成，通过两层连廊连接。运用硬质铺地、软质草地相结合的手法，软硬结合，邻街面以软质草地为主，以隔离沿路噪声，保证酒店内部环境的私密性和宁静感，提升酒店品质；内部商业休闲街区以硬质铺地为主，以满足商业街商业功能需求及防灾时疏散需求，烘托商业氛围，聚集地段人气。采用"板—点结合"的建筑布局手法，建筑底层以大体量的商业裙房和线性小体量的商业店铺结合，配合点式的高层建筑，形成空间秩序上的对比，丰富了空间环境的节奏。同时，"板—点结合"的手法，满足了街区功能复合的需要，既有休闲购物的商业功能，又有酒店办公等商务功能，满足了人群的选择性。

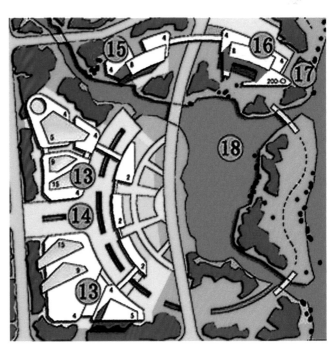

图5-100 半围合式组团之四

如图5-102所示，该商业与商务类建筑组团为楔形围合式组团。该围合式组团采用母题式的设计手法，以若干个轮廓相似的高层建筑构图，并辅以不同的建筑功能，使得整体组团形态连续而和谐，而在承载功能上又有所区分，保证地块的功能选择度。运用屋顶花园的设计手法，在建筑顶层布置活动绿地，使人们在商务办公之余，有休息、交流、活动的场所。同时，屋顶空间的开发，又形成了城市中眺望的高点，成为观览城市风貌的极佳视点。运用院落式的布局手法，以周边的商业裙房围合中心的圆形广场，形成室内外交互的优质空间，通过环境设计，加强场所的吸引力，丰富场所的意义。运用统一的秩序划分空间，如采用60°的秩序以及同心圆的秩序，使得空间和谐而具有变化。

如图5-103所示，该商业与商务类建筑组团为三角形围合式组团。通过硬质铺地将场地划分为3个相对独立的小组团，西北角为线性休闲商业街加办公，西南角为大体量超市或商场，东面为商务酒店，3个组团各自承担不同功能，形式上和谐相似，空间上互有连接。运用复合空间的设计手法，在"箭头形"开放空间骨架的基础上，有院落空间与主骨架联系，形成了大空间套小空间的特征，增加了空间的层次与趣味。运用绿地包围整个商业商务组团，并用开敞硬地空间与之进行渗透处理，引绿色入街坊与建筑，形成高质量的商务空间。

如图5-104所示，该商业与商务类建筑组团为自由式围合组团。该围合式组团整体呈现外实内虚的空间结构。外部为商业综合体，主要承载商业与商务活动职能，内部为水景广场，主要承载游憩活动职能。运用细胞式单元布局的手法，每个建筑单元都是自由的细胞式形态，通过连廊、玻璃体等串接，功能上相互独立，又有所互补；形态上相互关联，构成体系，显得和谐有序。运用引入水景的手法，以圆形

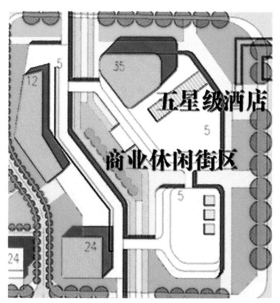

图5-101　围合式组团之一

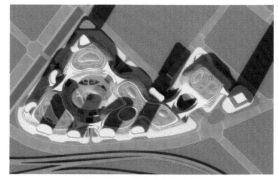

图5-102　围合式组团之二

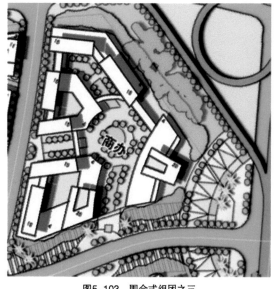

图5-103　围合式组团之三

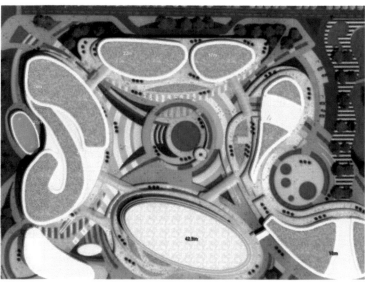

图5-104　围合式组团之四

和曲线形构图，4条蜿蜒的水系向东、南、西、北4个角延伸，并在中间圆形水景广场汇合放大，形成空间上的高潮。以水系分割商业综合体，形成流动的建筑形态，使得整个空间灵动而变化，人们在购物、游玩的同时能享受高品质的景观，形成良好的景观互动效果。

5.3.2 公共管理与服务类

公共管理与服务类建筑主要承担城市的文化、教育、体育、卫生等功能，对城市居民文化素质提高、身体心理健康等起到重要作用，其在形态设计中应遵循以下原则：①分级原则。不同规模的公共管理与服务类建筑服务不同等级规模的区域，城市有城市级中心，街区有街区级中心。②区位得当原则。各类应根据其经济性、服务性、与其他功能搭配性等考虑其空间区位，如医院宜位于城市中心而体育馆宜位于主城区之外。③形象展示原则。公共管理与服务类功能性强、体量大、标志性强，在设计时既要注意与周围建筑的关系，是对比还是搭配，又要注意其本身形象的展示，富有设计感。

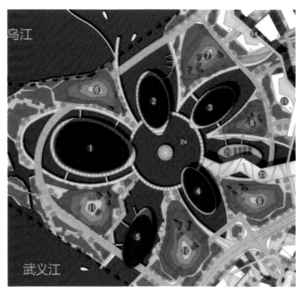

图5-105 文化设施布局之一

（1）文化设施布局

如图5-105，该方案为乌江与武义江交汇处地块的文化建筑群设计。5个文化建筑均采用椭圆形的平面形态，在形态大小和具体线形上有所变化，形成整体性较强的建筑组团；建筑群整体上采用放射自由式布局，同时也围合出中心水景空间，形成较强的画面中心感；另外，水上连廊的设计进一步增强了建筑单体之间的联系，增强了空间系统性；周边楔形山地公园的设计与地形完美契合，形成空间绿楔，十分巧妙；通过山、水、建筑群的整体性布局设计，最终营造出山水相嵌、环境优美、和谐统一的空间格局与空间氛围。

如图5-106，该方案为文化创意园区内的建筑群设计。方案中建筑布局较为分散，建筑密度较低，强调园区

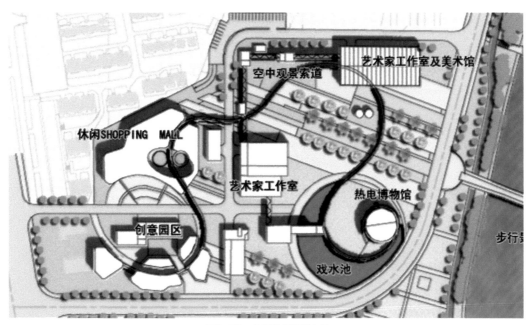

图5-106 文化设施布局之二

内的景观塑造，试图将建筑融合于景观之中，以此满足文化创意人群对私密空间、优质环境以及良好氛围的需求。在建筑的尺度上，艺术家工作室采用厂房式建筑形态，有着较为开敞的内部空间，可任由艺术家进行内部空间的改造与艺术创意；西南角的创意园区采用较为自由的小型空间，可以形成不同主题的创意展示空间；商业建筑则选用较大面积的平面层；建筑平面形态与空间尺度的选择与内部功能相符合，使空间设计更为科学合理。最后，通过空中观景索道、地面连廊将分散的建筑串联起来，不仅弥补了分散式布局缺乏整体性的不足，也为园内的观赏及游览活动创造出明确清晰的流线。

如图5-107，该方案为滨海文化商业中心的建筑群设计。该方案的最大特点为有着强烈的线条感，几条弧线构成了空间的骨架，水景、绿化以及建筑群的设计均沿此线性展开，综合形成了很强的空间秩序感。在遵循骨架线形的基础上，建筑形态以空间功能为导向进行了变化调整；如商业购物街的建筑群为沿线性展开的，重点营造步行商业街空间；西南角的度假区采用独栋别墅群进行分散式布局；综合商业服务中心则采用密度较高、联系较紧密的建筑组团；以功能为导向进行建筑形态的设计，既增强了空间的实用性，又规避了均质性空间的产生。最后，方案采用彩铅手绘的风格进行图面表达，冷暖色调的对比、明晰有力的线条，都表现出较强的设计张力。

如图5-108，该方案为文化公园内的建筑群设计。园内建筑可以分为两个组团：其一为南部线形性排列的文化建筑群，包括图书馆、文化艺术培训中心、博物馆以及演艺中心，它们都是以矩形为基本形态，再进行平面的变化演绎，因此有着较强的整体性，同时形成了连续的沿街界面；另一部分为东部的文化建筑组团，该区建筑群以对称式进行布局，大尺度的弧形建筑构成图面重心，同时引领了整个文化公园的空间轴线。

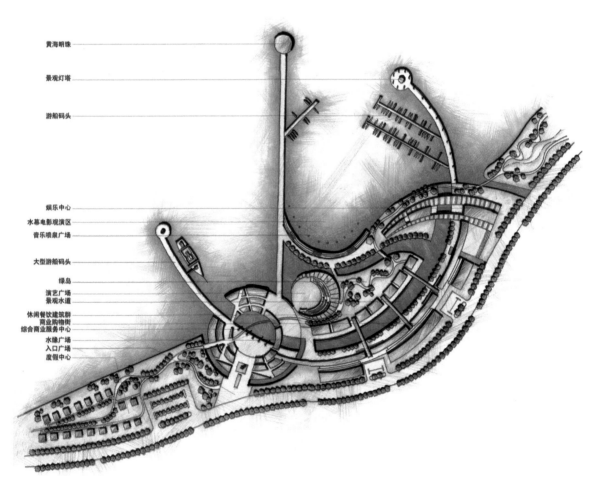

图5-107 文化设施布局之三

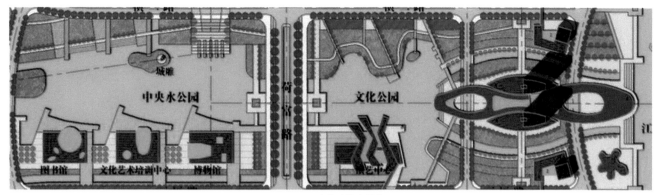

图5-108 文化设施布局之四

（2）教育设施布局

如图5-109所示，该教学组团基地北面毗邻另一组团，西面毗邻城市次干道，东面及南面被水系环绕，总体来说是由3组建筑群按照南北向排列组成。从建筑群内外部布局方面来看，每一建筑群由南北向的几栋建筑组成，其中存在主要的实体空间及相应的虚体庭院空间，形成丰富的空间变化。同时，几组建筑群的组合布局方式与蜿蜒的水体形态呼应，使得基地内的空间布局整体氛围融洽。从步行体系来看，建筑群之间通过连续的步行廊道进行相互连接，同时在端口处与水系两侧的步行小路相连，形成一个完整连续的步行体系。从绿地系统来看，整体外部环境除硬质铺地外，多为软质绿地，美化整体环境。

如图5-110所示，该教学组团基地位于水系丰富地区，北面有一条宽阔的河流，其他面也由蜿蜒的小溪围绕。总体来说，该组团布局6栋半围合的建筑构成的两团相对分开建筑群，其中在每组建筑群的北端端头设置一栋高层建筑。从建筑群内外部布局方面来看，西部建筑群是由两栋"U"形建筑及一栋"W"形建筑组合而成，每栋建筑都围合出内部的私密庭院，同时由建筑的组合方式又组合出二级的半开放庭院，这一庭院通过道路与外部联系；东部建筑群是由一条

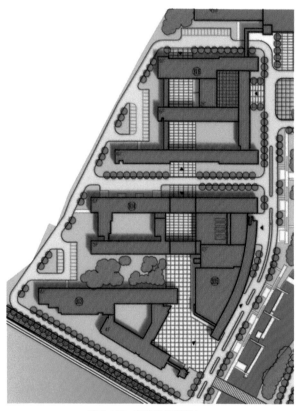

图5-109 教育设施布局之一

主要的道路骨架串联3栋"U"形建筑及其所围合的半私密庭院。两组建筑群都处于由不规则水系围合而成的不规则形状小岛上。同时，高层建筑沿水设置，形成良好的景观视廊和观景点。从步行体系来看，两组建筑群的步行廊道都与水边的步行小路相连形成一个体系。从景观体系来看，整体绿化也形成两个环形的完整系统。

如图5-111所示，该教学组团基地西部有一水系，其他方位都是由绿化环绕的小路围合而成，整体是由4栋建筑群组合而成。教学组团内部设置一条主要的步行廊道串联4组建筑群，而这一步行廊道一方面与东部的庭院式步行小路直接联系，另一方面与西部的建筑群二层平台及水系旁边的步行小道相连。总的来说，基地整体的步行廊道形成一个连续完整的体系。就建筑群内外部的布局方式看，每组建筑群是由几栋南北向的建筑与连接建筑的联系廊道组合而成，形成内部半开放庭院与外部开放庭院。就景观系统而言，该组团软硬质铺地相互交错，形成丰富整体的变化。

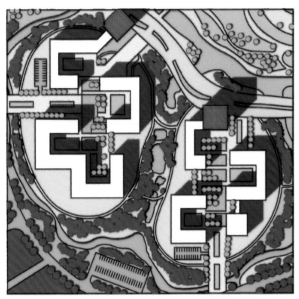

图5-110　教育设施布局之二

图5-111　教育设施布局之三

（3）体育设施布局

体育类建筑对建筑结构的要求比较高，具有结构形态和运动动态高度的艺术统一。而且常常具有大空间、大跨度的建筑形式。在体育类建筑群体的组合中，注意不同建筑的联系以及建筑群体围合的公共空间的可识别性。

如图5-112，这个方案设计由4个出入口构成，主入口和酒店入口设在城市干路上，同时在北侧和东侧城市道路上分别设置了辅助入口。基地内部采用环路方式联系各个建筑单体，保证了交通的出行需求；空间结构上，方案采用一条斜向的轴线贯穿基地，轴线顶端以一个大型田径场作为对景，并在轴线左侧平行设计了体育公园。建筑群体布局上主要是沿着南侧、东侧和西侧的城市道路布置。这种分散化的布局方式最大优点在于兼顾了各个建筑单体的功能对城市微区位的需求，保证了建筑单体功能最大限度地发挥。

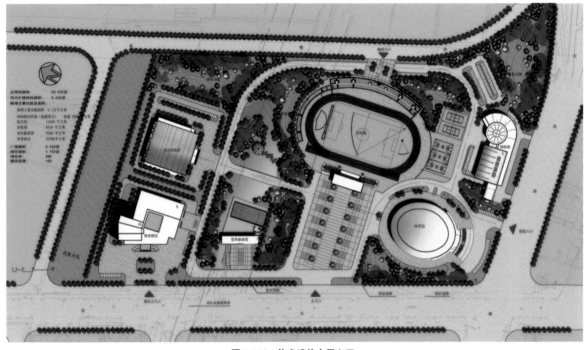

图5-112　体育设施布局之四

如图5-113，本方案北部地块建筑单体02、03、04、05和06采用相同的椭圆形母体，沿着空间连廊弧形分布，体现了设计的韵律美。南部地块建筑群体沿着穿越地块的城市道路线性布置，并通过底层裙房联系了各个高层建筑。最后又通过弧形的空间连廊联系了被道路分割的两个建筑群。最后通过在北部地块的弧形公共空间设计一个异形主体育场馆，突出了设计的主题。从设计的形体构成上来说，设计兼具了点、线、面要素和直线、曲线的组合，形态优美。总体来说，此类布局方式最大的亮点在于设计最终的建筑群体形式感很强、设计感突出，具有很高的辨识度。

如图5-114，本方案通过一个十字交叉的道路将地块大致分为4个地块。并以南北向道路为界，将地块划分为文化和体育活动两个功能片区。文化片区建筑群体沿城市道路布置，形成了严整的空间界面。空间结构上通过一个东西向的主横轴组织空间，在图书馆入口处形成轴线的入口空间，并通过在轴线尽端设计一个异形主体育场馆达到空间体验的高潮。并以该建筑为交点，设计一个南北向的辅轴从而联系体育馆和游泳馆两个建筑。方案通过采用这种两个方向的主副轴直交的方式组织建筑群体，实现了方案的整体性。

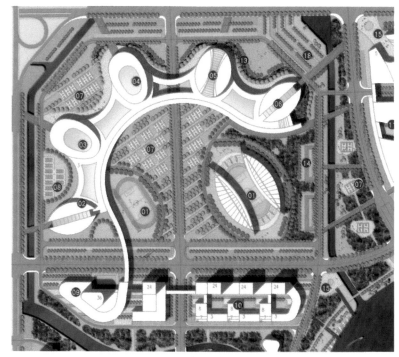

图5-113　体育设施布局之五

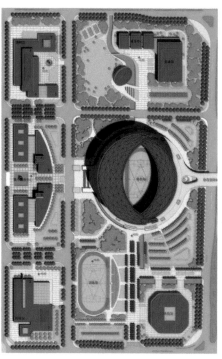

图5-114　体育设施布局之六

（4）医疗设施布局

医疗卫生类的建筑组合形态一般来说具有一个完整的权属空间，组合的功能性和系统性非常强，具有很显著的功能分区、动静分离、流线组织关系等。

如图5-115所示为某医院整体规划。从建筑组合布局来说，建筑个数及建筑相互组合形态受到功能的影响，呈现两大组团4个主体建筑。其中一个组团为建筑综合体，包含门诊、医技、病房3大功能区块，形成形式整体又分工明确的综合大楼。另一个组团包含保健中心、食堂、办公3大功能建筑体，建筑采用错落半围合的组合形态，彼此之间以二层连廊相互串通，相互独立又互为整体。这样两大组团共同构成中心紧凑同时对外开放式的空间组合形态，在空间上以食堂为建筑组合形态中心，形成北、西、南3个方向半围合的外部空间。从流线组织上来说，采用功能及人流分流方式，设置4个出入口：主入口、次入口、后勤出入口及污物出口，使得功能领域清晰、主次明确、交通高效。这种建筑布局的一个特点是将医院共同使用功能或核心功能放置于组合形态的中心位置，优势是缩短了交通距离，拉近了各功能形体之间的整合关系；另一个特点是各功能之间分工明确，优势是各组成部分具有一定独立性，同时整体布局主次分明。

与上图分散布局不同的是图5-116，其更偏向于建筑整体布局。该规划采用轴对称的整体布局方式，以正南北为医院中轴线，由南向北平行布置3组主要功能体块，分别为门诊大楼及培训中心、医技急诊及后勤办公和住院大楼，并配备专门的地下车库出入口。这3组建筑在整体上呈现强烈的中轴对称关系，局部又赋予细节上的变化，中轴线上以圆形廊道围合出绿地和广场，不但强调空间形态的中心，还创造了功能及活动的中心。另外，传染科需要隔离管理的特殊科室采用独立布局，并设有专门出入口、停车场等。在整体空间布局上不但功能分工、交通分流，还预留了发展用地，在建筑组合上重视功能之间的组织关系，还重视交往空间及公共活动空间的设置。

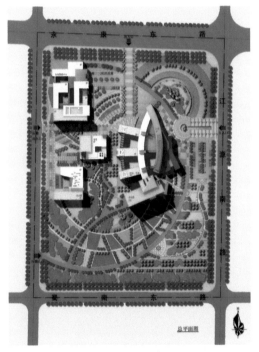

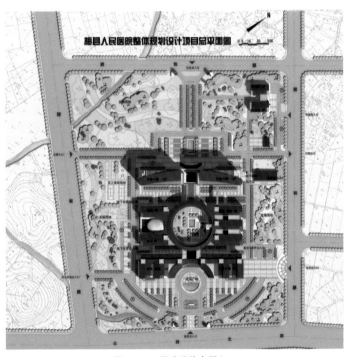

图5-115　医疗设施布局之一　　　　　　　　　　图5-116　医疗设施布局之二

（5）行政设施布局

如图5-117，本案例是典型的分散式布局手法，将各行政区部门分散于区域内的各栋建筑物内，建筑层数不高，建筑体量得以控制，与行政中心的住宿、餐饮等后勤设施等共同规划成一个园区。其借鉴中国传统园林的设计手法，有机组织建筑群体，易于创造良好的景观，形成现代生态园林式办公场所。行政中心公务员的住宅、生活设施与工作地点也比较接近，方便公务员日常生活。建筑布局采用中轴对称的方式，体现了儒家思想中的不正不威。各行政区部门建筑采用围合式，形成内部围合的空间。这种设计手法寓意深刻，既是一个整体，又互相监督。中轴对称的节点是"一"字形建筑，形体简洁有势，并且能找到较好的朝向关系。其余呈"口"字形，将中式庭院空间引入其中，通过围合而成内庭院，以形成优质的环境景观效果。

如图5-118，本案例是典型的集中式布局手法，将所有行政部门集中于同一栋建筑物内。这种布局手法多出现于城市中心区中单纯的行政建筑改扩建情况中，用地紧张，城市环境成熟，有时甚至处于历史地段，通常周边环境的限制条件较为苛刻。建筑采用"n"形，沿用了中国古代建筑的平面构成，类似于故宫午门的形式，由3面建筑围合出一个入口空间。这种设计手法使得平面形式空间围合比较强，容易形成向心的气氛，能烘托出理想的、庄严肃穆的氛围。与此同时，建筑的形态又不是完全对称，不单调的内部空间体现出亲民性，很好地体现了政府"亲民""为民"的本质。

如图5-119，本案例采用的是典型的综合式布局手法，依据功能组织可适当集中建设行政建筑，在城市中进

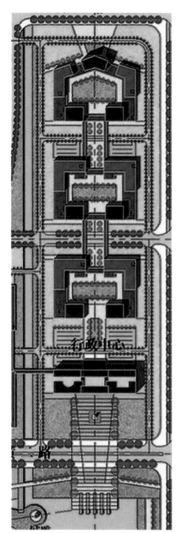

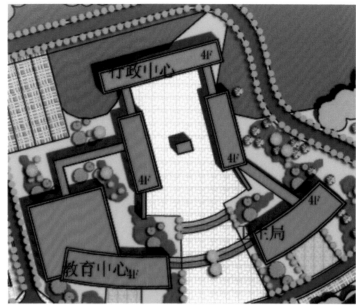

图5-118　行政设施布局之二

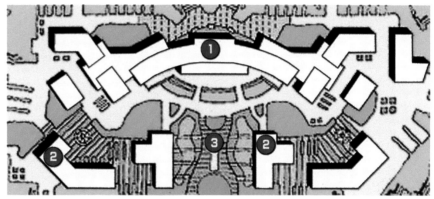

图5-117　行政设施布局之一

图5-119　行政设施布局之三

行统一的市场化运作，是一种比较折中的布局形式。主要强调在城市整体的角度中适当地集中与分散。这种布局形式发挥了前两者的优点，既取得了较大的建筑面积，使行政管理各部门可以相对集中于一块区域办公，提高办公效率，利于管理与监督；同时又避免单调富于变化而易于融入城市肌理；创造了良好的室内外环境，为城市提供了一个政治、文化的中心区域。在经济与效率、开放与控制上取得了良好的平衡。建筑群体沿轴线两端对称布局，体现出行政的不偏不倚、严肃严谨的作风。主建筑采用"一"字弧形，弧向朝南，寓意拥抱阳光，有权利在阳光下运行之意。

5.3.3　居住区类

　　居住区类建筑空间是与居住相关的社会经济活动在城市地理空间上的投影，每个城市都有一个居住用地的地理范围，可以看作是居住区类建筑空间分布的范围。居住区类建筑空间在城市空间的功能作用主要包括物质作用和社会作用两个方面：物质作用是指居住类建筑群体集合形成的住区以及一些内部的绿化环境、道路系统、公共建筑、市政设施等；社会作用是指居住类建筑空间作为居民居住的一种空间类型，由于人都是社会人，因此居住空间必然体现其社会属性，包括居民的职业类型、收入、教育水平及权利等。其形态设计中应当遵循以下原则：整体空间形态有序、层次清晰；空间富于变化、丰富多彩；街道系统、住宅布局与自然良好契合；体现出良好的领域性、认知度和社区性，居民的归属感强。

（1）高强度住区

如图5-120所示，现代城市设计中居住区逐渐呈现出高强度设计的趋势，特别是靠近风景优美地段的居住区设计，为了平衡景观资源旁边低密度开发的建设量，往往在地段外围建设高强度的居住区。其背后机制是城市高密度人口集聚和城市发展用地受限，导致居住区高密度建设的趋势。高强度居住区可以满足大量市民的生活居住使用，同时由于无污染干扰的产业与居住区的功能混合也导致高强度的建设存在。现代城市中，高强度开发往往意味着功能的综合性强、开发的经济便利、管理的高效。此类空间的形态由于面积的大范围拓展可以形成成片统一的城市肌理，在具体设计中，为了打破类型的单一化，常用的手法是采用建筑的错落、形式的对比来打破一成不变的空间设计。高强度社区可以带来富有活力的现代都市生活，促进人群的交往，在景观上常用的原则是均好性原则，主要景观居中布局，方便人群的使用。

图5-121中，随着现代城市化的飞速发展，城市人口越来越呈现出高密度的分布态势，为了更好地做到人地平衡，在现代居住区设计中采用小尺度街坊和密集排布的设计形式是常见的设计手法。首先，小街坊更加便于功能的复合和空间结构的紧凑发展，是最经济利用土地的形式之一，高密度的排布便于创造出丰富多彩的居民交流机会，消除社会隔离同时提高土地的使用效率。其次，在空间结构方面，小街坊加高密度的排布形式会形成富有秩序的城市肌理，易于形成富有特色的城市空间，在当今城市风貌日趋杂乱的趋势下，便于保持城市风貌的统一和完整。通常在具体设计中，居住小区的公共服务区设计一般以均好性为重要原则，通常结合地块自然资源良好的地段进行空间布局，比如滨水、靠绿地公园等区位，同时建筑按守边的方式进行排布，不但可以最大限度地利用土地，同时便于形成中部宽阔的公共活动空间。

图5-122中，在现代居住小区高密度设计中创造出大疏大密的居住功能生活空间也是一种常用的设计手法，所谓大疏大密的设计，就是保障居住区公共中心绿地的开敞度，为居民提供低密度自然的休闲环境，同时为了平衡容积率保障土地利用的高效性，在其他地块进行高密度的建设开发，并保证主体功能区与公共绿地之间具有便捷宜人的步行连通空间。这种设计手法的主要优点体现在城市肌理上可以形成疏密有致、鲜明对比的空间肌理，在保障公共绿地高品质的同时，达到经济开发效益的平衡，在具体设计中需要注意的是，为了更加保障项目的可实施性，通常在绿地开阔处周边就地进行高强度开发，比如修建高层住区等，这种就地平衡容积率的方法可以最大程度扩大景观资源优势，使得高品质住区的数量达到最大，利于商业的开发。

图5-120 高强度住区之一

图5-121 高强度住区之二

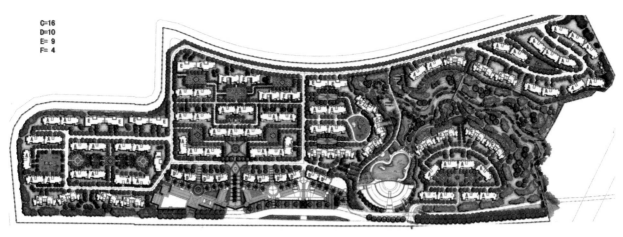

图5-122 高强度住区之三

（2）中强度住区

如图5-123所示，该居住区类空间形态为中强度型扇形住区。整个居住区形态为扇形，3个居住组团围绕着中心的中小学校、幼托等住区配套公共服务设施分布，面状展开，结构清晰，形态优美。运用绿楔渗透的手法，以两条绿楔分割3个居住组团，空间上起到划分区域的作用，景观上起到引绿地入组团的作用。此外，两条绿楔与中心块状绿地、组团中的绿地相连，形成完整的绿地系统，也创造了宜人的步行空间与游憩场所。采用院落式的布局手法，以行列式居住单元作为空间基底，在单元端头穿插廊道或者底层公共服务设施，形成院落式的空间围合，营造内向型的小空间，便于人们交流、游玩，真正形成"邻缘"，发掘出住区的社会意义。

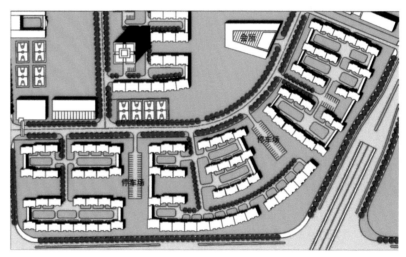

图5-123 中强度住区之一

如图5-124所示，该居住区类空间形态为中强度型中心式住区。整个居住区外围形态为矩形，7个居住单元围绕着中心的水体广场布局，呈现"内虚外实"的空间结构。运用重复的空间手法，以7个相似的居住单元构图，形式上相近、节奏上形似，形成良好的韵律，但在单体构成上又呈现不同的特征，使用不同的住宅户型组织形体，不仅功能上多元，满足不同人群的使用要求，也能在细节上有所区别，使每栋住宅具有标示性。采用营造水景的设计手法，以中心的水景作为构图的中心，联系各小组团的绿地，形成完整的景观系统。同时，水景又能呼应基地北侧的河道，形成景观上的连续性。采用不同的材质，构成多种空间感受，绿植、水体、

图5-124 中强度住区之二

木平台、硬质铺地的穿插使用，使得住区充满生气，层次丰富。

如图5-125所示，该居住区类空间形态为中强度型复合院落式住区。整个居住区由3个曲线形单元和一个直线形单元组成，空间上构成多个院落空间，且院落空间之间有所连接、过渡，形态上又有所对比。采用复合院落式的布局手法，4组平行的组团绿地形成各居住组团独自休闲的空间场所，又以两条纵向的绿廊将它们串联起来，形成一个整体。这种复合的空间可以提升空间的深度以及复杂性，营造出不同的空间感受。运用转角式的户型，引入部分东西向的住宅，虽然放弃了较佳的日照，却取得了最佳的景象，满足景观上的均好性。住宅的底部配建了大量的公共服务设施，不仅方便了居民的生活，提升了社区的活力，而且提升了整个景观系统的价值与经济性，为更多的人群服务。

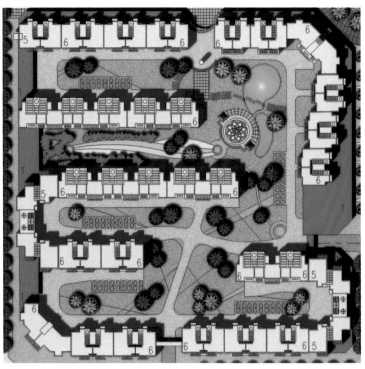

图5-125　中强度住区之三

（3）低强度住区

图5-126为低密度的传统院落式居住区设计。该居住区位于山水之间，生态资源富足，设计将水系引入住区内部，以低密度的居住区设计营造出与大自然和谐相融的、生态环境优质的空间氛围；建筑群的布局主要采用边界围合式，通过传统民居的围合来形成错落的院落空间，为居民的公共活动提供了有效的空间载体。

如图5-127所示，本方案为低密度别墅区的居住小区设计。建筑单体采用两组形制统一的独栋式别墅，建筑

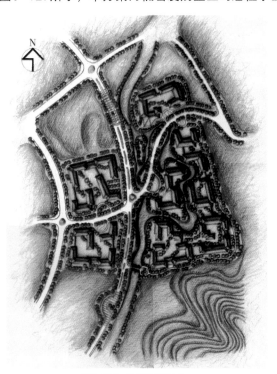

图5-126　低强度住区之一

图5-127　低强度住区之二

布局则主要沿道路线性排列，建筑之间留出足够的空间进行景观绿化，以形成各户私人庭园；南部片区建筑沿地块外围布局，围合出的公共空间作为小区公共庭院。通过单体建筑的序列布局与宅旁绿地的景观营造，形成结构清晰、交通有序、景观优质的花园洋房小区。

如图5-128所示，本方案的居住建筑群布局围绕中心水景展开，主要呈曲线式布局，有较强的建筑布局序列感。除此之外，本方案建筑布局分区明确，层次清晰；沿城市道路采用低层联排式居住，中心景观区则采用花园洋房与点式别墅，建筑密度由外到内减小，环境品

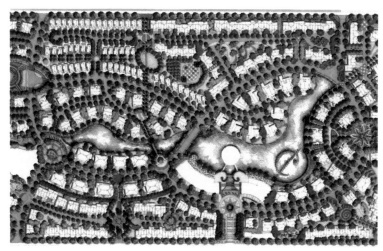

图5-128 低强度住区之三

质与空间私密性则逐步提升。居住区内的景观设计十分丰富，营造出形式多样的节点广场、绿化庭园等公共活动空间。

5.3.4 工业开发区类

工业开发类建筑空间在城市空间中主要承担的是体现工业开发区位环境、反映城市或一定区域的工业化水平、影响城市未来工业发展水平的功能。其形态设计中应遵循以下原则：①标志性原则。不同的工业开发建筑因其职能的不同导致其涉及形态的各异，例如软件园、研发大楼、厂房等，不同的建筑形态标志着不同的功能。②分区得当原则。应根据不同的工业类型和职能进行不同的功能分区，不同分区在承担不同职能的同时，其建筑形态也同时保持其各自的特点。

（1）软件园区

如图5-129所示，该软件园呈轴线式布局，用一个二层平台绿化带将上下两个组团连接在一起，使组团之间的公共空间具有连通和绿色两个重要特点。具体地说，对于一个组团采取的是半围合式的组团布局，主体体量为一个"L"形和一个扭曲的"一"字形。"L"形体量裙房为3层，上面布置了两个6层和两个26层体量；"一"字形体量为11层，透过"L"形体量及高层的间隙，和中间的绿化轴线有良好的互动关系。半围合式组团的一侧布置引入水景，几何形的水面旁布置雕塑。整个软件园环境优美，形成了一种十分有利于激发设计开发灵感的创智氛围。

如图5-130所示，该软件园是一个分期开发形成的软件园，整个园区开发共分为一期、二期、三期3个阶段。软件园具有良好的滨水条件，园区也被道路分割成3条地块。最上一条地块强调"便捷"，具有最良好的交通条件，在这个地块中也布置了信息中心、创智中心等。中间的地块强调"共享"，将水体引入地块，并围绕水体形成了研发办公主楼的公共空间，包括椭球形的交流场所以及运动场地等。最下面一条地块强调"景观"，一方面，滨水形成绿化景观带和连续的步行系统；另一方面，建筑间距较大，充分考虑将滨水的景观优势资源引入整个软件园。

图5-129 软件园区之一

图5-130 软件园区之二

如图5-131所示，该软件园是一个综合性的创意软件园。由于功能的多样性，在布局上主要采用中心式的布局方法。最中心结合滨水环境布置公共性最强的商业服务中心，包括物管中心、邮电、银行等。以服务中心主楼为标志性建筑，形成广场轴线，成为园区最主要的公共空间。第二圈布置了企业孵化器、孵化中心、行政办公、

外贸中心等功能，并用一个近似环形的公共带连接起来。更往外的功能则设置软件园、专家公寓，以及新华通讯记者站等更加独立的功能。整个园区组织有序，圈层式的功能布局加上虚实骨架，形成了丰富有趣的园区环境。

（2）标准厂房园区

如图5-132所示，该标准厂房园区是由5栋南北向的厂房所组成，同时周边配以绿化设置。此种做法将建筑南北按照标准日照间距放置，使得厂房满足国家相关规定标准。同时，厂房的布局形成多层次空间：首先，西北处的厂房本身为"U"形设置，中间形成最私密等级

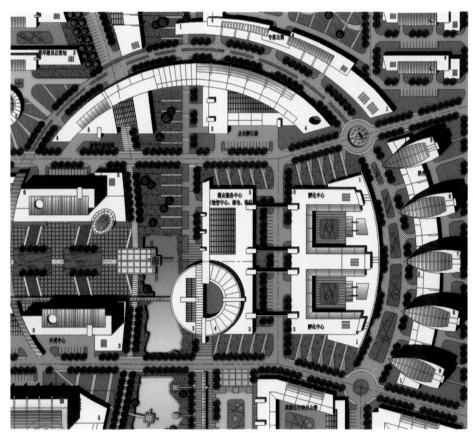

图5-131 软件园区之三

的私有庭院；其次，北部的3栋建筑进行围合式组合形成第二等级的公共庭院；再次，这一公共庭院通过共享的道路与南部的两栋无围合式的开放建筑形成良好的互动。这样，通过建筑本身造型及建筑群的组合形成不同私密等级的公共空间，适用于不同的场所活动。从绿化景观设置来看，中部庭院多采用草坪设置，周边环境多采用灌木设置，前者方便于交流，后者多起到改善环境及隔离外部干扰的作用，层次分明。

如图5-133所示，该标准厂房园区是由4组自由式排布的建筑群组成，与周边的绿化水系一同形成一处环境优良的园区。建筑群的自由式布局与西部的自由式水系相互呼应，同时这一自由布局方式也带来丰富多变的空间感受。从建筑布局方式来看，该建筑组团采用一栋主要建筑与3群建筑群的组合方式，形成一定的主次等级及韵律节奏感。从公共空间角度来说：首先，西北部的3组建筑群采用类似的围合式组合方式，形成相对私密的内部庭院，方便每一建筑群内部的员工等人群进行讨论交流。其次，这种相对封闭的庭院在适当的部位进行打开与外部绿化及主要道路进行相互联系，整体私密而不呆板。再次，此处园区将停车空间设置与主要活动区范围外，使得主要活动区不被干扰，且停车空间也较为宽敞。

（3）大型工业厂房园区

如图5-134，本案例是典型的行列式布局的大型工业厂房园区，工业厂房按照同一种朝向有规律地排列着。这种横条式的工业厂房有利于为工业流水线的生产提供所需的空间，提高工作效率。同时行列式的布局对于物流的出入很方便，车行交通可以很方便地与工业厂房的前后出入口对接，货物出入口多、效率高。建筑南北向之间间距相同，围合出东西向的开放空间，对于解决人流也有很大的帮助，分散式人流将会更快速地出入工业厂房。此类厂房多根据生产的需要，更多的是多跨度单层工业厂房，即紧挨着平行布置的多跨度厂房，各跨度视需要可相同或不同，同时也是为满足工业生产连续性及工段间产品运输的需要。

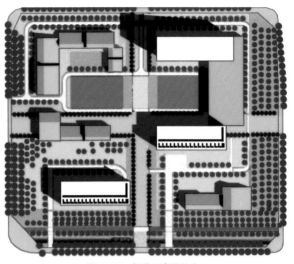

图5-132 标准厂房园区之一

图5-133 标准厂房园区之二

如图5-135，本案例是典型的组团式布局的大型工业厂房园区，工业厂房呈现出组团式围合，每一个组团围合出各自的外部空间。这种类型的布局主要是由工业生产的功能分区所决定的，每一个组团为一个生产片区。这种布局的优势在于容易创造出宜人的内部围合环境，将绿地楔入其中，为生产生活提供良好的景观。同时，组团式布局中的每一个组团内部可以提高工作效率，外部道路经过组团的四周，并且有道路从组团内部穿过。这种设计手法提高了物流的流通效率，同时缓解了人流与车流之间的矛盾。组团之间的开放式绿地公园也为工业厂房园区带来了勃勃生机，让工人生产之余能够更好地享受生活，感受公园带来的自然气息。

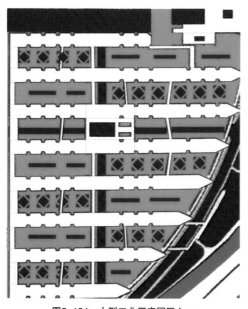

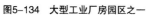

图5-134 大型工业厂房园区之一

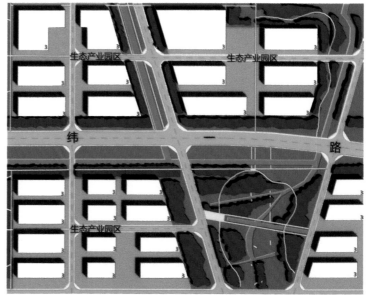

图5-135 大型工业厂房园区之二

5.3.5 历史风貌类

历史风貌类建筑分为民居类历史风貌建筑、商业类历史风貌建筑、工业类历史风貌建筑和文化类历史风貌建筑。我国传统历史风貌类建筑空间是由"街—巷—院落"的体系构成的，其空间反映了不同地区、不同文化、不同习俗、不同历史时期的各自特点，例如北方传统建筑的四合院空间特点、江南水乡的街坊水系的空间特点等。其形态设计中应遵循以下原则：①反映地方特色原则。不同地区、不同文化传统的历史风貌建筑应体现当地的传统建筑风貌，反映地方特色，展现民族文化。②构筑整体风貌原则。历史风貌建筑应集中成片布置，构成历史风貌建筑群，形成一个完整的、体现地区历史文化特色的传统街区。③分级保护原则。根据不同建筑的历史文化价值对历史风貌建筑进行分级保护，采取修缮、修建、整治、改建、拆除及重建等不同的措施对历史风貌类建筑空间进行保护。

（1）民居类风貌

如图5-136，传统民居类建筑群体在城市肌理中明显不同于其他的城市板块，有着自己独有的特色。首先，是此类型建筑群体的低层高密度的总体特征，这从一张城市平面图上可以迅速地感知。其次，是其小尺度的街巷网络，这与传统民居建筑的平均高度有关。最后是其自由收放的空间骨架，这与建筑群自下而上的生长机制有关，也是建筑群适应城市复杂地形的结果。从空间的整体性角度上讲，设计者依据场地的整体形状将建筑群体大致呈行列式排列组合，分成4个水平向的建筑组

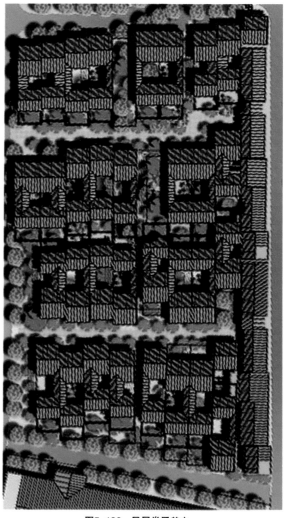

图5-136 民居类风貌之一

团，并通过沿道路的线性建筑将这4部分整合在一起，达到了整体统一的空间效果。同时在每个组团内，南北向前后两个条形建筑通过连廊连接，形成一个基本的建筑单元，也有助于空间的整体性。就建筑群体的灵活性而言，为了避免建筑群体布局单调，设计者通过建筑单元内建筑错落和整体上不同建筑组团的错动一起实现。由于地块较小，设计中的开敞空间主要是建筑单元内的围合院落，通过这些空间满足人们的交往需求。此类型建筑群风貌一般，常出现在历史风貌保护区的环境协调区或者建设控制区。

如图5-137，该地块相对不规则，而且用地较为零散。设计上主要通过沿道路的线性建筑强化地块的形状，并基于原有的街巷体系形成了3片建筑群。此类型建筑布局非常有特色，整体上并没有呈现出行列式的布局特点，建筑间彼此粘连形成一个大而不规则的组团，组团内建筑大大小小形状规模各不相同，但由于设计风格一致，整体的效果相对统一。由于建筑群体的自有生长，其空间骨架形态也自由活泼，有机地分布在建筑群中。空

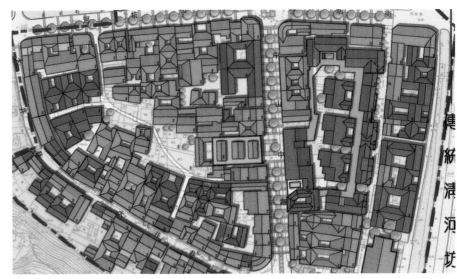

图5-137 民居类风貌之二

间格局上强调大虚大实。建筑群内每个组团内建筑布局较为密实，严丝合缝，而不同组团共同留出整个建筑群的开敞空间，并通过小的线性空间渗透进组团内部。组团内部开敞空间以院落为主，孔洞化分布在大的组团内并通过建筑内部空间相互联系。此类建筑群无论从空间还是建筑上，都有鲜明的特征，常出现在历史风貌保护区的核心区或者建设控制区。

如图5-138，该地块面积较大，用地相对规整。设计上通过一个规则的"口"字形步行道框住建筑群的建筑

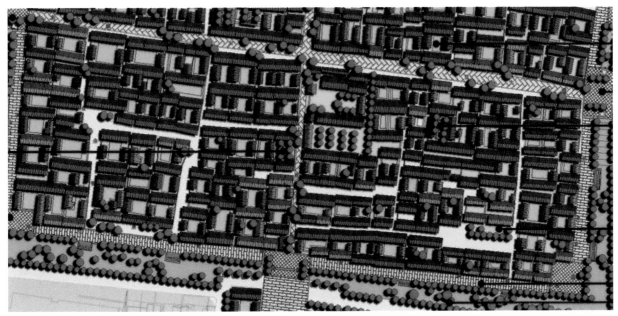

图5-138 民居类风貌之三

边界，在建筑群内部又设计了若干互通互联的南北向步行街巷，最终形成了网络化的空间步行体系。由于建筑群内部街巷的尺度较小，而且形状不规则，建筑群空间效果较为统一。此类型建筑群体布局上大致呈现出行列布局的总体特征，但是由于南北向住宅群的整体有机错动以及南北向住宅的穿插，使得该类型的行列式建筑群布局又隐约有围合式空间布局的特征。因此，整体的建筑群布局并不单调，而是在自由空间骨架下有机组合，形成了很多趣味化的空间。

（2）商业类风貌

如图5-139所示的民居类商业空间，是创造城市特色空间较为有效的设计形式，此类空间往往运用在自然环境较好或是具有特色的城市地段之内，要求创造出尺度宜人、环境优美的商业步行空间。具体设计时可以采取沿河或沿路一边有秩序地排布，另一边可以采取自由布局的形态安排民居类商业空间。这样不但可以因地制宜地利用地形，同时可以创造出丰富对比的趣味空间，对烘托合院类建筑自由、舒适的气氛是有利的，沿河或沿路的线形或组团式的收放空间对营造传统商业氛围、打造亲民空间和增加人气等方面可以起到重要作用。

图5-140所示的合院类建筑通常沿河道或道路呈现线性布局，当多条线性建筑群集合在一起，就会形成以街区形式存在的合院集聚区，这类空间形式通常摆脱了沿街一层皮的布局模式，是商业类空间发展到一定程度的空间形式。这种富有传统风格的建筑空间有秩序地排列分布可以形成富有韵律感的城市肌理，同时可以创造出纵横交错的"胡同"空间，提高空间的民居趣味。在具体做法上，该类空间适宜营造坡屋顶建筑形式，并严格控制院落空间的尺度大小与相互关系，这对于创造富有吸引力的街区空间可以起到积极的作用。

图5-139　商业类风貌之一

在现今城市设计中，经常在沿河等风貌资源较好的地段进行传统民居类商业空间设计（如图5-141），在整体层面通常采用中国传统合院类建筑形式，在空间上采用线性延展的设计手法进行布局，为了最大限度地发挥滨水资源的优势，结合水体进行沿河拓展是主要的设计形式，这对于将滨河景观要素引入地块内部可以起到重要的作用。具体做法是通常将建筑群空间向水面展开，在紧邻水面的一侧设计多样丰富的沿河亲水平台，设计地块腹地与水体连通的景观廊道，保证将水的景观引入基地腹地内部，同时为商业创造景观宜人的滨水空间，增强环境品质。

（3）工业类风貌

后工业景观是指工业生产活动停止后，对遗留在工业废弃地上的各种工业设施、地表痕迹、废弃物等加以保留，更新利用或艺术加工，并作为主要的景观构成元素来设计和营造的新景观。这些工业设施涵盖了与工业生产相关的各类设施，主要类型有生产设施、仓储设施、交通运

图5-140　商业类风貌之二

输设施、动力设施、给水与污水处理等基础设施、管理与公共服务设施等，具体包括各类车间厂房、库房、变配电站、锅炉房、烟囱、井架、水塔、水池、水渠等建（构）筑物；高炉、气罐、油罐等工业生产设备；铁路、机车、管道、传送带、特种车辆等交通运输设施或动力传输设备等。

后工业景观公园指的是依托工业废弃地上的后工业景观，将场地上的各种自然和人工环境要素统一进行规划设计，组织整理成能够为公众提供工业文化体验以及休闲、娱乐、体育运动、科教等多种功能的城市公共活动空间。从景点开发模式来看，大致有4种具体模式：博物馆开发模式；休闲、景观公园开发模式；购物旅游相结合的开发模式；科学园区模式。

如图5-142所示，该区域为工业遗产改造项目的生态修复区。该片区主体建筑部分采用博物馆开发模式，将老的工业厂房改造成生态修复展览馆，与旅游服务中心直接对接。生态修复展览馆位于园区的生态净化系统中，包括抽水井、混合沉淀、汽水反应滤罐、管道、雨水收集屋顶、储水灌、澄清池等一整套设备流程。抽水井的水来源于横穿园区的水系，围绕水系采用休闲、景观公园模式，设置卵石驳岸的亲水步道和平台，水中设计湿地、

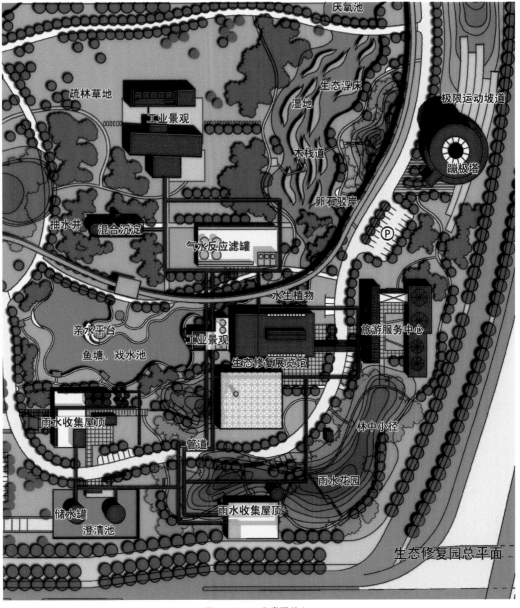

图5-141 商业类风貌之三　　　　　　　　　　　图5-142 工业类风貌之一

生态浮床和水生植物，并通过木栈道形成水上体验。偏于片区的一角将原先的工业冷却塔改造成蹦极塔，为园区的旅游开发提供了特殊的项目。

如图5-143所示，该区域为工业遗产改造项目的体验观演区。该片区由一圈自行车环线来组织空间。环线的中间保留原有的炼焦炉铁轨，在室外形成铁轨漫步道的体验区，在室内形成炼焦流程体验，同时室内室外有所穿插互动。室外局部设置景观水面，和工业遗迹、雕塑等组合在一起，形成强烈的张力。在自行车道的外圈，局部保留原有的大烟囱，形成广场，将原有的工业氛围保留下来。同时采用博物馆开发模式，将原有的工业厂房改造成博物馆和展览馆，并利用地形，局部布置演出服务中心和舞台，将观演的场所置于工业的气氛中，形成园区独立的魅力。

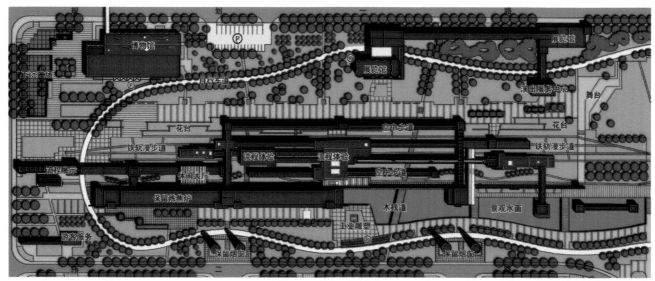

图5-143　工业类风貌之二

（4）文化类风貌

如图5-144，本案例是典型的以寺庙等宗教建筑为主的历史风貌建筑群。方案中最明显的设计手法是对称，沿南北向中轴线东西两侧严格对称，沿东西向中轴线南北两侧严格对称。这种由平衡、和谐的布置产生的对称美，是形式美法则中的一个基本概念。"风水学"在观念上认为：建筑平面的方正、形体的均衡对称、环境格局的完备无缺等，都是吉利的表现形态。同时，这种设计手法能够产生严肃、敬畏的氛围，符合寺庙等宗教建筑为主的历史风貌建筑群所应有的意象场所。轴线的设计始端和末端明确，中间讲究收放，在最主要位置放大做成广场。这种设计手法不仅仅是为了打破单调的构图，同时符合设计准则，开放的广场同时为疏散密集的人流起到了作用。建筑沿轴线两侧布置，强化出轴线关系和广场空间。主要建筑采用半围合式，内部围合出的空间有一定的私密性。

如图5-145，本案例是以度假主题为主的历史风貌建筑群。建筑群布局不再强调严格的中轴对称，排列组合讲究与自然地形相结合。建筑形态多采用行列式，建筑群体之间采用围合式，由内部空间形成街道和广场。这种设计手法能让整个历史风貌建筑群完整统一，骨架清晰，

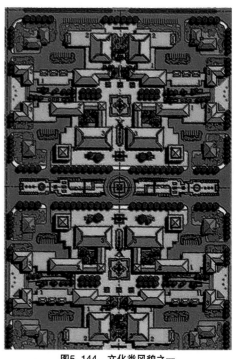

图5-144　文化类风貌之一

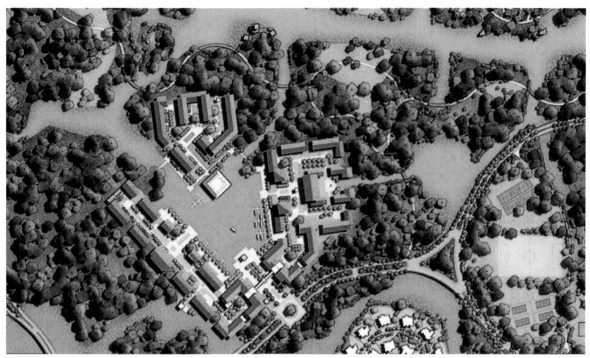

图5-145 文化类风貌之二

脉络一目了然。同时建筑群与自然景观的融合，以及街道、广场中几何水体的引入，让整个环境更加生态和优美。整个建筑群之间设计了一个较大的水面，沿水面四周设计了滨水步行街道，这种亲水空间的设计手法不仅提供良好的景观，同时也让来这里的人群跟水亲密接触，从而心情舒畅。被围合出的内部空间特别强调开放性，设置了多个入口以及与外部空间的节点，游览路线也有多条。这种设计手法使得在里面活动的人群不会有强迫之感，同时也不会感到路线单调乏味，时刻充满趣味。

图5-146 文化类风貌之三

如图5-146，本案例是文化参观游览为主题的历史风貌建筑群。整个建筑群处在风景优美的环境之中，四周绿地环绕，水系穿插其中。建筑群体之间也采用传统的围合式，跟上两个案例最大的不同在于围合出的内部空间不再以硬质铺装为主，大量的绿化和水体使得步行空间只能围绕建筑周边布置。这种设计手法的优点在于能够带来更多的优美景观，让人与自然亲密接触，同时缓解由于中轴对称带来的严肃氛围。建筑形体有大有小，形式分明，所承载的功能也各不相同。其中，大量的连廊运用，使得空间更加有秩序，在主体建筑之间承载了连接和贯通的作用，更加强化了内部围合空间。

5.4 建筑单体形态

建筑单体形态设计是规划场地深入设计中的必需环节，不同功能性质的建筑在单体形态上表现出不同的特征特点，通常都具有明显的辨识度。设计师不仅要能够从平面图上判断某类建筑的用地性质，还要能在设计中运用得游刃有余，深化设计理念落实在建筑形态层面。

5.4.1 商业与商务建筑

　　商业与商务建筑属于公共建筑，其主要功能可以分为零售商业、大型商业在内的各类商业，以及商业办公和行政办公为主的各类办公和会议中心、酒店等商业与商务服务。按功能不同和空间形态的差异，商业与商务建筑可以分为步行街建筑、大型商厦建筑、小型商业建筑、行政办公建筑、会议中心建筑、商务办公建筑和酒店旅馆建筑7类。由于各类建筑的功能不同、建筑设计要求不同，其形态和组合方式差别很大。建筑单体形态与人们的认知和建筑功能有关，可以划分为矩形、椭圆形、线形、"L"形等基本形态和围合型、半围合型、组合型、连接型等组合形态。而建筑的组合方式则与功能等有关，基本组合方式有拼接、添加、叠层、串联等加法组合方式，挖空等减法组合方式和玻璃替代等替代式组合方式。

　　在具体建筑设计时，除遵循必要的技术规范外，城市设计中应遵循以下原则：①从城市出发原则。建筑是城市的建筑，在建筑设计时要从周围环境、地区环境甚至城市整体环境出发，要做到建筑与城市风格统一、与城市其他系统相合。②从功能入手原则。建筑是用来满足人们某种功能而存在的，这也是建筑与建筑、建筑与其他构筑物在形体上有差别的主要原因。在具体建筑设计时要在建筑进深、体量大小等方面与建筑功能相配。③从主要问题入手原则。不同商业与商务建筑功能不同、体量大小不同，因而主要问题也不同，步行街建筑的主要问题是单体建筑与街道的关系，大型商业建筑和小型商业建筑的主要问题是建筑与城市界面的关系，行政办公建筑的主要问题是建筑与城市轴线的关系，会议中心建筑的主要问题是建筑形体与环境的关系，商务办公建筑的主要问题是塔楼与裙房的关系，酒店旅馆建筑的主要问题是建筑与景观的关系。在设计时应避免总量脱离实际，导致量过多或不足，避免形态设计失当，导致形体过于死板或过于奇怪，避免与功能不符，导致形式与功能脱离。

（1）步行街

　　步行商业街的基本单体类型有矩形建筑、半围合条带建筑、不规则整体条带建筑、转角大型建筑、转角半围合建筑和转角围合建筑6类。每种建筑单体形态不同，适用条件也略有差异（见表5-1）。矩形建筑是商业街最基本的组成单元，其形状为矩形，一般平行于步行街两侧布置，或整齐排列或错落收放组合，根据这种特性，其一

表5-1　步行街建筑单体形态类型特点及适用条件

形态类型	矩形	半围合条带	不规则整体条带	转角大型	转角半围合	转角围合
单体平面						
形态特点	矩形形状，一般平行于步行街两侧布置，或整齐排列或错落收放组合	建筑以线条形式出现，围合成若干个"U"形或"口"形空间，一般用于步行街且单独使用	形状不确定、风格不确定，一般由若干相似体块和体块间的连接元素（如长廊）构成	由进深较大、面积较大的底层建筑和若干塔楼共同构成，一般与相邻建筑组合排列	折线形建筑，一般平行于步行街两侧布置，与步行街其他建筑组合排列	由若干体量较小的矩形建筑和廊道组合，并且围合成"口"形空间，形状不确定，但一般可形成积极转角
适用条件	传统商业街，形成较直的人行流线，组合形式多样	传统商业街或带有传统元素的现代商业街，围合成的内部空间可作建筑核心展示空间	现代小型商业街，可作为商业街核心建筑出现，也可作为商业街基本构成要素重复出现	现代大型商业街或街区，常作为商业街或街区形象展示建筑，构成与相邻建筑相似，也可略微不同	传统步行街或现代小型商业街，可适当打破较直流线，增加商业街趣味	传统商业街或现代小型商业街，可作为商业街尽头或重要节点单独使用，也可与相邻建筑组合

般用于传统商业街，可形成较直的人行流线，并且由于其组合形式的多样，也可使商业街丰富多彩；半围合条带建筑指建筑形式以线条为主，通过转折等手法的应用围合成若干个"U"形或"口"形空间的建筑，这类建筑可用于传统商业步行街或带有传统元素的现代商业街步行街，并且大多采用单独存在的方式，其围合成的内部空间可作为建筑核心展示空间；不规则整体条带建筑是指形状不确定、风格不确定的若干相似体量和连接元素（如长廊）共同构成的建筑，根据其具体风格或建筑类型的转化，可用于现代小型商业街或传统商业街，可作为商业街的核心建筑，也可作为商业街的基本构成要素；转角大型建筑是指由进深较大、面积较大的底层建筑和若干塔楼共同构成的建筑，其一般与相邻建筑组合排列，这种建筑主要适用于现代大型商业街或街区，并且常作为商业街或街区形象展示建筑，因而其构成与相邻建筑相似，但也可以有略微不同；转角半围合建筑一般为折线形，且平行于步行街两侧布置，可与步行街其他建筑组合排列，该类建筑一般用于传统步行街或现代小型商业街，打破商业街笔直的流线布局以增加空间趣味性；转角围合建筑指由若干体量较小的矩形建筑和廊道组合，并且围合成"口"形空间的建筑，该建筑形状不确定，但一般可形成积极转角，这类建筑一般适用于传统商业街或现代小型商业街，可作为商业街尽头建筑或重要节点建筑单独使用，也可与相邻建筑组合共同使用。

虽然商业步行街建筑类型各有不同，但也有一定相似处：首先，其类型的确定必须考虑商业街本身特点和商业类型，如传统商业街体量较小，单体较简单但组合很丰富，现代商业街体量较大，组合比较固定；其次，要考虑各个建筑在商业街中的位置，这种位置可以分为维系商业街的基本建筑、节点性建筑、门户建筑等，不同位置的建筑组合略有不同；再次，要考虑商业本身的功能限制，如大型商场需要大空间因而建筑体量较大，茶室等建筑需要内部交流因而应有内部庭院等。在布局时，要遵循以维系线性空间为主，在关键处加以曲折的原则构建建筑形体。通过简单体量或廊道来组合建筑，应用合理的建筑类型来构建建筑，切忌建筑风格混乱、类型不搭、体量不合理等。

（2）大型商厦

大型商厦的基本类型有"L"形独立商厦、转角商厦、矩形商厦、跨街通廊组合商厦、异形独立商厦、异形组合商厦6类，每类形态特点不同，适用条件也略有差异（见表5-2）。"L"形独立商厦是指由单一体块或多体块组合构成的"L"形大型商业建筑，其"L"形口处一般为主要开放空间，一般应用于没有商业街而仅有独立大型社区中心的街区或有大量人流活动的综合商业街区，该建筑独立性强，宜单独布置。转角商厦的形态特点是主要邻街立面常较为完整，非主要邻街立面可比较灵活，常与点式高层结合并采用"错、叠"等细节处理手法，其一般适用于大型商业街或街区主要道路交叉口转角处，可单独布置或与周围建筑配合布置，该建筑展示性强，宜特别处理。矩形商厦以矩形为主，常与点式高层等体量组合，且常用叠层、玻璃划分等设计手法进行细节处理，该建筑应用于大型商业街的非转角邻街面时应与周围建筑配合，也可在小型街区单独存在，该建筑既有一定独立性，又可以与其他建筑在形体和风格上形成统一性。跨街通廊组合商厦是指在车行路或步行街两侧布置的、风格相同或相似的多组建筑通过空中廊道的方式连接的建筑，在体量连接的同时，建筑内部主要流线也通过廊道相连。该建筑主要在人口密集、车流量大的大型商业街两侧布置，且这组建筑一般为该商业街内的相邻转角建筑或相邻重要建筑，该建筑整体性强，有利于商业街流线组织。异形独立商厦由非矩形体块组合而成或由矩形体块非正交组合而成的商业建筑，该建筑常配以点式高层单独存在。这种建筑一般为大型商业街或商业街区的非门户位置的重点建筑，但一般该建筑最多布置一处，且应该谨慎使用。该建筑的特点是体量新颖、引人注意，但使用不当易造成整体景观混乱。异形组合商厦由非矩形体块组合而成的建筑组合，该建筑与周围建筑体块构成相似，只是在特定地方采用异形处理，适用于大型商业街或商业街区门户位置，且应与周围建筑配合使用。

大型商厦的特点是体量大、功能复合、组合多样，在布局时应注意以下几点：首先，要弄清属于哪种商厦，是独立社区商厦还是商业街区商厦，是商业街区门户商厦还是商业街区内部商厦，根据具体类型进行形体选择；其次，要抓住商厦在设计的主要矛盾，是人流量汇聚、流线整合，还是要突出主要建筑，这些都是形体选择的主

表5-2 大型商厦建筑单体形态类型特点及适用条件

形态类型	"L"形独立商厦	转角商厦	矩形商厦	跨街通廊组合商厦	异形独立商厦	异形组合商厦
单体平面						
形态特点	由单一体块构成或多体块组合而成的"L"形建筑，其"L"形口处一般为主要开放空间	主要邻街立面常较为完整，非主要邻街立面可比较灵活，常与点式高层结合且采用"错、叠"等细节处理手法	形体以矩形为主，常与点式高层等体量组合，且常应用叠层、玻璃划分等细节处理手法	车行路或步行街两侧布置的，风格相同或相似的两组或多组建筑通过空中廊道的方式连接，两组建筑内部主要流线也通过廊道相连	由非矩形体块组合而成或由矩形体块非正交组合而成的商业建筑，常配以点式高层单独存在	由非矩形体块组合而成的建筑组合，与周围建筑体块构成相似，只是在特定地方采用异形处理
适用条件	没有商业街仅有独立大型社区中心的街区或有大量人流活动的商业街区	大型商业街或街区主要道路交叉口转角处，可单独使用或与周围建筑在形体和功能上配合使用	大型商业街的非转角邻街面时应与周围建筑配合或小型街区单独存在	人口密集、车流量大的大型商业街两侧布置，且这组建筑一般为该商业街内的相邻转角建筑或相邻重要建筑	大型商业街或商业街区的非门户位置的重点建筑，一般最多一处，且应该谨慎使用	大型商业街或商业街区门户位置，与周围建筑配合使用

要依据；再次，要注意商厦建筑与其他建筑、相邻建筑的形体关系，是呼应还是突出，切忌因单体商厦建筑导致整体社区或街区风格混乱的现象。

（3）小型商业

小型商业的基本类型有沿街联排商业、组合底层商业、沿街点式商业、半围合底层商业、独立点式商业和裙房底层商业6类，每类建筑因其功能不同、所处区位不同、景观要求不同而导致其形态也有很大差异（见表5-3）。沿街联排商业是指形状相同的功能体块（多为长方形）排比式排列，并由统一沿街线性建筑将其串联而形成的一组小型商业建筑，该建筑单侧建筑形式较为统一，一般在生活性支路两侧与其他建筑类型搭配布置，或风景区休息点、长途车站休息区等地区单独布置。组合低层商业指形状相似的体块分别布置于步行或车行廊道两侧的一组建筑，该建筑体块功能相似或相互辅助，且共同廊道有利于人流汇聚，并且功能综合性和连通性较强，一般布置于风景区或长途车站等站点的服务区或其他小型功能混合区。沿街点式商业是指由单体量或多体量组合而成的小型商业站点，其风格多样，一般建筑一侧与车行路相连，另一侧与步行开放空间相连，在布置位置上该建筑可以布置于城市支路、小区道路等生活性的等级较低道路两侧。在布置类型上可单独布置，也可与周围建筑差异布置或与周围建筑协调布置。半围合低层商业是指由多组风格统一或相似的建筑半围合而成的，拥有内部车行或步行开放空间的一组商业建筑群，该建筑群拥有单独的内部空间，可布置于城市等级较低的生活性道路一侧或居住小区、风景区、国道等区域或道路的商业部分。独立点式商业是指由形状自由的体块自由式排列而成的小型商业建筑群，通常体块之间由廊道等相连，该建筑群布局灵活但界面性不强，多用于居住小区的生活区部分或风景区等建筑密度较小的、对界面连续线形要求不高的区域。裙房低层商业是指由沿主要道路严格守边的底层商业和点式或板式商业、办公、住宅等功能的高层共同构成的商业建筑群，该建筑群的特点是界面性强，一般适用于生活性干道、生活性支路等等级较高的生活性道路两侧或对界面要求较高的道路两侧。

小型商业建筑有布局多样、形态灵活、功能复合的特点，在布局时应注意以下几点：首先，要明确其所处的位置，比如是街道两侧要求界面性，还是风景区内部要求灵活性；其次，要注意建筑组合，将功能相同、相似或

表5-3 小型商业建筑单体形态类型特点及适用条件

形态类型	沿街联排商业	组合低层商业	沿街点式商业	半围合低层商业	独立点式商业	裙房低层商业
单体平面						
形态特点	形状相同的功能体块（多为长方形）排比式排列，并由统一沿街线性建筑将其串联而形成的一组小型商业建筑	形状相似的体块分别布置于步行或车行廊道两侧，体块功能相似或相互辅助，且共同廊道有利于人流汇聚	由单体量或多体量组合而成的小型商业站点，其风格多样，一般建筑一侧与车行路相连，另一侧与步行开放空间相连	由多组风格统一或相似的建筑半围合而成的，拥有内部车行或步行开放空间的一组商业建筑群	由形状自由的体块自由式排列而成的小型商业建筑群，通常体块之间由廊道等相连	由沿主要道路严格守边的底层商业和点式或板式商业、办公、住宅等功能的高层共同构成的建筑群
适用条件	生活性支路两侧与其他建筑类型搭配布置，或风景区休息区、长途车站休息区等地区单独布置	风景区或长途车站等站点的服务区或其他小型功能混合区	城市支路、小区道路等生活性的等级较低的道路两侧，可单独布置，也可与周围建筑差异布置或与周围建筑协调布置	城市等级较低的生活性道路一侧或居住小区、风景区、国道等区域或道路的商业部分	居住小区的生活区部分或风景区等建筑密度较小的、对界面连续性要求不高的区域	生活性干道、生活性支路等等级较高的生活性道路的道路两侧或对界面要求较高的道路两侧

相关的体量组合在一起有利于商业发展；再次，要注意建筑形体选择、组合方式选择与功能的关系。切忌因建筑形体、风格、组合方式的选择错误导致对周围环境的破坏。

（4）行政办公

行政办公建筑的基本类型有条带组合式、合院式、前后组合式、蝶形组合式4类，由于该类建筑受历史、传统等因素影响较大，因而每种类型建筑在形体上差别不大，只是由于不同的功能要求略有差异（见表5-4）。条带组合式行政办公建筑是指建筑整体形状呈对称条带状的行政建筑，一般条带中间部分进深较大，且常进行诸如体块叠加等手法的细节处理，因而在整体建筑中较为突出，条带两侧体量处理较为简单。这类行政建筑适用于级别较高、功能单一的对外接待性不强的行政办公，如人民政府、党委等。合院式行政办公建筑是指由几个合院式建筑群共同组成行政办公建筑，该建筑群呈中轴对称式排列，且中间合院无论形体设计上还是细节处理上都比较突出，两侧合院则相似且沿中心合院对称，这类行政建筑适用于级别不太高、多种行政功能复合的行政办公。前后组合式行政办公建筑的形态特点是建筑由前后两部分构成：一般前部分体量较长但进深较短，多采用体块叠加等处理手法；后部分体量较短但进深较大。这类建筑适用于级别较高、功能单一并且对外接待性较强的行政办公。蝶形组合式行政办公建筑的形态特点是该类建筑在线性建筑基础上通过弧形处理，使建筑形成前后面，并且建筑两端常通过进行体量叠加等细节处理。该类建筑适用于级别较高、功能单一的行政办公，并且由于形体的特殊性，该建筑在城市主要轴线一段且起收尾作用。

行政办公建筑形体在所有建筑形体中属于比较中规中矩的，该类建筑的特点是严格的南北朝向、严格的中轴对称、严格的气势威严以及严格的风格严谨，此类建筑不宜在人们传统观念的固定模式下追求"突破式"的创新设计。在布局时，应注意以下问题：首先，该建筑与城市的关系是什么。行政办公建筑常处于城市轴线上，如何处理好建筑与城市、建筑与轴线的关系很重要。其次，建筑的功能要求是什么。这包括建筑的级别要求、建筑的

表5-4 行政办公建筑单体形态类型特点及适用条件

形态类型	条带组合式	合院式	前后组合式	蝶形组合式
单体平面				
形态特点	整体形状呈对称条带状，一般条带中间部分进深较大，且常进行诸如体块叠加等手法的细节处理，因而在整体建筑中较为突出，两侧体量处理较为简单	由几个合院式建筑群共同组成行政办公建筑群，整体建筑群呈中轴对称式排列，且中间合院无论形体还是细节上都比较突出，两侧合院相似且沿中心合院对称	建筑由前后两部分构成：一般前部分体量较长但进深较短，多采用体块叠加等处理手法；后部分体量较短但进深较大	在线性建筑基础上通过弧形处理，使建筑形成前后面，并且建筑两端常通过进行体量叠加等细节处理
适用条件	级别较高、功能单一、对外接待性不强的行政办公，如人民政府、党委等	级别不太高、多种行政功能复合的行政办公	级别较高、功能单一并且对外接待性较强的行政办公	级别较高、功能单一的行政办公，并且该建筑在城市主要轴线一段且起收尾作用

占地要求等。最后，建筑的风格是什么。行政建筑的建筑风格宜体现当地的传统特色，展示城市形象，力求在遵循人们传统观念的同时有一定的设计成分。

（5）会议中心

会议中心可以分为风景展示式、多单体组合式、椭圆形组合式、多体块组合式、多功能组合式5类，由于各类会议中心规模不同、功能不同、所处区位也不同，因而各类之间存在着少许差异（见表5-5）。风景展示式型在体块选择和处理方式上均较为灵活，其形体特点是建筑艺术造型好、艺术感强，该类型适用于景观条件较好的滨水空间、山体空间等周围，有助于完善城市天界线和展示城市形象；多单体组合式是由两个或多个设计手法相似的建筑单体组成的建筑组群，通常建筑之间通过廊道相连，该类型适合于等级较高、规模较大的会议中心或兼有各类会议和会展的会议中心；椭圆形组合式是由椭圆形的建筑主体与其他各种较小体块组合构成，该类主要适用

表5-5 会议中心建筑单体形态类型特点及适用条件

形态类型	风景展示式	多单体组合式	椭圆形组合式	多体块组合式	多功能组合式
单体平面					
形态特点	体块选择和处理方式均较为灵活，建筑艺术造型好、艺术感强	由两个或多个设计手法相似的建筑单体组成的建筑组群，通常建筑之间通过廊道相连	椭圆形的建筑主体与其他各种较小体块组合构成	由多种规则的、不规则的体块通过正交、斜交方式构成	由展示功能体块与其他各种功能体块共同组成
适用条件	景观条件较好的滨水空间、山体空间等周围，有助于完善城市天界线和展示城市形象	等级较高、规模较大的会议中心，或兼有各类会议和会展的会议中心	在片区地位较高的会议中心，作为地标出现	功能多样、除展示功能外有多种相关功能，但以会议为主要功能	功能多样，并且功能混合性强、功能相关性强，展示功能只是其中一种功能，并且可能不是主导功能

于在片区中景观地位较高会议中心，常作为地标出现；多体块组合式由多种规则的、不规则的体块通过正交、斜交方式构成，该类型适用于功能多样、除展示功能外有多种相关功能但以会议为主要功能的会议中心；多功能组合式由展示功能体块与其他各种功能体块共同组成，该类型功能多样，并且功能混合性强、功能相关性强，展示功能只是其中一种功能，并且可能不是主导功能。

会议中心的特点是体量大、形体多样，其体量大的特点决定其对城市景观、城市天界线甚至城市整体形象都影响很大，而其形体多样的特点又决定了其在形体选择时一定要非常谨慎。在会议中心设计时应注意以下几点：首先，根据会议中心所服务的区域大小决定会议中心的规模；其次，处理好会议中心与周围的关系，是相似还是对比，在不出现奇奇怪怪建筑的同时力争形体突出；再次，处理好建筑与交通等其他城市系统的关系。此外，当地文化、风俗特点等要素也对会议中心的设计影响很大。

（6）商务办公

商务办公建筑可以分为独立塔楼式、塔楼裙房式、多塔楼组合式、转角塔楼式、多体量组群式、围合塔楼组合式6种，商务办公建筑一般由塔楼和裙房两部分构成，而塔楼与裙房的规模比例则是各类商务办公建筑划分的主要依据（见表5-6）。独立塔楼式是指由点式高层及少量必要裙房构成的商务办公建筑，该类型商务功能突出，适用于不过度追求商业与商务结合或诸如集团总部办公楼等功能要求独立的情况；塔楼裙房式是指由点式高层及面积较大的裙房共同构成的商务办公建筑，该类型商务与商业功能混合性强，并且底层多以高档商业为主，点式高层多为几十家企业共同租用；多塔楼组合式由多个形态相似的点式高层与裙楼共同构成的商务建筑，该类型主要适用于土地开发强度要求较高、土地价值较高、商务功能为主要功能的地区；转角塔楼式是指由"L"形裙楼及点式高层共同构成的商业与商务建筑，该类型的特点是沿主要道路守边的商业等业态服务性好，非守边面的商务服务性好，该类型主要适用于商业中心；多体量组群式是指由点式商务高层与其他商业、娱乐等体块共同构成的商务建筑组群，该类型主要适用于商务功能与相邻功能内在联系性强的空间或商务规模较小的地区；围合塔楼组合式是指由多组点式高层和裙房沿主要道路守边围合，并形成内部空间的商务建筑群，该类型主要适用于商务办公规模大、地区土地开发强度高的地区。

商务办公建筑的特点是容积率高、建筑功能混合性强。其容积率高的特点决定了其建筑形式一般为塔楼式；

表5-6　商务办公建筑单体形态类型特点及适用条件

形态类型	独立塔楼式	塔楼裙房式	多塔楼组合式	转角塔楼式	多体量组群式	围合塔楼组合式
单体平面						
形态特点	由点式高层及少量必要裙房构成	由点式高层及面积较大的裙房共同构成	由多个形态相似的点式高层与裙楼共同构成	由"L"形裙楼及点式高层共同构成	由点式商务高层与其他商业、娱乐等体块共同构成的建筑组群	由多组点式高层和裙房沿主要道路守边围合，并形成内部空间
适用条件	商务功能突出，不过度追求商业商务结合或诸如集团总部办公楼等功能要求独立的情况	商务商业功能混合性强，底层多以高档商业为主，点式高层多为几十家企业共同租用	土地开发强度要求较高、土地价值较高、商务功能为主要功能的地区	沿主要道路守边的商业等服务性好，非守边面可以为商务提供较好服务，适用于商业中心	商务功能与相邻功能内在联系性强或该地区商务规模小，与其他功能宜共同设置	商务办公规模大、地区土地开发强度高的地区

其功能混合性强的特点决定了塔楼与裙房的比例关系是商务办公建筑设计时应解决的重点问题。在设计商务办公建筑时应注意以下几点：首先，应根据区域、城市或地区人口确定商务办公建筑总量；其次，根据商务办公建筑所处的区位等条件，着重解决商务办公与其他功能的关系问题，从而确定塔楼与裙房的占地和面积比例；最后，通过各种建筑技术手段，处理好塔楼与裙房的空间关系。在设计时要特别注重对量的把握，避免因商业办公量不足而影响城市发展，或因量太过造成资源浪费，并且影响城市活力。

（7）酒店旅馆

酒店旅馆的基本类型有酒店式公寓、弧线形酒店、块状独立式酒店、"L"形独立式旅馆、组合式酒店、海景酒店6类，由于各类酒店所处区位、服务水平、服务侧重面不同，各类空间形态有一定差距（见表5-7）。酒店式公寓大多是由以点式高层为主、以居住为主要功能的居住体块与以底层裙房为主的以娱乐、交流、管理为主要功能的公共体块结合而成的，其大多适用于城市发展潜力大的地区，并且应与立体交通等城市公共交通结合布置；弧线形酒店是板式酒店的变形，将主体板式建筑进行弧形处理后的形态为酒店主体，在弧形中部背面或一端配以以接待、餐饮、娱乐为主要功能的任意形式的体块，该类型适用于以旅馆服务为主要功能且等级较高、设施配套较完善、独立性较强、景观区位较好、规模较大的酒店旅馆；块状独立式酒店一般由以接待、餐饮、娱乐等为主要功能的大体量底层体块与以居住为主要功能的点式或板式高层体块结合而成，该类型适用于以酒店功能为主且服务等级较高、旅店服务为辅但等级服务也较高且整体独立性强的酒店旅馆；"L"形独立式旅馆一般由单一体块构成或多体块组合而成的"L"形建筑配以点式高层共同构成，其"L"形口处为主要开放空间，该类型适用于景观条件较好的地区，并且开放空间设置应与重要空间展示结合设置；组合式酒店是指由空中廊道将几个独立组团连成一体的酒店旅馆，其中独立组团间形态相似，该类型适用于一侧景观较好但设置独立建筑时建筑单体过长或

表5-7　酒店旅馆建筑单体形态类型特点及适用条件

形态类型	酒店式公寓	弧线形酒店	块状独立式酒店	"L"形独立式旅馆	组合式酒店	海景酒店
单体平面						
形态特点	以点式高层为主、以居住为主要功能的居住体块与以底层裙房为主的以娱乐、交流、管理为主要功能的公共体块结合	板式酒店的变形，主体建筑以板式建筑弧形处理后的形态为主，在弧形中部背面或一端配有以接待、餐饮、娱乐为主要功能的任意形式的体块	以接待、餐饮、娱乐等为主要功能的大体量底层体块与以居住为主要功能的点式或板式高层体块结合	由单一体块构成或多体块组合而成的"L"形建筑配以点式高层共同构成，其"L"形口处为主要开放空间	由空中廊道将几个独立组团连成一体的酒店旅馆，独立组团间形态相似	由朝向海面的点式或板式高层结合底层公共空间体块共同构成
适用条件	城市发展潜力大的地区，与立体交通等城市公共交通相结合地区的酒店旅馆	旅馆服务为主要功能且等级较高，设施配套较完善，独立性较强，景观区位较好，规模较大的酒店旅馆	酒店功能为主且服务等级较高，旅店功能为辅但等级服务也较高，整体独立性强的酒店旅馆	景观条件较好地区的旅馆酒店，开放空间设置应与重要空间展示结合	一侧景观较好但设置独立建筑时建筑单体过长或酒店产权不统一	海景、江景、山景等自然景观较好，利用价值大的地区

酒店产权不统一等情况；海景酒店一般由朝向海面的点式或板式高层结合底层公共空间体块共同构成，该类型一般设置于海景、江景、山景等自然景观较好，利用价值大的地区。

酒店旅馆建筑的共同特点是区位好、交通可达性好、景观条件好，但不同类型的酒店旅馆建筑设计也有一定差异，在设计酒店旅馆时，我们一般关注以下几个问题：首先，良好的区位选择很重要，其中景观区位、交通区位、经济区位尤其重要；其次，建筑类型要与酒店规模、酒店服务水平等相配；再次，酒店形体设计要利用好空间资源，尤其是酒店高层朝向、出入口、广场的设置等问题要多加考虑。切忌设计时墨守成规、资源利用不到位、问题解决不到位。

5.4.2 文教体卫建筑

文教体卫建筑是指用于文化、教育、体育、医疗卫生等功能的一类建筑的总称，属于城市公共设施的范畴，具体包括文化馆、图书馆、音乐馆、礼堂、美术馆、科技馆、体育馆、博物馆、会展建筑、医院建筑、娱乐休闲建筑、产业园建筑及学校建筑等13种类型。此类建筑单体形态的基本类型包括对称式、不对称式、规则组合式及不规则组合式等。在城市设计中，不同功能类型的建筑都有不同的气质和风格，建筑的形态设计必须要与建筑的功能相一致，避免建筑形态与本体功能相背离的问题。

（1）文化馆

文化馆建筑包括独立点式、不规则组合式、规则组合式、弧形不规则式、传统沿街式及传统合院式等不同的单体形态类型（见表5-8）。独立点式文化馆由点式单体建筑构成，形态简单，适用于用地面积较小的地块或是不适合大面积建造的地段；不规则组合式形态的特点是由多种不规则形体组合而成，一般适用于各级中心的文化区；与不规则组合式相类似，规则组合式形态的特点是由多种规则形体组合而成的一个建筑整体，也适用于各级中心的文化区；弧形不规则式形态的特点是由弧形不规则曲线构成，曲线自然美观；与前几种形态类型不同，传统沿街式形态的文化馆一般是由低层构成，是一种院落式结构的沿街坡屋顶传统住宅形态，一般与历史街区结合，形成特有的街巷格局，普遍适用于传统商业街区、古街区或是城市历史地段；传统合院式形态的特点是由多个低层建筑组合而成，适用于传统商业街区、古街区或是城市历史地段。

文化馆建筑一般根据不同地段、不同地域文化、不同用地环境设计不同形态类型的文化馆，来体现与周边环境相协调、反映特定文化的文化气息和氛围，往往与道路、广场、公园绿地等结合布置，使其融入周边环境，创造良好的文化氛围。

表5-8 文化馆建筑单体形态类型特点及适用条件

形态类型	独立点式	不规则组合式	规则组合式	弧形不规则式	传统沿街式	传统合院式
单体平面						
形态特点	单体建筑，形态简单	多种形体不规则组合而成	多种规则形体组合而成	弧形不规则曲线，曲线自然美观	低层；院落式结构；沿街坡屋顶传统住宅形态；与历史街区结合，形成街巷格局	多个低层建筑组合，合院式结构
适用条件	地块较小或不适合大面积建造的地段	各中心的文化区，用于突出文化馆	适用于广场空旷地区	适用于滨水异形地区	传统商业街区、古街区或城市历史地段	传统商业街区、古街区或城市历史地段

（2）图书馆

图书馆建筑包括直角非对称式、扇形组合式、蝶形组合式、圆形组合式及碗形对称式等不同的单体形态类型（见表5-9）。直角非对称式形态是主体形态为直角形的非对称建筑形式，一般适用于周边建筑形态较为规整的情况；扇形组合式形态是由多个扇形体块围绕核心体块组合而成的，多用于滨水地区或是突出表现该建筑体量的情况；蝶形组合式形态的主要特点是核心体块两边伸展出对称的体块，犹如蝴蝶两翼，这样的图书馆多位于轴线的尽端或是与有较大开放空间的地块相结合布置；圆形组合式形态是以广场为中心的圆形建筑组合，一般位于滨水空间或是与较大的开放广场相结合布置；碗形对称形态的特点是以广场为中心的对称组合建筑，一般适用于轴线尽端的情况或是较大开放空间的情况。

图书馆建筑一般比较严谨，多与广场、硬地相结合，鲜有形态丰富多变的外部形态，多为对称或是方形、圆形等形态为主，体现其独特的整体感、艺术感与造型感。图书馆是大众文化标志之一，一般布置于周边环境较为安静的地段，不宜与繁华的街道或是公共空间相邻。

表5-9　图书馆建筑单体形态类型特点及适用条件

形态类型	直角非对称式	扇形组合式	蝶形组合式	圆形组合式	碗形对称式
单体平面					
形态特点	主要形态为直角形，非对称形式	由多个扇形体块围绕核心体块组合而成	核心体块两边伸展出对称体块，犹如蝴蝶两翼	以广场为中心的圆形建筑组合	以广场为中心的对称组合建筑
适用条件	适用于周边建筑形态较为规整的情况	多用于滨水地区或是突出该建筑体量的情况	轴线尽端，较大的开放空间	滨水空间，较大的开放广场	轴线尽端，较大的开放空间

（3）音乐馆

音乐馆建筑包括半弧非对称式、扇形组合式、几何组合式、球形组合式及弧形不规则式等不同的单体形态类型（见表5-10）。半弧非对称式主体由半圆形的体块构成，多与广场或特殊地形、道路等相结合；扇形组合式是由多个扇形体块组合而成，适用于与滨水、绿地公园相结合的情况；几何组合式是由矩形、圆形等不同几何形

表5-10　音乐馆建筑单体形态类型特点及适用条件

形态类型	半弧非对称式	扇形组合式	几何组合式	球形组合式	弧形不规则式
单体平面					
形态特点	主体由半圆形的体块构成	由多个扇形体块组合而成	由矩形、圆形等不同几何形体块组合而成	由多个球形体块组合而成	由多条不规则曲线组合而成；形态优美，具有曲线感
适用条件	与广场结合	与滨水、绿地公园相结合	多用于中心区、商务区、文化区等地段	多与广场、滨水和公园相结合布置	用于地块面积较大的情况

体块组合而成的一种音乐馆，多适用于中心区、商务区、文化区等地段；球形组合式是由多个球形体块组合而成的，多与广场、滨水和公园等相结合布置；弧形不规则式由多条不规则曲线组合而成的，其特点是形态优美，具有曲线感，适用于地块面积较大的情况。

音乐馆建筑是艺术气息非常浓厚的建筑，往往结合婀娜优雅的曲线或是优美的形态构筑其外部形态。音乐馆的布置一般结合其他文化建筑一同构成一个文化区整体，音乐馆的门口布置开放性广场、绿地或是滨水空间，提供一个休闲娱乐放松的场所和环境氛围。注意音乐馆周边应尽量远离嘈杂的交通及公共设施等环境，并注意周边环境美化与整治工作。

（4）礼堂

礼堂建筑单体形态包括对称组合式、矩形组合式、矩形建筑、扇形建筑和及椭圆形建筑等几种形态（见表5-11）。对称组合式形态是沿用欧式古典对称风格的一种礼堂建筑形态，多见于历史地段或是轴线对称地段；矩形组合式形态及矩形建筑的特点是由多个规则矩形体块围绕中心体块组合而成，适用于人数较小的小型礼堂；而扇形建筑及椭圆形建筑则是适用于人数较多的较大型礼堂。礼堂建筑都由一个大的核心空间构成，包括表演台、观众席及后场3个部分。礼堂的外部形态一般比较严谨规整，没有过多的曲线不规则组合，多是由几何形组合而成。礼堂建筑的布局没有较大的限制，住区、学校、街道、广场、各级中心都能布置礼堂建筑。

表5-11　礼堂建筑单体形态类型特点及适用条件

形态类型	对称组合式	矩形组合式	矩形建筑	扇形建筑	椭圆形建筑
单体平面					
形态特点	欧式古典对称风格	多个规则矩形体块围绕中心体块组合而成	矩形体块	扇形体块	椭圆形体块
适用条件	历史地段，轴线对称地段	人数较少	人数较少	人数较多	人数较多

（5）美术馆

美术馆建筑形态包括线性组合式、弧形不规则式、规则多边形式及规则对称式等4种形态（见表5-12）。线性组合式特点在于建筑是由多个线性体块组合而成，适用于文化区、商业区或是城市主要功能服务区；弧形不规则式形态是由不规则曲线构成的单体建筑，与水系绿地相结合，多适用于公园滨水等地段，其弧形不规则形态能很好地突出其建筑形体与地位；规则多边形式形态一般体量较小，适用于地块较小、使用人数较少的地块；而规则对称式则是由规则方形体块对称组合而成，多适用于地块较大、使用人数较多的情况。

美术馆建筑都有其规定的观展流线，不同形态的美术馆往往结合不同的观展流线设计，其外部形态变化多样，其形态多体现不同地区、不同文化的特殊要求，展现出不同的设计理念，是一种与文化、艺术相结合的反映设计者艺术追求的建筑类型。美术馆的布置需要与周边广场、绿化、水系相协调，形成一个有机共融的"美"的整体。

（6）科技馆

科技馆建筑形态包括弧形对称式、直角非对称式、矩形组合式、几何组合式及不规则组合式等多种类型（见表5-13）。弧形对称式是由核心体块与弧形体块组合而成的适用于轴线尽端的一种形态类型，如建筑前布置广场等开放空间；直角非对称式外部形态由直角形构成，多适用于方形地块，受用地的限制较大；与直角非对称类似，矩形组合式由多个方形体块组合而成，也受用地影响较大，适用于方形地块；几何组合式是围绕中心的圆形体块与周围的方形体块组合而成的一种形态结构，同样适用于方形地块；不规则组合式特点是由多个不规则体块组合而成，多为科技中心，适用于地块较大的城市边缘地带。

科技馆设计理念为"科技、创新、大众"，既能体现科技创新的要求，又要满足大众的需求，是一种展示科技发展魅力的场馆。科技馆内部多有一个核心展示空间，内部流线与外部形态结合设计，多采用高科技建筑手段展现科技创新特点，满足采光、流线、各功能结合等多种要求。科技馆属于公共设施的一种，应布置于交通便捷、对大众开放的公共地段，注意不能放置于偏远、交通可达性较弱或是活力不足的地段。

表5-12 美术馆建筑单体形态类型特点及适用条件

形态类型	线性组合式	弧形不规则式	规则多边形式	规则对称式
单体平面				
形态特点	由多个线性体块组合而成	由不规则曲线构成的单体建筑	多边形单体建筑，一般形体较小	由规则方形体块对称组合而成
适用条件	多适用于文化区、商务区或是城市主要功能服务区	与水系绿地相结合；多适用于公园滨水，突出其建筑形体	适用于地块较小、使用人数较少的地块	多适用于地块较大、使用人数较多的情况

表5-13 科技馆建筑单体形态类型特点及适用条件

形态类型	弧形对称式	直角非对称式	矩形组合式	几何组合式	不规则组合式
单体平面					
形态特点	由核心体块与弧形体块组合而成	主要体块呈直角形	多个方形体块组合而成	围绕中心的圆形体块与周围的方形体块组合而成	由多个不规则体块组合而成
适用条件	多位于轴线尽端	多适用于方形地块	多适用于方形地块	多适用于方形地块	多为科技中心，适用于地块较大的城市边缘地带

（7）体育馆

体育馆建筑形态类型包括球形对称式、半月形对称式、椭圆形对称式、并列组合式、直角非对称式及不规则组合式等不同形态（见表5-14）。球形对称式是较为常见的一种体育馆类型，有开合式顶棚，适用于拥有独立

表5-14　体育馆建筑单体形态类型特点及适用条件

形态类型	球形对称式	半月形对称式	橢圆形对称式	并列组合式	直角非对称式	不规则组合式
单体平面						
形态特点	球形，有开合式顶棚	由两个对称的半月形观众区组成	由两个对称的橢圆形观众区组成，有开合式顶棚	由多个并列的几何体块组合而成	主体呈直角形	由多个不规则体块排列组成，其中有一个或多个核心体块
适用条件	拥有独立的较大用地面积，多位于城市边缘区或是城市独立地块；多用于雨量较大的城市	拥有独立的较大用地面积，多位于城市边缘区或是城市独立地块；多用于雨量较少的城市	拥有独立的较大用地面积，多位于城市边缘区或是城市独立地块	适用于用地面积较小、使用人数较少的地块	适用于用地面积较小的地块	多与城市公园绿地水系相结合，多位于城市边缘区

的较大用地面积的地块，多位于城市边缘区或是城市独立地块；与球形对称式体育馆相似，半月形对称式也是一种较为常见的体育馆类型，由两个对称的半月形观众区组成；而橢圆形对称式由两个对称的橢圆形观众区组成，适用条件是拥有独立的较大用地面积，多位于城市边缘区或是独立地块；并列组合式与前几种体育馆不同，是一种室内体育馆，主体功能是篮球馆、排球馆或是羽毛球馆，由多个并列的几何体块组合而成，适用于用地面积较小、使用人数较少的地块，是一种市区常见的室内体育馆类型；直角非对称是另一种室内体育馆类型，主体呈直角形，也适用于用地面积较小的地块；不规则组合式是多个不规则体块排列组成的一种室外体育馆类型，由一个主馆和多个附馆组合而成，多与城市公园绿地水系相结合，位于城市边缘区。

体育馆分为室内、室外两种类型，室外体育馆多以足球场为核心，举办大型体育赛事，由于占地面积较大，多位于城市边缘区；而室内体育馆功能多样，包括篮球馆、排球馆、羽毛球馆等多种类型，方便周边居民的日常使用，由于使用频率较高且占地面积较小，多位于市区内部，能与中心区、住区、商业区、街道等不同地段结合协调布置。同时体育馆应满足交通的可达性，周边应布置便利的交通枢纽，包括地铁站、公交站台等。

（8）博物馆

博物馆建筑是供收集、保管、研究和陈列，及展览有关自然、历史、文化、艺术、科学、技术方面的实物或标本之用的公共建筑。为博物馆藏品保管、陈列展览、文化教育及学术研究等业务活动而专门设计修建的城市公共文化建筑。

博物馆建筑的形态类型包括：半围合形、自由贝壳形、不规则方形、三角形组合院落、带形组合体（见表5-15）。半围合形的形态特点是呈多个矩形相互组合的半围合形，形体较整并且围合出室外展览与活动空间，适用于形态比较规则的地块，有比较明显的出入口方向与室外活动空间的要求；自由贝壳形的形态特点是呈自由贝壳形，底层较大，展览空间层层叠加，形成丰富的室外活动空间与观景平台，适用于滨水区等景观环境较好的地段，需要通过博物馆形态突出城市个性的地区；不规则方形的形态特点是呈不规则方形，边界可以通过切割丰富空间层次，也可以增加圆柱体等形体强调展览核心空间，适用于形态比较规则的地块，无特殊条件限制要求；三角形组合院落的形态特点是呈三角形围合，以线性展览空间为主，在线性空间的基础上增加一些矩形体量丰富建筑形体，一般适用于三角形的场地，通过三角形内部的活动空间与城市联系；带形组合体的形态特点是呈带形组合体，建筑整体感强，个性突出，通过结构处理使得建筑的通透性与空间层次较好，一般适用于城市核心展示与

表5-15 博物馆建筑单体形态类型特点及适用条件

形态类型	半围合形	自由贝壳形	不规则方形	三角形组合院落	带形组合体
单体平面					
形态特点	形态呈多个矩形相互组合的半围合形,形体较整并且围合出室外展览与活动空间	形态呈自由贝壳形,底层较大,展览空间层层叠加,形成丰富的室外活动空间与观景平台	形态呈不规则方形,边界可以通过切割丰富空间层次,也可以增加圆柱体等形体强调展览核心空间	形态呈三角形围合,以线性展览空间为主,在线性空间的基础上增加一些矩形体量丰富建筑形体	形态呈带形组合体,建筑整体感强,个性突出,通过结构处理使得建筑的通透性与空间层次较好
适用条件	形态比较规则的地块,有比较明显的出入口方向与室外活动空间的要求	滨水区等景观环境较好的地段,需要通过博物馆形态突出城市个性的地区	形态比较规则的地块,无特殊条件限制要求	一般适用于三角形的场地,通过三角形内部的活动空间与城市联系	一般适用于城市核心展示与文化地段,通过建筑造型展示城市个性

文化地段,通过建筑造型展示城市个性。

博物馆建筑设计在布局方式上要注意以下几点:①博物馆建筑设计总原则是必须满足全面发挥社会、经济、环境3大效益的要求,因而建筑设计必须符合博物馆工艺设计,并要求做到建筑艺术与建筑功能的统一。②博物馆选址是建筑设计前期工作中的重要环节。宜在地点适中、交通便利、城市公用设施比较完备的地段,其周围应没有污染源,场地干燥、排水通畅、通风良好。③博物馆建筑外貌应当反映博物馆的性质特征,不同地区不同性质的博物馆都应该具有个性特色。如利用古建筑改为博物馆,须保持古建筑本身及周围环境的风貌,并遵守各项文物法规、消防法规等。博物馆建筑要避免以下问题:①选址不当,交通不够便利,缺乏吸引力;②没有考虑城市历史与文化因素,与城市社会脱节,过度注重现代形式;③没有考虑与景观环境相结合,室内流线与室外展览空间缺乏沟通,没有起到视线与活动焦点的作用;④博物馆建筑周边缺乏相应的商业、文化等服务设施,活动氛围较差。

（9）会展建筑

会展建筑作为一种相对年轻的建筑类型,其概念由博物馆建筑演进而来。通常包含会议、展览和相关附属建筑。由于会展业长足进步,对功能的需求越来越明显。会展中心集展览、会议、商住为一身,同时又属于文化范畴,在形态上讲求文化性与地域特色,有时更被作为代表一个城市经济、文化的地标性建筑。会展建筑的形态类型包括:正八边形、梯形组合体、正方形、带形组合体、半圆圈形、不规则扇形(见表5-16)。

正八边形的形态特点是呈正八边形,建筑表皮多边形镶嵌,箭镞中心布置核心空间,适用于比较规整的地段或者老城区;梯形组合体的形态特点是呈梯形组合体,通过矩形、圆柱体等几何体量相互组合,丰富空间层次,适用于比较规整的地段,无特殊限制条件;正方形的形态特点是呈正方形,强调4个方向上的入口引导性,在四周增加小体量穿插,适用于比较规整的地段,需要强调空间核心;带形组合体的形态特点是呈带形组合体,展览空间以线性为主,通过视线通廊与室外景观联系,带形空间上穿插组合小体量,适用于线性场地,室外景观丰富,视线与行为联系强;半圆圈形的形态特点是呈半圆圈形,通过建筑围合出核心室外景观与活动空间,并通过视廊与其联系,适用于扇形地段,需要一定的室外核心景观;不规则扇形的形态特点是呈不规则扇形,建筑形体具有景观指向性,小体量组合形成室外平台,适用于扇形地段或者滨水景观区等。

表5-16　会展建筑单体形态类型特点及适用条件

形态类型	正八边形	梯形组合体	正方形	带形组合体	半圆圈形	不规则扇形
单体平面						
形态特点	形态呈正八边形，建筑表皮多边形镶嵌，箭镞中心布置核心空间	形态呈梯形组合体，通过矩形、圆柱体等几何体量相互组合，丰富空间层次	形态呈正方形，强调4个方向上的入口引导性，在四周增加小体量穿插	形态呈带形组合体，展览空间以线性为主，通过视线通廊与室外景观联系，带形空间上穿插组合小体量	形态呈半圆圈形，通过建筑围合出核心室外景观与活动空间，并通过视廊与其联系	形态呈不规则扇形，建筑形体具有景观指向性，小体量组合形成室外平台
适用条件	比较规整的地段或者老城区	比较规整的地段，无特殊限制条件	比较规整的地段，需要强调空间核心	线性的场地，室外景观丰富，视线与行为联系强	扇形地段，需要一定的室外核心景观	扇形地段或者滨水景观区等

　　会展建筑主要有以下特点：①功能符合性；②文化地域性（目前城市需要一些这种公共展示空间进行一些文化的传播，这些展览场所，不仅仅是一个展示空间，还是城市文化的载体）；③地标性。

　　会展建筑设计在布局方式上要注意以下几点：①充分发挥会馆建筑的展示功能，在建筑外貌上敢于创新，通过各种几何形组合，使其起到城市地标的作用；②景观，多平台，多沟通；③尽量组合多样，形成建筑群体，多空间层次；④单一建筑要注重周边环境的打造与整合，形成户外展览体系，内外沟通。会展建筑设计要避免以下问题：①建筑形式过于死板单一，没有起到会馆建筑作为城市时代象征的作用；②会馆建筑周边缺少硬质活动空间与软质景观空间，导致会馆建筑缺少吸引力；③会馆建筑在城市中的布局欠考虑，既没有布置在历史老城等文化资源丰富的地区，也没有布置在滨水区等环境较好的地段。

（10）医院建筑

　　医院建筑是专业性、综合性很强的公共建筑，其设计涉及多个部门（门诊部、医技部、住院部、后勤部、行政办公、生活服务等），多条流线（急诊流线、传染流线、物流流线等），矛盾多样。针对解决矛盾手段的不同，医院建筑单体形态类型可分为厅式组合、街巷式、庭廊式、套院式、单元组合式5种（见表5-17）。其中，

表5-17　医院建筑单体形态类型特点及适用条件

形态类型	厅式组合	街巷式	庭廊式	套院式	单元组合式
单体平面					
形态特点	门诊综合大厅直接与各科室联系，环状布置	以"街"联系各个部门，以"巷"联系各部门内部，形状狭长	各部门廊道联系，廊道绕中庭，布局灵活	平面简洁，通风采光，庭院绿化	部门分立，廊道联系，综合厅与行政部、生活部置于两端，灵活多变
适用条件	小型医院	受地形、规模限制，尺度要求严格	大中型医院	受规模、层数影响	大型医院，用地充足

厅式组合医院建筑门诊综合大厅直接与各科室联系，小规模医院最好呈环状布置，利于流线组织；街巷式医院建筑内部以"街"联系各个部门，以"巷"联系各部门内部，在地块狭长地区广泛应用，"街"和"巷"尺度要求比较严格；庭廊式医院建筑庭院居于中心，各部门围绕庭院布局并以绕庭廊道相连，布局较为灵活，多见于大中型医院；套院式医院建筑平面简洁，通过绿化庭院进行通风采光，在受规模与层数限制的项目中广泛采用；单元组合式医院建筑各部门相互分离，其中综合厅与行政部、生活部置于两段，各部门通过廊道联系，整体布局灵活多变，与自然关系交融，适用于用地充足的大型医院。针对医院建筑的专业性与复杂性，我们在对其进行布局时要充分考虑各部门功能要求及相互联系、各流线避让原则。此外，尽量提升医院整体环境，既要与自然环境有机融合，又要充分考虑外界环境对医院环境的不利干扰，功能性是首要的。同时，也要考虑患者的心理需求，既不能过分追求建筑形式也不能不追求建筑形式。

（11）娱乐休闲

娱乐休闲建筑是城市文化或城市空间的重要组成部分，其基本单体形态可分为曲线对称均衡型、点裙型、非对称均衡型、流线形体型、单元组合型、几何排列型6种类型（见表5-18）。其中，曲线对称均衡型娱乐建筑形体既灵动又端庄，中心轴线很好地协调了建筑与环境的秩序，一般适合小型文化娱乐建筑；点裙型娱乐建筑一般规模较大，开发强度较高，利用塔楼提升整体建筑形象，同时，塔楼与裙楼功能上互补，主要见于大型娱乐中心建筑；非对称均衡型娱乐建筑体量小巧，造型严谨又活泼，简单而大气，一般主要见于滨水小型会所等；流线形体型娱乐建筑具有很强的流动感和时代气息，也能很好地适合复杂的地形，具有灵活多变的特点，一般是地方标志性建筑；单元组合型娱乐建筑将功能不同的区块彼此分离，呈规律布置，具有很强的韵律感，各区块一方面利用交通连廊联系，另一方面利用交通连廊提升形态特色，一般适用于功能多样且易于分区的娱乐建筑，往往成为地方标志性建筑；几何排列型娱乐建筑主体建筑为一个特定的几何图案，在此基础上进行旋转叠合，构成特定几何形式母题，各几何单体之间同样通过交通连廊进行联系，形态大胆而奔放，一般是地方标志性建筑。不难发现，形式多样的娱乐休闲建筑总体来说体现3个共同特点：首先，具有功能的综合性，即具有多种类型的功能内容；其次，具有空间多样性，各类型空间特质差异性大，层数丰富；最后，具有形体复杂性，往往以曲线或不规则几何形制营造韵律感，形体组合复杂多变。我们在进行娱乐休闲建筑设计时要注意形体的统一与变化，灵活地利用构筑物连接体或交通空间提升特色，既要重视内部空间尤其是公共空间特色的塑造，也要重视外部空间尤其是景观休闲空间的设计。

表5-18　娱乐休闲建筑单体形态类型特点及适用条件

形态类型	曲线对称均衡型	点裙型	非对称均衡型	流线形体型	单元组合型	几何排列型
单体平面						
形态特点	既灵动又端庄，轴线协调	规模大，开发强度高，塔楼与裙楼功能互补	造型严谨又活泼，简单大气	流动感，时代气息，适合复杂地形，灵活多变	单元分离，几何关系明确，交通连廊，自然结合度高，韵律感	几何形式母题，旋转而叠合，交通具有决定影响
适用条件	小型文化建筑	大型娱乐中心建筑	滨水小型会所	地方标志性建筑	功能分区明确，地方标志建筑	地方标志性建筑

（12）产业园

产业园建筑是生产与生活的空间载体，其单体形态一般可分为行列散布式、单体并联式、整合式、自由组团式、单元分离式5种类型（见表5-19）。其中，行列散布式产业园区布局是生产性为主的产业园最常见的布局方式，具体表现为各生产车间彼此分离，成行成列排列，建筑层数一般不超过3层，园区交通网络纵横，道路通达度极高，适用于用地充足地区；单体并联式产业园区以一个生产单元为单位，根据园区发展需要模式化并联复制，共享服务空间，用地紧凑，内部功能互动性强，一般适用于前期资金有限、以办公为主的产业园；整合式产业园整合所有功能置于一个大体量建筑单体内，服务设施共享度很高，建筑立面新颖，类似于创意办公建筑，适用于创业产业等几乎不含生产车间的产业园；自由组团式产业园建筑组团布局灵活，单体分布错落有致，地形适应能力强，可以营造出氛围极好的外部空间，功能分区明确且按照生产与生活流线彼此连续，一般适用于办公生产等综合性、科技含量较高的产业园；单元分离式产业园生产部门与生活服务部门各成单元并彼此分离，建筑单体平面形制灵活，可以营造出良好的外部空间氛围，用地效率较高，一般适用于大中型科技企业和环境质量要求较高的园区。因此我们可以看出，产业园区建筑单体一般以规整的方形为主，这有利于提高生产设备的空间利用率。此外，产业园对于交通的依赖度很高，园区内部道路网密度很高。创业产业比重较大的园区环境要求较高，建筑立面一般灵活多变。生产性车间比重高的产业园则相反，大车间密路网的特点突出。我们在设计产业园建筑布局时一定要根据产业园的产业类型及比重，处理好工作空间、生产空间、服务空间、展示空间等之间的关系，做到在满足功能的前提下，尽量突出空间特色。

表5-19　产业园建筑单体形态类型特点及适用条件

形态类型	行列散布式	单体并联式	整合式	自由组团式	单元分离式
单体平面					
形态特点	生产单元分散，成行成列，路网纵横	生产单元模数复制，用地紧凑，可分期开发，共享服务空间	整合功能，用地紧凑，立面新颖	组团布局灵活，单体错落有致，适应地形，外部空间氛围良好，功能分区明确	生产部门与生活服务部门分离，外部空间氛围良好，立面新颖，用地效率高
适用条件	生产性产业园，用地充足，建筑层数少	办公为主产业园区，前期资金有限园区	创意产业，不含生产性空间	办公、生产综合园区，科技含量较高产业	大中型科技企业，环境质量要求较高园区

（13）学校建筑

学校建筑单体形态类型可以分为单体平行式、单体围合式、中心对称式、自由组合式、多组团串联式、综合大楼对称式6种（见表5-20）。其中，单体平行式学校建筑单体"一"字形展开，平行排列，以连廊连接，没有明显的边界，整体对外打开，融入环境，适用于环境安静优美地区的中小学；单体围合式学校建筑单体首尾连接，营造出一个私密安静的内院，办公单体穿插其中使得教学区与办公区分离，适用于外部环境不够理想的中小学；中心对称式学校建筑单体中心对称，以连廊连接围合成一个独立的内部开放空间，整体平面丰富活泼，适用于形制规整严谨的中小学，在我国广泛存在；自由组合式学校建筑办公与教学区体量差异较大，分区明确，整体体量自由舒展，与场地呈互动对话之势，适用于无特殊要求的中小学；多组团串联式学校建筑单体以内院围合形式相互串联，通过廊道联系，功能分区明确，节奏感强，界面整齐丰富，各组团内部院落用于通风采光，常见有多学院大学；综合大楼对称式学校建筑单体尺度大，功能高度复合，中心退让开放空间，与单体一起形成对称轴

表5-20　学校建筑单体形态类型特点及适用条件

形态类型	单体平行式	单体围合式	中心对称式	自由组合式	多组团串联式	综合大楼对称式
单体平面						
形态特点	单体平行排列，对外开放，融入自然	单体围合成院，相对私密安静，穿插办公单体	单体围合，中心对称，平面丰富活泼	办公、教学体量差异大，对话场地，自由舒展	单元成组成团，廊道联系，功能分区明确，节奏感强，界面整齐丰富，院落通风采光	轴线对称，单体尺度大，功能复合，中心开放空间，平面规整严谨
适用条件	环境清幽的中小学	外部环境不够理想的中小学	形制规整严谨的中小学	无特殊要求的中小学	多学院大学	大学学院或初高中

线，整个平面规整严谨，适用于大学学院建筑或初高中建筑。总之，在进行学校建筑单体形态设计时要考虑以下3个方面：①功能分区方面。一般将校园分为3个区（生活区、行政教学区、体育馆区），要合理利用地形，合理解决功能分区与地形之间的矛盾。②建筑空间组织方面。要善于构建点、线、面不同层次的空间系统，包括开放空间与绿地空间系统，将不同功能的分区有机联系为一个整体，为师生提供多层次的交往空间；③文化与特色塑造方面，从建筑单体的体量、色彩、结构、构筑物选择等方面营造校园文化氛围和特色，增强校园场所感，重视校园与周边环境的互动，使其真正融入环境之中。

5.4.3　居住建筑

居住建筑是指供人们日常居住生活使用的建筑物。现代居住建筑类型多样，"户"或"套"是组成各类住宅的基本单位。住宅建筑按组合方式可分为独户住宅和多户住宅两类。按层数可分为低层、多层、中高层建筑、高层住宅。按居住者的类别可分为一般住宅、高级住宅、青年公寓、老年人住宅、集体宿舍、伤残人住宅等。根据不同结构、材料、施工方法，也有按主体结构的不同特征将住宅分为砖混住宅、砌块住宅、大板住宅等多种类型。

居住建筑是城市建设中比重最大的建筑类型，住宅经常成片建设。除了合理安排居住区的群体建筑、公共配套设施、户外环境外，住宅本身的设计一般要考虑以下几点：①保证分户和私密性。使每户住宅独门独户，保障按户分隔的安全和生活的方便，视线、声音的适当隔绝和不为外人所侵扰。②保证安全。建筑构造符合耐火等级，交通疏散符合防火设计要求。③处理好空间的分隔和联系。户内的空间设计，由于家庭人口的组成不同，要有分室和共同团聚的活动空间。④选择良好的朝向。既保证日照基本要求和良好通风，又要防晒和防风沙侵袭。

（1）高层住宅

10层及10层以上的住宅，我们称之为高层住宅。高层住宅是城市化、工业现代化的产物，按它的外部体形可分为塔式、板式和墙式；按它的内部空间组合可分为单元式和走廊式。高层住宅主要有以下特点：①有利于城市商业网点的布置；②有利于提高建筑物的层数；③能丰富城市街景；④便于形成商业街；⑤设计难度较大。商住楼建筑的形态类型包括：方形点式、不规则点式、对称点式、不对称点式、碟形与"十"字形（见表5-21）。

方形点式的形态特点和适用条件是形态以方形为主，一般以电梯筒为核心，多个住户环绕布局；不规则点式形态特点是呈不规则多边形，由多个不同户型相组合；对称点式的形态特点呈以电梯筒为轴两侧对称，户型多

表5-21 高层居住建筑单体形态类型特点及适用条件

形态类型	方形点式	不规则点式	对称点式	不对称点式	碟形	"十"字形
单体平面						
形态特点	形态以方形为主，一般以电梯筒为核心，多个住户环绕布局	形态呈不规则多边形，由多个不同户型相组合	形态呈以电梯筒为轴两侧对称，户型多集中布局在两侧	电梯筒两侧的建筑形态呈不对称布局，两侧的住户户型上存在差异	形态呈碟形，以电梯筒为核心，朝一个方向上垂直生长出居住空间	形态呈十字形，以电梯筒为核心，4个方向上垂直相交地生长出居住空间

集中布局在两侧；不对称点式的形态特点是电梯筒两侧的建筑形态呈不对称布局，两侧的住户户型上存在差异；碟形的形态特点是呈碟形，以电梯筒为核心，朝一个方向上垂直生长出居住空间；"十"字形的形态特点是呈"十"字形，以电梯筒为核心，4个方向上垂直相交地生长出居住空间。

高层住宅建筑设计在布局方式上要注意以下几点：①高层居住建筑设有电梯，因此其交通面积要大于多层住宅，整体单元面积也相对较大；②高层居住建筑可以布置在住区边缘，减少因为日照间距问题带来不必要的土地浪费；③高层居住建筑也可以与住区的核心景观与开敞空间结合，形成视觉焦点。高层住宅建筑要注意：日照间距符合要求，视线关系与景观界面不要被高层所遮挡。

（2）小高层住宅

在建设部有关规定中，没有小高层这个概念，它是人们的通俗叫法。具体几层叫小高层没有约定俗成的概念。在现实生活中，通常人们把7～11层的楼房称为小高层。按规定7层以上必须配电梯，所以小高层属于配电梯的范围之内，它的特点是方便的同时又能给生活一种新的高度。小高层居住建筑的形态类型包括：规则方形、不规则方形、"T"形、不规则"T"形、风车形（见表5-22）。

规则方形的形态特点是整体外形呈方形，在楼梯口或电梯井、阳台处有少量凸起，单个户型较大，适用条件是容积率适中、符合高度限制（大户型拼接或一梯一户大户型）；不规则方形的形态特点是整体外形呈方形，但在楼梯口或电梯井处有明显凸起，单体户型，适用条件是中小户型拼接或一梯一户大户型；"T"形的形态特点是整体外形呈较严格"T"形，楼梯间或电梯间置于北侧，南侧单户型突出，整体建筑南向采光面大，适用条件是高层建筑，一梯三户中小户型；不规则"T"形的形态特点是整体外形呈不严格"T"形，楼梯间置于北侧，由于户型要求和防震要求等，南立面侧有"凹"入缝隙，适用条件是中层或中高层，一梯两户大户型；风车形的形态特点是由相似的4部分居住体块和连接体块构成，连接体块位于中间将4部分连接，适用条件是中高层、一梯四户建筑，且当地对采光要求不高。

小高层居住建筑设计主要有以下特点：①可以发挥多层住宅平面布局的优点，如南北朝向，而且在采光通风、空气质量、景观质量方面更优；②建造成本较多层住宅增加的比较有限，没有增加过多的购买负担；③一般采取一梯两户的格局，避免了高层住宅有部分房屋朝向不好的问题；④建筑质量一般较好。

小高层居住建筑设计在布局方式上要注意以下几点：①可以单独组合，形成小高层组团；②可以与其他类型的居住建筑如多层组合，利用高度差异形成多变的空间层次与景观界面；③在设计与规划时应该注意小高层居住建筑的交通组织与景观环境组织。

小高层居住建筑要注意以下问题：①小高层居住建筑应当高度适中，不宜过于追求经济效益而突破高度限制；②小高层居住建筑之间的视线关系要保持通达；③小高层居住建筑之前的群体组合不应单一呆板；④小高层

表5-22　小高层居住建筑单体形态类型特点及适用条件

形态类型	规则方形	不规则方形	"T"形	不规则"T"形	风车形
单体平面					
形态特点	整体外形呈方形，在楼梯口或电梯井、阳台处有少量凸起，单个户型较大	整体外形呈方形，但在楼梯口或电梯井处有明显凸起，单体户型	整体外形呈较严格"T"形，楼梯间或电梯间置于北侧，南侧单户型突出，整体建筑南向采光面大	整体外形呈不严格"T"形，楼梯间置于北侧，由于户型要求和防震要求等，南立面侧有"凹"入缝隙	由相似的4部分居住体块和连接体块构成，连接体块处中间将4部分连接
适用条件	容积率适中，符合高度限制（大户型拼接或一梯一户大户型）	容积率适中，符合高度限制（中小户型拼接或一梯一户大户型）	容积率适中，符合高度限制（高层建筑，一梯三户中小户型）	容积率适中，符合高度限制（中层或中高层，一梯两户大户型）	中高层、一梯四户建筑，且当地对采光要求不高

居住建筑的日照间距应该符合规定。

（3）多层住宅

　　多层居住建筑是指建筑高度大于10m、小于24m（10m<多层建筑高度<24m），且建筑层数大于3层、小于7层（3层<层数<7层）的建筑。但人们通常将2层以上的建筑都笼统地概括为多层建筑。多层居住建筑的形态类型包括："L"形、哑铃形、折线形、折角形、"十"字形5类（见表5-23）。

　　"L"形的形态特点是由点式住宅和底层裙房共同构成的"L"形住宅，可与其他类似住宅相搭配以形成围合性外部空间，适用条件是容积率较低、商业和居住混合或SOHO等有活动空间要求的住宅；哑铃形的形态特点是由南北向建筑主体和两段延伸枝状部分构成，适用条件是容积率较低、对采光要求较高但没有严格采光方向的住宅；折线形的形态特点是由多个住宅单元呈折线形拼贴并由底层裙房将其连接的住宅群，适用条件是容积率较

表5-23　多层居住建筑单体形态类型特点及适用条件

形态类型	L形	哑铃形	折线形	折角形	"十"字形
单体平面					
形态特点	由点式住宅和底层裙房共同构成的"L"形住宅，可与其他类似住宅相搭配，可形成围合性外部空间	由南北向建筑主体和两段延伸枝状部分构成	由多个住宅单元呈折现形拼贴并由底层裙房将其连接的住宅群	由多个住宅单元沿道路折角要求拼合并由底层公共空间相连的住宅群	由四户型及中间公共空间组成的住宅单元，中间公共空间为四户型公用
适用条件	容积率较低，商业和居住混合或SOHO等有活动空间要求的住宅	容积率较低，对采光要求较高但没有严格采光方向的住宅	容积率较低，住宅轴线两侧或居住区边缘转角处且需要一定底层商业或公共空间的住宅	容积率较低，住宅次入口处或住宅边缘折角处	容积率较低，符合高度限制（底层院落式住宅且有一定邻里空间交流要求的住宅）

低、住宅轴线两侧或居住区边缘转角处且需要一定底层商业或公共空间的住宅；折角形的形态特点是由多个住宅单元沿道路折角要求拼合并由底层公共空间相连的住宅群，适用条件是容积率较低、住宅次入口处或住宅边缘折角处；"十"字形的形态特点是由四户型及中间公共空间组成的住宅单元，中间公共空间为四户型公用，适用条件是容积率较低、底层院落式住宅且有一定邻里空间交流要求的住宅。

多层居住建筑主要有以下特点：①它比低层住宅在占地上要节省，同时又比高层住宅建设时期短，一般开工一年即可竣工；②无须像高层住宅那样增加电梯、高压水泵、公共走道等方面的投资；③结构设计成熟，通常采用砖混结构，建材可就地生产，可大量工业化标准化生产，工程造价较低，易被购房者接受。

多层居住建筑设计在布局方式上要注意以下几点：①其为住区规划中最常见的住宅建筑类型，包括两户或多户拼接的户型组合，其基本平面形式为矩形；②为保证足够的采光，其单元住宅的进深不要超过12m；③在设计中，比较细化的住宅平面表现形式，可以增加楼梯间与分户线；④可以通过空间组合，形成以院落与户外活动空间为中心的居住组团。多层居住建筑设计要注意以下问题：①在空间组合上过度行列式，空间层次缺少变化；②应当与不同类型的居住建筑相互组合，避免居住区空间与景观界面的单一。

（4）低层院落住宅

低层院落居住建筑一般指一层至三层的住宅。与较低的城市人口密度相适应，多存在于城市郊区和小城镇，或者在城市中特定的历史地段之中。低层院落居住建筑的形态类型包括：线形联排、"回"字形组团、线形院落联排、"E"形组团、半围合式组团5类（见表5-24）。

线形联排的形态特点是由几个单体单元沿线形拼接的住宅，可对位拼接也可不对位拼接，适用条件是容积率低、严格高度限制的历史地段（联排式住宅的主要拼接方式）；"回"字形组团的形态特点是按传统住宅拼接方式，通过线形拼接围合成内部院落的住宅，适用条件是容积率低、严格高度限制、有内部空间需求的历史地段、历史街区等；线形院落联排的形态特点是由各种小体块组成的单元重复或对称排列形成的线形住宅组团，排列一般不对位，适用条件是联排式住宅或别墅拼接方式，且一般位于历史地段；"E"形组团的形态特点是由南北向住宅主体和将其连接的东西向住宅折角或底层商业单元构成，适用条件是一面临街、强调邻里空间的住宅组团；半围合式组团的形态特点是由多建筑单体通过拼接、围合的方式围合成具有一面开放的住宅组团，适用条件是需要

表5-24　低层居住建筑单体形态类型特点及适用条件

形态类型	线形联排	"回"字形组团	线形院落联排	"E"形组团	半围合式组团
单体平面					
形态特点	由几个单体单元沿线形拼接的住宅，可对位拼接也可不对位拼接	按传统住宅拼接方式，通过线形拼接围合成内部院落的住宅	由各种小体块组成的单元重复或对称排列形成的线形住宅组团，排列一般不对位	由南北向住宅主体和将其连接的东西向住宅折角或底层商业单元构成	由多建筑单体通过拼接、围合的方式围合成具有一面开放的住宅组团
适用条件	容积率低、严格高度限制的历史地段（联排式住宅的主要拼接方式）	容积率低、严格高度限制，有内部空间需求的历史地段、历史街区等	容积率较低、符合高度限制的历史地段（联排式住宅或别墅拼接方式，且一般位于历史地段）	容积率较低、严格高度限制的历史地段（一面临街，强调邻里空间的住宅组团）	容积率较低、严格高度限制的历史地段（需要一定内部邻里空间的新式住宅或对旧住宅改造后的住宅）

一定内部邻里空间的新式住宅或对旧住宅改造后的住宅。

低层院落居住建筑主要有以下特点：①居住行为方面，住户接近自然；②居住心理方面，容易形成亲切尺度，回归、归属、领地感较强；③整体环境上，与自然环境协调性较好，尤其是与特殊地形协调具有优势；④结构上，自重较轻，利于地基处理和结构设计，施工简单，土建造价低，便于发展。

低层院落居住建筑设计在布局方式上要注意以下几点：①独栋别墅应尽可能照顾到建筑与院子的关系，进深不宜过大。从用地角度而言，联排别墅比独栋别墅更加经济；②联排别墅的平面基本形状呈矩形。如果其进深过大，还需要在进深方向加入内天井，以便于采光通风；③利用联排别墅相互拼接的特点，还可以创造较为丰富的群体组合，除了常见的线形拼接方式，还可以围合出一些半公共院落。低层院落居住建筑设计要避免以下问题：①过度密集拥挤；②只是形式上套用传统，在空间组合上缺少变化，简单行列式；③在历史地段忽略居住环境的更新改造；④忽略使用需求，功能单一，缺少吸引力。

（5）商住楼

商住楼是指该楼的使用性质为商、住两用，商住楼一般底层（或数层）为商场、商店、商务，其余为住宅的综合性大楼。这种建筑包含了商店和住宅两种功能，并将两种不同功能的建筑有机地结合在一起，成为一个完整的建筑空间。商住楼建筑的形态类型包括：底层裙房、底层沿街商业、半围合式沿街商业、围合式沿街商业4类（见表5-25）。

底层裙房的形态特点是由若干点式高层和底层裙房共同组成的住宅，适用条件是有一定的经济区位或注入SOHO等需要大量交流空间的住宅；底层沿街商业的形态特点是由若干单元沿街道线形拼接并在外围配以裙房的住宅，适用条件是有一定的经济区位，也有一定人流道路的住宅；半围合式沿街商业的形态特点是由大量底商裙房和裙房内部的折线形等板式住宅共同构成，外部商业为主，内部住宅为主，适用条件是经济区位较好，沿人流有较多的生活性支路等道路的住宅；围合式沿街商业的形态特点是由线形住宅和外围沿街商业共同组成的住宅组团，以住宅为主，适用条件是经济区位较好，有一定商业需求。

商住楼建筑主要有以下特点：①有利于城市商业网点的布置；②有利于提高建筑物的层数；③能丰富城市街景；④便于形成商业街；⑤设计难度较大。

商住楼设计在布局方式上要注意以下策略：①交通策略。在底部是大型商业功能的高层商住综合体建筑，由于此类商业多是面对城市服务的，基地与城市空间的连接就较为紧密，如何处理好基地外部的交通流线显得尤为重要。将不同活动的流线分开，与城市交通的衔接规整有序。②结构策略。商宅主要结构分离。住宅部分以核心

表5-25　商住楼建筑单体形态类型特点及适用条件

形态类型	底层裙房	底层沿街商业	半围合式沿街商业	围合式沿街商业
单体平面				
形态特点	由若干点式高层和底层裙房共同组成的住宅	由若干单元沿街道线形拼接并在外围配以裙房的住宅	由大量底商裙房和裙房内部的折线形等板式住宅共同构成，外部商业为主，内部住宅为主	由线形住宅和外围沿街商业共同组成的住宅组团，以住宅为主
适用条件	有一定的经济区位或注入SOHO等需要大量交流空间的住宅	有一定的经济区位，沿有一定人流道路的住宅	经济区位较好，沿人流较多的生活性支路等道路的住宅	经济区位较好，有一定商业需求

筒为核谐，承重墙体基本不变，直接落地。这部分空间虽然狭小，却可以做成商业的辅助空间，而沿街部分则可以做成大跨度的营业厅。③规模与业态策略。把社区商铺的沿街面设计成"U"形，不仅可以增长人们逛商街的时间，而且使整个社区商业街富有明显的节奏变化。④套型策略。商住楼的住宅部分宜尽可能以过渡型的小面积套型为主，以满足经济实力较弱的年轻业主的租住要求。商住楼设计要避免以下问题：①只注重商业效益，忽略居住区的使用需求与环境要求。②交通处理不善，造成交通拥堵问题，居民出行不便。③商业服务性过高，外在流动人口影响了居住区的私密性，造成不必要的社会问题。④建筑结合方式缺少变化，空间层次单一，土地资源浪费。

5.4.4 历史风貌建筑

历史风貌建筑是指建成50年以上，具有历史、文化、科学、艺术、人文价值，反映时代特色和地域特色的建筑。一方面，历史风貌建筑是城市历史的见证，记忆的延续，对城市特色的塑造具有重要作用；另一方面，历史风貌建筑的保护与利用也是解决城市快速发展和旧城更新矛盾的有效途径。按使用功能的不同，历史风貌建筑一般可分为民居建筑、传统园林建筑、传统宫殿建筑3大类，每类建筑形态组合特征明显，建筑单体形态类型多种多样，总的来说可归纳为行列式、院落式、散布式、混合式4种。我们在对历史风貌建筑进行形态设计和组合时要坚持以下原则：①风貌协调原则，具体指建筑群落和单体的高度、体量、用途、色调、建筑风格应当与原有空间风貌氛围相协调；②安全适用原则，具体指建筑单体的室内空间尺度、室外环境设计要满足现代生活需要。既要避免脱离周边环境风貌，脱离城市整体诉求破坏城市历史脉络的激进建筑设计，也要避免一味追求历史建筑复原，不顾现代生活需要的保守建筑设计，只有把两者有机结合，寻找出最好的结合点，才能使设计更有生命力。

（1）民居

民居建筑是历史风貌建筑的主要部分，其基本单体形态类型主要分为行列式、"工"字形、前后合院式、多合院组合式、非对称合院组合式、对称式合院组合式6种（见表5-26）。其中，行列式是最普通、最常见的民居类型，组合形态成行成列整齐排列，布局紧凑，具有很强的韵律感，建筑间隙可形成通达性高的步行街道，在地形平坦地区的普通民众间广泛存在；"工"字形民居一般单体体量较大，左右厢房与中部空间往往功能分区明确，与周边环境结合紧密，"工"字两腰空间可以结合景观细致布置，居住环境较好，多具有文化展示等公共功能，一般作为居住组团的中心建筑，私密性较低；前后合院式民居建筑整体感强，依托院落形成进深序列，具有较强的围合感，紧凑实用，私密性较强，正房与厢房形成较强的等级序列，适合宗法社会等级制度；多合院组合式民居的主要特点是布局灵活，簇群感强，适用于自然地形复杂地区；非对称合院组合式民居形式灵活，富有变化，往往结合廊道等附属建筑，结构多样，具有很强的公共色彩，这种自由式布局不适用于等级森严的封建社会

表5-26 民居建筑单体形态类型特点及适用条件

形态类型	行列式	"工"字形	前后合院式	多合院组合式	非对称合院组合式	对称式合院组合式
单体平面						
形态特点	行列整体，布局紧凑，韵律感	体量较大，功能分区明确，结合环境	进深序列，围合感，紧凑实用	布局灵活，簇群感强	富有变化，结构多变，结合自然	对称封闭，秩序井然
适用条件	普通民居，地形平坦	文化展示功能，中心建筑	家族建筑，私密要求	自然环境复杂地区	不适用于宗法社会，自由	官式，等级，秩序

但富有活力；对称式合院组合式最明显的特征是对称封闭，秩序井然，常见于身份地位较高家族，具有官式色彩。由此可见，民居建筑的形态与居民等级、自然环境与地形、功能需求有很强的联系，是一门人文与自然结合的艺术。形状上受儒家礼制影响，多表现为方形；空间上强调虚实结合，与自然的互动。因此，我们设计民居建筑时应统筹考虑历史文化因素与自然物质因素，因地制宜，综合布局。

（2）传统园林

传统园林建筑是古典园林最重要的组成元素之一，是技术与艺术的完美融合。其建筑基本单体形态类型一般可分为周边围合式、簇群式、连廊式、节点式、点群散布式5种（见表5-27）。其中，周边围合式以建筑围合中心水绿空间，整体向内布局，私密性强，中心往往结合建筑小品构成主要特色，常见于私家园林；簇群式园林建筑各单体体量间相互叠合，成群成簇，布局紧凑，具有很强的韵律感，建筑主要立面往往面向主要景观点，常见于景区服务组团，公共性强；连廊式园林建筑用连廊将各主要建筑相连，往往结合主要水面打造休闲体验，连廊曲折迂回，增加了观赏流线的趣味性，多见于景区中心区、地形复杂地区；节点式园林建筑一般结合景区主要出入口和重要节点，并以建筑围合轴线引导人流，建筑小品众多、建筑形式多样；点群散布式园林建筑布局大开大合、疏密有致，空间疏处结合轴线或廊道作为空间体验中心，空间密处则作为室内主要功能空间，常见于地块大而不规整、功能需求多样地区。由此不难看出，传统园林建筑主张人伦礼制和天人合一思想，在建筑布局上一方面体现为讲求秩序流线和主次相合，另一方面体现在注重与自然的契合，以自然为中心组织整体布局和流线以达到处处皆有景的境界。总的来说，我们在进行园林建筑布局时要依形就势，充分利用地形地貌，建筑体量宁小勿大，以山水为主、建筑为从，总体布局力求活泼，富于变化，仔细推敲空间序列和景观路线，常用廊、墙、路等组织院落，划分空间，努力使园林建筑在作为观景舞台的同时也成为园林重要的景观点。

表5-27　传统园林建筑单体形态类型特点及适用条件

形态类型	周边围合式	簇群式	连廊式	节点式	点群散布式
单体平面					
形态特点	建筑围合园林，向内布局	建筑成簇布局，重叠有韵律，结合水面	点廊相连，结合山水，注重体验	依托节点，轴线引流，形式多样	大开大合，迎水造轴，虚实结合，外向布局
适用条件	私家园林	景区服务组团	主景区空间，体验主要地区，地形复杂地区	景区主要入口或重要节点处	地块大且不规整，功能需求多样

（3）传统宫殿

宫殿建筑历来凝聚着我国建筑文化的精华，了解其建筑基本形制对于把握我国历史风貌建筑发展脉络具有举足轻重的作用。按照建筑单体形态类型的不同，我国传统宫殿建筑一般可分为堡垒式、围合式、拱卫式、单列单进式、多列多进式5种（见表5-28）。其中，堡垒式宫殿建筑以城台为基座，上立体量巨大宫殿，重檐庑殿屋顶形制较高，整个宫殿高耸易守，多为早期形制较小的独立宫城或关隘城；围合式宫殿形制方正，四角处竖立高耸的塔楼，建筑单体进深较小，多为早期以防卫为主的小城；拱卫式宫殿依托高山或险流等有利地形，筑造形制等级较高的中心宫殿，围绕其布置半包围式的拱卫建筑群，呈现宫城居里、外城环卫的总体态势，多见于军事重地宫城；单列单进式宫殿整体形态中轴对称，中心宫殿加以重檐庑殿屋顶居于后方，这代表着封建等级与序列开始在宫殿中流行，这种形制代表着我国宫殿已基本成熟，初具规模，为后期成熟形制打下良好基础；多列多进式

表5-28 传统宫殿建筑单体形态类型特点及适用条件

形态类型	堡垒式	围合式	拱卫式	单列单进式	多列多进式
单体平面					
形态特点	城台为基，独栋宫殿，高耸易守，重檐庑殿	形制方正，四角塔楼	利用险要，单边防卫，宫城居里、外城环卫	中轴对称，进深感，宫殿居后	多重流线，宫殿统领，序列等级森严，中轴对称
适用条件	形制小的独立宫城，关隘城	早期规模较小，防卫为主的小城	依托天险，防卫等级较高的宫城	初具规模，形制雏形确立的中期宫城	形制成熟，规模较大的后期宫城

宫殿具有一主多辅的轴线序列，等级极为森严，宫殿居中呈统领之势，整体规模气势恢宏，标志着我国宫殿形制的成熟。由此不难看出，我国宫殿建筑早期规模较小，布局相对自由，成熟的后期呈现出一些布局特点，前朝后寝、三朝五门、左祖右社、中轴对称。整体布局严谨，秩序井然，单体结构精巧，建筑外形和构图、造型和尺度、材料与色彩的运用都与传统民居和园林建筑有所不同，充分体现了古代社会皇权至上的建设思想。

5.4.5 综合体建筑

城市综合体是以建筑群为基础，融合商业零售、商务办公、酒店餐饮、公寓住宅、综合娱乐5大核心功能于一体的"城中之城"，单体形态包括规则几何形、外高内低型、中心广场型及跨街区巨型等。在形态设计和组合时，要遵循以下原则：①层数限制原则。综合体除高层部分外，层数不宜过多，在4～5层，层数过多会导致高层部分的功能无法被合理高效使用。②主体建筑原则。综合体一般由一个主体和其他辅助部分组合而成，主体为综合体的核心部分，承担主要功能结构。③功能合理分配原则。综合体功能分为内接与外接两大类，内接功能主要为综合体内部服务，而外接部分是综合体的主要功能，承担对外服务的功能。④地下空间原则。综合体必须对其地下空间进行设计，主要是地下车库及车道设计，以及地下室与城市其他地空间（地铁）的衔接设计。综合体建筑包括矩形、条形、弧形、外高内低型、中心广场型及跨街区巨型等单体形态类型（见表5-29）。

矩形综合体是整体形态为方形的拥有独立完整体块的一种综合体形态，没有高层，由多层构成，适用于商业、商务中心或是道路的十字路口；条形综合体是由线性体块组合而成的综合体，多适用于与步行街组合的地

表5-29 综合体建筑单体形态类型特点及适用条件

形态类型	矩形	条形	弧形	外高内低型	中心广场型	跨街区巨型
单体平面						
形态特点	整体形态为方形，完整体块，无高层	线性体块组合而成	弧形体块组合而成	高层沿街、中心为裙楼与透光顶棚，内部为步行街	裙楼包围中心广场，与步行街结合	巨型裙楼跨越道路两边，体量较大
适用条件	商业、商务中心；道路十字路口	与步行街组合地段	滨水、周边多为曲线形建筑	需要提高建筑占地面积的情况	综合体为步行街的中心，与步行体系相连的情况	需要通过跨界裙楼增强道路两边功能联系的情况

段；弧形综合体的特点是由弧形体块组合而成，适合在滨水或是周边多为曲线形建筑的地段建设布置；外高内低型综合体为高层沿街而中心为裙楼与透光顶棚的一种综合体，裙楼内部为与外部空间相连的步行体系，适合在需要提高建筑占地面积的情况下建设；中心广场型形态的综合体是裙楼包围中心广场的一种综合体，常与步行街结合，这种类型的综合体常为步行街的核心，能与步行体系有机结合；而跨街区巨型综合体指的是巨型裙楼跨越街区或道路的两边，体量较大，适用于需要通过跨界裙楼增强道路两边功能联系的情况。

综合体有4个典型特征：①超大空间尺度。城市综合体是与城市规模相匹配、与现代化城市主干道相联系的，因此室外空间尺度巨大，一般均具有容纳超大建筑群体和众多生活空间的能力。由于建筑规模和尺度的扩张，建筑的室内空间也相对较大，一方面与室外的巨形空间和尺度协调，另一方面则与功能的多样相匹配，成为多功能的聚集焦点。②通道树型体系。通过地下层、地下夹层、天桥层的有机规划，将建筑群体的地下或地上的交通和公共空间贯穿起来，同时又与城市街道、地铁、停车场、市内交通等设施以及建筑内部的交通系统有机联系，组成一套完善的"通道树型"（Access Tree）体系。这种交通系统形态打破了传统街道单一层面的概念，形成丰富多变的立体街道交通空间。③现代城市设计。应用现代城市设计、环境与行为理论进行景观与环境设计是城市综合体的重要特征。运用对建筑群体的深度表现打破传统建筑立面概念，通过标志物、小品、街道家具、植栽、铺装、照明等手段形成丰富的景观与宜人的环境。使建筑群体成为景观的主体，同时又承载着城市文明与经济发展的历史责任。④高科技设施。城市综合体既有大众化的一面，同时又是高科技、高智能的集合。其先进的设施充分反映出科学技术的进步是这种建筑形式产生的重要因素。室内交通以垂直高速电梯、步行电梯、自动扶梯、露明电梯为主；通信由电话、电报、电传、电视、传真联网计算机等组成；安全系统通过电视系统、监听系统、紧急呼叫系统、传呼系统的设置和分区得以保证。综合体的布局一般位于城市中心区、商业区、商务区等城市繁华区，与步行体系、交通体系、绿化环境体系结合布置，是体现城市活力、展现城市魅力的重要建筑。

5.5 景观小品

景观小品是城市设计中的点睛之笔，一般体量较小、色彩单纯，对空间起点缀作用。小品既具有实用功能，又具有精神功能，包括建筑小品——标志物、雕塑、壁画、亭台、楼阁、牌坊等；生活设施小品——游憩设施、座椅、电话亭、邮箱、邮筒、垃圾桶等；道路实施小品——车站牌、街灯、防护栏、道路标志等以及景观绿化等。

景观小品的主要功能有以下几点：①美化环境。景观设施与小品的艺术特性与审美效果，加强了景观环境的艺术氛围，创造了美的环境。②标示区域特点。优秀的景观设施与小品具有特定区域的特征，是该地人文历史、民风民情以及发展轨迹的反映。通过这些景观中的设施与小品可以提高区域的识别性。③实用功能。景观小品尤其是景观设施，主要目的就是给游人提供在景观活动中所需要的生理、心理等各方面的服务，如休息、照明、观赏、导向、交通、健身等的需求。④提高整体环境品质。通过这些艺术品和设施的设计来表现景观主题，可以引起人们对环境和生态以及各种社会问题的关注，产生一定的社会文化意义，改良景观的生态环境，提高环境艺术品位和思想境界，提升整体环境品质。

城市景观小品在创作过程中所遵循的设计原则主要从以下几个方面来体现：①功能满足。艺术品在设计中要考虑到功能因素，无论是在实用上还是在精神上，都要满足人们的需求，尤其是公共设施的艺术设计，它的功能设计是更为重要的部分，要以人为本，满足各种人群的需求，尤其是残疾人的特殊需求，体现人文关怀。②个性特色。艺术品设计必须具有独特的个性，这不仅指设计师的个性，更包括该艺术品对它所处的区域环境的历史文化和时代特色的反映，吸取当地的艺术语言符号，采用当地的材料和制作工艺，产生具有一定本土意识的环境艺术品设计。③生态原则。一方面节约节能，采用可再生材料来制作艺术品；另一方面在作品的设计思想上引导和加强人们的生态保护观念。④情感归宿。室外环境艺术品不仅带给人视觉上的美感，而且更具有意味深长的意义。好的环境艺术品注重地方传统，强调历史文脉饱含了记忆、想象、体验和价值等因素，常常能够形成独特的、引人注目的意境，使观者产生美好的联想，成为室外环境建设中的一个情感节点。

景观小品的设计内容包括：①主从关系。采用对称的构图，政治性、纪念性和市政交通环境中的景观小品。非对称构图，居住区环境或者商业步行街上的景观小品。②对比关系。包括大小对比、强弱对比、质感对比、色彩对比、几何形状对比等。③节奏与韵律。节奏是指物体的形、光、色、声等进行有规律的重复。韵律是指在节奏的基础上进行具有组织的变化。④比例与尺度。比例是控制景观小品自身形态变化的基本方法之一。以人的尺度为标准，避免公共建筑给人造成压抑，此外还要尊崇美德规律。⑤整体与细部。首先应对整个设计任务具有全面的构思和设想，树立明确的全局观，然后由整体到细节一步一步地深入。⑥单体与全局。单体是指单一小品形式，全局是指园林景观小品所处的整体环境。⑦创意与表达。有了明确的立意和构思，才能有针对性地进行设计。

5.5.1 标志物

对于观察者来说，标志物是作为外部的点参照。一些诸如塔、尖顶、小山——是远方的，作为一个特色可以在远方各个角度小一点的环境中的顶部被看见。其他的像雕塑、符号、树木——是局部的，在特定的地点并从某些特定的渠道可以看见。

景观环境小品中标志物的特点是：相对于它的背景来说，有明显的外形和显著的空间位置的标志物，能更容易地被识别，对观察者来说有更重要的意义。凯文·林奇认为标志物的一个关键的自然特征是"单一性"："环境中的一些唯一的难忘的外表"，通过使它们能从很多地点可视或者与它们附近的要素创造对比度，那些"显著性空间"能建立标志物元素。一个环境是怎么用的也可能加深一个标志物的重要性，譬如它的位置在于包括道路节点的交叉处。

景观环境小品中的标志物的形态类型包括：塔式、门式、意向雕塑3类（见表5-30）。塔式的形态特点是形态呈塔式，具有一定的高度，通过竖向的几何形体组织与肌理变化，突出标志物的个性特征。适用条件是一般布置在城市主要核心节点上，标志物通过高度与视廊关系体现城市面貌。门式的形态特点是形态呈门式，可以是具象的现代门桥或传统牌坊，也可以是抽象几何形的门式标志物，如圆形、向心形几何体等。适用条件是一般布置在城市的主要景观路径上，通过门式标志物起到城市景观门户的作用，突出城市个性特征。意向雕塑的形态特点是形态多样，没有特殊限制，但是形态与色彩等具有特殊意向。适用条件是一般布置在重要建筑物与城市景观附近，烘托环境氛围。

表5-30 标志物单体形态类型特点及适用条件

形态类型	塔式	门式	意向雕塑
单体平面			
形态特点	形态呈塔式，具有一定的高度，通过竖向的几何形体组织与肌理变化，突出标志物的个性特征	形态呈门式，可以是具象的现代门桥或传统牌坊，也可以是抽象几何形的门式标志物，如圆形、向心型几何体等	形态多样，没有特殊限制，但是形态与色彩等具有特殊意向
适用条件	一般布置在城市主要核心节点上，标志物通过高度与视廊关系体现城市面貌	一般布置在城市的主要景观路径上，通过门式标志物起到城市景观门户的作用，突出城市个性特征	一般布置在重要建筑物与城市景观附近，烘托环境氛围

景观环境小品中的标志物在布局方式上要注意以下几点：①意味深长的选址。如布置在古城区的传统中轴线上。②富有文化底蕴的雕塑设计。将城市文化与标志物设计相结合。③富有本土特色的绿化设计。为标志物四周的活动空间增添热闹的气氛。④与文化主题相呼应的铺装样式。考虑到标志物占地小的特点，充分考虑对游人的指引性。⑤烘托主题的新式灯光设计。景观环境小品中的标志物要避免以下问题：①过于追求形式而脱离城市文化；②选址不当，视线缺乏联系，不能成为城市地标。

5.5.2 雕塑

雕塑是指用传统的雕塑手法，在石、木、泥、金属等材料上直接创作，反映历史、文化和思想、追求的艺术品。雕塑分为圆雕、浮雕和透雕3种基本形式，现代艺术中出现了四维雕塑、五维雕塑、声光雕塑、动态雕塑和软雕塑等。

雕塑的特点是：城市雕塑建立在现代社会对城市雕塑价值更加深入认识的基础上。雕塑对城市空间而言是城市的节点、标志；是形成城市空间的节奏变化，组织视觉走廊的重要符号。城市雕塑规划，使城市雕塑的建设更为理性，它将结合城市发展的长远目标和近期目标，使城市雕塑建设有步骤、有秩序地进行。

雕塑的形态类型包括：大型标志性雕塑、中小型观赏性雕塑（见表5-31）。大型标志性雕塑的形态特点是体量较大，呈不规则几何单体，或具有抽象意向的形体组合。适用条件是一般布置在城市标志性建筑物附近、城市核心广场或开敞空间中。中小型观赏性雕塑的形态特点是体量较小，可以是简单的几何体，也可以是象形的具象雕塑，或者反映一定文化特征的雕塑作品，具有小巧精致的特点。适用条件是一般布置在城市次要的活动空间与城市绿地，一般的商业广场或市民广场，居住区的活动空间以及城市组团绿地等。

雕塑布局方式上要注意以下几点：①要主题鲜明，避免出现含糊不清、缺少内涵的雕塑作品。②高度与外形与周边环境协调，以及选择最合适的材质。③城市雕塑一般置放于广场，所以设计时要考虑承重与安全性。④具有艺术价值。很多城市雕塑并非名人设计，但由于造型独特、外形比较有震撼力、色彩和谐等因素而成为著名雕塑。⑤城市雕塑是美的传达，使人们在日常生活中寻找到意义，使生活更加丰富多彩。街头绿地、社区充满浪漫诗意、生活情趣的雕塑更是民众生活生命的写照。雕塑设计要注意以下问题：①城市雕塑的规划将避免城市雕塑建设的盲目性，有利于把握城市发展的定位，形成城市的特点，突出城市的个性，使城市的文化面貌更加鲜明突出；②文化具有地区、民族的特点，文化具有历史延续的特点，文化具有相互交汇、交流、共生的特点，这些反映在城市雕塑上，越来越要求城市雕塑成为城市文化的重要载体，体现出更多的人文、精神的含量，更多地注入城市的性格和个性特点。

表5-31　雕塑单体形态类型特点及适用条件

形态类型	大型标志性雕塑			中小型观赏性雕塑			
单体平面							
形态特点	体量较大，呈不规则几何单体，或具有抽象意向的形体组合			体量较小，可以是简单的几何体，也可以是象形的具象雕塑，或者反映一定文化特征的雕塑作品，具有小巧精致的特点			
适用条件	一般布置在城市标志性建筑物附近、城市核心广场或开敞空间中			一般布置在城市次要的活动空间与城市绿地，一般的商业广场或市民广场，居住区的活动空间以及城市组团绿地等			

5.5.3 游憩设施

现代游憩活动是城市发展过程中的产物，它起源于18世纪，20世纪初成为城市建设与规划不可缺少的内容。在当代，户外游憩已成为城市居民业余旅游休闲的普遍行为方式，作为游憩活动的载体——户外游憩空间，理所当然地成为人们感受文化、融合自然、陶冶性情的综合性文化生态环境。游憩设施是为人们提供游憩活动的空间、环境与设施。

游憩设施的特点是：与传统户外空间设计不同，作为户外游憩空间的设计更加注重空间的文化氛围、文化体验、文化传播、文化欣赏，注重人与自然的和谐相处以及自然和社会的可持续发展。

游憩设施的形态类型包括：遮挡雨棚类、露天座椅类、游乐场类（见表5-32）。遮挡雨棚类的形态特点是形态呈扇形、伞状或亭式，可以通过几个不同的单体相互组合形成丰富空间，也可以作为单体呈线性布局。适用条件是一般布置在核心景观节点与开敞空间、公园绿地及街头游园、城市广场等活动空间；露天座椅类的形态特点是形态可以呈线形并在线形基础上增加转角空间，或者呈带形与绿化景观结合，或者呈不规则矩形组合。适用条件是一般在布置上与活动硬地、树池绿化、滨水平台等结合。游乐场类的形态特点是形态呈线性曲折，类型多样丰富。适用条件是一般与活动绿地结合。

游憩设施布局方式上要注意以下几点：①区位选择。各运动设施间留有缓冲区域，选用植物或其他屏障物隔离。避免设施东西向配置，以防阳光直射活动者的视觉。根据活动性质，选择适宜地形以及自然环境、排水良好。②环境配合规划。运动环境与自然环境相协调，符合填挖原则，避免人工设施过多，强调自然性。③配套设施规划。综合体能消耗、训练项目、设施容纳量、设置设施顺序。周围规划休息区、遮阴设施。夜间提供照明设施，地面材料安全专业。④色彩设计。符合标准设施色彩的相关规定，未规定者以配合周围环境的色彩为首选。附属设施以天然材料的原始色彩为首选。活动设施应配合当地文化特色的色彩。游憩设施设计要注意以下问题：①设施与内容相协调；②注意活动特殊需求，避免错误；③维护管理与安全；④造型、色彩与环境相协调；⑤设施能够遮阴，少暴晒；⑥尽量避免高成本设施；⑦避免动物生活过度干扰设施。

表5-32　游憩设施单体形态类型特点及适用条件

形态类型	遮挡雨棚类	露天座椅类	游乐场类
单体平面			
形态特点	形态呈扇形、伞状或亭式，可以通过几个不同的单体相互组合形成丰富空间，也可以作为单体呈线性布局	形态可以呈线形并在线形基础上增加转角空间，或者呈带形与绿化景观结合，或者呈不规则矩形组合	形态呈线性曲折，类型多样丰富
适用条件	一般布置在核心景观节点与开敞空间、公园绿地及街头游园、城市广场等活动空间	一般在布置上与活动硬地、树池绿化、滨水平台等结合	一般与活动绿地结合

5.5.4 植被绿化

植被是景观设计的重要素材之一。景观设计中的素材包括草坪、灌木和各种大、小乔木等。巧妙合理地运用植被不仅可以成功地营造出人们熟悉喜欢的各种空间，还可以改善住户的局部气候环境，使住户和朋友邻里在舒适愉悦的环境里完成交谈、驻足聊天、照看小孩等活动。

植被的功能包括视觉功能和非视觉功能。非视觉功能指植被改善气候、保护物种的功能；植被的视觉功能指植被在审美上的功能，是否能使人感到心旷神怡。通过视觉功能可以实现空间分割，形成构筑物、景观装饰等功能。

植被绿化的形态类型包括：道路绿化、广场绿化、公园绿化、庭院绿化4类（见表5-33）。道路绿化的形态特点是以球状树为主，沿道路两侧呈序列布局，适用条件是道路两侧、道路绿道等；广场绿化的形态特点是几何形的广场树阵或核心景观树，形态为球形树或云状树，适用条件是与广场水景、小品、铺地等要素相互呼应结合；公园绿化的形态特点是形态为球状树或云状树，颜色多样丰富，并且布置有多种颜色的草地色块，适用条件是一般与公园地形、等高线等相互呼应结合；庭院绿化的形态特点是通过绿化植被与庭院硬质空间相互咬合，形态多样，适用条件是布置在庭院中几何形的树池与草地中。

植被绿化布局方式上要注意以下几点：①最好的绿化效果，应该是林荫夹道。郊区大面积绿化，行道树可以和两旁绿化种植结合在一起，自由进出，不按间距灵活种植，实现路在林中走的意境。②要考虑把"绿"引入道路、广场的可能。使用点状路面，如旱汀步、间隔铺砌。使用空心砌块，目前使用最多是植草砖。在道路、广场中嵌入花钵、花树坛、树阵。③城市道路的绿化，与道路的性质相关有很大不同，如高速公路、高架路、景观大道、步行街等。④道路和绿地的高低关系。设计好的道路，常是浅埋于绿地之内，隐藏于绿丛之中的。尤其是山麓边坡外，景观中的道路一经暴露便会留下道道横行痕迹，极不美观，因此设计者往往要求路比"绿"低，但不一定是比"土"低。

植被绿化设计要注意以下问题：①植物规划首先要满足功能要求，并与山水、建筑等自然环境和人工环境相协调；②植物配置应注意整体效果，应做到主题突出、层次清楚、具有特色，应避免"宾主不分""喧宾夺主""主体孤立"等现象，使得设计既统一又有变化，以产生和谐的艺术效果；③植物配置还应对各种植物类型和植物比重做出适合的安排，并保持一定的比例，避免过于单一。

表5-33 植被绿化单体形态类型特点及适用条件

形态类型	道路绿化	广场绿化	公园绿化	庭院绿化
单体平面				
形态特点	以球状树为主，沿道路两侧呈序列布局	几何形的广场树阵或核心景观树，形态为球形树或云状树	形态为球状树或云状树，颜色多样丰富，并且布置有多种颜色的草地色块	通过绿化植被与庭院硬质空间相互咬合，形态多样
适用条件	道路两侧、道路绿道等	与广场水景、小品、铺地等要素相互呼应结合	一般与公园地形、等高线等相互呼应结合	布置在庭院中几何形的树池与草地中

5.5.5 水体岸线

滨水空间是城市的一种重要的开放空间，而水体岸线设计是城市滨水空间设计的重点，人们对水体岸线的开发模式可以分为3类：第一类是以商业开发为代表的各类为展示城市人文形象、提高城市经济活力的滨水开发；第二类是以为市民或游客提供游览空间为目标的滨水岸线改造；第三类是以保护自然原真性和生态性为目的的滨水空间保护。3类开发强度不同、目的不同，因而也就形成了人工几何形、自然曲线形和自然湿地形3类不同的水体岸线景观（见表5-34）。3种类型最大的区别是硬质地面和软质地面的对比，人工几何型硬地占比最大，多采用线形空间和点式空间结合的组合方式，多采用排比、对比、并列相结合的设计手法；自然曲线形硬地占比例较大，多以线形道路和点式广场穿插于软地内部的组合方式布置；自然湿地形以软地为主，在保留原生态的同时对岸线稍加改造，景观多以线形形式存在。

水体岸线可以分为人工几何形、自然曲线形、自然湿地形3类，各类空间形态和适用条件略有差异，人工几何形水体岸线以硬地为主，开发强度较高，在水体岸线单侧或两侧形成以居住、商业、商务等为主要功能的建筑组团、商业街等。此外，该岸线临水侧多设有码头等游览设施，该岸线适用于具有可利用的历史要素或现代要素，在城市中区位很好，以经济开发、展示城市传统或现代建筑或经济形象为主要目的的水体岸线。自然曲线形水体岸线以软地为主，开发强度低，在水体岸线两侧或单侧设有以休闲、游览为主要功能的服务设施或点式建筑。此外，虽然根据城市文化等要素设计岸线风格导致岸线风格不同，但该类岸线均具有道路蜿蜒、建筑小巧、有亲水广场的特点，该岸线适用于具有良好的自然生态基础且在城市中区位较好、以休闲娱乐为主要功能、展示城市生态文化或诸如园林文化等传统休闲文化为主要目的的水体岸线。自然湿地形水体岸线一般仅有少量硬质道路，几乎没有广场和建筑，景观以原生态景观为主，功能以生态功能为主，常含有少量交通功能，该类岸线适用于具有良好的生态基础或在整个城市生态系统中具有重要地位，以生态保护为主要目的的水体岸线。

虽然每类水体岸线差别很大，但均具有以线形、点状建筑和硬地形态为主、文化风格突出、水体利用充分的特点，在具体设计时要首先明确水体岸线开发类型；其次，选定设计合适的风格如自然型、历史型、现代型、生态型等；再次，根据设计风格在保护水体的前提下进行开发，切忌岸线开发平庸，不能突出城市文化、城市特色和城市形象。

在形态设计和组合时应遵循以下几个原则：①公共利益出发原则。水体岸线空间是城市重要的开放空间，在设计时一定要优先考虑城市公共利益，虽然3种形态目的不同，但都应保持水体岸线的公共性。②手法与目的相配原则。以展示城市形象为主要目的的水体岸线开发多采用突出文化要素或现代要素的对比、排比等设计手法对其进行展示。以休闲游览为主要目的的水体岸线开发多采用突出自然环境、比较委婉的设计手法，诸如蜿蜒等。以保护生态为主要目的的水体岸线开发多采用突出自然韵律的排比等设计手法。③建筑文化与景观文化突出原则。虽然有些滨水空间设计的主要目的不是展示城市形象，但水体岸线对城市天界线、城市形象等影响巨大，在设计时要突出当地的文化特色，如悉尼歌剧院周围岸线设计，通过富有文化的建筑设计展示城市形象，突出城市文

表5-34　水体岸线单体形态类型特点及适用条件

形态类型	人工几何形	自然曲线形	自然湿地形
单体平面			
形态特点	水体岸线以硬地为主，开发强度较高，在水体岸线单侧或两侧形成以居住、商业、商务等为主要功能的建筑组团、商业街等。此外，岸线临水侧多设有码头等游览设施	水体岸线以软地为主，开发强度低，在水体岸线两侧或单侧设有以休闲、游览为主要功能的服务设施或点式建筑。此外，虽然根据城市文化等要素设计岸线风格导致岸线风格不同，但岸线具有道路蜿蜒、建筑小巧、有亲水广场的特点	水体岸线仅有少量硬质道路，几乎没有广场和建筑，景观以原生态景观为主，功能以生态功能为主，常含有少量交通功能
适用条件	具有可利用的历史要素或现代要素，在城市中区位很好，以经济开发、展示城市传统或现代建筑或经济形象为主要目的的水体岸线	具有良好的自然生态基础且在城市中区位较好、以休闲娱乐为主要功能、展示城市生态文化或诸如园林文化等传统休闲文化为主要目的的水体岸线	具有良好的生态基础或在整个城市生态系统中具有重要地位，以生态保护为主要目的的水体岸线

化。在设计时切忌因过分追求滨水空间良好区位带来的经济效益而导致滨水空间开发强度过大，滨水岸线受到破坏。

5.5.6　其他景观小品

除上述景观小品外，城市常用的景观小品还有喷泉、标志牌、电话亭、茶座、花坛、水池、路灯等，虽然很多景观小品不属于建筑，但其对城市景观影响很大，在规划时也应当重点考虑。景观小品类型繁杂，按功能性和观赏性要求，景观小品可以大致划分为以功能性为主的公共设施类和以观赏性为主的景观点缀类（见表5-35）。景观小品的设置应与建筑构筑物和城市外部空间相协调，景观小品与建筑物的关系一般为呼应、协调、对比、依附等，与城市外部空间的关系一般为划分、点缀、强调等，在形态设计和空间组合时应遵循以下几个原则：①与其他空间要素协调原则。在布置景观小品时要特别注重协调关系，无论从色彩、风格、大小、材质还是造型上都应如此。②形象新颖，富有文化原则。景观小品要与当地文化相协调，在此基础上要力求造型新颖，识别感强。③应用性强原则。景观小品的设置要做到数量合理、功能合理、尺度合理，并要考虑实用性。在文化小品设计和布置时既要注重实用，又要注重形象，切忌任何一方面偏废。

其他景观小品的基本类型有公共设施类和景观点缀类两类，其中公共设施类功能性强于景观点缀类，其特点是造型新颖，设计尺度得当，色彩、材质等应用适当，其中标示类造型新颖，提示语精练。休憩类尺度得当，功能性强。其他使用类造型和颜色突出，易吸引注意，此类景观小品宜布置于城市公共空间、重要的节点、功能连接空间等重要开放空间且需要具有一定使用、标示、引导性等功能小品的空间。景观点缀类则景观性强，其形态特点是造型文化感强，常以被赋予西方文化或传统文化造型的水、石、绿为基本要素，进行点状或块状设置，该类景观小品一般设置于重要开放空间如门户开放空间、重要道路空间、重要节点空间等的核心位置。虽然两类略有不同，但都有设计感强、文化感强、尺度适当的特点。在设计时应注意以下几点：首先，明确各类的数量、类型等，以免某类过多或不足；其次，要注意小品与其他要素的协调；再次，要注意小品功能性与景观性的协调。

表5-35　其他景观小品单体形态类型特点及适用条件

形态类型	公共设施类					景观点缀类		
单体平面								
形态特点	造型新颖，设计尺度得当，色彩、材质等应用适当，其中标示类造型新颖，提示语精练。休憩类尺度得当，功能性强。其他使用类造型和颜色突出，易吸引注意					造型文化感强，常以被赋予西方文化或传统文化造型的水、石、绿为基本要素，进行点状或块状设置		
适用条件	城市公共空间、重要的节点、功能连接空间等重要开放空间且需要具有一定使用、标示、引导性等功能小品的空间					重要开放空间如门户开放空间、重要道路空间、重要节点空间等的核心位置		

5.6　城市基础设施

我们一般讲的城市基础设施是指城市生存和发展所必须具备的工程性基础设施，是城市中为顺利进行各类经济活动及其他社会活动而建设的各类设施的总称。其中包括道路、桥梁、立交桥、港口、火车站、停车场、游船码头、垃圾中转站、公交地铁站点等，这些设施对城市的经济和社会发展、环境保护等都起到至关重要的作用。

5.6.1 城市道路

城市道路是城市交通功能的重要载体之一，其一般起到连通城市与区域、城市各区域间、城市各区域内部等诸如通勤、娱乐等各类交通的作用。除交通功能外，城市道路往往还承担着景观功能等各类其他功能。城市道路的分类多种多样，按道路等级划分可以分为主干道、次干道、支路等；按道路主要功能可以划分为交通性道路和生活性道路；按道路的建设标注可以分为一块板、两块板等；按道路的景观性可以划分为林荫道、林海道等。虽然道路的功能不同、作用不同、构造不同，但其在设计时一般遵循以下原则：①道路与城市相协调原则。在设计道路时要尤其注意道路与城市的关系，通过道路在城市中的位置、功能、作用明确道路的等级、景观、工程标准等。②道路本身各部分相协调原则。道路的步行路、车行道、分隔带、周边绿化应充分协调，避免各部分不相配，影响道路使用。③道路功能与景观协调原则。道路功能性很重要，景观性也同样重要，道路景观设置要考虑城市文化、景观资源等。

城市道路根据其平面构成可以分为步行道路、一般机动车道、中央分隔带机动车道、邻海道路4类（见表5-36），步行道路的设计特点是其宽度根据人流设置，一般为1.5~3m，可与非机动车道结合，有行道树等景观，设置于车行路单侧或两侧，其适用于等级较高、有一定生活性的道路，应与车行路平行设置。一般机动车道是供机动车行驶的道路，设计特点是其宽度根据道路等级和车流量设置，一般为每个车道2.5~3m，等级较高道路两边设人行道，且通过分隔带分割，每隔150~200m设置出入口，它是车行路的主要组成部分，等级较高道路单独设置，等级较低与步行路混合设置。中央分隔带机动车道有两种分割类型，即绿化分隔和栅栏分隔。绿化分隔宽1~1.5m，内部可设置绿化及部分展示性雕塑，栅栏分割由刚性较强栅栏分割，分隔带每隔100~200m有转口。该元素适用于等级较高城市道路、高速公路、国道等。临海道路是道路外围景观道路的一种，该类型在设计时临海一侧绿化带可较宽，道路截面设置应考虑观赏性，可设置较宽人行道等与之相呼应。该类型主要适用于道路两侧或一侧有观赏性景观，如海景、水景、广场、大面积绿化等。城市道路一般均承担车行、步行两类功能，均具有功能性强的特点，因而在设置时应特别注意功能与要素的配合，当车流、人流均不大时可步行道、车行道混合

表5-36 城市道路单体形态类型特点及适用条件

形态类型	步行道路	一般机动车道	中央分隔带机动车道	邻海道路
单体平面				
形态特点	宽度根据人流设置，一般为1.5~3m，可与非机动车道结合，有行道树等景观，设置于车行路单侧或两侧	供机动车行驶的道路，宽度根据道路等级和车流量设置，一般为每个车道2.5~3m，等级较高道路两边设人行道，且通过分隔带分割，每隔150~200m设置出入口	有两种类型，即绿化分隔和栅栏分隔，绿化分隔宽1~1.5m，内部可设置绿化及部分展示性雕塑；栅栏分割由刚性较强栅栏分割，分隔带每隔100~200m有转口	邻海一侧绿化带可较宽，道路截面设置应考虑观赏性，可设置较宽人行道等与之相呼应
适用条件	等级较高、有一定生活性的道路，与车行路平行设置	车行路的主要组成部分，等级较高道路单独设置，等级较低与步行路混合设置	等级较高城市道路、高速公路、国道等可以进行设置	道路两侧或一侧有观赏性景观，如海景、水景、广场、大面积绿化等

设置；当人流大、车行不大时应适当拓宽人行道；当有景观时应配合景观设置步行道和车行道。总之，要结合实际进行设计，切忌墨守成规导致功能和结构不相称。

5.6.2 桥梁和立交桥

桥梁的作用是解决诸如江、河等自然地形两侧的交通连接问题；立交桥的主要功能是从立体层面上解决各类交通方式间、同一交通方式间因流线交叉而导致的交通堵塞等问题。桥梁和立交桥虽然使用方式不同，但功能相同，均是通过三维空间解决流线问题，可以归于一类。两种构筑物可以通过各种不同标准进行划分，按流线不同可以分为步行桥和车行桥；按材质可以划分为木质桥梁、砖质桥梁、钢铁桥梁等。但无论何种桥梁，在设计时均须遵循以下原则：①流线引导得当原则。设置桥梁的主要目的是通过三维解决交通流线问题，因而在桥梁设置时要首先考虑桥梁建成后对流线的影响，这关系到桥梁的规模、结构等。②结构功能相配原则。桥梁的结构多种多样，并且不同功能的桥梁常常对应不同的结构，在功能合理的同时选择合理的结构很重要。③景观优美原则。桥梁的建成对景观影响很大，如何在解决交通问题的同时估计桥梁的造型、材质选择等，使其造型新颖且与周围环境相配。

桥梁和立交桥按其服务对象可以分为步行桥和车行桥（见表5-37）。步行桥的形态特点是造型新颖、景观性强，并且常常与周围建筑、铺地等在材质、配色等方面相呼应，大多桥梁会根据其周围条件、服务对象等设置相应主题。其主要适用于城市车行流线与步行流线相交且应进行人车分流处，人流量较大的诸如火车站等城市节点处和河流等自然分隔但不需设机动车流线处。车行桥特点是材质较为统一，造型实用性强但景观性不强，其造型往往根据其设计流线确定，在人流和车流较大时可进行分层设置。该类型主要适用于城市内外或城市内部交通量较大的交通交叉口处，城市大型交通节点如火车站处和城市各种交通流线汇集处。虽然造型不同、功能不同，但各类桥梁均有结构复杂、可见感强、造型优美的特点，在设计和布局时应注意以下几点：首先，设计合理的桥梁引导流线，这直接决定了桥梁的结构、造型等；其次，设计合理的结构造型，结构造型应兼有功能性和景观性，且与周围元素、当地文化相呼应；再次，在经济允许的前提下进行合理的景观布置。

表5-37 桥梁和立交桥单体形态类型特点及适用条件

形态类型	步行桥			车行桥		
单体平面						
形态特点	造型新颖、景观性强，常常与周围建筑、铺地等在材质、配色等方面相呼应，并且一般桥梁会根据周围条件、服务对象等设置相应主题			材质较为统一，造型实用性强但景观性不强，其造型往往根据其设计流线确定，在人流和车流较大时可进行分层设置		
适用条件	车行流线与步行流线相交且应进行人车分流处，人流量较大的诸如火车站等城市节点处和河流等自然分隔但不需设机动车流线处			城市内外或城市内部交通量较大的交通交叉口处，城市大型交通节点如火车站处和城市各种交通流线汇集处		

5.6.3 港口码头

我国海岸线与河岸线绵长，港口码头在国民经济发展中发挥着极其重要的作用。其具体作用体现在以下3个方面：①交通枢纽作用。港口码头承担着水上货流与人流的交换与中转，这是港口码头最本质的作用。②观景作用。港口码头一般位于山水资源丰富、自然资源相对优越地区，其本身作为平台为人群观景提供了空间。③造景并提供水上活动作用。将港口码头与城市游憩系统融合，其自身的空间和立面特色往往能提升地区整体景观风貌。鉴于港口码头的重要作用，我们在设计时必须很好地把握以下原则：①正确选址。充分考虑周围环境因素、水体与气候条件以及景观利用与组织因素。②功能合理。合理安排港口码头区、管理区、客货流活动区分区，内部交通组织合理，具体包括合理组织进出港口码头流线，客货流最好分离，管理区尽量减少与其他两区的交叉，避免功能干扰。③空间优化。具体包括码头要有足够的等候和休息空间，码头宜与城市主要广场和主要道路相连，利于人群疏散。④安全实用。例如，港口码头水深要综合考虑客货船的需要以及港口现有自然水文条件，精细设计，码头护栏必须美观坚固等。

常见的港口码头平面形态类型一般可分为半开放平台式、沿岸齿式、扇形出挑式、矩形出挑式、半围合港湾式5种（见表5-38）。其中，半开放平台式港口码头客货流中转区以宽大平台的形式深入水面，整体岸线规整，空间利用充足，一般适用于客货流量较大且水岸空间充足地区；沿岸齿式港口码头客货流中转栈道与城市广场结合，充分利用原有岸线走势，改动较小，出挑较小，一般适用于现状条件较好、客货流量较少地区；扇形出挑式港口码头出挑栈道呈放射状布局，中心节点连接城市广场或主要道路，空间指向明确，一般适用于船只类型较单一但数量众多且水文条件较好地区；矩形出挑式港口码头将具有复杂环境的外海内化为港湾形式，客货流栈道布局规则，空间整齐有秩序，一般适用于水面风浪较大或现状水文条件不够理想，需要用内化环境过渡地区；半围合港湾式港口码头充分利用现有深水港湾岸线，与城市现有肌理有机融合，分区布置上下客货流区和景观节点区，两者相互映衬，一般适用拥有天然深水条件的旅游度假区。尽管每种平面形式具体布局不同，适用条件各异，其空间模式可概括为以下3种：①驳岸式。建构筑物一般距岸线较近，或平行或垂直于岸线布置，对于水位和池岸高差较大地区可结合台阶或平台布置。②伸出式。直接将码头挑伸到水中，增加水深，拉大池岸和船只停靠的距离，也是节约建设费用的有效途径。③浮船式。对于水库风景区等水位变化较大的风景区特别适用，码头可以适应不同的水位，总能和水面保持合适的高度差，管理较方便。

表5-38　港口码头单体形态类型特点及适用条件

形态类型	半开放平台式	沿岸齿式	扇形出挑式	矩形出挑式	半围合港湾式
单体平面					
形态特点	平台延伸，岸线几何规整	与广场结合，岸线改动较小，出挑较小	出挑栈道放射状，中心节点连接城市广场，空间指向明确	外海内化，栈道规则布局，空间整齐有序	充分利用岸线，与城市肌理有机融合，码头区与景观节点分区布置，相互映衬
适用条件	客货流量较大，水岸空间充足	现状条件较好，客货流量较少	船只类型单一但数量较多，水文条件较好	风浪较大或现状水文条件较差，需实用内化环境过渡	天然深水港湾区，一般多见于旅游度假区

5.6.4　火车站

火车站及其站前广场是客货流参与城市功能活动的公共空间，是城市基础设施的重要一环，对城市发展起着重要作用，具体表现在以下几个方面：①交通枢纽功能。火车站是铁路和其他交通方式的换乘停留空间，首先要发挥交通枢纽作用。②城市客厅功能。站前广场是车站客货流参与城市活动经历的第一个公共空间，其景观和客货流流线设计显得尤为重要。③城市节点功能。火车站及其站前设计能够联系周边、吸引周边，具有将周边地区发展成为城市节点的潜力。我们在进行火车站及其站前广场地区城市设计时需要考虑以下内容：①与周边广场和街道的关系。力求做到与周围区域交通安全通畅地衔接，尽可能排除无关功能干扰，实现人车流线分离。②形态与尺度。统筹考虑车站和站前广场的长宽比、形状与周围建筑的关系、立体交通流线等。③交通空间与环境空间的协调。火车站及其站前广场是城市门户，其美丽与个性极其重要，设计中应协调交通空间与环境空间，确保空间的统一性和整体性。此外，面对城市化加速发展的新形势，设计中应充分考虑交通种类和数量增多带来的复杂性、周边地区综合开发问题。

火车站及其站前广场具体形态类型分为不对称双侧广场垂直式、不对称单侧广场斜交式、对称双侧广场垂直式、双侧自由斜交式、不对称单侧广场垂直式5种（见表5-39）。其中，不对称双侧广场垂直式车站布局不对称且主次指向明确，站前广场分立两侧，空间形态与主次地位对比明确，适用于铁路线两侧皆开发且开发程度不同地区，地区轴线与车站相垂直；不对称单侧广场斜交式车站管理与疏散分区明确，布局不对称，站前广场单侧分布且与车站成一定角度，适用于郊区车站，地区轴线与车站斜交；对称双侧广场垂直式车站沿铁路线对称，两侧站前广场空间特色不同并大致呈对称之势，适用于铁路线两侧皆开发且开发程度相似地区，地区轴线与车站垂直；双侧自由斜交式车站造型灵活不规则，站前广场几何形式强，与车站融为一体并与之斜交，适用于小型车站，无明显地区轴线；不对称单侧广场垂直式车站呈不对称形态，与周边标志性建筑一同围合站前广场，适用于城市中心区等用地紧张地区。总之，火车站及其站前广场地区城市设计特点表现在以下3个方面：①简洁化。功能安排与流线简洁明了。②紧凑化。紧凑布局可有效缩短流线，节约用地。③立体化。这有利于实现旅客、出租车、公交车、私家车的分流。

表5-39　火车站单体形态类型特点及适用条件

形态类型	不对称双侧广场垂直式	不对称单侧广场斜交式	对称双侧广场垂直式	双侧自由斜交式	不对称单侧广场垂直式
单体平面					
形态特点	车站不对称指向明确，站前广场分立两侧，主次明确	车站管理与疏散分区明确，不对称布局，站前广场单侧分布，与车站斜交	车站沿线对称，站前广场部分空间特色不同，分立两侧，大致对称	车站造型灵活不规则，站前广场与车站一体设计并与之斜交	车站不对称形态，与周边标志性建筑共同围合站前广场
适用条件	铁路线两侧皆开发且开发程度有异，地区轴线与车站垂直	郊区车站，地区轴线与车站成一定角度	铁路线两侧皆开发且开发程度相似，地区轴线与车站垂直	小型车站，车站地区无明显轴线	城市中心区等用地紧张地区

5.6.5 停车场

停车场是供车辆停驻的场所，是交通系统不可分割的组成部分，对城市正常生产生活秩序产生重要影响，具体体现在停车场的供给影响城市内与城市间交通环境。有序停车是城市环境、秩序、亲和力的重要因素，因此停车场必须经过城市设计加以引导。我们在进行停车场规划布局时要遵循以下原则：①应符合城市总体规划，大中小搭配，路内路外协调，地上地下结合，形成停车场系统；②不宜临近干道交叉口，可开辟辅路供车辆汇入干道网；③停车步行距离要适当，应控制在300m内；④城市外环路附近设置停车场，减少对过境交通的影响；⑤新建公共建筑物，应严格配建停车泊位标准，同时配建自行车停车场。

停车场形态类型一般可以分为沿路停车和集中式停车两种（见表5-40）。其中，沿路停车是指占用城市道路两边指定的地段停放机动车，以作为公众临时性停放车辆的场地。其优点是与道路结合紧密，设置方便灵活，设备简单，其弊端是占用大量的道路，车流受阻，交通秩序混乱，交通安全受到威胁，管理不便，市区居民生活不便。路内停车场是一种临时性的停车解决方案，由于占路设置，影响交通，应该在严格的规划和管理下控制性发展，对于有些地区或对交通干扰较大的路段，应积极加以限制或取缔。一般适用于老城区或用地紧张地区小规模停车。集中式停车是指不占用道路的独立置于室内或室外供车辆停放的专用停车场地，具有较大的规模，清晰的边界，内部板块布局并以绿化带分割，这种停放方式便于机动车的统一管理，避免了机动车在城市道路内过多地穿行。同时，这种集中停放方式也有利于节约土地资源。但集中停车也有其弊端，即停车场与目的地往往有一定的步行距离，故在设计集中停放场所时，应考虑其服务半径的范围。总之，沿路停车与集中式停车能够解决不同的停车问题，城市设计中应注重将两者结合布置。此外，这两种停车方式都要选择合理的车辆停放形式，垂直式停车是最常见的停车方式，所需停车宽度较大，出入通道宽度也较大，但具有停车紧凑、出入方便的特点；斜列式停车指停车方向与通道成一定角度，优点是可以弥合地形，车辆出入方便，占用车行道宽度较小，有利于迅速停车与疏散，缺点是单位停车面积比垂直停车方式要多，用地不够集约。

表5-40 停车场单体形态类型特点及适用条件

形态类型	沿路停车	集中式停车	
单体平面			
形态特点	紧密结合道路，布局灵活，结合道路绿化，空间占用小	规模较大，边界清晰，按停放车辆类型分区，绿化带分割，内部板块布局规整，方便管理，节约土地	
适用条件	临时停车，小规模停车，老城区或用地紧张区	车辆较多，土地充足，多见于新城和郊区，与城市重要功能空间毗邻	

5.6.6 其他基础设施

除了上述设施，城市基础设施还包括汽车站、公交站点、水上客运换乘点、加油站、垃圾中转站、变电站等（见表5-41）。其中，汽车站分为市际与市内车站两种，两者一般临近布置，车站配套设施一般包括商业服务中心、车辆中转场所与停车场3种。中小城市一般将汽车站置于城市中心，紧靠城市主要道路，借以提升城市活力，大城市一般将汽车站置于城市中心外围，避免干扰城市内部生活秩序。公交站点分为直线式与港湾式两种，直线式的公交停靠站模式是在机动车道上直接安置公交停靠区域，属于一种较为传统的设置公交停靠站的形式，但易形成交通瓶颈，在交通流量较大的道路上易发生交通阻塞。港湾式公交站是在站点处扩展道路，从而把公交车停靠区域设置在道路上其他机动车辆行驶道路之外，以此来减少公交车到站时带来的交通流通压力，保证公交车行驶路段的正常通行。公交站的布置应满足合理的服务半径。水上客运换乘点一般分为码头区与服务区两个部分，鉴于换乘点一般位于风景区等环境风貌较好地区，其建筑形式一般较新颖且能很好地融入周边水绿环境，此外，应合理组织游客移动流线与视觉观赏流线，丰富换乘点附近空间效果。加油站一般分为加油站点区、储油区、员工服务区3个部分，布局上要将三者分离，加油站点区要留有充足的停车与回转空间，选址方面要紧邻城市车流量较大的主要道路并符合合理的服务半径要求。垃圾中转站是城市生活不可缺少的基础设施，一般结合城市主要道路，便于垃圾运输车的输送，为避免垃圾中转站给城市居民带来干扰，其选址往往在城市空旷郊区，周围大量绿化隔离。变电站是高危险性基础设施，布局中考虑将变电站与维护室隔开，并利用绿化将其与城市隔离，阻止市民接触。总之，要从城市性质、城市规模与社会环境方面确定城市基础设施规模，从服务半径和建设时序方面考虑城市基础设施的布局，利用城市设计思想提升城市基础设施区域空间品质，本着"先规划后建设"和"适度超前"的原则，合理布局城市基础设施网络系统。

表5-41 其他基础设施单体形态类型特点及适用条件

形态类型	汽车站	公交站点	水上客运换乘点	加油站	垃圾中转站	变电站
单体平面						
形态特点	市际与市内车站分区，配套商业服务、车辆中转场所与停车场	分为直线式与港湾式两种，与指示牌和候车空间结合	码头区与服务区分离，建筑形式新颖，融入水绿环境	加油站点区、储油区与员工服务区分离，停车空间较大，道路交叉口	结合主要道路与绿化，一定的供车回转空间，空旷区	变电站与维护室隔开一定距离，利用绿化隔离城市
适用条件	中小城市中心，大城市宜置于城市中心外围	公交线路两侧，间距符合服务半径	水上旅游线路	符合合理的服务半径	符合合理的服务半径	符合合理的服务半径

Chapter VI

6 专项规划设计

专项规划设计是指在城市设计项目总目标和策略指导下，为有效实施规划意图，对城市要素中系统性强、关联度大的某一内容或专项进行空间布局规划，专项规划涉及的内容十分广泛，包括功能分区专项、交通组织专项、慢行交通与步行体系专项、绿地系统及开放空间专项、景观环境专项、植被生态专项等内容，在城市设计中，这些作为横向系统的专项规划不仅关系到城市整体空间布局，还关系到公众利益，是支撑一个规划从合理设计到面向实施的关键环节，需要规划师有综合性的规划素养和跨专业合作精神。以下从功能分区、交通组织、慢交通与步行体系、绿地系统与开放空间、景观环境与植被生态、高度形态与天际线、公共设施与游憩体系、历史保护、分期建设等专项规划来了解其与规划整体的协调统一关系，并结合优秀案例来明确专项规划的原则和做法。

6.1 功能分区专项

功能分区专项规划是按功能要求将城市中各种物质要素，如工业、住区、商务等进行分区布置，组成一个互相联系、布局合理的有机整体，为城市的各项活动创造良好的环境和条件。根据功能分区的原则确定土地利用和空间布局形式是大尺度城市设计的一种重要方法。在进行功能分区专项规划时，应注意如下几点问题：如何进行各分区的功能合理定位以及区位选择？如何将功能分区与城市道路、地形、水文等相结合布置？如何使各功能区组成一个相互关联的有机整体？如何确保生态、经济、社会等各方面效益？如何与城市发展战略、城市性质与城市结构相协调？

针对以上问题，并为能够更好地适应城市自然地理现状、为市民提供舒适宜人的居住环境、满足城市未来发展的需求以及促进城市健康高效可持续发展，在进行功能分区专项规划时，必须遵循如下原则：①遵循自然条件原则。功能分区应结合原有地形、地貌、水系分布等自然地理条件布置，使城市整体的分区、形态与自然地理相吻合，以减少环境破坏与提高生态适宜性为依据来确保城市的健康持续发展。同时，功能分区应结合城市的主导风向来布置，如工业等污染较重的分区应位于城市主导风向的下风向以减少对城市的污染。②凸显主体功能与特色原则。应在确定某一城市或地区主体功能或特色的基础上进行功能分区，确定核心功能区并以核心功能区为主体进行分区布置，以此凸显出该城市或地区的特色与职能。③保证各方面效益原则。在确保功能合理分区的基础上，保证经济、环境、社会等各方面的效益，确保经济发展、生态环境保护、社会和谐永续的同步平衡发展。④城市未来发展相协调原则。

功能分区应考虑城市未来发展的需求，包括与城市近期、中期、远期的发展规划相一致，为城市未来的发展预留空间，确保城市永续发展。主要分为结构表达、图案表达、意向式表达等几种类型。

6.1.1 结构表达

结构表达是对城市或某一地区进行的结构性功能规划，在进行功能划分的同时，确定各功能区的核心区域与核心职能并进行合理部署，使各功能区之间相互联系，与周围地块或分区相互关联形成一个有机的整体，通常在图面表达上在进行功能分区的同时伴随以核心、轴线、发展方向、相互关联箭头等来表达功能分区的规划意图。如图6-1为某经济技术开发区的结构式功能分区专项规划图。该专项规划以主要交通干道为界限，将开发区分为A~G7个分区。东南部为产业园区，西北部为居住区，各分区都有各自的功能中心并通过道路交通相连接形成一个相互联系的有机整体。以道路和绿地来分割各功能分区的方法使得各分区形成各自相对独立的组团，从而减少了分区之间的相互干扰和影响，保证了各分区内部的相对独立运转。同时，各分区核心通过道路交通的方式连接又加强了各分区之间的相互联系、协调运作，将居住、科研、生产、绿化等分区串联成一个有机整体，为经济发展、技术研发、产业互动、生态宜居创造了良好的条件和环境。此图在表现上以道路网为基本骨架，色彩明亮、结构清晰，鲜明地表现了功能分区的规划理念和意图，但是缺少必需的文字说明，包括各分区功能定位以及核心区的表述显得略有不足。

与经济技术开发区的功能分区规划不同，中心区的结构式功能分区在注重各分区内在联系的同时也考虑各分区与周边地块之间的联系与协调。如图6-2为某中心区的结构式功能分区专项规划图。该图以中心区道路网为图

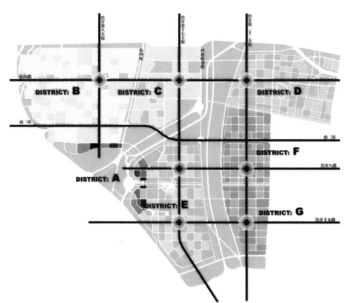

图6-1 某经济技术开发区的结构式功能分区专项规划图

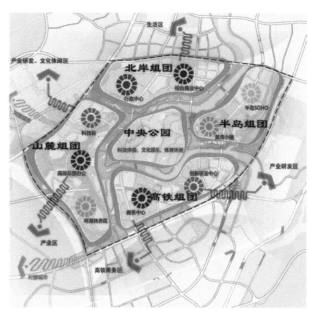

图6-2 某中心区的结构式功能分区专项规划图

底，将笔刷型绿色边线与半透明填充相结合组成5个功能分区，辅以核心区域图标、关联性箭头以及相应文字，整张图显得清新、自然、美观大方。该图以中央公园为中心组团，四周环绕北岸、山麓、高铁、半岛等4个组团，各组团内部分设多个功能中心，这样的构图不仅充分体现了功能分区规划的核心思想，又使得整张图中央核心公园——四周环绕组团的结构更加清晰、中心区—功能组团—各组团核心功能区的层次更加分明。同时，各个分区组团又有箭头往外延伸至生活区、休闲区、研发区等各个区域，不仅强调了各分区与周边地块之间的联系，也通过各组团与周围地块的相互关联性体现了中心区功能分区的规划设计意图。

6.1.2 图案表达

与结构表达偏向于分区规划的结构性不同，图案表达是对城市或某一地区进行的图案性的功能规划，每个功能分区都用一种色彩鲜明的色块来表示，使整张图不同分区的色彩区分度较大，是

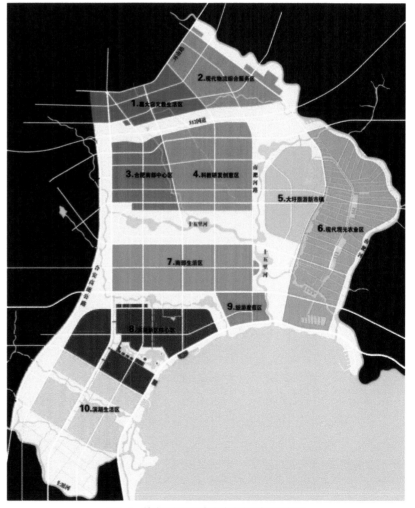

图6-3 某滨湖新区图案式功能分区专项规划图

一种偏向于强调各个不同功能分区在图纸上表达的分区规划表现形式。都是采用白色或淡色系作为图底，以红、黄、蓝、绿灯颜色鲜明的色块作为不同的功能分区，并在每一个分区的色块上标以序号和功能定位。图6-3为某滨湖新区图案式功能分区专项规划图，以黑色作为背景，纯色块填充的功能分区，整张图显得色彩分明、对比强烈。同时受到路网与水系影响，每个色块形状较为规整并且每个功能分区被道路网分割，显得较为自然。不足之处在于边缘地区路网过多导致整张图显得有点儿杂乱，可以把出头的道路模糊淡化来加强整体效果。

图6-4为某半岛另一种风格的图案式功能分区专项规划图，与图6-3不同，该图是以白色为背景，色块以单色线条填充，使得整

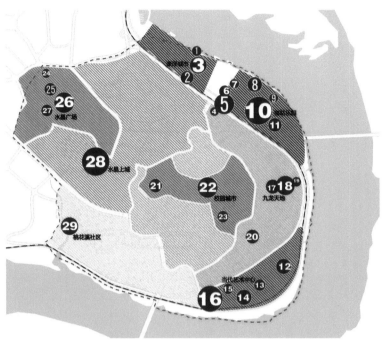

图6-4　某半岛另一种风格的图案式功能分区专项规划图

张图在色彩对比强烈的同时不过于明艳，显得淡雅清新。同时受到地形和路网的影响，色块边缘处呈不规则多边形，多个分区相互契合，使得整张图更有整体感。

6.1.3　意向式表达

意向式表达指在对城市某地区进行基于某一要素的区域划分时，对该地区的功能、景观、文化等特点进行意向性的表达，通过对这些特点的描述，人们可以很直观、清晰地了解该地区。表达内容往往是地块所要解决的主要问题，如在产业园区，功能性意向表达很有必要；在风景区，环境性意向表达显然更为重要。此外，由于是对基地重要问题的直观回答，表达方式的选择也是值得斟酌的，这主要包括如何直观表达、如何生动表达、如何深刻表达这3个方面问题。通常在通过色块表达的同时，配以直观的图片、优美的文字，可以使表达更加直观、生动、深刻。

如图6-5为某工业园区功能分区专项规划图，该图通过颜色不同的色块、内容形象的照片和描述直观的文字对该地区的功能分区进行了直观、生动的表达，人们首先通过对颜色的感知了解到这些地块的功能"基调"；随后通过对文字的解读，了解每个地块的主要功能；最后通过对照片的浏览，想象到每块地建成后的空间形态。人们可以通过该图，对地块建造过程中的投资规模等进行预估和对建成后的经济效应等进行预测。在表达方面，白色色块、灰色线条的地图处理，使整张图风格淡雅。此外，得当的颜色应用，也是该图的成功之处：紫色高贵的商业色，绿色环保的生态色，蓝色高效的产业色使人们很容易与各自功能对应。最后，选择得当，处理恰当的照片也是该图的成功之处。

与上图基于功能的意向式表达不同，图6-6则基于景观的意向式表达。该图通过点线式色块、充满自然意境的图片、具有文化内涵的文字和为标明区域的圈环对该滨水岸线各段的景观特色进行了直观、生动、有文化内涵的表达。在内容方面：首先，不同颜色的标注将整体滨水空间划分为若干景观区段，使人们首先感受到这是一幅具有不同风景但又具有统一性的景观画画卷；其次，通过圈层的标注，人们很容易认识到岸线的进深，并感受到这不是一条单薄的岸线，而是具有不同进深的、婉转的长廊；再次，通过图片的展示，人们可以直观地"欣赏"到岸线的各种景观，给人以身临其境之感；最后，整齐的文字既使人的各种感受得到验证，又增加了整个设计的

图6-5 某工业园区功能分区专项规划图（基于功能的意向式表达）

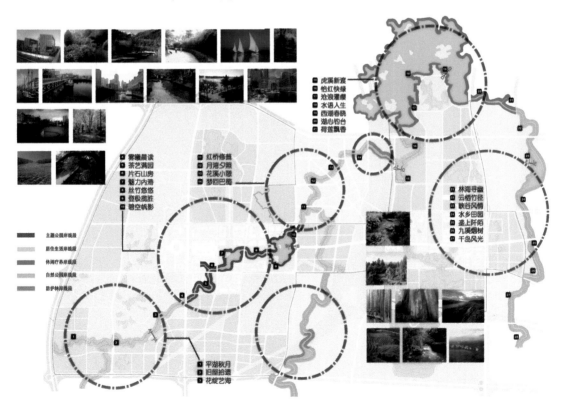

图6-6 功能分区专项规划图（基于景观的意向式表达）

内涵。这种全方位、饱满的表达方式不仅能使人更好地感受设计意向，而且给人以身临其境之感。在表达方面：首先，全图不同要素大小对比得当、同种要素空间排列得当、全部要素位置搭配得当，使内容多而不杂；其次，清淡的底图选择、淡雅的颜色使用、得当的图片处理使全图风格清新淡雅，与表达意向相配；再次，通过形式统一但颜色不同的线条表达整体岸线，通过样式统一但大小不同的圆圈表达进深，通过内容不同但排列有序的文字表达意境，使人们很容易感受到各个内容的统一性和区别性。

6.2 交通组织专项

交通组织专项是指根据城市交通量的大小，对城市道路的功能分类、主次关系等进行合理规划，以保证城市交通运输的目的。而交通组织的重点是路网布置，在路网布置时，可以从宏观和微观两个方面进行，在宏观布置时要注意几个问题：如何进行区域路网与城市路网衔接？如何选择合适的路网布局方式？如何选择合理的路网组织方式？如何完成路网与用地的拟合？因而在路网组织时应注意以下原则：城市内外路网相配；城市路网与城市布局相配；城市路网与城市区位相配；城市路网与所在用地相配。此外，为了提高道路的运行效率、增强地区的活力和竞争力、增强道路的景观效果，在路网微观布置时应注意以下原则：①分级布置原则。将道路按其重要程度进行分级布置，如在城市道路网布置时宜形成快速路、主干道、次干道、支路的道路网络；在居住区布置时宜形成居住区级道路、居住小区级道路、住宅组团级道路、宅间小路的道路网络。②密度分级原则。通过合理控制路网的密度达到增强地区经济活力或居住活力的目的，如在中心区选择高密度路网，以提高每个地块的可达性以增强其经济活力；在居住区选择分级路网，以在保证交通流畅的同时增强其居住活力。③功能多样原则。现在交通不仅承担交通运输功能，还承担以景观功能为代表的其他功能，如南京北京东路，其两侧的水杉使其不仅是一条城市干道，而且成为一条景观道。由于城市具体用地的独特性，在考虑路网布置时应在区域城市背景下，结合地块的发展目标、现状条件、地形地貌做出合理的路网安排，切忌生搬硬套，流于形式或资源浪费。

图6-7为带彩色底图的交通组织专项规划图。在专项规划方面，该图采用了高密度分级的路网模式：道路分为干道、次干道和支路，干道位于基地外围，将基地环绕；次干道主要采用平行于城市干道和线状滨水空间的布置方式；城市支路密度高，主要采用连接干道、次干道和"挂"于干道或次干道的布置方式。考虑到基地的带状形状，滨水的自然景观和展览的主要功能，这种布置方式是十分合理的。首先，主干道处于基地外围，将基地车流与外围车流进行了合理分流，保证基地不受外来车辆干扰；次干道和支路处于基地内部，车流量相对较小，保证了内部的舒适环境；其次，内部高密度的路网保证了外来车辆或内部游览车辆可以很容易到达每个展览馆，这符合基地功能，易于展示基地活力；再次，平行于江河的道路有

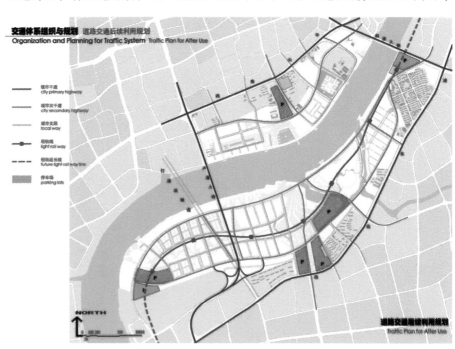

图6-7 带彩色底图的交通组织专项规划图

很好的景观效果，垂直于江河的道路也因其线形选择有很好的对景，这使得道路不仅是交通空间，而且是景观空间。此外，路网还注意到了与轻轨线的关系，这更有利于道路的高效利用。在表达方面，专项规划图以浅绿和浅灰色块表现街区，通过道路留白、规划地块留白表现路网系统与基地，通过亮暗对比突出重点区域，并形成了风格淡雅的底图，在淡雅的底图上通过亮眼的红色色系的线条和少量色斑，达到了突出表现路网系统的目的。

与主题园区空间路网不同，校园路网在规划时有其独有的特征。图6-8为某大学校园CAD地形图为底图的交通组织专项规划图，校园路网被城市路网环绕，有特定的出入口与城市道路相连。校园内部分为车行路和步行路，车行道路分为主路、次路两级，主路采用围绕主要地形、主要功能分区的布置方式，并且有大量路边停车与停车场布置于其两侧；车行次路采用依附于主路，连接建筑和场地的布置方式。此外，在主路所划分区域的内部，步行路自成系统，与车行路耦合。在校园规划中，校园路网应注重其独立性、系统性、可达性，此方案路网

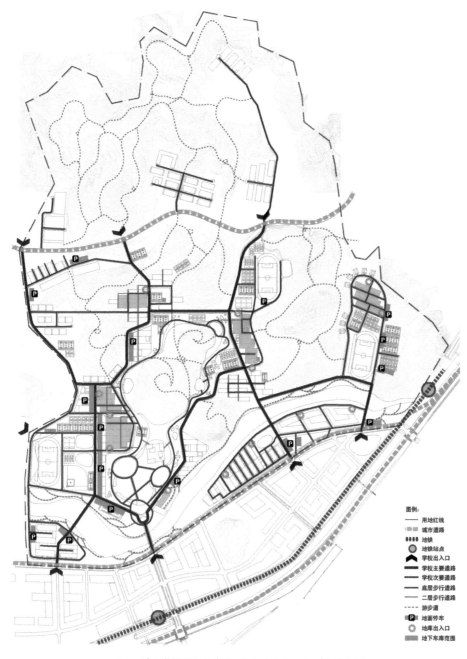

图6-8 某大学校园CAD地形图为底图的交通组织专项规划图

与城市路网相对脱开，避免了城市车流对校园的干扰，独立性强；道路网分为车行路、步行路，并且注重两者之间的关系，车行路又分为主路与次路两级，主路负责功能区间的交通，次路负责功能区内的交通，系统明确，既保证了路网的高效性，又保证了功能区内部环境的和谐性，路网系统性强。另外，由于车行路次路的存在，使得每个建筑至少有一面与车行路相连，提高了路网的可达性。与此同时，此路网很好地处理了路网与地形（高差）、山体景观的关系，从而有了曲折环绕但合理的线形，既保证了路网功能与线形的合理性，又保证了路网的景观性。此图在表现方面以CAD线条为底，与上图图面风格有所不同，通过对灰色的应用同样表现出淡雅的风格，并且通过稳重的蓝色线条和绿色色块将主要路网突出，使得整张图风格稳重，重点突出。

相较于前两种路网，中心区的路网相对复杂。图6-9为某城市中心区多级结构及LOGO标志的交通组织专项规划图，专项规划有车行路网和轨道交通线路，车行路网可以分为城市与区域连接的高速公路、国道和城市内部的快速路、主干道、次干道；轨道交通包括铁路、城际轨道、城市地铁等，两者通过站点相连。此外，在车行主干道上还有区域级、片区级的客、货运站和仓库、物流基地等。首先，对于中心区而言，路网密度是很重要的，路网密度决定了地块的可达性，而较高的可达性有利于增强地块的经济活力，此方案很好地体现了这一点，无论是干路还是次干路，路网密度都很大；其次，中心区存在着各种类型的交通方式，如何将其很好结合是难点，此方案很好地利用各种等级站点的设计将轨道交通和车行交通结合起来，达到了两种系统整合的目的；再次，对于中心区而言，道路及其公共设施的等级划分也是很重要的，此方案对路网和公共设施进行了合理的分级设计。方案将道路分为快速路、主干道、次干道等。快速路主要承担城市分区间交通；主干道承担城市内外交通联系、道路交通与轨道交通的联系及城市交通与交通站点和交通设施联系的功能，次干道则通过与主干道的直接联系来实现其直通功能。此外，方案将交通场站进行分级设置，与区域相连的区域级交通场站处于与主干道、快速路和对外交通相连的城市边缘，与片区相连的交通场站则相对均匀地布置在城市之中，保证城市交通高效运作。在图面表达方面，灰色CAD底图奠定了方案淡雅的

图6-9 某城市中心区多级结构及LOGO标志的交通组织专项规划图

基本调，虽然线条较多，但因其井然有序，色系搭配得当使其不仅表现清晰，而且系统分明。此外，各种色块、LOGO、图标的应用使得方案节点更加突出，风格一目了然。

与单纯表现城市路网组织相比，城市内各种交通模式的规划尤其是以公共交通为导向的交通方式的规划对城市发展是十分重要的，这些具有导向性的交通方式应该得以规划并表达。图6-10为某开发区带空间信息的交通组织专项规划图，在专项规划方面，该方案不仅对车行交通网络进行了系统规划，而且对以公共交通为导向的各种交通方式和换乘方式进行了系统性安排，通过对BRT线路、地铁线、公交线等交通线路及地铁站、公交首末站以及地铁与BRT换乘站等各种换乘站点的规划，对该地区综合交通的发展在内的地区整体空间、经济、环境等要素的发展有了初步的了解与估计。首先，通过对站点设置、线路选择、交通方式的规划，人们很容易对本地区功能分区、开发强度、发展状况等进行划分和评估，有利于地区的快速发展；其次，这种以公共交通为导向的规划模式，符合当今交通发展的理念，有利于城市的合理开发和健康发展；最后，这种形象的表达方式，有助于对该地区开发强度的合理控制，以达到经济活力与环境效益双赢的目标。在表达方面，该图以道路为底、街区为图的图像为底图，相同空间复合区平行、带有方向性箭头、不同功能流线间色彩对比强烈的线条为各种交通线路，并且通过对主要节点影响半径的表达，充分表现了复合交通方式对区域的影响程度，图面内容一目了然、重点突出。

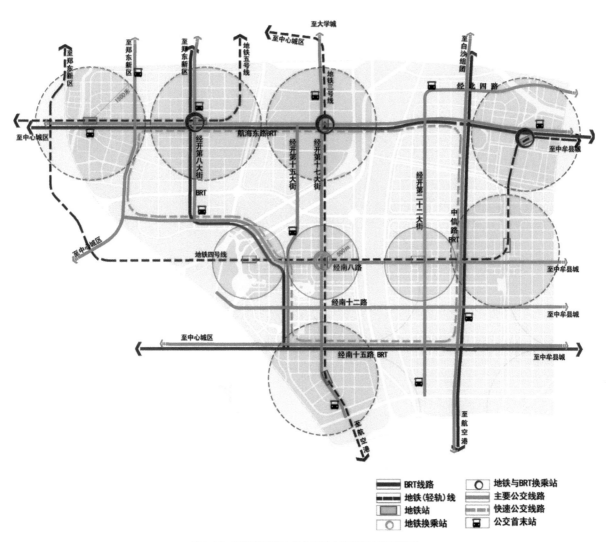

图6-10　某开发区带空间信息的交通组织专项规划图

交通是一个完整的系统，对其进行统一的表达十分重要，但由于不同的交通方式、不同等级的交通线路间承担着不同的功能，对其进行分类规划与表达也是十分必要的。图6-11为某地区交通组织专项规划图，该图通过对铁路、道路两种不同的交通方式和高速路和快速路、主干道、内环路3种不同等级的道路进行分类规划，明确了不同交通方式和线路所承担的不同作用。而这种规划手法对处理城市内外交通衔接、城市内不同分区间交通衔接、城市同一分区内交通整合等问题是十分有帮助的。这种规划手法的优势主要体现在以下几个方面：首先，明确了城市不同交通方式和线路的分工，使城市各种交通问题得以初步解决；其次，明确的各种线路分工，对城市交通人流测算、道路技术的编制，甚至城市交通的综合规划都有重要作用；再次，配合交通系统的整体表达既有利于展示城市交通的整体性又有利于展示各个线路的功能性，对用地和交通的功能拟合等十分重要。在表达方面，该图通过组图的方式表现规划思路，通过"四小一大"的大小对比形成协调的构图关系。在小图表达方面，相同的色调使得画面统一，不同的内容又使得画面不至于呆板。如果使大图与小图的大小对比更加强烈一些可能会更好。

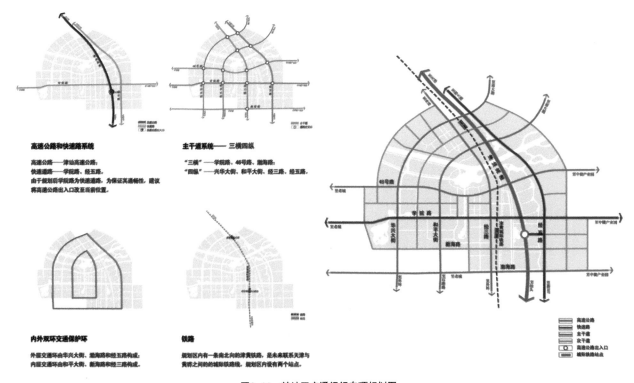

图6-11 某地区交通组织专项规划图

6.3 慢行交通与步行体系专项

慢行交通隐含了公平和谐、以人为本和可持续发展理念。在当前能源供应趋紧、大城市交通拥堵加剧的背景下，规划高品质的慢行交通体系不仅能够引导市民形成全新的出行观念，改善城市公共空间与居民生活环境，还利于城市实现人与自然和谐地永续发展。

慢行交通系统规划的内容主要包括慢行交通系统发展目标战略及规划控制对策、慢行相关的道路因素（慢行骨干路网规划图、重要步行通道规划图、非机动车廊道规划图等）、街道空间因素（人行道分区示意图等）、慢行设施（非机动车换乘枢纽布局图、步行标志系统示意图等）和慢行环境（步行单元划分图等）。城市慢行交通系统的类型主要包括步行系统与非机动车系统，对于自然景观或历史风貌完好的城市，还要进行重点风景区慢行交通系统规划。

步行系统规划旨在提高步行系统的可达性，塑造场所归属感，体现城市自然与人文环境、文化与城市形象。步行系统规划中的步行网络分为控制步行活动的道路、重要步行通廊、依托城市道路的重要步行通道等。将规划区划分为中心区、居住区、历史街区、旅游风景区等，不同类型步行单元中步行活动组织具有不同特点。非机动车系统规划旨在以优先、大力发展公共交通为基础，促进非机动车与城市公共交通系统的衔接，保证良好的换乘环境。以城市道路为依托，建立与城市土地利用相协调的非机动车廊道。以慢行区划分为依据，优化、整合区内非机动车网络，建立、完善自行车租赁系统。非机动车与轨道交通、BRT、常规公交等车站可形成换乘枢纽。重点风景区慢行交通系统规划旨在通过建立慢行交通系统更好地体现景区魅力。对于自然景观较好的城市，结合水系布置规划非机动车道与自行车租赁点，打造环湖步行系统，充分利用山地景观打造自行车绿色通道与步行观景路线，将慢行体系与地形地貌高差等要素结合；对于历史城区，要在解决交通问题、尊重原有街巷肌理界面、合理规划慢行交通的基础上，将慢行体系与各历史资源点相衔接，形成特色旅游线路与标志。

然而，城市规划不同层面中的慢行体系规划也具有不同的特点与要求。对于城市规划而言，慢行体系规划作为一个系统的专项规划，不是仅仅局限于交通规划与设计，而是贯穿城市规划全过程，与城市规划的各个阶段相衔接和呼应。

总体规划层面着重于慢行交通发展战略与网络体系的构建，通过分析城市的经济社会条件与发展需求，制定符合城市现状的慢行战略与目标策略，通过城市慢行交通系统网络的建立打造舒适的人居环境，选定适合慢行体系的公共交通发展策略等。控制性规划层面着重于量化指标控制来引导慢行交通规划的建立，通过道路等级、断面、红线、间距、建筑后退线、道路绿地、交通出入口、交通枢纽点位置等指标完善慢行交通体系。城市设计层面着重于慢行交通体系的物质空间环境与特色氛围的打造，通过确立各慢行区域的特色，将慢行线路与各慢行区域串联，并在慢行线路上布置特色慢行节点，形成"点—线—面"的慢行体系网络，对于不同的慢行区域制定不同的慢行环境与氛围设计，并对慢行体系中的地上与地下空间进行构思设计。因此，在慢行交通系统规划与设计中，要形成多内容、多层次、多要素的规划思维。

如图6-12所示，是某商务商业混合区的慢行交通系统专项规划图。在结构上形成了"一纵两翼"的慢行交通网络。一纵指依托纵向延伸的商务与商业区慢行网络，两翼指分布在商务与商业区两侧的绿地公园慢行网络。商务与商业区慢行网络通过建筑围合线性曲折，绿地公园慢行网络

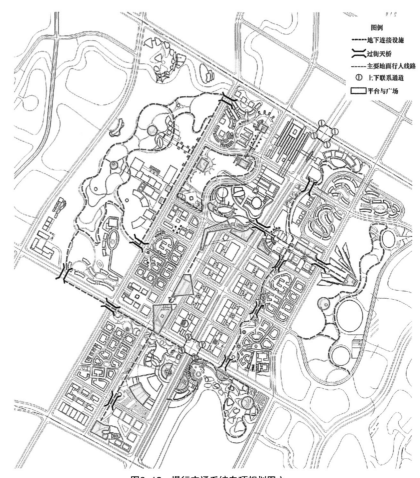

图6-12 慢行交通系统专项规划图之一

依托绿地景观自由生长，不同的慢行线路形态特征差异体现出不同的慢行片区主题，各慢行片区又通过慢行线路相互联系。沿着慢行线路布置有大小、形状不一的平台与广场，通过空间的收放丰富了单调的线性慢行路线，并将不同的活动广场形象地表达在图纸上。此外，该图的亮点在于不仅从平面上设计了慢行体系，还通过地下联系设施、过街天桥、上下联系通道等要素从地下地上立体地设计慢行体系，既丰富了空间层次也体现了集约的规划理念。该慢行规划若能在商务与商业区慢行网络中增加次一级的慢行线路，会使整个慢行体系更加完整。在表达上以点、线、面为主要表达元素，以浅色CAD平面图为

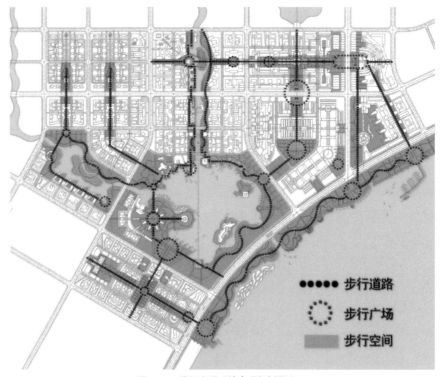

图6-13 慢行交通系统专项规划图之二

底，其上以虚线线形勾画出人行线路，并以线框及LOGO标示出重要的连接设施及广场平台等，表达简单清楚。

如图6-13所示，是某滨水商务文化区的慢行交通系统专项规划图。在结构上形成了"一环、六带、多点"的慢行交通网络体系。"一环"即环绕中心休闲文化区的滨湖步行环；"六带"即从一环中生长出的，联系商业区、商务区、居住区、滨水区的6条步行道；"多点"即融合于慢行网络中的步行广场。这种向心型、生长式的慢行网络体系很好地将滨水临湖的自然景观与各具特色城市环境有机结合起来。慢行道路沿着湖面、河道、商业等轴线或景观视廊展开，并最终都与滨水空间产生直接或间接的联系。其次，案例图片中通过步行广场—步行道路—步行空间这种"点、线、面"的方式来表达慢行交通体系，要素简单但内容丰富。不同规模与等级的步行广场用不同大小的圆圈来表示；滨水的步行道蜿蜒曲折而商务与商业区的步行道多为线形，对比出不同步行环境氛围；步行空间用绿色填充，直观地表现出步行区域的大小与形态。各慢行要素各具特色又紧密联系，形成统一的体系。当然，若方案能够增加一些公交换乘枢纽点与慢行线路联系的表达，交代外围区域到达商务区与滨水区的方式与线路，则能使整个慢行系统更加完整全面。图面表达与上图相似，主要增加了步行空间的上色处理，突出慢行交通系统，图面清晰易读。

如图6-14所示，本案例是某城市片区的慢行交通系统专项规划图。因为规划范围较大，此图在明确交通路网和街区划分的基础上，着重于整个片区慢行交通系统概念和特色的表达。在结构上形成了"一心、双网、七片、多点"的慢行交通体系。"一心"指布置有公共建筑的核心绿地开敞空间，它既是景观的聚焦点，也是慢行活动的集散点；"双网"一是依托核心开敞空间与景观水系并放射至各特色片区的结构性慢行网络，二是依托城市道路服务居民生活连接各结构性慢行路的其他慢行网络，双网相互嵌套咬合使得慢行体系牢牢地扎根在城市之中；"七片"指行政、商业、小镇、SOHO等不同功能的慢行街区，7个慢行街区环绕中央核心开敞空间布局均匀分布，体现了该片区以慢生活为主的发展战略和多样化的慢行主题，丰富了人们的慢行活动；"多点"即分布于各慢行网络中的服务性节点，起到了为整个慢行体系网络点穴画龙点睛的作用。此外，若在慢行交通系统中增加公共交通发展战略与公交枢纽、码头等水路换乘点的设计会更好。该专项图以城市道路线和城市绿地系统为底，用

图6-14　慢行交通系统专项规划图之三

面的形式标示城市不同区域的慢行街区范围，以带箭头的实线表示结构性慢行道路，以点表示若干特色慢行点，这样做到层次分明，形成与城市绿地系统相结合的特色慢行网络体系。

并不是所有慢行体系都需要区分线行和颜色来表达，在尺度较小的地段往往可以用更简洁清楚的表达方式。如图6-15所示，本案例是某城市重点地段的慢行交通系统规划图。由于规划地段较小，该图在慢行交通系统的表达上与前几幅图不同，其将整个慢行交通网络沿着边界填充。这种做法不局限于用简单的直线或曲线来表现路径，而是把广场空间与慢行线路空间结合起来表达，更好地展示出其空间特色与品质。其次，该方案的慢行空间很好地与不同环境呼应。东侧的商业活动区采用慢行网络化处理方式，慢行空间之间的联系紧密，符合商业活动行为需求。而西侧的滨水区则通过几条自由有机的慢行道来穿越公园、滨水别墅区等，通过与景观视廊的联系便于人们欣赏水景。该方案在慢行线路表达上通过箭头强调了慢行路径与出入口，增强了其与周围广场、地铁站的联系。此外，建议该方案在原有慢行体系的基础上，增加慢行活动组团的分区与主要慢行节点的放大效果图。

如图6-16所示，本案例是某城市片区的慢行交通系统专项规划图。该方案内容翔实，不仅通过慢行交通系统规划图表现出片区的慢行交通网络，还通过3个LOGO图表达了战略层面的慢行交通规划概念与措施，提出了人行网络、水路一体、公交优先的发展目标战略。在规划结构上形成了"三网、多线、多点"的慢行交通网络。"三网"分别指公交线路网、巴士接驳线路网、水上巴士线路网，通过公共交通网络联系各慢行区域与线路，避免了小汽车交通的拥堵问题，实现了整个片区的慢行化；"多线"指联系公共交通网络并放射生长的慢行线路，包括景观步道、社区休闲步道、健康步道等，对各慢行线路的分类处理，丰富了慢行空间的层次与类型；"多点"指

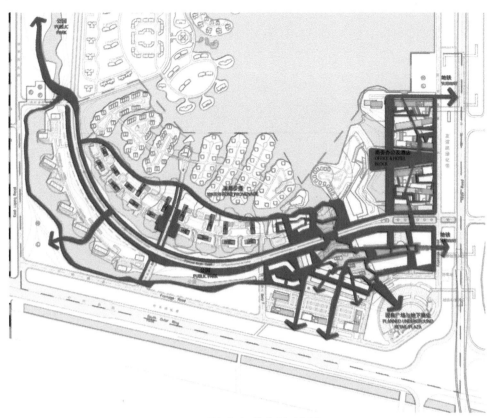

图6-15　慢行交通系统专项规划图之四

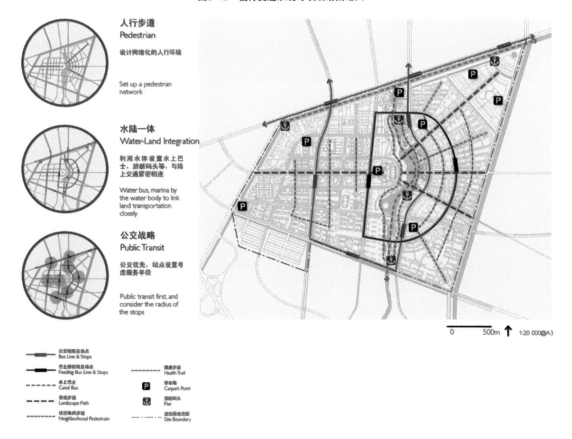

图6-16　慢行交通系统专项规划图之五

分布在慢行交通网络中的公交站点、停车场、游船码头等，体现了人车分流的思想。如果在整个慢行交通网络中再增加一些开敞空间与活动节点，增加一些景观要素的表达与考虑，效果会更好。

6.4 绿地系统及开放空间专项

绿地系统及开放空间规划是提升城市活力、塑造城市空间特色、体现城市人文关怀的重要手段。一般来说，绿地系统及开放空间专项规划的主要内容包括目标与理念的确立、空间系统的构建、层次结构的梳理、指标与实施策略的制订4大部分。城市绿地系统被称为城市之肺，一般来说，其具体可分为公园绿地、生产绿地、防护绿地、附属绿地和其他绿地5大类。开放空间是一个相对宽泛的概念，根据不同的划分标准可表现为不同的分类结果。如根据其空间形态不同可分为点状开放空间、带状开放空间、面状开放空间；根据其构成要素与使用要求不同又可分为广场空间、绿地空间、步行街道空间、亲水空间等。

在各专项规划中，绿地系统及开放空间专项规划对后期方案特色的生成，体现设计者的设计意图方面具有重要的引领作用，因此我们在此专项规划中必须坚持以下原则：①整体性原则。注意从区域层面思考与构建绿地与开放系统。②连续性原则。绿地与开放系统应连续成线、成面，从而构成绿廊绿心，避免过于零散。③可达性原则。提高其开放程度，使之成为市民活动的舞台。④场所感原则。依托原有自然与历史特色，营造场所感，满足市民多样的需求。以上4条原则是我们的总体指导思想，除此之外，一个好的设计还必须借助于清晰明了的图纸才得以准确呈现，一般来说，一个好的设计图纸应符合以下几个条件：①准确表达设计意图；②表达清晰明了、主次有序；③整体表现风格统一且美观。下面以绿地系统及开放空间专项规划中几个具体实例加以说明。

如图6-17是某城市中心区绿地系统专项规划图，将绿地系统分为滨水绿地、防护绿地及道路绿地3个部分，并用3种不同颜色的色块来表示3种绿地，其中滨水绿地以河道两侧分布为主，呈现线形收放绿地空间；防护绿地主要是防护绿带，起隔离作用，并将基地划分为东西两大区域；道路绿地主要沿城市主要干道两侧呈现线性分布，在道路及水系交叉口设置数个广场公园作为城市开放空间并以点的方式表示。这样分门别类的方式清晰地区别出不同等级和功能的城市绿地类型，而将主要的公园节点标明，则使得整张图既系统完整又重点突出。在表达上，将街át涂灰，重点突出河道及3种不同颜色的绿地类型，图面清晰，简洁有力。

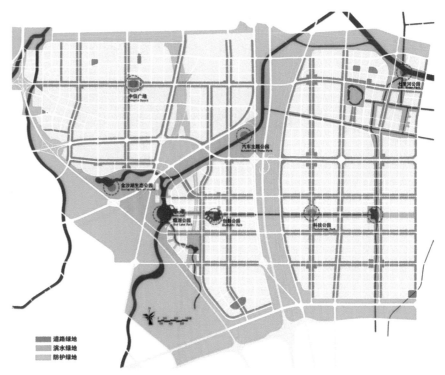

图6-17 某城市中心区绿地系统专项规划图

图6-18是某城市中心区开放空间专项规划图，设计者将开放空间分为生态绿地和公共开放空间、半私密开放空间、私密开放空间4类。总体布局上，以生态绿地、高尔夫球场、河流以及滨河开放空间形成的中心开放区

域构成整个城市中心区的开放绿屏，自然地将城市中心区划分为东南、西北一主一次两个中心；两个中心区中沿主要道路散布着大小不一的次一级开放空间节点，整体布局呈现一心多点、水绿贯穿的特点。在图面表达上，不同层级的开放空间以不同饱和度的绿色加以区分，既协调又清晰；道路系统以浅灰色铺垫，建设用地单元则留白，着重表达各层级的开放空间，素色作底，绿色为图，对比强烈。不难看出，设计者试图将建设用地系统、交通系统、绿地及开放空间系统相互耦合，使各系统既自身层次明晰有序，又与其他系统相互配合相得益彰。浅绿、淡蓝、浅灰3种基本主色调奠定了整幅图清新淡雅的风格，在此基础上，若能将重要的开放空间节点

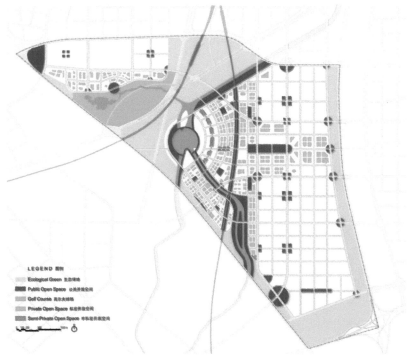

图6-18　某城市中心区开放空间专项规划图

在图中着重点出，配合以左下角图例，则整体画面会更加清晰、更加丰富。此外，设计范围选择与图纸大小相匹配，设计范围之外场地淡化处理也使得整张图纸饱满透彻、赏心悦目。

图6-19是某跨江城市中心区景观绿地系统专项规划图。在表现内容上，设计者着重打造沿江慢行景观绿化系统，两条并列的滨江体验廊道相互依托，构成城市主要景观轴线与观赏界面。在横向主轴基础上，设计者考虑

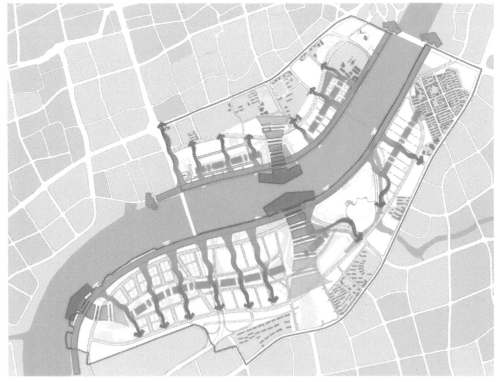

图6-19　某跨江城市中心区景观绿地系统专项规划图

充分利用沿河景观资源，构筑若干纵向次轴线，形成城市绿楔，使基地内部与江景实现共享。此外，充分考虑城市通风与视线廊道要求，纵向塑造3条风廊兼视廊，横向塑造两条内部慢行虚轴。在图纸表达上，线形的选择也能体现设计意图，沿江主轴风格硬朗，显贯穿之意；纵向次轴风格曲折多变，显渗透之意，主次轴连接一体构成一个完整的滨河绿化系统；内部两条慢行轴则采用虚线形式，显补充协调之意，3条风廊兼视廊采用粗大的虚箭头，在纵向上起到统领作用。设计者主要想表达沿河两条景观廊道及其对内地的辐射渗透作用，故而只有线性表达，即使有重要节点与中心空间，设计者也选择略去，其目的便是凸显最主要设计意图，避免一切干扰表达，不求多而全，但求少而精，这不失为吸引读者眼球、直击设计重点的一种好方法。

图6-20是某城市中心区公园绿地系统专项规划图，主要内容是表达中心区内各公园、观光园区和景观廊道的分布与走向。总体布局方面，中央车站将城市分为南北两个组团，两者通过贯穿的隔离性绿化廊道取得联系，两个组团内部，主要与次要景观走廊相互交织，主轴与次轴各自成网构成城市两级景观绿化网络；城市公园与景观园区呈面状分布于组团边缘，整体布局清晰。在图纸表达上，由于构成要素较为复杂，单纯的线性表达已不能满足要求，与上图相比，网状表达模式更适合该图需要。以点表示重要节点，以线表示重要通廊，以面表示重要区域，重点突出、简明扼要、提纲挈领、层次分明。主要绿化廊道与景观走廊构成主要骨架，次要景观廊道构成次一级骨架，主次骨架相互织补，形成网状景观格局，在此基础上，各重要城市公园与观光园区成点成面镶嵌在主次廊道交接处，纲举目张，点、线、面使画面构成极为丰富。这样，多个需表达元素井然有序地跃于同一张结构图纸上，设计者的设计意图也得以淋漓尽致地表达。

图6-21是长江沿岸某城市中心区绿地系统及开放空间专项规划图。此规划图结合城市湖面打造城市广场与城市公园，结合江面构筑城市生态岛及城市公园，形成沿江各片区良好的内部生态源，充分利用该城中心区水面广布的特点，形成"滨水城市公园—城市广场—生态岛"的城市鲜明特色；并结合生态绿廊和河流水系形成"带状公园—集中绿地—滨水林荫道—活动节点"的开放空间结构体系，沿江横向联系轴与竖向延伸渗透轴交织成网，生态岛与各城市广场镶嵌其中，各广场也各具特色，形成各片区中心，凸显出一条"滨水广场—生态岛"滨江活力带。在图纸表达上，该规划图复合了更多表达元素，设计者采取了综合图6-19与图6-20所用表达手法，既有线形城市网络系统，又用红色着重标明重要开放空间，既能表达主要空间结构特色，又重点突出，整体效果多而不乱，控制得当；排版方面，将图例放于右下空白处很好地平衡了图面，可以考虑将指北针和比例尺与图例一同放置。

图6-20 某城市中心区公园绿地系统专项规划图

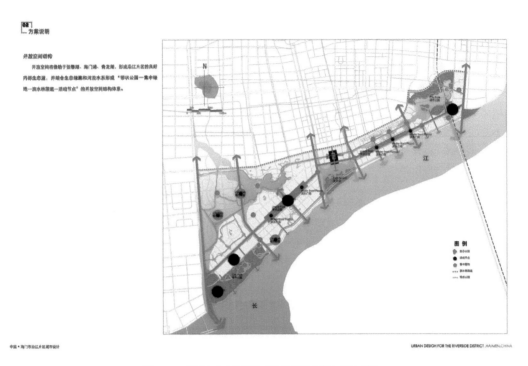

图6-21　某城市中心区绿地系统及开放空间专项规划图

　　图6-22是某城市居住核心区绿化系统轴向分析图。所谓轴向系统分析图，是相对于传统结构分析图只针对方案某一方面分析而言的，它将需要表达的各层次、各方面轴向叠加，以竖向引导线串联，综合若干图纸的分析图系统，每一层级分析图只突出某一方面内容，其余全部灰化处理，其优点是综合性高、整体性强、层次性清晰。排版效果较好，各层级分析图之间组合方式不同表达出的信息也相应不同。内容上，依托中心湖面打造核心绿化系统和体育公园，依托主要街道构建网状街头绿化系统并在各居住组团内部形成组团绿化，最终形成围绕中心湖面的双层半环形绿化骨架。设计者试图将核心区绿化系统、组团绿化+街头绿化分析图、环湖绿化+体育公园分析图、绿化系统骨架分析图综合起来构筑一幅气势恢宏的生态环境保护规划绿化系统分析图长卷，从整体布局到层层结构剥离，集逻辑性与观赏性于一体，很好地展示了方案的中心体系与廊道系统。

　　总之，分析图手法的选择应视表达要求而定，如图6-19～图6-21，同样是结构图，但3者侧重点却有所不同，采取的表现手法也要相应的不同，在众多绿地系统及开放空间分析图中没有哪一种手法是放之四海而皆准的万能手法。好的规划设计只有选择正确的分析图手法，准确定位分析图表达的广度和深度，做到恰如其分，然后辅以美观清晰的表现方式，才能最有效地表达方案意图。更有甚者，一张准确清晰的分析图往往能加深对方案的理解，反过来进一步指导深化方案。

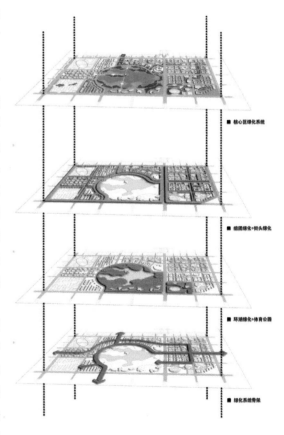

图6-22　绿化系统轴向专项图

6.5 景观环境专项

　　景观环境专项规划主要为视觉景观形象、环境生态绿化、大众行为心理3个方面的内容：①视觉景观形象是大家所熟悉的主要从人类视觉感受要求出发，根据美学规律、利用空间实体景观研究如何创造赏心悦目的环境形象。②环境生态绿化是随着现代环境意识运动的发展而深入景观环境规划设计的内容。主要是从人类的生态感受要求出发，根据自然界生物学原理，利用阳光、气候、动植物、土壤、水体等自然和人工材料，研究如何创造令人舒适的、良好的物理环境。③大众行为心理是随着人口增长、现代文化交流以及社会科学的发展而注入景观环境设计的现代内容。主要是从人类的心理精神感受需求出发，根据人类在环境中的行为心理乃至精神活动的规律，利用心理文化的引导，研究如何创造使人赏心悦目、浮想联翩、积极上进的精神环境。景观环境专项规划要遵循以人为本体现博爱、尊重自然显露自然、保护资源节约资源等3项原则。景观环境规划设计在生物多样性保护中起着决定性的作用。基于不同的保护哲学，生物多样性保护的景观环境规划途径主要可分为两种：一是以物种为核心的景观环境规划途径；另一种是以景观元素为核心和出发点的规划途径。前者首先确定物种，然后根据物种的生态特性来设计景观格局；后者则以各种尺度的景观元素作为保护对象，根据其空间位置和关系设计景观格局。5种空间战略被认为有利于生物多样性的保护，包括保护核心栖息地、建立缓冲区、构筑廊道、增加景观异质性和引入或恢复栖息地。

　　图6-23是某滨湖新区景观环境专项规划图。规划空间结构为"一湾、一轴、三廊、四水、多点"的格局。"一湾"即湖湾；"一轴"即城市发展轴；"三廊"为3条绿色交通廊道；"四水"为兰水廊道；"多点"即多个主要道路交叉口形成景观节点。该规划有以下优点：①以水绿骨架连接城市与湖湾。在规划中，增加中心城区与湖湾的联系成为最为重要的议题。将滨湖新区打造成独具魅力的现代新城区和城市未来的新名片，真正实现"引湖入城，打造滨湖城市"的目标。②功能的混合。新区的核心功能将体现为行政办公中心、商务文化会展中心、省级休闲旅游基地和综合居住等，整体功能复合。尤其围绕重要景观节点布局城市绿地公园，并且配置公共服务设施，形成复合的功能，减少生态足迹，使市民们低碳出行，低碳生活。

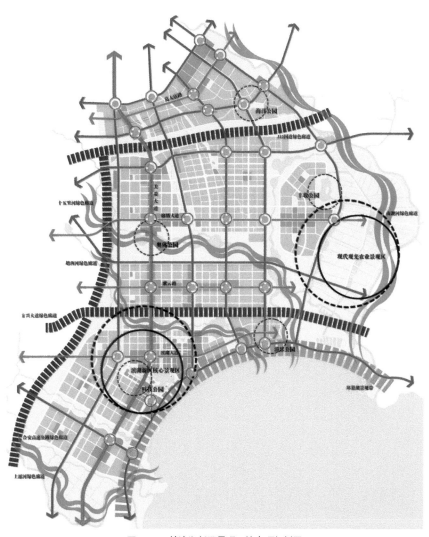

图6-23　某滨湖新区景观环境专项规划图

图6-24是某经济技术开发区景观环境专项规划图。该规划整体空间结构为"一核、两带、六轴、十区"的格局。"一核"指生态景观核心；"两带"指城市发展景观带和机场高速景观带；"六轴"指航海东路、南三环、经南十五路、经开十七大街、经开第八大街等6条绿色轴线；"十区"指现代新城中心区、汽车产业综合风貌区、传统工业风貌区、综合产业风貌区、创新技术产业风貌区等10个特色街区。该规划有以下优点：①绿楔渗透。规划中建议建设与道路结合的绿色廊道，包括延伸部分已建成的生态景观休闲廊道，营建绿色生态廊道，同时，结合河道绿化及利用现有坑塘地形成大型绿带，将城区内的绿地斑块有机联系起来，成为连续的绿色景观生态休闲走廊。②景观分区。根据现状自然环境条件，规划出不同的景观分区。各区在服从整体的前提下，形成本区个性化的自然、文化风貌。③以人为本。城市绿地的服务对象是市民，其最终目的是为市民创造愉悦身心的美好体验。规划的最终结果以体验结束。

图6-25是某新区景观环境专项规划图。规划整体空间结构为"一湾、一横、一纵、十组团、多点"。以一横一纵十字轴串联一级景观节点——CBD核心区、中央公园、体育公园、会展中心，并以多条次级景观轴带串联二级、三级景观节点。该规划有以下优点：①建筑景观与山体相结合。该基地周围丘陵众多，新区在建设中，要突出城市的山地特色。新区内的地势高低起伏，世界各地都少见。因此，景观环境规划中重点要控制建筑高度，将建筑高度与地形地貌相结合，与轨道交通相结合，尤其是修建在丘陵上的建筑，要错落有致，突出立体感。②公园系统与轨道交通系统相结合。轨道交通周边建筑高度会稍微高一点儿，然后逐渐变低。新区中有4条次级支流，将重新进行生态保护。新区划分为10个组团，每个组团的中心区建设，都要通过在建的10个郊野公园连接。规划让公园完全融入居民区中，使将来居民步行就可以很方便地到达。

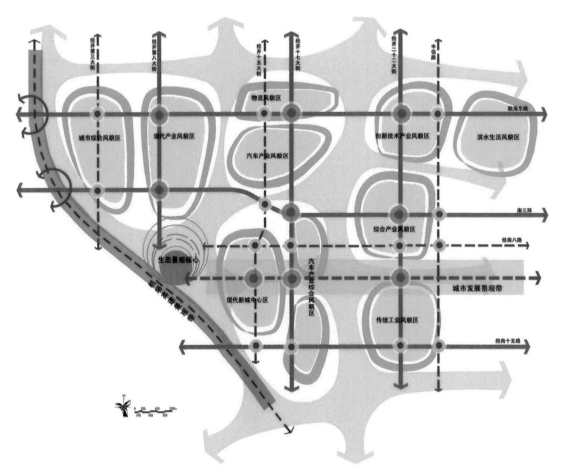

图6-24 某经济技术开发区景观环境专项规划图

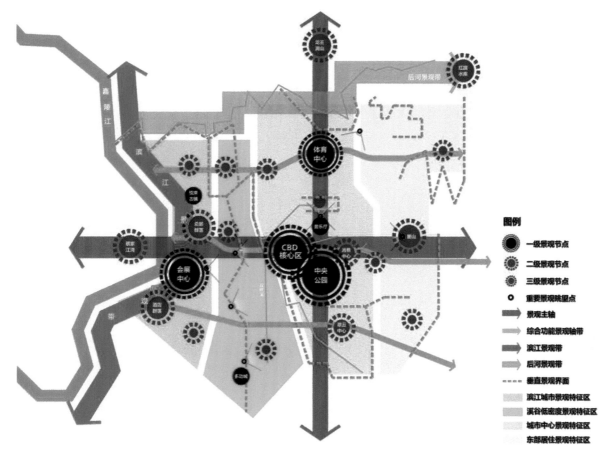

图6-25 某新区景观环境专项规划图

图6-26是某开发区景观环境专项规划图。该规划为对绿地系统的细部设计与策划。围绕水系，策划了如休憩广场、种植园、生态绿岛、静思空间、纪念广场、滨水广场、生态绿岛、汽车主题广场、景观广场、旱喷泉、运动场地、休憩广场等多种细分功能的小型绿地。该规划有以下优点：①主题化的绿地空间。以绿地斑块为点，并在规划中将每一个点赋予具体的功能，使得绿地不仅仅是一个视觉上的享受，更是居民游憩交往的场所。这样最终形成以生态植物廊道为线，以城区及城郊自然植被基质为面，让城市融入郁郁葱葱的森林之中，融入自然的田园之中，以高树浓荫的林木隔离城市，形成森林围城、城林合一、人景互动的景观格局。②三维化的图示表现。本规划采用三维化的图面表达方式。采用手绘三维空间的方法，将要建设的项目直观地表达出来，这样便于读者理解规划意图，非常生动形象。③疏密有致的排版。采取"一大、十二小"的中心对称构图模式，图面均衡而饱满，富有韵律感。

图6-27是某城市景观环境专项规划图。该规划的整体空间结构为"一纵、六横、两湖、九节点"的格局。"一纵"即城市快速路绿色廊道；"六横"即6条水系构成的生态廊道；"两湖"即两片景观湖生态区域；"九节点"即9个重要的自然景观节点。该规划有以下优点：①保护"山—河—湖"的生态本底。该规划有意识地保留现有的水土保育林和自然起伏地形。除必需的建设用地外，尽量保持现有地形地貌，并对现有水土保育林进行适当改造，营造一处城山互致、城林互映、林山围合，以山林景观取胜的城区环境。②滨水林荫道。本规划结合水系将6条横轴打造成各具特色的滨水林荫道。在路侧道路绿地内多植花木，形成物种繁多、层次丰富、绿树浓荫的绿色生态廊道，同时也是新鲜空气通道、市民休闲步道，在其内设游览小路，放置休息设施，局部点缀景观建筑小品，形成景观丰富多彩，季相变化明显，兼具生态、景观、休闲功能的花园路、林荫路、休闲路。

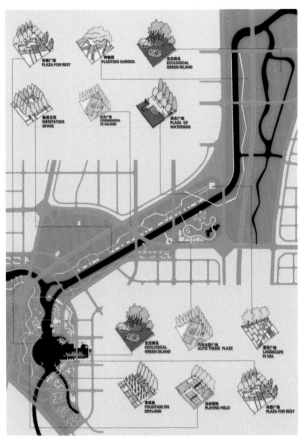

图6-26 某开发区景观环境专项规划图

景观系统规划图

图6-27 某城市景观环境专项规划图

图6-28是某半岛景观环境专项规划图。本规划布局为"一心、一带、三轴、九廊、五片"的结构，建设商务核心区、总部办公综合区、创意文化综合区、旅游休闲综合区、都市生活区，并力争用10～15年的时间，初步建成西部地区极具影响力的集总部基地、城市广场和旅游观光为一体的城市综合体，成为城市新地标。该规划有以下优点：①显山露水。半岛是主城稀有的两江四岸、三面环水的半岛，并且拥有西南山地地区特有的丘陵地貌。规划中着重突出其独具特色的自然本底资源，对基地的自然属性予以尽可能的尊重。另外，规划中预留多条廊道和广场等开放空间，使山体、水体等景观充分公共化。②历史遗存保护与改造。片区历史文化积淀沉厚，不仅有发电厂等老工业遗存，还有国家和市级文化产业示范基地、川派画家大本营等丰富的文创资源。规划中对这些历史文化资源进行整合利用。③高端职能定位。规划将半岛塑造成区域性、国际化的中央商务副中心，突出城市中心区的高端综合功能，打造"商务半岛、创意半岛、休闲半岛"，建设代表西南、辐射全国的创新型文化旅游核心商务区。

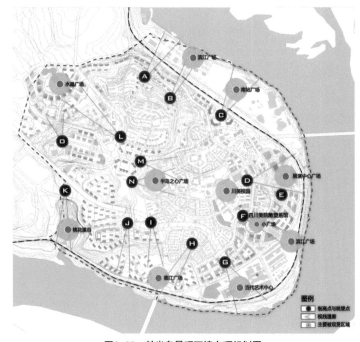

图6-28 某半岛景观环境专项规划图

6.6 植被生态专项

与传统的植被规划注重人工干预措施，营造优美的植被景观，并利用植物造景、空间设计满足游人视觉与心理上的愉悦感不同，植被专项规划基于设计地块的特定功能，考虑到环境的脆弱性与敏感性，通过科学的植被系统规划、完整的群落结构配置，系统地营造满足动植物生存的环境，突出鲜明的植被景观特色，实现设计地块景观的协调发展。规划主要致力于解决植被的空间分布格局、群落类型和主要树种组成，并对现状植被提出改造利用的方向等。因此设计时需要遵守以下原则：①生物多样性原则。增加生态系统功能过程的稳定性；②适地适树原则，以乡土树种为主；③结合相关规划与动植物的生境要求，布置不同的生境类型；④注重植被的季相变化，强调景观的时间性与观赏性。基于此，规划时一定要对现状植被和地方的环境特色有全面的了解，对地块内长势良好的植物尽量保留并寻求适当的改造利用，切忌因为设计的形式感而乱砍滥伐，破坏地块原有的环境。

图6-29是一个带状的滨水空间植被生态专项规划图，设计充分利用原有水体岸线的地形地貌展开设计，营造生境。植被类型规划上以保护现有绿化成果和植被格局为前提，促进景区植被向地带性植被更新演替。由于设计地块处于平缓陆地，因此规划强调基地的恢复，主要以各种亚热带常绿林的植被类型为主，局部地段增加具有观赏价值的植被类型进行点缀，比如地块内由大量的美国榕、垂叶榕等榕树类乔木和具有观赏性的孝顺竹、美人蕉和大叶相思等植物。同时考虑到地块的滨水特色，力图恢复以乡土水生植物为主体的湿地植物群落，形成连续的滨水植物景观圈层，比如设计地块滨水区域布置了野芋、水伞草、荷花、芦苇和芡实等。植被郁闭度方面主要以郁闭度为中度的疏林以及稀疏草地为主，从而有利于水体景观对城市的渗透，进而提高地块的生态效益以及植物群落自我更新与演替。

如图6-30所示是一个火车站周边地区的植被生态专项规划图，火车站地区位于城市中心区东北部。规划地区面积共计136.9hm²，集结了火车站、长途汽车站、短途汽车站、公交车站、物流站点、邮政枢纽等一系列的核心交通设施及站点。规划地块正好位于城市南北向轴线的北端终点，东西向轴线的中点，是整个城市"拓展南北，沟通东西，提升中心"的焦点所在。地块的景观规划定位为塑造城市门户形象、展现城市运动印记的独特地理位置。从早期城市的步行街区演变到供机动车行驶的马路，再发展到连接城市之间的城际轨道交通，每一次交通设施的变更都为常州城市的发展带来了质的飞跃。基于此，植被规划上形成了廊道绿化、防护绿化、林荫道绿化、干道绿化、广场绿化、湿地绿化和滨水绿化7种形式，并针对不同的绿化形式布置不同的植被，比如廊道绿化主要为乌桕、无患子、银杏、樟树；防护绿化以水杉、广玉兰和无患子为主；林荫道绿化以广玉兰、无患子、银杏、樟树、乐昌含笑为主；广场绿化以无患子、杜英、合欢和深山含笑为主；干道绿化以栾树、无患子、银杏、枫杨和樟树为主；湿地绿化以水杉、池杉、垂柳、枫杨、乌桕和合欢为主；滨水绿化以合欢、无患子、银杏和樟树为主。

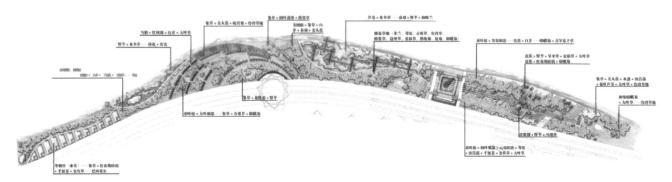

图6-29 植被生态专项规划图之一

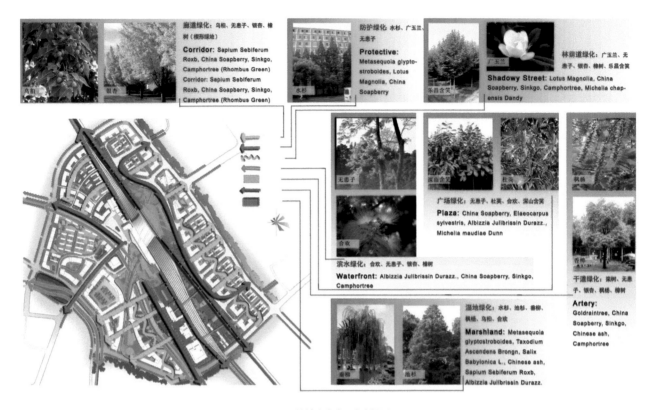

图6-30　植被生态专项规划图之二

　　图6-31为某处植被生态专项规划图，通过对地块内不同等级道路的分类绿化引导，实现了道路绿带与道路性质以及道路周边景观相协调，并保证道路的基本功能不受影响的同时美化了城市重要的路径通道。例如设计中对比较宽的以交通性为主的道路绿带景观设计时体现了大气、连续、宽阔景观原则，而在较窄的生活性道路绿带

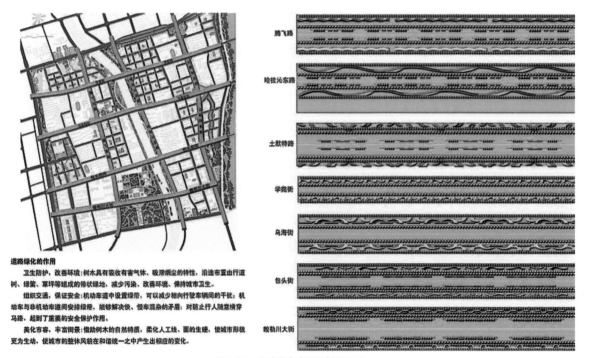

图6-31　植被生态专项规划图之三

景观设计时体现了亲切宜人的景观原则。道路绿带景观与周边环境的协调体现在对地块内商业街、步行街绿带设计时尽量避免种植高大的乔木以避免遮挡商业街的繁华景象，利于商家的对外宣传和营业。方案的一个特色在于道路景观的多样性，从图中几个道路的设计平面图我们可以发现，每条道路的韵律和形式都不同，从而避免了方案的单调性。总体来说，方案注重保护、发展、完善道路绿化，在新辟道路绿化和原有道路整治绿化方面，坚持高标准规划，树种多样、乡土为主、色彩丰富、突出特色、景观优美、栽植大规格苗木的原则，因路因地造林配绿，花木高低错落，色块图案线条流畅，富有动感。

图6-32所示的植被生态专项规划图其主题为某处湿地的生态恢复规划。一般湿地是指陆地和水域的交汇处，水位接近或处于地表面，或有浅层积水。因此生态湿地为蓄水、调节河川径流、补给地下水和维持区域水平衡、改善区域小气候发挥着重要作用，并具有减轻环境污染功效，有利于工业和生活污水的沉淀和排出。另外，芦苇、水湖莲等湿地植物能有效吸收有毒物质。同时，多样的动植物群还为教育和科学研究提供了对象和实验基地，为市民提供了垂钓、观鸟、认知、参观等室外活动的场所。可见生态湿地的恢复对城市具有非常重要的意义，本设计地块内水网纵横，生态环境良好，具有较好的生态恢复潜力。技术路线上，规划主要通过对收集的雨水和生活污水经过预处理厂的初步处理进入废水稳定塘，使水中20%的氨氮通过大气消失，降低病原微生物的数量，然后进入藻类沉淀池，促使藻类细胞沉淀，再进入潜流型人工湿地，以沉淀方式去除大量的磷和悬浮固体，最后进入自由表面的人工湿地使其作为城市景观水得以再利用。生态路线上，基于地块的自然环境特色，根据不同水禽对栖息生境的要求，按照生态规律配置植物群落，充分利用湿地原有的湖面、水系和堤圩的地形地貌展开设计，营造生境。根据湿地季节性水位变化的特点有针对性地展开设计，形成河流、滩地、小岛、沼泽等多种生境类型，成为各种鱼类、水禽类繁衍、栖息的场所和迁徙通道以及沼泽湿地植物群落。

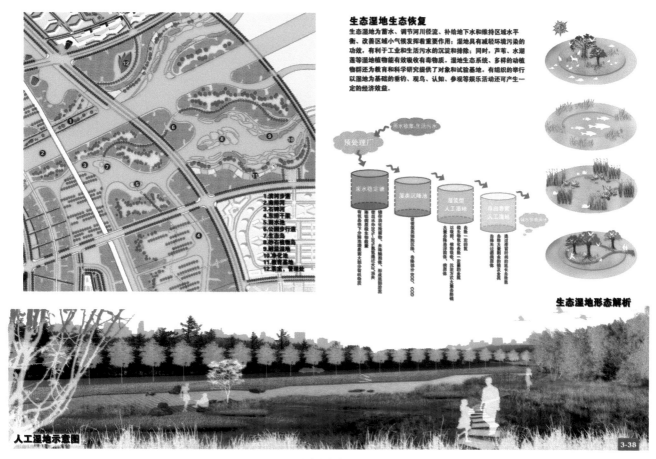

图6-32　植被生态专项规划图之四

如图6-33所示，方案的特色在于强调设计的过程性，按照生态学原理渐进地进行植物配置，首先是对基地现状的梳理，深度分析地块内的草地、林地、灌木和湿地资源优势与不足，并对地形进行整理，力图实现填挖方的平衡，进而分门别类地对地块的生态景观资源进行渐进式的规划设计，最终实现成熟的景观设计。对于草地资源，设计主要采用等高条植技术，改善表皮土壤，避免侵蚀发生；对于林地资源，设计主要通过场地的清理对河道两侧和规划道路两侧进行林地的种植，并结合水利、物理法改良土壤、覆盖25~60cm新土进行景观栽植；对于地块内的灌木，设计主要是实现塑造多层次、多样化的景观栽植效果，对灌木进行特色化分期种植；对于地块内的湿地资源，设计主要通过对场地的清理和岸线的清理实现河漫滩湿地、河口湿地的修复，并进行小规模的人工湿地建设，并根据不同水禽对栖息生境的要求，按照生态规律配置植物群落，依据湿地季节性水位变化的特点有针对性地展开设计。方案的优点在于没有一味追求形式美，而是尽量保留自然河流植被，并根据生态学原理渐进式配置适量的观赏性植物，绿化层次丰富，生态功能强。

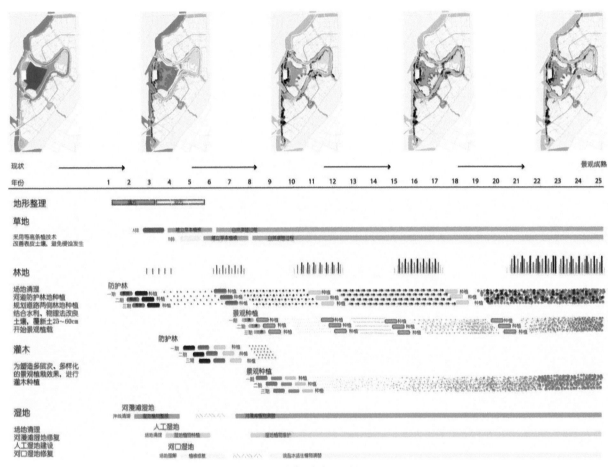

图6-33 植被生态专项规划图之五

6.7 高度形态专项

国外对于城市高度形态控制主要包括英国对眺望景观建筑的高度控制、法国历史纪念物的纺锤形控制、德国对城市天际线和眺望景观的控制以及美国对眺望景观的保护对策等。而我国的这方面研究主要集中在定性定量相结合的城市高度控制、基于视线体系的城市高度控制及对城市高度分布及专项控制的探索这几方面。具体相关专项可以分为对每栋建筑高度的具体控制、对重要山水天际线的重点控制、对地块整体高度的控制、城市分区高度控制、重点地块高度及容积率双重控制等类型。它们共同需要遵循城市整体性、协调性及美学等原则。需要注意不能就单体或者单个地块来具体设计，要遵从城市整体布局、相关限高要求等原则。

如图6-34所示是某滨湖新区的城市高度形态专项规划图。这张图主要是针对基地内的每一栋建筑的整体高度控制，具体而言，将所有的建筑高度分为4个等级：≤10m，10～20m，20～60m，60～100m及≥100m。这种做法的优点在于：①全面性。它对于整个片区内的每一栋建筑都有考虑，使得整体设计有章可循。②整体性。此做法虽然看似是精细到每一栋建筑，但是对于整体的高度控制有一个大致的分区要求，进而将这一要求落实到每一栋建筑，这样可以使得整体指导局部、局部服从整体的思想得以贯彻落实。③清晰性。图面表达清晰、意图明显，这张总平面图中所有的建筑、道路及环境等均为黑白线稿，加上高度控制的整体色彩之后，一来使得建筑高度控制的信息能清晰明了地得以表达，同时，也将建筑与其余的环境得以拉开差距，整体图纸不仅信息表达得清晰，同时也很明了简洁。若要进一步提升图纸的表达效果，可以对区域内的水系进行一个浅灰的颜色附加处理，这样使得整体的黑、白、灰效果更加明显突出，整体效果会有提升。

如图6-35所示，这张图主要表达的信息为周边环境信息和地块的高度等级信息，其中周边环境信息包含基地外部山体及基地内外部水体；而地块的高度控制等级主要分为5个等级，颜色从深到浅意味着建筑高度控制由高到低的分布态势。这一高度控制的表达方式按照地块作为控制单元进行控制及表达。一方面，它表达了整个区域的整体建筑高度控制的大趋势及大的分区；另一方面，也对每一个地块的平均高度控制进行了

≤10m

10～20m

20～60m

60～100m

≥100m

图6-34 某滨湖新区的城市高度形态专项规划图

图6-35 高度形态专项规划图

严格的等级控制，这样的做法不仅起到整体及分区的控制效果，同时也不至于控制过死，因为它控制的是一个街区的平均高度，故街区内部建筑的布局方式只要不超过这个控制范围，可以有各式各样的布局方式。整体来说，这类的控制方式具有一定的弹性，较为可行。同时，从图纸表达上来看，整体图纸色调需要进一步提升，黑、白、灰关系不是特别明显，应进一步调整色调的区分布，水面的颜色过于青嫩，需要进一步调整。建筑高度控制分区的色调差距也需进一步拉开。

图6-36是西湖东岸城市高度形态专项规划图，这张图表达了城市分区高度控制及选取街区索引图信息。一方面，此图根据城市分区高度控制图落实到大街区，并按照大气能见度的圈层分为5个层级，分别对应4个高度控制区，山体影响范围内的区域高度单独控制。对控制区内的高层群进行高度的放宽调整和限定。同时未来的工作将由120个左右街区样板，此图选取5个街区作为导则样板，选取的原则为沿庆春路选取，各个圈层内一个街区，并尽量保证街区内建筑的功能、高度等因素的多样性。此外，将区域整体范围分为大气能见度圈层及山体影响范围，在这两个范围的影响下，将建筑高度分区控制分为10个等级，具体为限高12m、限高24m、限高30m、限高32m、限高50m、限高60m、限高80m、限高100m、限高150m及限高200m，并赋予每一个限高不同的颜色予以表达。这一图纸所表达的信息不仅细致而且较为全面，同时也进行了抽样的放大处理设计，整体效果较好，所要表达的信息清晰明了。

图6-37是某城市高度形态专项规划图，这张图主要展示的是4个切面的城市天际线的高度控制，其中将高度划分为高程200m、高程260m和高程320m 3个等级层次，并用控制线清晰地表达了每一天际线高度层次的控制分层。因为该天际线的高度控制为山地上的建筑高度控制，故将高程最低限制为200m。这一切面天际线的表达具有较强的可借鉴性，一方面，它能够清晰地表达出每一个切面的城市天际线大致的起伏及高度形态，同时也能够将建筑群与山体的呼应关系在图纸上有所表达；另一方面，直接在这一天际线的图纸上进行高度控制的表达，可以对这一天际线的实际轮廓有一个直观明了的表达，也可以对建筑的实际高度有个实际的测算。另外，这一表达

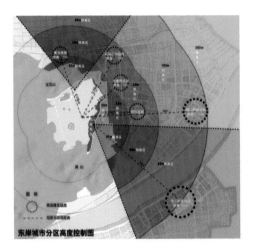

东岸城市分区高度控制图

根据城市分区高度控制图落实到大街区，并按照大气能见度的圈层分为Ⅰ、Ⅱ、Ⅲ、Ⅳ、Ⅴ5个层级，分别对应4个高度控制区，山体影响范围内的区域高度单独控制。对控制区内存在的高层群进行高度的放宽调整和限定。

未来的工作将有120个左右街区样板，这里选取5个街区作为导则样板，选取原则为：沿庆春路选取，各个圈层内一个街区，并尽量保证街区内建筑的功能、高度等因素的多样性。

选取街区索引图

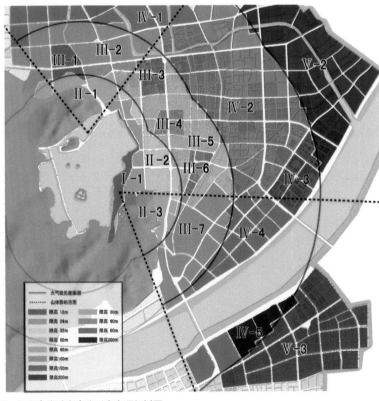

图6-36 西湖东岸城市高度形态专项规划图

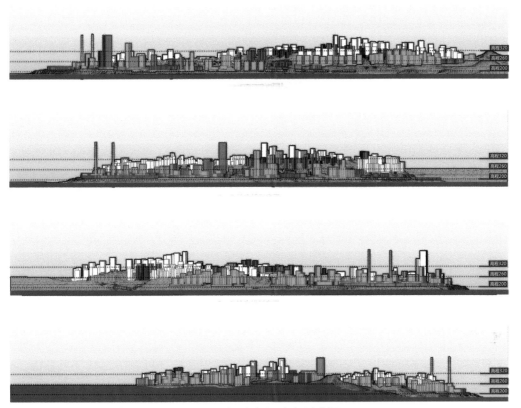

图6-37　某城市高度形态专项规划图

方式是将建筑与周边最重要的环境很好地进行融合，切中该天际线的考虑要素及范畴。总体来说，这张图的天际线表达较为清晰，可视化强，同时也将周边环境加以渗透，此外，将4个天际线置于一张图当中，可以对4张图做一个横向的比较。整体图纸清晰明了，便于阅读。

图6-38是某临港开发区城市高度形态专项规划图，这张图主要是对于片区内建筑高度的整体控制，主要是针对区

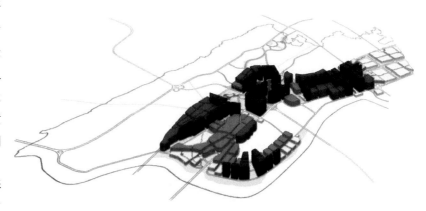

图6-38　某临港开发区城市高度形态专项规划图

域内的重点地段进行分地块的高度控制。此图采用三维并赋予不同深浅颜色的作图方式进行图示表达。一方面，颜色从深到浅表示的是建筑高度控制从高到低；另一方面，三维建模的可视化表达使得图纸的表达更为清晰明了，可以完全清晰地知晓每一片区的控制高度及其与周边地块的高度比较。这种图示较好地将高度控制进行了三维表达，但是没有对周边环境进行任何的表达，属此图的一个不足。

如图6-39所示，这张图主要的特点是将二维和三维的表达相结合，具体内容包括容积率的控制及建筑高度的控制。首先，先将基地内的地块进行编号，统一按照此编号进行具体控制。二维图纸表达上，将具体每个地块的容积率的数值信息进行详细的表达，而三维的容积率分布示意图上则将该区域内所有地块的容积率进行了几个分区的可视化表达。一方面，采用不同的颜色进行不同高度控制的分区表达；另一方面，对于高度的控制采用1.0、

2.0、2.5、3.5、5.5、6.0、6.5、8.0、9.0、23.6及26等若干个临界值进行划分，这样避免了每个地块因容积率的控制数值不同而导致整体图纸杂乱无章，令整体更加有序。对于高度控制的表达，首先在二维图纸上，也将高度分区划分为20m以下、20～40m、50～60m、70～100m及150m以上5个等级，并用不同的颜色对不同的地块高度进行控制划分，该图颜色较为淡雅。而在三维图纸上表达，也采用的是不同颜色进行高度的划分，但在高度数值的图示表达上来看，采用的是具体数值标示的方式，这样使得整体图纸表达更为清晰，各分区高度一目了然。

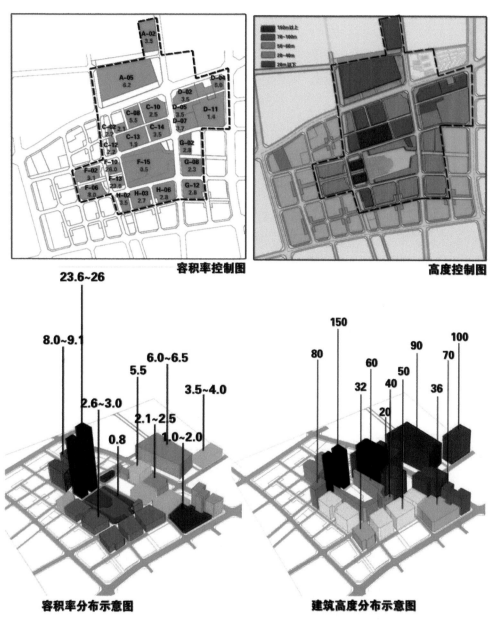

图6-39　高度形态专项规划图

6.8　公共服务设施专项

　　公共服务设施规划主要是为了满足居民基本的物质和精神生活方面的需要进行的城市配套建设，包括为社会服务的行政、经济、文化、教育、卫生、体育、科研等机构或设施。公共服务设施通常按照市级、区级和居住组团级或居住地区级、居住区级、居住小区级进行分级配置。

在进行公共服务设施规划时应注意以下原则：①市级、区级公共服务设施的内容和规模应根据城市发展的阶段目标、总体布局和建设时序，按照城市总体规划和分区规划来确定；②居住区级以下公共设施的配置，应与居住人口规模相适应；③在新区和有条件的旧区，应通过规划预留中心用地的方式，相对集中布置同级别公共服务设施，形成一定规模的公共服务中心；④各类设施的选址及规模指标应严格按照地方规划导则确定。另外，公共服务设施的规划应具备系统化、综合化、景观化和设备完善化等特点。

如图6-40所示为某地区公共服务设施专项规划图。本图主要表达了医院、学校、邮政设施、消防设施及其他市政设施的布点规划，以英文小图标的形式代表各类设施。该表现方式极为简洁，但信息表达不够清晰；由于公共服务设施类别及数量均较多，但各类设施图例区分较小，给布点信息的提取带来不便，易使读者混淆；且底图仅表达了地块肌理，对土地利用规划、空间结构等与公共服务设施相关的基础规划信息均未作说明，进一步降低了读者对于方案的认知效果。建议采用一定透明度的土地利用底图或对主要功能节点做文字标注，丰富图面基础信息，以具象图标的形式表示各类设施，或加大几何图标在形状及颜色上的差异度，并对高等级设施或重要节点设施做突出、强调的表达。

如图6-41所示为某城市交通门户地区的公共服务设施专项规划图。本方案从较为宏观的视角对地区公共服务布局的空间结构进行了思考和表达。在线的表达要素上，划分了机场用地范围，并对城际轨道、地铁、BRT交通线规划进行了示意；在点的表达要素上，确立了商业、工业及片区公共服务中心节点，并对节点内的公共服务用地进行了局部表达；同时，突出表达了4大功能节点——产业研发中心、机场综合枢纽、航城CBD以及中原门户枢纽。虽然4类功能节点并不是严格意义上的公共服务类设施用地，但却作为公共服务规划的辅助信息，阐释了区域总体功能定位及结构，可强化读者对于周边公共服务规划的理解。总的来说，本图信息表达全面丰富、层次分明、主次突出，是区别于常规公共设施规划图的一种独创性表达。

图6-40 某地区公共服务设施专项规划图

图6-42为海门沿江片区城市设计方案中的公共服务设施专项规划图。本图重点表达了基地商业中心用地规划与社区设施布点。特别的是，本图对商业设施的600m服务覆盖范围进行了图示说明，以强调较高的公共设施覆盖度，表现贴合实际民生、关注使用者的规划理念；通过意向照片配合表达了社区公共空间的氛围营造目标，增强了方案表达的可感知性。建议在平面规划图的表达中增加各类社区设施的分类图示表达，区分不同等级商业设施，以特殊图示或文字标注局部强调重要公共服务节点，进而增加图面信息的丰富度。

如图6-43所示是某城市公共服务设施专项规划图。图中主要表达了地区商业街、文体设施、行政中心等公共服务设施用地以及社区级商业、卫生与幼托等公共服务设施的布点。由于规划范围尺度较小，本规划图底图采用城市设计线稿，对公共服务设施用地边界进行了较为精细的划分；对于公共服务的用地分类以相关规范为基础，并结合基地实际需求适当调整分类，增强了该方案的适应性和可实施性；本图的特色之处在于除常规表达公共服务设施的用地布局及设施布点外，还以系列小图与文字说明的形式展示了该专项规划的目标、理念与规划结构，使方案的表达更具个性、针对性和完整性。

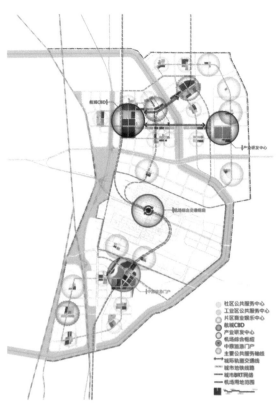

图6-41　某城市交通门户地区的公共服务设施专项规划图

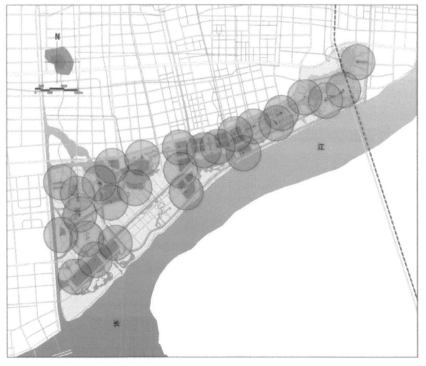

图6-42　海门沿江片区城市设计方案中的公共服务设施专项规划图

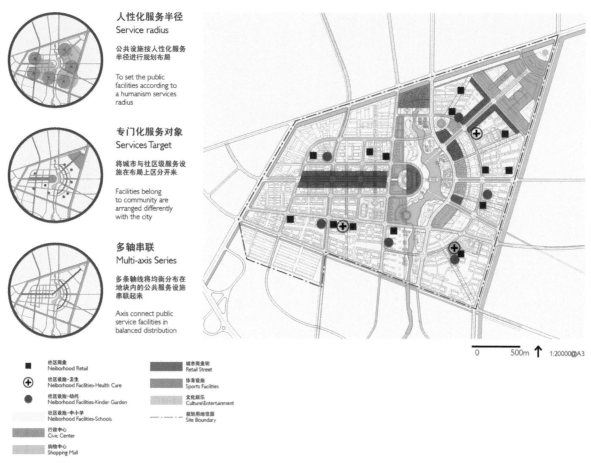

人性化服务半径
Service radius

公共设施按人性化服务
半径进行规划布局

To set the public
facilities according to
a humanism services
radius

专门化服务对象
Services Target

将城市与社区级服务设
施在布局上区分开来

Facilities belong
to community are
arranged differently
with the city

多轴串联
Multi-axis Series

多条轴线均衡分布在
地块内的公共服务设施
串联起来

Axis connect public
service facilities in
balanced distribution

社区商业
Neiborhood Retail

社区设施-卫生
Neiborhood Facilities-Health Care

社区设施-幼托
Neiborhood Facilities-Kinder Garden

社区设施-中小学
Neiborhood Facilities-Schools

行政中心
Civic Center

购物中心
Shopping Mall

城市商业街
Retail Street

体育设施
Sports Facilities

文娱娱乐
Culture\Entertainment

规划用地范围
Site Boundary

0   500m   ↑   1:20000@A3

图6-43 某城市公共服务设施专项规划图

6.9 历史保护专项

　　城市长期积累起来的历史文化遗产记录了人类社会发展的记忆，对于人类了解自身、更好地发展自身具有不可替代的作用。历史保护专项规划指针对于城市珍贵的历史文化遗产来进行的专门针对性规划，主要针对历史遗迹的保护、与周边环境的融合、为未来发展提供发展策略等方面、协调保护与建设发展，以确定保护原则、内容和重点，划定保护范围，提出保护措施为主要内容的城市规划的专项规划设计。历史保护专项规划是从保护城市地区文物古迹、风景名胜及其环境为重点的专项规划，是文物管理和城市总体规划的重要组成部分。其主要遵守的原则是原真性原则、谨慎修复原则、谨慎利用原则、保护整体历史环境原则等。

　　图6-44是南京外秦淮地区历史保护专项规划图。南京外秦淮地区北有玄武湖景区、钟山风景区、南有雨花台景区、西有滨江风景区，中间有南京城墙历史文化景观带，是南京这座城市重要的历史文化资源分布地区，拥有宝贵的城市历史记忆，不但是南京市民引以为傲的城市记忆，也是南京蜚声海内外的重要因素。因此，对其总体规划，处理好各个重要历史文化区域的空间关系，将其在空间、功能等方面进行统一设计是保障城市历史文化资源能否得到充分发挥的重要保障。其具体内容是将这一历史片区内的所有历史资源分为点状、面状两大类保护形式。点状保护形式分为国家级、省级、市级文物保护点和城门的保护；面状保护形式分为文物保护区、重点控制区、风貌协调区等。这样的规划思路有利于针对不同文化资源特点进行专项保护的开展，同时重视各个保护区之间的空间—景观互动，将其作为一个整体进行考虑有利于充分发挥历史文化资源的潜力。

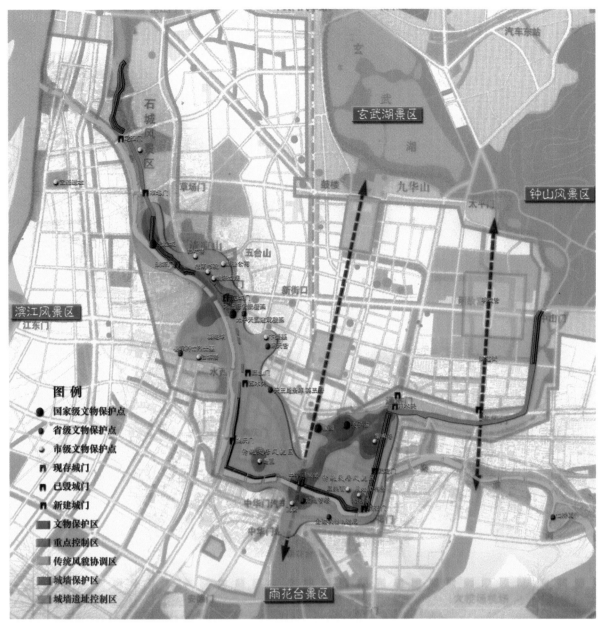

图6-44　南京外秦淮地区历史保护专项规划图

　　图6-45显示了钱塘江两岸城市设计的历史保护专项的核心内容，通过建立一个多元文化控制体系来进一步展现钱塘江两岸的景观资源和历史文化。为了展示钱塘江当地特色的民俗、宗教、水绿、休闲文化，结合现有资源点与文化背景打造一级和二级文化体验区共11个，包括之江、武林广场、场口新桐、越王城、下沙新城等5个一级文化体验区和凤凰山、灵山、六堡、西施里、大盘山、钱江口等6个二级文化体验区。这些历史和文化的资源点从过去到现在具有4种发展模式：融合模式、包围模式、分离模式和重叠模式。通过研究分析发现，目前许多现状资源点已被现代建设所侵占，呈重叠模式，因此需要对钱塘江两岸沿江资源点进行标识与复建处理，具体做法有：修复被现代建设挤压破坏的部分，适当扩建以吸引人气；增强城市道路到资源点的可达性，增加名人侠义文化体验活动，以现代生活方式带动郊野地区资源点发展；在标志性地带选取若干资源点进行场景复现与意向性修复而不是全体复建；修复部分水利文化的遗址，增加感知度，通过民俗活动增强人气；加入现代餐饮、手工艺和民俗活动等增强历史街道和古建筑人气，强化古今相融的街道界面。在钱塘江两岸历史保护专项规划中共展示

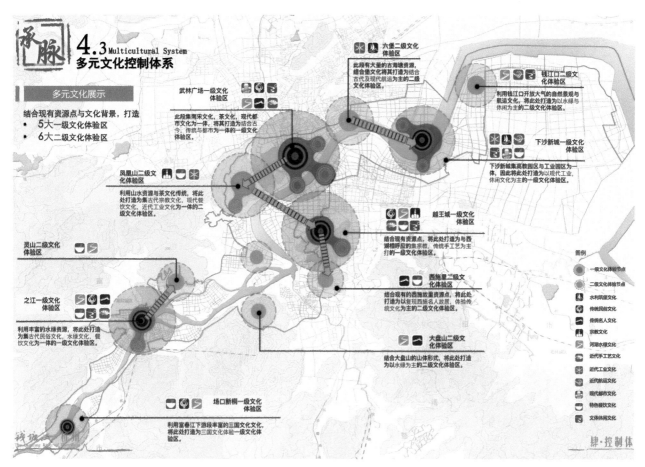

图6-45　钱塘江两岸城市设计历史保护专项设计图

与强化24个资源点、修复与扩建7个资源点、标识与复建4个资源点。在对资源点分类设计时分为6大开发模式，包括片区整体开发、文化特色街区开发、景区开发、故居展馆开发、古村落开发和水利意象修复，进而形成"二区、三景、四镇、六堡、八居、十街"的开发格局。

6.10　游憩体系专项

随着我国经济的持续增长，健身休闲活动空间的需求日益上升，个人收入和闲暇时间的增加，对健康意识的提高，使得体育健身娱乐休闲活动风气正在我国日渐兴起，且呈越来越兴盛之势。随着这类公共活动的增加，对城市公共体育设施和健身游憩活动空间的需求不断上升。城市游憩体系专项规划是指有针对性地对城市中具备"休养"和"娱乐"两层功能的空间设施进行空间上的专项规划设计，将其在旅游、娱乐、运动、游戏等方面上的功能合理组合，空间品质得到优化的一系列规划设计行为。针对不同种类的游憩体系，规划按照游憩的功能可分为生态游憩、文化游憩、康体游憩和游乐游憩规划设计，及前4类中的任意组合；按游憩空间可分为城市游憩、乡村游憩、景区游憩、度假区游憩4类规划设计。在具体设计中一般遵守的原则是均好性原则、便利性使用原则、保护生态原则、周边融合原则等。

图6-46是游憩体系专项规划图，黄浦江沿岸是上海金融贸易业、港口运输业、近代工业得以逐步兴起和发展的主要带动地区，黄浦江两岸荟萃了上海城市景观的精华，是上海城市未来发展重点打造的景观品牌区域。在具体的规划设计中，方案将分析对象按照景观性质分为生态景观游览带、历史文化游览带和特色交通游览带，其

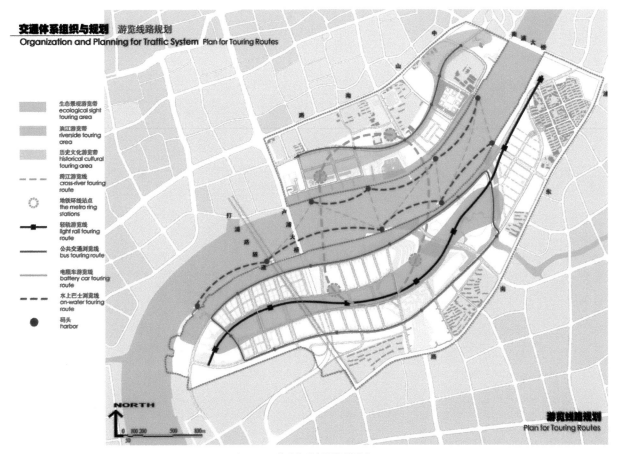

交通体系组织与规划 游览线路规划
Organization and Planning for Traffic System Plan for Touring Routes

	生态景观游览带 ecological sight touring area
	滨江游览带 riverside touring area
	历史文化游览带 historical cultural touring area
	跨江游览线 cross-river touring route
	地铁环线站点 the metro ring stations
	轻轨游览线 light rail touring route
	公共交通浏览线 bus touring route
	电瓶车游览线 battery car touring route
	水上巴士浏览线 on-water touring route
	码头 harbor

NORTH

游览线路规划
Plan for Touring Routes

图6-46 游憩体系专项规划图之一

中特色交通游览带又分为地铁环线、轻轨、公共交通、电瓶车、水上巴士等特色游览类型。针对地区历史文化遗迹类型丰富的特点设置不同的游览交通方式，体现了以人为本的设计理念，不但完善了地区的交通游览设施，同时对于连接各个历史保护区之间的功能具有重要作用，有利于激发地块的空间品质和潜力。

城市化的快速发展，带来一些诸如污染的城市病，越来越多的人已经意识到生态城市的重要性，自行车出行和健身活动正在日益受到广大市民的欢迎。图6-47所示的游憩体系专项规划图是针对城市区域自行车游憩休闲体验区的设计方案。在整个设计思路上，设计者将区域定位为自行车游憩区，为了最大限度地挖掘自行车休闲的潜力，将地块在空间上分为北部社区骑行生活区域、中部商业区骑行生活区域、南部开放空间骑行生活区域，这在空间功能上将不同性质的自行车骑行空间分开设

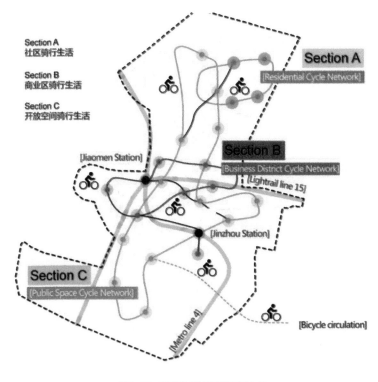

Section A
社区骑行生活

Section B
商业区骑行生活

Section C
开放空间骑行生活

Section A
[Residential Cycle Network]

[Jiaomen Station]

Section B
[Business District Cycle Network]

[Lightrail line 15]

[Jinzhou Station]

Section C
[Public Space Cycle Network]

[Metro line 4]

[Bicycle circulation]

图6-47 游憩体系专项规划图之二

计，不仅有利于各个空间使用互不干扰，同时对于满足不同生活需求的市民来说也是个好的选择。在具体设计过程中，北部社区骑行生活区域和中部商业区骑行生活区域因为有核心空间的存在，自行车游憩路线主要采用环线，通过环线围绕核心功能区块展开，有利于使用者将游憩骑行和购物休闲等其他活动相结合。在南部开放空间骑行生活区域，自行车游憩路线采取自由形态设计，并适当将该路线向北拓展，将南部功能片区与中部和北部串联起来，在满足自由骑行的同时，将3个功能区块在空间上联系在一起。

图6-48是西湖游憩体系专项规划图。西湖从空间区位上来看位于浙江省杭州市区西面，是中国大陆首批国家重点风景名胜区和中国十大风景名胜之一。中国大陆主要的观赏性淡水湖泊之一，与南京玄武湖、嘉兴南湖并称"江南三大名湖"。对于杭州市民来说，西湖不仅是他们引以为豪的城市品牌，同时对于海内外游客

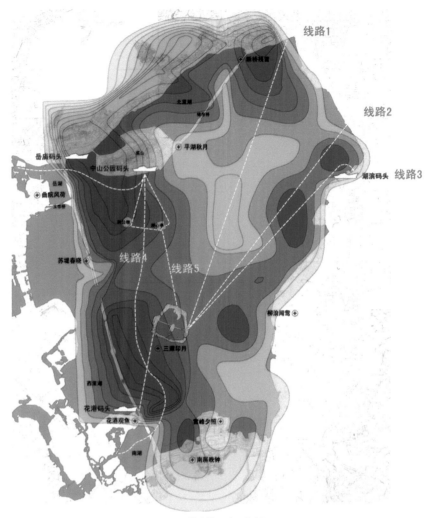

图6-48 游憩体系专项规划图之三

来说，西湖也是吸引他们的重要因素，对于杭州城市而言，西湖更是城市的门户，未来发展的核心引擎之一，如何设计出生态宜人的景观游憩体系是决定西湖游览品质的重要因素。设计者最大的创新是摆脱传统的景观游憩体系的设计思路，转而深入研究景观与观景之间的动态关系，本着以人为本的原则，从人的运动视角出发，充分尊重游客的观览习惯，不仅统筹考虑了高品质景观点的选取问题，同时精心设计了若干条观景路线，从游客的视角设定最佳观景点，最后按游览逻辑和心理认知设计出精品游憩路线，很好地处理了景观点和观景点之间的空间关系，巧妙地避开了品质不良的景观，将西湖最优美的一面在游憩路线上展现给海内外游客。

经济生活的发展催生了大量游憩生活设施的发展，其中结合步行与运动为主题的运动游憩区正在受到越来越多的人群的喜爱，在城市中开辟这类区域不仅可以丰富完善居民的生活，而且可以增加城市特色，避免千城一面的状况发生。图6-49是一个城市的运动主题游憩体系专项规划图。从整体来看，方案将整个设计地块分为北部和南部两大类，在北部设置以运动为主题的休闲游憩活动，在南部主要集聚了工业特色遗迹景观等人文景观要素。方案通过设计完善的步行系统将南北两大主题游憩区在空间上连为一体，本设计的主要特色体现在不仅关注步行流线的设计，同时对人群的活动项目进行了重点设计，这就使得空间设计与用地功能在设计者那里得到了统一的考虑，有利于方案的可实施性。在具体的表达方法上，设计者采用图标的形式将人群的活动简单明了地表达出来，有利于设计图的可视化表达。

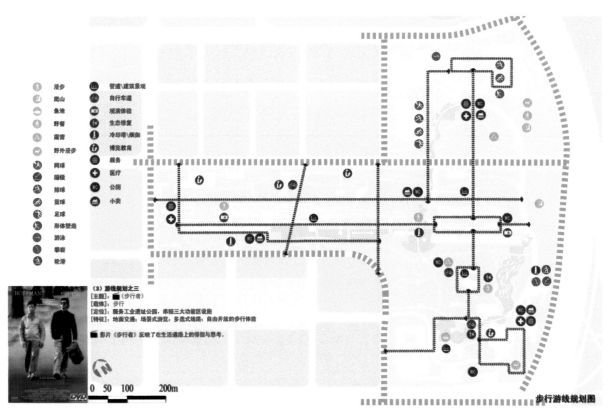

图6-49　游憩体系专项规划图之四

6.11　城市天际线专项

　　城市天际线是凸显规划用地建筑风貌的重要元素之一，既勾勒出城市建筑形式的特征，也反映出建筑与其所处的自然环境的"图底关系"。城市天际线专项规划包含3个方面的内容：首先是根据城市中心体系开发强度确定大的高度分区，确定城市天际线总体的起伏关系；然后在高区中细分簇群的数量和节奏，并确定低区是保持持续的低平还是也有小的起伏；最后是选择天际线构成要素中的重点楼宇作为核心建筑进行重点设计，考虑其具体造型。天际线有平坦型、单峰型、多峰型这几种类型。规划中要注意的是城市天际线一定要顺应城市相关地区开发强度的趋势，一定不能为了美学上的好看而违背城市开发建设的规律。

　　图6-50是某新城城市设计核心区的城市天际线专项规划图。共包括6段道路的天际轮廓线设计。规划确定了天际线构成中的高区和低区、高点和低点，建筑的排布也显得比较有韵律和节奏。规划不足的地方是6个路段的天际线都缺乏首位建筑，所以整体还是略为平淡。另一方面，城市天际线的意义在于被感知，城市沿街的建筑轮廓线是很难被完整感知到的，所以对其进行详细的设计意义并非很大。表达中有两个亮点：一是在天际线下面用颜色区分了不同的功能簇群，具有相当的信息量；二是用不同颜色的弧线将天际线的大致走向表达在天际线的上方，韵律感十足。

　　如图6-51所示，是某经济技术开发区的城市天际线专项规划图。该规划共有3条城市连续展开面的天际线设计方案。该规划考虑天际线分组设计，用铁路景观带、客运景观带、汽车主题公园等景观绿化节点将长长的天际轮廓线划分成几段。表达中将建筑高度一起表达，清楚地看出高度的变化及逐个建筑簇群具体的高度控制。设计对地标的选点也有具体的考虑，特别对第一个天际线设计还考虑了地标的选型。该设计表达中的亮点便是对重要的景观节点和地标建筑进行了符号和文字上的标注，整个图面很有张力。

道路轮廓线设计

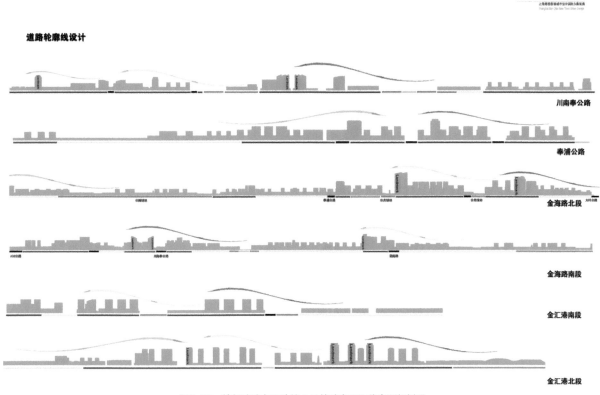

图6-50 某新城城市设计核心区的城市天际线专项规划图

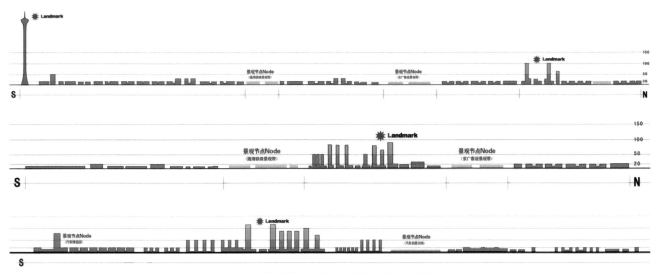

图6-51 某经济技术开发区的城市天际线专项规划图

图6-52是某工业遗址区的城市天际线专项规划图。该规划一方面强调"众星捧月",突出视觉焦点——工业遗产,围绕工业遗址,由近及远,建筑高度依次增加,天际线呈"U"形,既保持与工业遗址的协调,又突出了视觉焦点;另一方面则要求"错落有致",注重建筑设计的合力布点与体量设置。加强多、底层建筑高度与体量在视觉上的水平延续性,高层建筑则在外围以纵向拔升的竖向特征与多、底层建筑的水平延续态势形成对比,塑造空间序列,达到建筑轮廓高低起伏、疏密相间的景观效果。该设计表达上的亮点在于天际线直接运用建筑的模型,更加生动传神。同时,在模型的上空用蓝色的线条将天际线大致的轮廓和走势勾勒出来,清晰了然。

天际线是凸显规划用地内建筑风貌的重要元素之一，其既勾勒出城市建筑形式的特征，也反映出建筑与其所处的自然环境之间的"图-底"关系。为营造整体完整有序，局部视觉焦点突出，现代建筑外轮廓与工业遗址外轮廓相得益彰的天际线，设计主要采用了以下措施。

一方面强调"众星拱月"，突出视觉焦点——工业遗址。围绕工业遗址，由近及远，建筑高度依次增加，天际线呈"U"形，既保持与工业遗址的协调，又突出了视觉焦点。

另一方面则要求"错落有致"，注重建筑设计的合理布点与体量设置，加强多、低层建筑高度与体量在视觉上的水平延续性，高层建筑则在外围以纵向拔升的竖向特征与多、低层建筑的水平延续态势形成对比，营造空间序列，达到建筑轮廓高低起伏、疏密相间的景观效果。

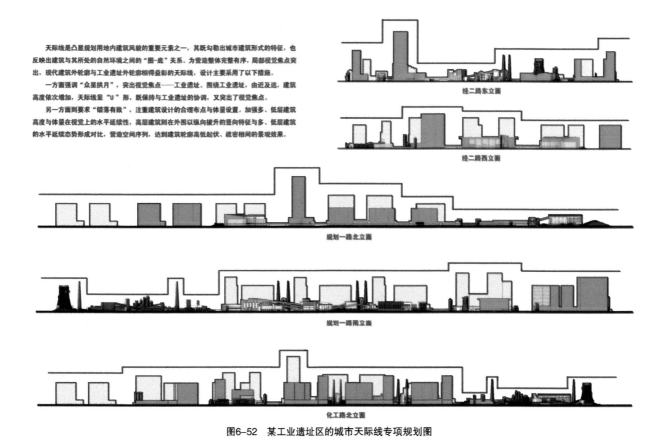

图6-52 某工业遗址区的城市天际线专项规划图

6.12 分期建设专项

大型的规划设计项目不是一蹴而就建设完成的，分期建设专项规划的主要内容是确定一个完整的规划设计的开发时序。大概的类型主要有两种：一种是将规划范围分片区进行开发，这种类型主要针对大尺度的规划；另一种是将规划设计范围分系统逐次开发建设，这种类型主要针对小尺度的规划。设计中应注意确定分期建设的次序，每期建设的重点和目标。

图6-53是某规划设计的分期建设专项规划图。该分期建设属于将规划范围分片区开发的模式。该规划共分为6期，按照从北到南的次序依次展开。该规划设计的区位位于城市中心的南侧，按照从北往南的开发次序对规划设计而言是一个良好的过渡，因为越靠近北部同已有城市建成范围的联系更紧密。按照开发时序推演，每次新增的开发区块和已有的开发区块均接壤，保持了建成范围时刻处于一个完整的状态，而不会出现飞地式的跳跃发展的状态。建议可以将每一区块的主导功能标示出来，将其分期建设的深层意图表达清楚。该图表达特色在于图面简洁，没有杂糅多方面信息，反而达到清爽干净的图面效果。当然如果能在区位环境和城市环境表达上多增加一点儿信息量，

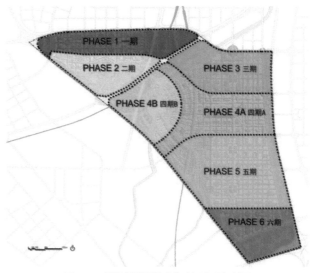

图6-53 某规划设计的分期建设专项规划图

对于表达会更有益。

如图6-54所示，是滨湖城市设计的分期建设专项规划图。该分期建设属于将规划范围分成若干系统逐次开发建设。该规划设计共分为3期：第一期主题是处理湖面湿地系统，同时建设的重点偏基地的东南角；第二期主题是处理环湖路径的系统开发，同时对环湖路径内侧滨湖的区域进行了开发；第三期的主体是在原有的主要路径基础上添加基地与外界连接的次一级路径，同时对清水湖的中心岛进行了详细的开发设计。该分期建设规划在分系统规划的基础上，每一期的开发建设也有分重点片区的意识，总体上对整个规划项目有个很好的拆解。规划图面的表达比较概念化，用简单的线条和颜色将设计概念较为清晰地表达出来，以过程渐进式的表达方式描述出方案从初期阶段到建设过程中直至最终效果的转变过程。

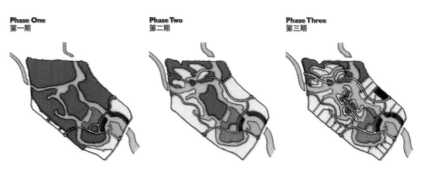

图6-54 滨湖城市设计的分期建设专项规划图

如图6-55所示，是南通通津九脉特色空间总体设计中任港河段分期建设专项规划图。建设实施过程将任港河分解为15个大型项目地块，分4个不同时期实施，共33个分期项目。醒目分期建设共分为4个步骤：点穴、聚气、通脉、融城。"点穴"旨在完成工业搬迁后环境治理，吸引注意力和初期投资，开辟滨水步行线和自行车绿道；"聚气"旨在引进大型商业项目，提升商业层次，完成公园和绿地广场建设，完善滨水线的配套设施；"通脉"旨在引进文化娱乐设施配套项目，完成住宅开发，保证地区就业与人口稳定增长；"融城"旨在完善滨水线游览休闲配套设施，打造品牌，吸引旅游，引进大型展示设施，完善配套，保证地区生活娱乐教育需求。规划图面采用轴侧图加文字的形式，图面极具张力，色彩的运用清新明快，将设计意图表达得淋漓尽致。

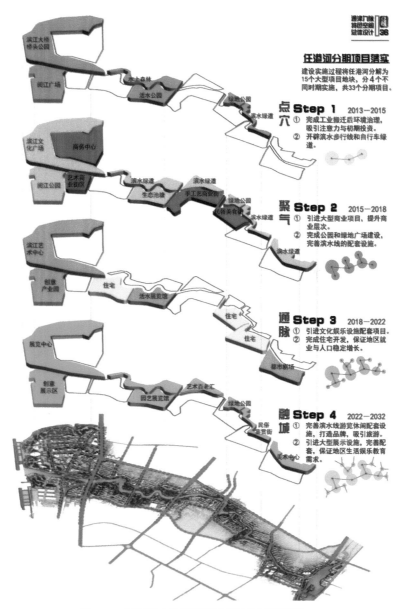

图6-55 南通通津九脉任港河段分期建设专项规划图

6.13 其他专项规划

除了上述专项规划类型，还有涉及城市空间特色、城市工程管线、地下空间利用、夜景灯光、防灾减灾、岸线水系等的专项规划统一在此归纳为其他专项规划。这些规划并不是每个规划设计都会有的内容，而是根据相关规划要求或需要而进行的。

如城市空间特色规划，通过城市空间形态的建构和城市公共环境的营造，塑造具有独特个性的、优美的整体城市空间特征和形象，以缔造优美的、理想的城市空间秩序为目标的城市设计，往往在塑造特色城市风貌或空间特色中需要对其进行专项规划。在设计中确保对其要素体系的整体，以及从设计、管理到开发建设的全过程的控制和引导。而城市工程管线综合规划一般由市政专业人员进行规划布局，但考虑到整体文本风格效果统一，有时也需要规划专业人员在工程管线图的基础上进行加工修改；另外，在城市中心地区或土地资源紧俏的地段多涉及城市地下空间的利用专题，包括地下交通、出入口、公共设施配置等内容，在规划过程中要注意衡量不同地段的高程，各设施之间的相互关系，与地面建筑的关系，及其配套工程的综合布置方案、经济技术指标等。在对城市特定地区景观规划中有时会涉及夜景灯光照明等规划，一般需注意安全性、标志性、舒适性及节能经济的原则；在城市滨山、滨湖、滨江、滨海等大型自然地理的环境下，涉及综合防灾减灾和岸线驳岸等专项规划内容。

总的来说，这些专项规划都应遵循以下原则：①应充分协调该专项规划与城市空间结构和功能布局、城市绿地景观系统等的关系；②应兼顾多层面功能配置和协调，形成完善合理的专项规划体系；③尊重、保护自然生态环境，因地制宜，兼顾永续利用和可持续发展原则；④必须体现地方特色，充分考虑城市形象展现和塑造的原则。

如图6-56所示，本案例是综合防灾减灾规划的防灾分区专项规划图。此防灾分区规划中划定了5片分区，并且界定了范围。设置了应急站、应急中心，以及消防站，位置明确，表达清晰明了。整张底图的图底很好，规划边界外围的用地用单色填充，色彩偏灰，底图处理得清新脱俗。这种底图表达手法的优点在于放弃了无关要素，只保留主要的要素，将外围的道路以内的所有内容统一用单色替换掉，使得底图很简洁，看起来很大方，可以借鉴用于底图的制作。规划范围内出现了建筑平面，色彩选择的跟底图能够拉开而且又不冲突，而且分区范围的填色也是如此，略带透明，以表达覆盖下面的内容。这种色彩的统一与区分是很讲究的，做到了这点会让图面效果丰富而又不杂乱无章，值得借鉴。图面的排版也很有特点，大图撑起了整张图纸，右侧留白用线状的字来填充。这种表达手法很类似欧美的杂志风格，简洁大方、赏心悦目。

图6-57是地下空间布局专项规划图。主要规划了地下商业服务设施、地下仓储、地下停车场、地下设备间、地下公共人行步道、地下货流运输通道。这张图的底图做得跟上一个案例不同的地方在于规划范围内外的街坊全部用灰色填充，而有地下空间布局的地块用白色填充。这种表达手法使得底图更加简洁，同时也是为了突出设计内容。这张地下空间布局图能够让人看清地下结构，规划设计的内容，不同类型的设施能够区分开来，一目了然。道路流线清晰，地下的公共人行步道和地下的货流运输通道分开设计，互不冲突。图面上的引线也参与图面构图，使得图面丰富不显得单调。图面的排版也与上一个案例一样，大图撑起了整张图纸，右侧留白用线状的字来填充，简洁大方、赏心悦目。

图6-58是某城市空间肌理分区专项规划图。此空间特色规划将规划范围内用地分为6种类型，分别对应了6种空间特色，同时对每种空间特色抽象出了空间肌理。比如A类地区，它的空间特色为方正规整的城市空间，均好性强、通达性好，TOD地区路网加密，塑造宜人步行尺度空间。对应的空间肌理就用地块和路网来表示。此空间特色规划图的图纸表达上，用同一色系、不同明度的颜色来表达，共分为6个等级。这种表达手法对于此类很适用，因为地块分类过多的话，如果用不同色系的颜色来表达，势必会让图面杂乱不堪，如此用同一色系来表达，

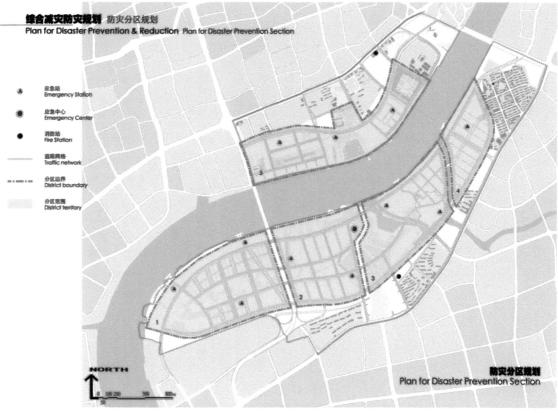

图6-56 防灾分区专项规划图

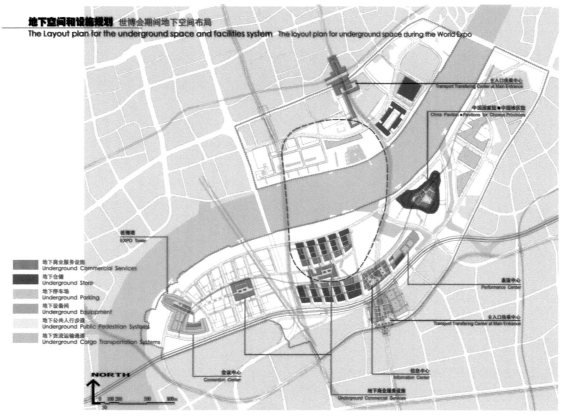

图6-57 地下空间布局专项规划图

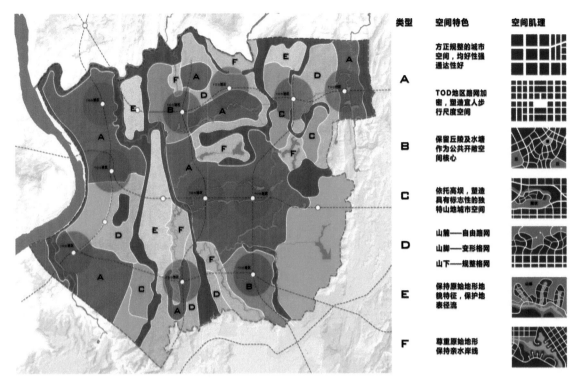

类型	空间特色	空间肌理
A	方正规整的城市空间，均好性强通达性好	
	TOD地区路网加密，塑造宜人步行尺度空间	
B	保留丘陵及水塘作为公共开敞空间核心	
C	依托高坝，塑造具有标志性的独特山地城市空间	
D	山麓——自由路网 山脚——变形格网 山下——规整格网	
E	保持原始地形地貌特征，保护地表径流	
F	尊重原始地形保持亲水岸线	

图6-58　空间肌理分区专项规划图

则会起到同一图面的作用，对于分类很多的图面可借鉴此种表达。空间肌理的抽象也是值得借鉴的地方，将不同的空间特色抽象对应成不同的空间肌理，同时这种抽象出来的空间肌理又可以运用到很多类型，举一反三。

如图6-59所示，本案例是某滨湖新区的水系专项规划图。底图的处理也是采用统一的手法，分为路网、地块以及水系3类，地块又分为3种颜色，浅黄色的绿地、浅灰色的用地和深灰色的用地。这种底图的处理要素重点突出，不必要的要素直接忽略，做出来的感觉简洁大方，重点突出，有利于后期规划内容的表达。几类大堤的表达采用不同颜色同一线形来区分，让人一目了然。规划范围界限外的地方用黑色填充，视觉冲击力很强，作为整张规划图的底图，起到了能够衬出图面的效果。

如图6-60所示为城市道路照明专项规划图。规划分为主要道路照明、次要道路照明、滨水照明、景观建筑照明、重要建筑照明、建筑照明、集中照明区和绿地照明。为了表达照明规划的照明效果，底图的处理采用深色

图6-59　某滨湖新区的水系专项规划图

主要道路照明
次要道路照明
滨水照明
景观建筑照明
重要建筑照明
建筑照明
集中照明区
绿地照明

图6-60 照明专项规划图

填充，地块内的建筑边界用浅色表达。这种底图给人一种夜间效果，上面落实的照明系统，感官上会觉得切合实际。照明系统的表达采用落实具体的照明点，用实心色块填充，同时在色块周边用较浅的模糊色填充，给人一种灯光的效果，场景逼真。景观建筑照明的表达还加上了灯光照射范围，效果很好。

图6-61是科研人员一天的生活策划示意图和科研人员行为特征专项规划图。科研人员一天的生活策划示意图中，将科研人员一天不同时间的生活内容进行策划，同时将生活策划内容落实到具体的地区。表达手法采用漫画的形式来展现一天的生活内容，同时用流线将各个时间点串联起来，表达手法新颖，图面效果丰富多彩。在科研人员行为特征分析图中分为工作性质、科研人员特征、行为特征和行为环境4个部分。每一部分采用不同的图示化语言来表示，由科研人员的工作性质和特征推导出科研人员的行为特征和行为环境。这种图示化的语言也值得借鉴，不同的模式图代表一类，共同组合成一张完整的分析图，内容丰富而又井然有序。

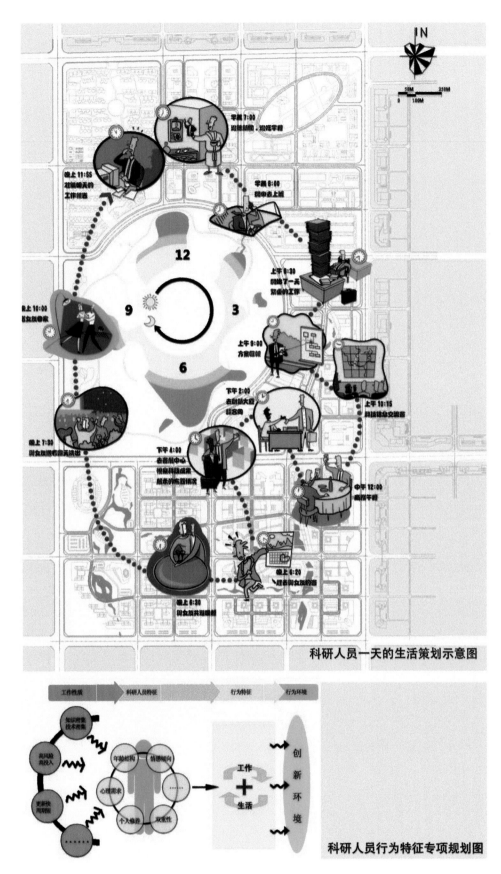

图6-61　生活策划示意图和科研人员行为特征专项规划图

Chapter Ⅶ

7 后期
三维表达

为了更好地展示城市设计过程、思路和意向，生动精致的后期三维表达必不可少。后期三维表达与最终的效果图不同，它是一种分析性的表达，更强调规划师设计意图的再现，是基于空间形态设计和专项规划之后的一系列重要规划分析图。三维分析打破了之前平面化的表现方式，表达方式更为灵活多样，往往会使用活泼的色调、艺术化的箭头、扁平化的LOGO图案和文字标注等多样化的形式，其图面风格有CAD线条、SketchUp模型、3DMAX、VARY渲染、手绘表现等。本章从三维分析、整体效果和节点表达3大部分来介绍。

7.1 三维空间分析表达

正如之前所说，三维分析是规划师城市设计思维的再表达，可以直观形象地表现规划项目内部功能结构关系、廊道轴线等级等，比平面分析表达和文字说明更能吸引甲方和读者的注意力。尤其随着计算机的普及和图形软件的开发利用，目前许多优秀的软件提供了强大的三维模型创建和图形编辑功能，使得三维分析易学易做，一大批经典规划案例层出不穷，可供借鉴与学习。

7.1.1 三维功能构成分析

三维功能构成分析是指在功能构成分析的基础上，利用SketchUp、CAD、Photoshop等软件通过三维建模来处理和表达项目功能构成分析的内容。即依托区域视角，结合设计项目的发展现状与问题、发展条件与发展目标战略等，对城市设计项目的整体功能定位与构成、功能区与周边环境现状的关系、各功能之间的关系及其相互协调进行综合分析。旨在指出项目现状功能的症结并对项目未来的功能构成提出建议与引导。

三维功能构成分析的特点和优势在于不仅能形象直观地表达平面上的功能构成，而且能表达垂直空间层面的功能差异。此外，三维建模的方式在分析功能构成的同时能够将各重点功能建筑的形态、体量、高度等要素进行表达，能通过建模很好地表现周边地形、水系、历史风貌与肌理、主要的景观界面与视廊等，能够形象生动、立体化地表现项目功能构成本身及项目与周边环境的关系。

三维功能构成分析，按功能构成不同分为：侧重于表达由某类功能点所组成的功能系统；侧重于表达各功能之间及其与周边现状、环境的关系功能分区；侧重于表达在整体功能定位分区确定的条件下某地段内的功能混合。按视角选择不同分为：常用于表现重点街景的低视点；常用于表现重点地段的中视点；常用于表现重点片区的高视点。按表达方式不同分为：周边环境为底，只将重点功能三维表达；整体三维表达，相同的功能片区统一填色；整体三维表达，对立体功能分异填色区分。然而，三维功能构成分析虽然所要表达内容与类型多种多样，但这些内容与类型并不是相互割裂与孤立的。例如：对于某特色地段的功能构成分析，可以采用表现街景的低视角也可以采用突出片区与城市关系的高视角，而在其表达中既可以对相同的功能片区统一填色，也可以只对立体功能分异填色区分，还可以将两者结合起来同时表达水平方向上和垂直方向上的功能差异。因此，三维功能构成分析的关键在于明确所要表达的概念与重点，明确项目的功能构成与目标战略。在设计时也要注意功能构成本身的整体性、结构性、层次性与开放性原则，对于不同的重点与内容采取适合的表达方式。

如图7-1所示，是某特色片区功能分区的三维功能构成分析图。采取高视角，在整体建模的基础上，对不同的特色功能区进行填色区分，现状保留建筑则留白处理。不仅表现出片区的功能定位与划分，也表现出项目的三维空间特征。各功能的建筑设计较为细致，在体量、高度和外形上体现出各功能特点。例如：板式居住区、点式酒店、围合式商业。很好地烘托了环境氛围，体现了各功能在空间上的差异与联系，表达其特色功能高度混合的理念。此外，在图片处理上采用SketchUp建模和VR渲染的方式，隐藏了线框，使建筑如模型般简洁清晰，并且加入阴影等光影效果，使环境场景更加真实。若再增加一些对功能构成的概念分析与各功能分区的文字介绍，则使得图纸更加完整易懂。

如图7-2所示，是某重点地段特定功能的三维功能构成分析图。采取中视角，以现状环境CAD为底，只对建筑进行三维建模。较好地表现出该重点地段滨水、多景观、交通条件好等特质，从而与项目所设计的功能构成相呼应。此外，该图不只是对片区的简单功能划分，而是将功能划分落实到每一栋建筑，体现了在整体功能定位确定下功能混合的思想。文化、办公、商业、居住建筑在形态上都不尽相同。图片表达上在SketchgUp截图的基础上对不同功能的建筑进行上色区分，表达了底层统一的商业裙房与高层功能混合，以及各建筑通过空中平台与廊道相联系的特点。各功能的文字描述与介绍也很充实。若该图将水系及山体进行淡色上色处理，则能较好地表现出项目与景观环境之间的关系。

如图7-3所示，是某片区服务功能系统的三维功能构成分析图。采取高视角，再以现状CAD为底，只对所要表现的重点建筑进行三维建模，对环境中的水系进行了上色处理。简洁清晰地表现出各功能点在片区中的位置及其与水系等环境的关系。在功能构成结构上形成"三点、一带"体系，"三点"即BRT站点触媒点、轻轨站点触媒点、公共活动触媒点；"一带"即依托环境与现状联系各触媒点的触媒带。使得在片区功能系统整体性的基础上，对系统内的层次性进行了划分与表达。在图片表达上，3种触媒点和3种颜色的雷达圈式图案相结合，形象具体地表现出不同触媒点类型及其服务半径，而触媒带则用绿色上色。各触媒点的功能类型介绍用直线引导到图纸上部，使文字与图纸结合成统一整体。若图纸能增加一些现状环境的功能构成、现状重点建筑与景观、主要道路路名，效果会更好。

如图7-4所示，是某滨水片区混合功能的三维功能构成分析图。采取中视角，在整体环境、地形与建筑完整三维建模的基础上，对不同的特色功能区进行填色区分，现状保留建筑则留白处理。较好地表现出特点功能片区的形态特征与周边现状及水系山体的关系。3种特色功能在建筑围合与建筑形态上各具特色，商业建筑沿着

图7-1 三维功能构成分析图之一

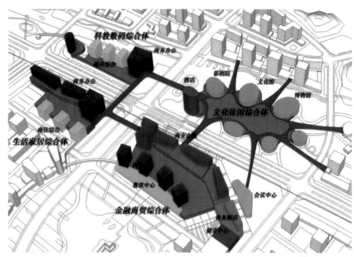

图7-2 三维功能构成分析图之二

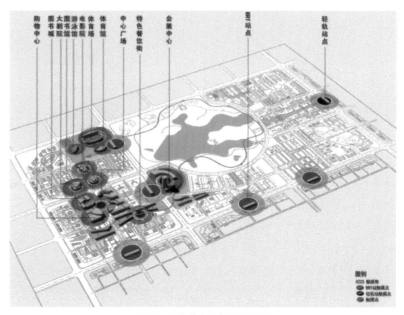

图7-3 三维功能构成分析图之三

道路线形展开并形成观湖视廊，行政建筑布局自由有机，形成滨水办公组团，而酒店建筑则依托山势，形成游山望水的城堡式酒店。图片表达上在SketchUp截图的基础上，对周边环境进行淡化处理，突出项目地段。各功能片区的建筑保留线框上色处理，在建筑上标注有类型及功能，在图纸的上下布局有重点建筑的示意图。使该图将功能构成分析与三维方案表达合二为一。若该图将远处天空进行淡蓝色处理而不是黄色底色处理，则会使整个图片更加真实生动。

图7-4 三维功能构成分析图之四

7.1.2 三维轴线廊道分析

三维轴线廊道分析是指根据城市设计相关空间分析原理，利用相关三维分析软件对城市结构中的轴线和廊道系统进行立体全方位的分析，分析结果作为重要参照，为进一步优化城市设计提供指导。城市轴线是城市空间布局中起空间结构驾驭作用的线性空间要素，一条丰富的城市轴线往往成为一座城市展示其形象的名片，如北京自永定门到钟楼长7.8km的城市中轴线和华盛顿国会大厦与林肯纪念堂之间的东西轴线等都成为其空间的主要骨架，熏陶了城市的性格。城市轴线三维分析对于塑造城市空间特色、优化城市布局、建立空间秩序并以此组织城市的各个元素方面具有重要意义。城市廊道同样是城市中线性开放空间，具体包括城市生态廊道、城市景观廊道、城市视觉廊道和城市交通廊道等，城市廊道三维分析对于沟通城市内部和郊区不同用地单元之间的物质流、信息流、能量流起着重要的纽带作用。城市廊道作为三维立体概念，对其分析可从3个层次展开：宏观上主要指廊道的尺度，包括廊道总长度、总面积、总环境容量、长宽高三维比例以及廊道的连通性等；中观层面上具体是指廊道的外部基本特征、长宽高三维数据指标、廊道的曲度及具体形状特征等；微观层面上指具体廊道的内部结构特征、内部与沿途建筑功能、景观的具体布局（乔灌草比例，树种多样性）等。

在进行三维轴线廊道分析时必须考虑以下原则：①连贯历史原则。每座城市都是在历史中演进而来，都或多或少留下了历史的足迹，我们在进行分析时首先要看设计轴线廊道是否与历史轴线廊道很好地契合，切忌忽略历史，坐地起轴造廊。②因地制宜原则。充分考虑现状地形地貌与城市社会人文特点，考虑城市重要地标建筑与重要节点空间，设计轴线廊道系统时要与之关系融洽。③空间均衡原则。城市轴线与城市廊道对城市结构具有控制与统摄两种作用，控制作用影响下城市秩序严谨，统一规整，但形式较呆板，缺乏张力与动感，传统轴线廊道大多是这种类型。统摄作用影响下，城市结构活泼，空间多变，充满张力，但秩序感弱，结构松散。一个好的轴线廊道设计必须统筹兼顾这两个作用，使之均衡。④激发功能原则。好的轴线廊道设计除了要与周边地块功能形态很好契合之外还要具有激发地区活力、提高周边地块竞争力的功效。下面结合案例分析城市轴线与廊道分析的具体应用。

如图7-5是某跨江城市中心区三维轴线廊道分析图。沿江两侧规整的建筑组团充分利用江景优势，但带来的一个问题是江景止于两侧建筑围墙，设计者通过三维视廊分析，引入"江河门坊"概念很好地解决了这一问题。在两侧建筑组团间均衡地插入垂直于江面的5个开放廊道，朝江面打开呈喇叭形。一方面，塑造了片区特色——将小区与江面连接之门；另一方面，沿江开辟的月牙形公园和休闲大道对视廊进行补充，使人们可以自由地到达江边。这些视廊和开放空间将为居民和来访者提供娱乐的机会，并成为商业和文化活动的中心。在图面表达上，采用三维鸟瞰呈现方式，立体丰满、色泽明朗，开放视廊以黄色标出，醒目直观，周边地块暗化处理，使得中心设计区域跃于眼前。效果图右侧配以概念简图和文字说明，较好地辅助示意了方案主要特色，整体色调和谐，江面与建筑组团关系融洽。

图7-6是某滨江城市三维轴线廊道分析图。设计者首先将滨江行为进行了归纳示意，具体包括河畔餐饮、河畔公园与休闲、河畔文化设施、河畔码头与水上活动、河畔湿地与滞留水池4种活动。在此基础上，设计者自然地引入生态走廊概念，将江边的价值带入内部。沿江低矮建筑，沿廊则建筑高度提升，既充分考虑江景的引入，又使廊道周边建筑充分分享绿廊景色。垂直于廊道引入若干慢行走廊，使人们能够方便地到达生态绿廊，进而可以沿绿廊步行至江边，总体体验感颇佳。绿廊与步廊交织成网使滨江城区与江面紧紧联系在一起。图面表达上最突出的特色是采用了三维手绘风格，寥寥数笔却生动丰富。将滨江活动分类画出，既体现了思考的深度又丰富了排版。

图7-7是南京中华门外地区三维轴线廊道分析图。设计者首先利用现有地标建筑构筑了三角形视点体系，即"中华门—大报恩寺—雨花阁"瞭望体系，充分挖掘出该地区历史特色，在三维空间上下足了

图7-5　三维轴线廊道分析图之一

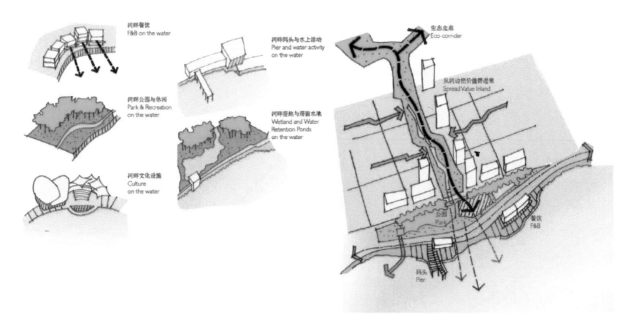

图7-6 三维轴线廊道分析图之二

图7-7 三维轴线廊道分析图之三

功夫，城中可见塔，塔上可望阁，阁上又见城，空间体验感极为丰富。充分利用报恩寺既有轴线，形成该地区东西向空间格局，与西街参拜轴线连为一体，构成一条纵横东西的实轴；实轴以南依托道路绿化和既有林木形成该地区虚轴，一实一虚、虚实相生，空间形式多样。设计思路上，跳出传统平面思维，从三维空间角度构思设计很值得借鉴。图面表达上，采用三维鸟瞰构图，气势宏伟、表达清晰，主要建筑以橙黄色，环境建筑灰化透明化处理，瞭望体系以细虚线连接，主轴线以红直线标出，虚轴线以红虚线标出，整体表达十分清晰。城河山水风貌配合右上角小诗，古香古色感溢满图纸。

图7-8是某城市中心区开放空间三维轴线廊道分析图。中心区围绕中心开放空间呈弯带形，界面整齐，建设地块划分均匀，主要道路交叉口形成3条次级开放空间序列，中心轴线为主轴，两侧分布地标建筑，整体城市结构呈从中心开放空间向外辐射态势，主次层次清晰。3条开放空间通廊内接中心开发空间，外连城市河流，既密切了

两者之间的联系，又使得整体城市结构紧凑有节奏，丰富了市民在两者之间游览的体验感。图面表达上，以轴线线宽表示其主次程度，中心轴线两侧建筑标红处理都使得表达清晰美观。

图7-9是某城市中心区三维轴线廊道分析图。设计者首先从地标建筑、建筑高度、建筑功能3个角度对方案进行全方位分析并指导形成方案的空间特色。两座地标建筑坐落于图面中心，增加了整幅图的稳定性与向心性，围

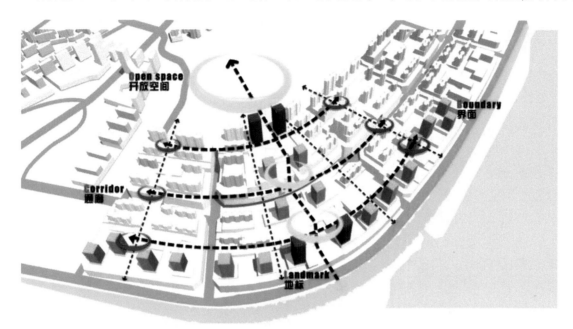

图7-8　三维轴线廊道分析图之四

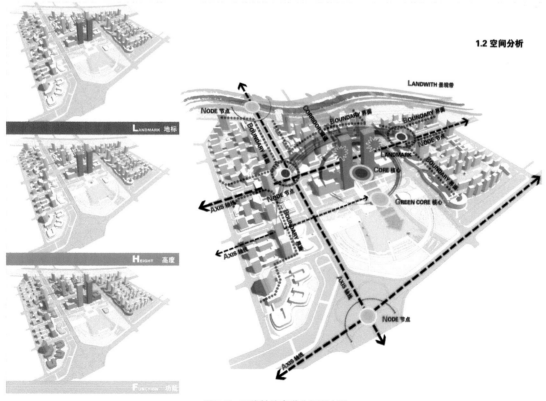

图7-9　三维轴线廊道分析图之五

绕地标建筑，设计者依托城市主干道构筑了一横两纵3条城市轴线，轴线两侧建筑高度和界面得到严格控制，这样就使得整体建筑群规整有序却抑扬顿挫，增加了空间的韵律感。同样，主要道路交叉口处形成次一级城市节点，与中心主要开放空间互为补充，完善城市整体开放空间体系。地标建筑后方设计者塑造了两条环形廊道，严格控制建筑界面，打破了主要直轴的生硬感。此外，设计者从区域角度出发，构建了一条连接城市边缘"景观带—地标建筑—城市广场"的宏伟视廊，使复杂的城市结构得以有效控制。图面表达方面，轴线与视廊以直线示意，景观带与环形廊道以曲线示意，形成对比，在秩序与灵活性方面取得均衡。大胆采用夸张的节点符号并灵活运用笔刷达到冲击眼球的视觉效果。

7.1.3 三维控制策略分析

三维控制策略分析是指规划师通过对三维模型或图纸的处理，对方案的设计理念、生成过程、系统整合等重要问题进行清晰、系统的回答。因为其一般不属于规定内容，所以表达方式较为灵活，内容也因题而定，但一般都具备表达生动、重点突出、设计感强等特点。为了达到以上特点一般应注意几个问题：要重点表达什么？怎样表达？怎样形象地表达？三维策略方法分析可以分为单图式三维控制策略分析和组图式三维控制策略分析，单图式三维控制策略分析指以单一三维要素为主要内容，对方案在设计理念或设计细节方面具有指标性、原则性、建议性的重点内容进行集中剖析与表达。一般应遵循的原则有：①主次分明原则。这一原则主要表现在三维要素与文字要素或图片要素的构图上，重点表达的三维要素应形成图片主体，其他要素要依附其上。②要素统一原则。非三维要素间要进行统一布局，尽量形成韵律感或对比感。组图式三维控制策略分析指通过对一组（通常指3个及其以上）三维要素的集中应用，对方案的概念、系统、生成过程等进行对比、递进或排比式剖析。组图表达应遵循以下原则：①形式统一原则。通过统一的三维要素应用、统一的色系选择、统一的背景处理等"统一"进行整体性的表达。②内容相关原则。组图在表达内容上应有相关性，这种相关性可以分为以单一要素发展为代表的对比性相关，以整体要素发展为代表的递进性相关，以不同要素罗列为代表的排比性相关等。③构图整体原则。组图的设计应该注重构图的整体性，这种整体性包括三维要素与二维要素、文字要素等非三维要素的整体性，三维要素之间的整体性，以取得整体韵律感或递进感等效果为目的。由于每个方案的切入点不同，重点表达要素不同，重点表达区域不同，三维策略方法分析也应不尽相同，每个分析、表达都应适合方案、突出重点、表达得当，切忌生搬硬套、表达重点不明确、表达方式不得当。

图7-10为某地段三维控制策略分析

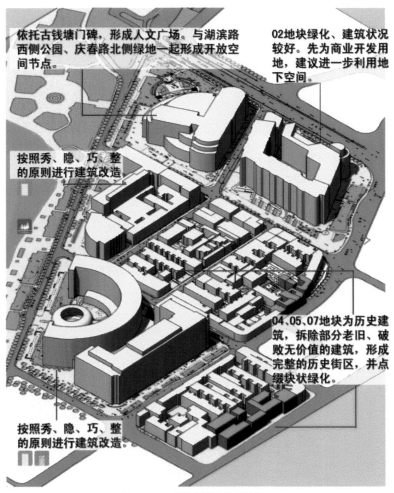

依托古钱塘门碑，形成人文广场。与湖滨路西侧公园、庆春路北侧绿地一起形成开放空间节点。

02地块绿化、建筑状况较好。先为商业开发用地，建议进一步利用地下空间。

按照秀、隐、巧、整的原则进行建筑改造

04、05、07地块为历史建筑，拆除部分老旧、破败无价值的建筑，形成完整的历史街区，并点缀块状绿化。

按照秀、隐、巧、整的原则进行建筑改造。

图7-10 三维控制策略分析图之一

图。该图以素色三维模型、浅黄地块划分、藏蓝交通组织和绿色软地表现为分析底图，对地块内的重要节点、绿化空间、建筑改造以及规划原则等进行了有针对性的介绍，内容一目了然。这种单图地块的三维分析方法有其独特的优势，在分析内容方面：首先，人们很容易通过地块内的三维空间设计了解该地块甚至更大区域的规划理念、规划重点和规划原则；其次，通过对拆、改、留建筑的标注，绿化布置方式的介绍等具体内容，人们很容易把握地块的建设量，对地块建设所需费用等可以进行较好的评估；再次，通过对建筑细节的标注等方式，人们可以对诸如地下空间等易忽视的内容进行很好的把握，对展示方案的整体性有很大帮助。在分析表达方面，该图将文字内容做成色块，与三维图面进行了大小搭配，形成了较好的主从关系。此外，色块位置与三维图面搭配得当，色块多而不乱，使得整张图面取得了良好的表达效果，如果再在配色上稍加斟酌可能会更好。

与单图式三维控制策略分析相比，组图式三维控制策略分析虽然在细节表达等方面不能与之相比，但在概念阐释、系统说明等方面可能更胜一筹。图7-11以时间为轴线，以地块发展状况为依据，将地块发展划分为上步工业区、活力注入发展和华强北城市商圈3个阶段。并且，每个阶段的主导产业和三维空间形态同步介绍的方式，使该地块空间和产业发展状况、空间与产业发展对应关系一目了然。在分析内容方面这种表达方式有很多优点：首先，该图对该地块空间发展过程、产业发展过程和两者相互影响过程3个方面内容进行了形象展示，人们很容易了解地块的过去、现在和未来；其次，发展原因的注入使人们能更加直观地了解该地块发展的动力，有利于人们对该地块更深的了解。在表达方面，该图有以下优点：首先，成组的排版模式使横向的不同相关要素、纵向的系统发展要素分别对应，使图面内容清晰、易读；其次，LOGO及字体的应用使内容生动活泼；再次，得当的色彩搭配不仅使整体舒适美观，而且使图面重点突出。

以时间为划分依据的划分方式是组图式三维控制策略分析的常用划分方式，以要素为划分依据的划分方式同样如此。图7-12以相同三维图像为底，分别对主要道路交通、公共交通系统和标志性建筑和周线式空间进行排比式表达。并分别配以文字解释，以求达到对重要系统进行重点介绍的目的。在内容方面，通过排比式的表达，人们能更加直观地感受该地区各个子系统的规划理念，对该地区形象的展示起到积极作用。在表达方面，统一的素底图既奠定了该组图淡雅的风格，又使组图整齐划一不至于凌乱，不同的表现内容与颜色搭配、符号应用又使组图不至于呆板。此外，中英文"字块"的整齐应用也对该图内容的生动表达起到积极作用。

组图式三维控制策略分析图不仅可以搭配文字，而且可以通过搭配诸如平面图、分析图、雷达图等多种组图进行综合表达。图7-13为某建筑及其所处地块三维控制策略分析图。该图通过对平面组图和三维组图的同步应用，对地块内单一建筑的形体生成、环境影响及其对城市的脉络和社会影响进行了直观表达。在内容方面，该图系统地阐释了该建筑在设计生成过程中所考虑的各种影响要素，对人们了解该建筑以及该建筑建成后地区变化提供了直观的依据。在表达方面，首先，平面图与三维图的搭配表达使内容更加直观；其次，大小相同但角度不同

图7-11　三维控制策略分析图之二

唐镇CBD地址道路提供良好的通达性，创造整体开发的身份认同感，同时避免穿越性交通。

Tang Town CBD Addressing Roads provide good accessibility and create identity for the development when preventing through traffic.

公共交通系统——地铁、水上的士和巴士互相连接，并与行人动线整合，创造公共交通为主的开发。

Public Transportation Systems—Subway, Water Taxi, and Bus are well inter-connected and integrated with pedestrian circulation to create a transit oriented development.

地标性塔楼成为唐镇的重心，创造身份认同感，并完成了浦东的天空线。

Landmark Tower and Central Park as anchor to Tang Town creates identity and complete the skyline in Pudong.

图7-12　三维控制策略分析图之三

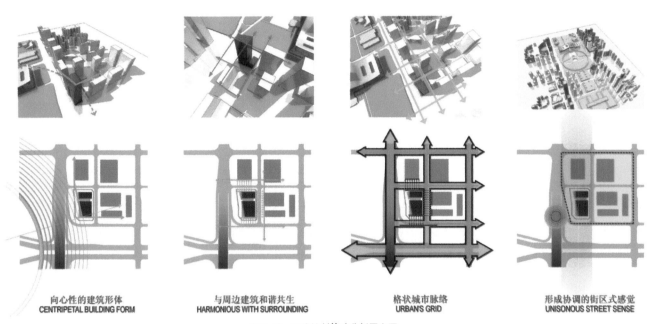

向心性的建筑形体
CENTRIPETAL BUILDING FORM

与周边建筑和谐共生
HARMONIOUS WITH SURROUNDING

格状城市脉络
URBAN'S GRID

形成协调的街区式感觉
UNISONOUS STREET SENSE

图7-13　三维控制策略分析图之四

的三维图为规整的图组带来了活泼感；再次，以灰色为主的底图处理、以偏灰色调为主的色彩搭配以及退晕等表现手法的应用，使整张图既清新淡雅又重点突出。

　　图7-13采用了将各种组图相邻搭配的排版模式，在紧凑的排版中易取得良好效果，而图7-14则是一种松散状态下的组图排布方式。该图通过三维组图与抽象的二维组图及文字解释，对方案的功能、界面、开放空间3个方面进行了针对性的介绍。在内容方面，首先，该方案始终贯彻"水绿围合、圈层环绕"的主题，而功能、界面、开放空间则是对其的具体表达，这对人们了解并认同主题及其设计是十分重要的；其次，功能、界面、开放空间的设计以及以水为核、圈层环绕和发散展开的理念相互对应并且层层递进，对人们了解整个理念的贯彻过程是十分有帮助的。在表达方面，首先，无论是三维组图还是二维组图都以灰色为底，配以较深的点、线，全图色彩淡雅、重点突出；其次，条带状对位式排版使留白处也成为全图条带的一部分，并配以淡雅风格，整张图纸疏而不空；再次，各图颜色虽不尽相同但均以亮色为主，色彩分明、搭配协调。

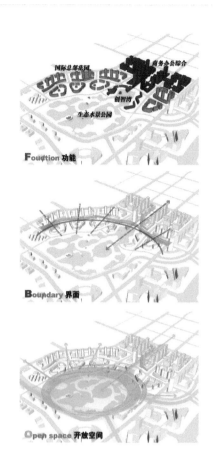

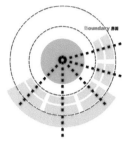

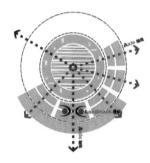

水绿为核，圈层环绕

水绿为核：
本地块设计以现状规划的水景公园为核心展开，内部主要是休闲和生态功能，为集中的大面积绿化和水面，同时是整个规划区域重要的生态核心。

圈层环绕：
沿水景公园外围呈现多元化功能布局，功能组团之间呈现紧密地联系，组团之间相互衔接，共同围合形成水景公园内侧的空间界面

发散展开：
沿水景公园的外围组团同时又呈现向心发散的布局关系，环环相扣，融为一体。5条发散轴线贯穿组团，其中，南北纵向轴线为城市商贸综合区的空间主轴，西北向轴线与体育中心相联系，形成视线通廊。

图7-14 三维控制策略分析图之五

7.1.4 三维分层解构分析

三维分层解构分析是指有选择地对设计项目的影响因素（地形、水系、历史、社会等）或组成内容（功能、结构、交通、生态、景观等）进行分层分析，通过提炼相同的要素，并通过三维叠加的方式表达各层次分析内容间的相互对比与关联，就好比透过肌肤看骨骼一般。而分析内容的选择可以是某一专项内容，也可以是多个专项所组成的系统性分析，还可以是不同发展阶段的内容。

三维分层解构分析的特点在于分层解构、化繁为简、层层深入，能将比较复杂的设计理念形象直观地表达出来。不管在城市设计、建筑设计还是总体规划及控制性详细规划等法定规划中，都能够广泛而有效地运用。而解构分析的内容也涵盖广泛，不仅包括规划学的内容，还包括生态学、地理学、社会学等。

三维分层解构分析的类型按照分析内容包括：建筑及周边环境的三维分层解构分析、规划地块及其环境的三维分层解构分析、规划地块某专项内容的三维分层解构分析、规划地块多专项比较的三维分层解构分析、规划地块不同阶段各要素的三维分层解构分析及三维分层解构分析等。

三维分层解构分析过程中需要注意思路清晰、突出重点。善于厘清相同的要素以及不同要素之间的关系，在解构分析中充分表现设计思路。

图7-15是某建筑设计及周边环境的三维分层解构分析图。首先，对于建筑和环境的分析被解构成4个层次，即建筑肌理、建筑流线、实验室、地面绿化及景观。通过这4个层次充分表达了该建筑从空间到流线再到表皮的设计理念，以及建筑与周边环境的关系。其次，对于这4个层面又各自进行了细分，如建筑肌理分为玻璃墙和金属管，景观层面则分为屋顶绿化和地面绿化，使得原来简单的分层进一步充实并紧密联系。在图纸表现方面，提供三维建模并略带鸟瞰的竖向分解成4个主要层面，再对每个层面细分内容建模表现，通过上下辅助线的关系能清楚

地表达各要素的关系，把整个建筑设计的内容都直观表达出来。若图纸能再增加关于建筑柱网结构的分层分析，内容会更加充实。

图7-16是某滨水规划地块项目的三维分层解构分析图。为了突出表现方案设计各要素与水体的关系，该分析也分为4个层面，即地块水体及绿地、主要步行体系、滨水服务功能板块、滨水服务功能服务半径。各层面通过竖向的辅助线相互呼应，共同体现了方案与水体的关系。虽然在每个要素的具体分析中没有进一步细分，但整体要素的选择关联性很强。例如把水体与绿化分析做底，在其上做步行体系分析，体现了步行体系与景观环境的交融结合；在步行体系分析之上做服务功能板块分析，体现了各服务功能都是紧密围绕步行体系打造，体现了服务功能的均等性与公共性，最后在服务功能布点之上做服务半径分析。这种分析过程体现了较强的逻辑思维与规划连续性。在图纸表达上，与图7-15不同，因为规划地块较大，因此在各层面分析表达上没有三维建模，而是对方案平面中各要素填色处理，简洁清晰地表达出规划方案在平面上的考虑与设计。若该分析能在图示之外增加一些语言描述效果会更好。

如图7-17所示，是某规划地块交通专项的三维分层解构分析图。该分析紧抓交通分析这一点，条理清晰简洁。把交通系统分为车行系统、人行系统、水上交通、轨道交通4类。前两个属于地面交通的内容，后两个属于水上交通与地下交通的内容，从类型分类与空间分布上完整地分析了规划项目的交通构成，体现了交通系统的整体性。而在各层面的分析中不同类型的交通表达方式不同，车行交通依托主要干道呈网状布局，人行、水上交通结合景观与主要公共建筑组织，而地下交通则分为两条主要线路并标注有站点。充分体系了在交通系统整体之下各交通要素的差异性。在图纸表现方面，以CAD线图为底，用不同颜色的实线或虚线表达不同的交通线路，最后把4种类型的交通分析图竖向叠加对比。若图纸能在底图中增加周边自然环境的上色表达，并在竖向方向添加虚线辅助线来强调各交通要素的联系与对应关系，效果会更好。

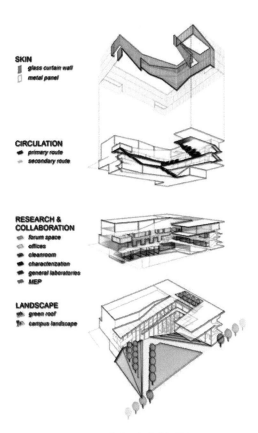

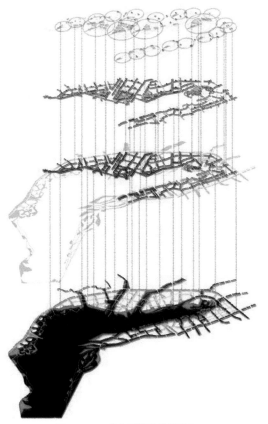

图7-15　三维分层解构分析图之一　　　　　　　图7-16　三维分层解构分析图之二

图7-18是某规划地块不同阶段各要素的三维分层解构分析图。与图7-16类似，该分析先将规划项目的构成要素分为地表、水体、植被、活动4个层面，并对每个层面又进行了详细的细分分析，例如活动分析分为高频率活动与低频率活动分析。各要素的范围与布局用不同颜色的色块形象地在规划方案中表达。延续了一般的三维分层解构分析所具有的整体性与逻辑性。在此基础上，该分析还把规划方案按照时间序列分为3个阶段，将原本对不同要素的竖向分析与横向的各要素内部不同生长阶段的分析相结合。这样将规划层面拓宽为3个主要层次：一是不同规划要素之间的关系；二是同一要素不同时间段间的关系；三是不同要素不同时间段间的关系。能够完整具体、形象生动地表达方案生成过程与构思理念，形成了12个小分析图构成的分析套图。在图纸表达上，对底图采用了以只表达地块形状为主的色块处理，化繁为简，对不同的规划要素采用不同的色块标出范围与形态，体现了多要素的差异性。最后用竖向的虚线联系强调不同阶段的4个层面组成的各自的稳定系统。若该分析能在图示之外增加一些具体生成过程的语言描述方案效果会更好。

如图7-19所示，是某规划地块多个专项比较的三维分层解构分析图。与之前的分析处理不同，该图将研究内容先分为地上、地下两个层面进行分析。其中地上层面分为可再生能源、雨水管理、植被3个方面；地下层面分为能源、水、废物、地热交换4个方面。用环境中心这个点要素作为地上、地下各要素的连接点，形成了"点、线、面"的分析结构体系。该分析对地下4个要素又进行了细分，如废物分为固体废物收集和中水，并用不同颜色的线将各环境中心联系起来，形成地下各要素网络体系。在图纸表现方面，以地块模型为底图，在底图上用红色色块

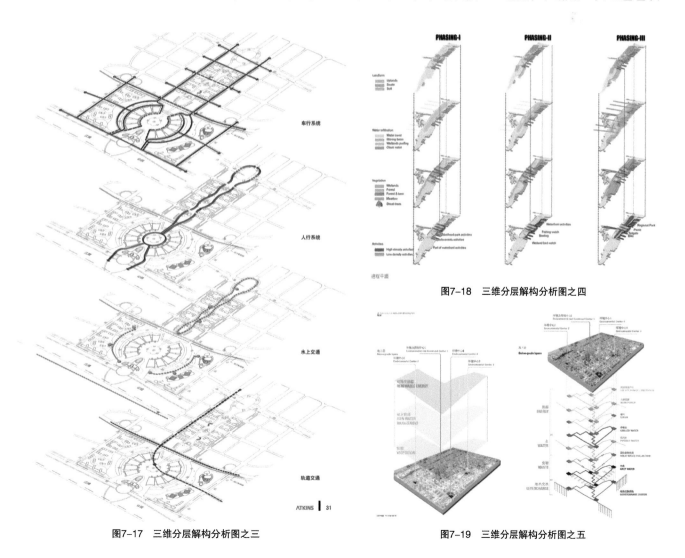

图7-17　三维分层解构分析图之三

图7-18　三维分层解构分析图之四

图7-19　三维分层解构分析图之五

标出了主要的环境控制中心。地上的要素分析用块状填色表达，地下的要素分析用不同颜色实线网络表达，层层叠加分解，在竖向上用实线或虚线强调各要素联系。若图纸能再增加关于地上层面的分析内容会更加充实。

7.1.5 其他三维空间分析

三维空间分析方法除了可以对上述问题进行分析外，还可以对诸如界面、开放空间、多因子评价、高程和制高点等涉及三维空间的问题进行分析，其主要特点是：内容灵活、表达形象、概念性强。虽然三维空间分析方法无论从方式上还是内容上都比较灵活，但为了突出其优势，我们往往遵循以下两个原则：①内容重点突出原则。三维空间分析往往是对某一问题或相似度极高的某一系列问题进行剖析，其目的是突出表达问题的重点，在三维分析前要考究所表达的内容是不是问题的重点或是不是具有代表性、示范性的内容，比如对于历史街区来说界面的三维表达是十分重要的，而对于新开发地区来说这些问题一般通过一张立面图就可以解决。在三维分析时要思考问题的分析方式、分析角度，比如同样是高程分析，可以通过对重点建筑、地标建筑进行分析，也可以通过对天际线进行分析突出重点建筑。②技术结合原则。根据不同三维分析内容我们往往在分析时应用某些技术手段：在对某些复杂空间进行分析时，计算机软件的应用会提高其效率，在对某些文化空间进行分析时，手绘的应用往往更为合理。由于三维空间分析的形式在整个分析部分较为显眼，人们往往会特别关注这种分析。因而，在分析形式追求新颖的同时，在分析内容上也要追求内涵，切忌空洞。

图7-20为某地块高程三维空间分析图。该图在三维线稿模型的基础上对地块内的整体高度分区和重点高度控制进行了三维分析。将这种分析方式应用在诸如控规、城市设计等高度控制分析部分是十分合理的：首先，通过进行三维高度分区控制，人们既可以对地块的空间形态有直观感受，又可以对地块的建设量、经济性等进行初步评估；其次，通过对重点建筑的三维分析，人们可以很容易抓住地块建设的重点，在形态设计等方面进行特殊考虑。在表达方面，该图以区域素色三维线稿为底，整体内容统一、风格淡雅，配以带有透明度的、颜色统一的分区色块，使得图纸风格淡雅、内容突出。

与图7-20相同，图7-21也是高程三维空间分析图。该图为某空间廊道两侧高度分析图，通过三维模型和一维线条的搭配，对该廊道两侧建筑的高度进行了三维空间展示和高度线形变化展示。在表达内容方面：首先，通过该图人们可以在了解空间形态规划的同时了解到天际线等空间线形系统的变化，有助于空间的进一步完善；其次，人们可以通过对"极点"的读取，对该廊道上的重要建筑节点进行系统性把握，这有助于建筑形体和细节的处理。在表达方面，首先，该图以三维模型要素为主，线形要素为辅，两种要素主次分明、搭配得当；其次，在颜色使用方面，灰色主图配以渐变式色带"镶边"，全图风格淡雅；再次，建筑倒影的处理手法增强了该图的立体感，提升了全图的品位。

与图7-20和图7-21运用计算机建模不同，图7-22则是通过运用手绘的技术手段、剖透视的观察角度对城市天际线、开放系统、主要空间要素等内容进行有层次的分析。首先，人们可以通过背景轮廓了解城市的天际线，把握城市与山、水、开放系统的关系；其次，作为前景的开放系统衬托城市背景，人们可以通过前景与背景的对应关系

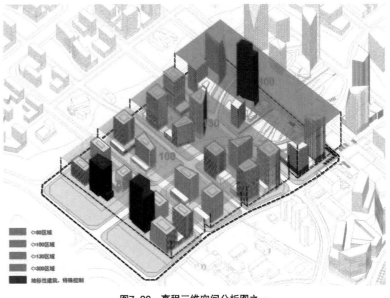

图7-20 高程三维空间分析图之一

了解整体开放系统与整体城市轮廓的契合关系、具体开放空间与具体城市形态对应关系。在表达方面，首先，手绘的表达方式符合该图表达内容的意境，有助于该意境的表达；其次，有进深的长卷式分析角度更有利于该图内容的形象表达；再次，全图颜色搭配得当，彩色、白色、彩色的层叠式色系应用有利于人们感知图面的进深，人们在元素整体感知的同时又可以轻易进行元素在空间上前后划分，此外，整体以单色为主的色调使得该图风格清新。

三维空间分析不仅在诸如高度划分、天际线轮廓等三维要素的分析方面有优势，在某些二维要素分析方面也具有其相对的优势。图7-23为某城市火车站附近开放系统三维空间分析图。该图应用三维空间分析的方法，以素色三维图为底，通过不同颜色的色块应用对该地区的公共开放系统进行了系

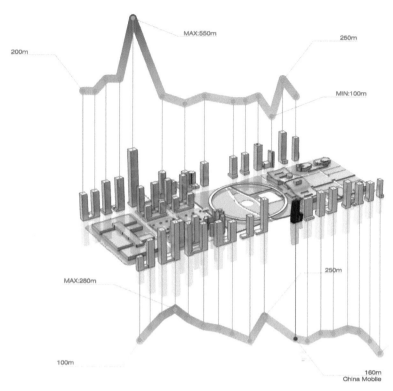

图7-21 高程三维空间分析图之二

统的、有层次的表达。相较于二维表达方式，通过合理角度选取的三维空间分析表达方式不仅能保留原有信息，而且图面更加生动易读。除此之外，通过不同色彩的搭配和对三维模型的应用，人们不仅可以感受到点、线、面完整的开放系统，而且可以解读出开放空间在高度上的具体分步。在表达方面，首先，该图以区域模型为底图，地块内细处理、地块外粗处理的处理手法使表达范围一目了然；其次，合理的色彩搭配，整齐的色块排列使该图色块多而不乱；再次，在三维空间分析图之外配以平面意向简图，更有助于人们对表达内容的整体把握。

与前面的单因子分析不同，图7-24为典型的多因子三维空间分析图，该图为南京老城区多因子分析图，通过应用ArcGIS等多种技术手段，对南京主城区的城市风貌因子、历史文化因子、土地价格因子等7类因子和经各类因子加权后的多因子进行了三维空间分析。通过该分析，人们既可以直观地了解该地区某因子的空间分布状况，

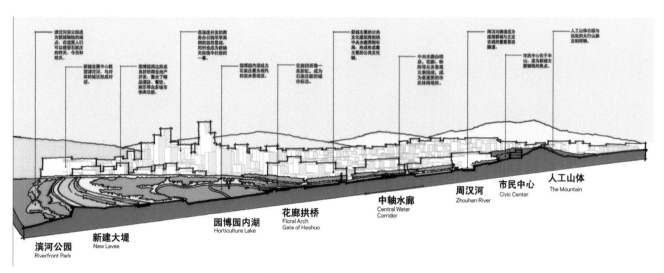

图7-22 手绘三维空间分析图

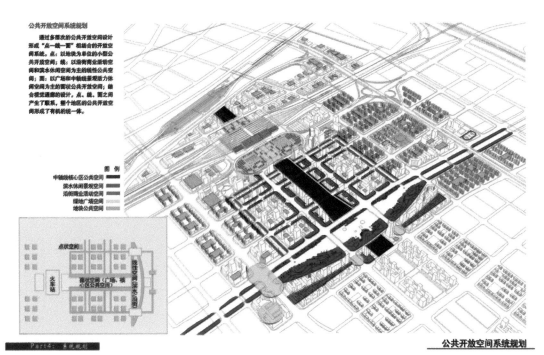

图7-23　开放系统三维空间分析图

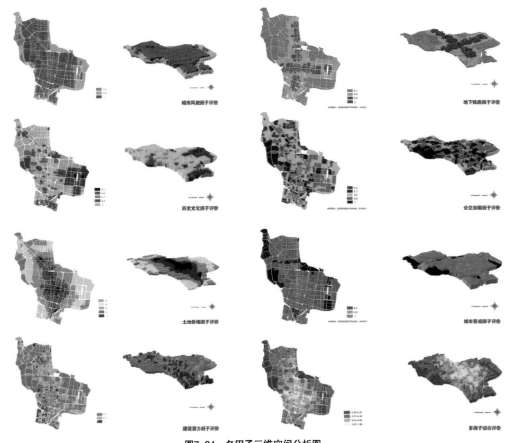

图7-24　多因子三维空间分析图

对与该因子相关的空间规划进行指导，又可以通过对多因子总体评价结果的解读，对该地区诸如土地适应性评价等内容进行规划。在表达方面，首先，平面图与三维图组图对应的方式使得该图可读性强，这既有利于表达的直观性，又有利于表达的准确性；其次，饱和度相似的色彩搭配使得该图整体颜色丰富但又不至于凌乱；再次，行列式的整体对位关系、位置相同的组图内部标志处理等细节处理使得该图构图严谨。

同样是组图式三维分析，图7-25则更注重对某一要素进行全面的分析，该图为某规划容积率三维空间分析图。该图通过展示地区总体容积率形成过程、个别容积率转移过程和通过进行与相应容积率所对应的空间形态剖析等三维分析，对该地区容积率形成过程、形成结果和所代表的空间形态进行了全方位展示。该图信息全面，首先，人们可以通过了解该地区容积率的最终结果，控制该地的开发规模；其次，通过了解容积率的形成和分配过程，人们可以更好地对整体规划思路进行把握，在进行空间设计时不仅可以遵循容积率指标规定而且可以通过细节设计展示规划思路；再次，通过解读容积率模拟空间方案，人们对该地建成形态有了直观感觉，有利于该地的投资建设。在表达方面，首先，该图将版面分为黑白两部分，并通过主图连接，视觉对比感和冲击感强但又不至于割裂。其次，该图主图单独排列，次图成组排列；主图占中布置，组图围中布置，全图自由与秩序并存，活泼又不失稳重。再次，该图主图色彩鲜艳，视觉冲击感强；组图色彩稳重，秩序感强，图面重点突出色彩协调。最后，该图将文字、图例处理成块，与图片形成强烈的对比关系，很好地处理了图面黑、白、灰关系，全图疏而不空。

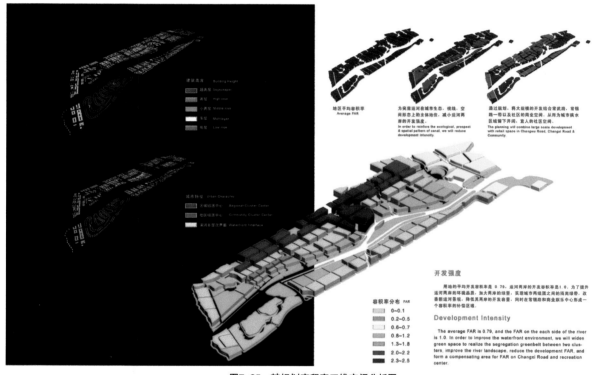

图7-25 某规划容积率三维空间分析图

7.2 三维整体效果表达

三维整体效果表达主要是指由规划设计师自己出图，不同于效果图公司的商业效果图，在表现上没有华丽的场景和渲染效果，但作为设计师思维的延续表现，表达出设计意图和构思，往往以简单的模型效果加以Photoshop颜色作为容易上手的表达方式在规划表达中得以运用，更有甚者以线条手绘或水彩渲染来表现三维整体效果，这些表达方式以其清新的风格、独特的个人风格，甚至夸张的视角获得了出众的表现效果。一般来说，规划师乐于使用的建模和简易的渲染绘图工具有SketchUp（SU）、3DMax、AutoCAD、ArchGIS、Photoshop等。SU与3DMax是两款较为相近的三维渲染工具，都是通过数字建模并经过后期Vray渲染处理的可模拟不同环境、不同风格的渲染效果的软件，所不同之处在于SU简单易学，建模速度快，却软件小巧，但对曲面较多的模型设计有一定难度，而3DMax的三维效果图更加逼真炫丽，但建模和渲染调节的参数较多，也不好控制。AutoCAD是AUTODASKE公司旗下的三维造型软件，主要用于各种不同类型的建筑结构图、施工图、各种工业产品的造型线性结构设计，与3DMax不同，它主要绘制二维图形，在视图形式上没有3DMax那样直观，需要对线性结构的设计制作方面较为熟悉，可以选择性地使用。ArchGIS则是基于CAD绘制的城市平面以及各建筑层高导出生成的城市三维模型，一般用于各项数据的分析研究以及城市整体三维表现。Photoshop作为一款图像处理软件，多用于三维效果图后期的图像处理工作，对图像的色相、对比度、饱和度、高光、图片质量以及光影等特殊效果进行处理，提高效果图整体的表现力。

三维整体效果图的表现一般分为线稿图、渲染图、手绘图、夜景图、特殊视角图等，都有各自的特点，根据不同方案的要求以及三维效果图的不同要求确定不同的风格效果。那么如何才能绘制一张合格的效果图？必须要注意以下几点：选择合理的鸟瞰角度，根据不同方案模型的形状、高度来选择不同的角度，使得整张图尽量饱满，并突出方案设计的特点来强调核心理念；选择适当的风格效果，根据不同方案的自身特点来确定不同表现效果，例如山水古城宜选择表现柔和、淡雅的风格特点，而现代化大都市应选择表现强烈、光影效果明显、具有一定视觉冲击力的表现效果等；突出强调方案的核心部分，将核心区放在表现最突出的部位，使人能通过一张三维效果图就能明白方案的主要思想和设计理念；与其他图纸的风格保持基本一致，包括整张图的用色、渲染手段、表现风格等都应与本方案的其他效果图基本一致，从而达到方案表现整体感的目的。

图7-26～图7-28都属于线稿效果图，但各有其不同特点与风格。图7-26是基于SU建模以后的手绘版三维鸟瞰线稿图，其特点在于通过钢笔手绘，能够强化突出需要表现的部分并弱化次要的部分，强化了其中间的高层以及跨河的大桥，而弱化了边缘底层建筑及绿化，同时手绘的三维效果图也更能具有艺术感和感染力。不同于手绘风格的三维线稿图，通过SU导出的三维线稿图更加细致精确，能将一个城市的各个部分完整地表现在效果图上，如图7-27为梅溪湖混合居住区三维鸟瞰效果图，该图是通过SU三维建模，将风格改为直线并在设置中的背景颜色调为淡蓝色以及将线条颜色调为透明来绘制；图7-28为常州火车站三维鸟瞰效果图，该图是通过SU三维建模将风格设置为默认风格中的"隐藏线"来绘制的。这两种风格有异曲同工之妙，都是通过线框来构筑整个方案，

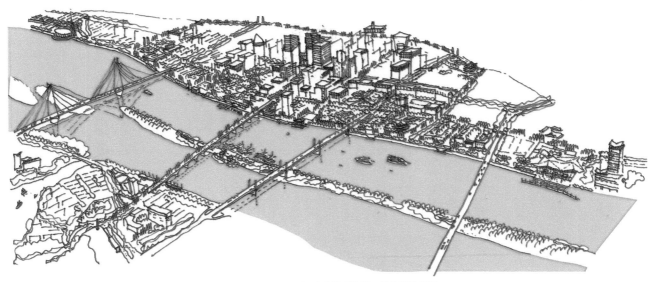

图7-26　基于SU建模以后的手绘版三维鸟瞰线稿图

图7-27 梅溪湖混合居住区三维鸟瞰效果图

没有颜色的填充，更加体现了效果图的行体感、体量感和空间感，没有过多修饰，简洁明了地体现了方案的整体设计。

图7-29为中国香港中环滨水三维整体效果图，图7-30为南宁邕江北岸滨水区三维整体效果图，两者都是较为典型的通过SU建模渲染的效果图。绘制方法为首先向CAD平面导入SU，再将平面绘制生成面并拉升各建筑体块，其次对地面铺地、绿化和道路进行色彩和材质的填充，最后通过SU内的Vray软件对材质进行处理并渲染，从而生成效果图。其特点在于：一方面，保证了留白的建筑，从而加强整体的体量感和空间感，并避免了效果图过于花哨；另一方面，通过对地面的处理，强化了鸟瞰图自身的表现

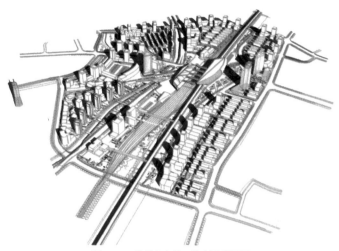

图7-28 常州火车站三维鸟瞰效果图

图7-29 中国香港中环滨水三维整体效果图

力，并凸显出方案的主题空间和重点地段。此类效果图一般用色较为简洁，具有一定表现力的同时显得比较素雅美观，是设计师常用的鸟瞰效果图的表现形式，能够最为直观地表明设计意图，同时不用花费过多的时间在效果图的渲染和表现上，是较为实际的表现方式。

图7-31的做法是先将CAD导入SU，再将中轴线部分的建筑进行体量的拉伸并导出图像，再通过Photoshop经过后期加工绘制的夜景图。其特点在于经过Photoshop的处理后产生了光线、点光源、建筑发光体等部分，使得整张图更加绚丽，夜景效果更加明显。同时，通过对轴线两旁建筑亮度的提高以及中心岛灯塔光线照射的处理，在强化中轴线的同时，更使人感受到中轴线两边繁华美丽的景象。很多三维效果图在无法强烈凸显核心建筑群或是轴线的时候，都可以采取借助于Photoshop来绘制夜景的手段来表现，往往更能表现设计者设计的核心区域并增加三维效果图的视觉冲击感，但由于绘图的过程较为烦琐，一般借助专业绘图人员或效果图公司帮助完成。

图7-32为中国香港中环海旁三维整体效果图，是通过SU的顶视图视角的透视显示导出的图片，再经过Photoshop修改成单一色系并加以文字。这是一种特殊的三维效果图，当建筑高层较为密集且层数较高时会采用顶视图的透视方法，

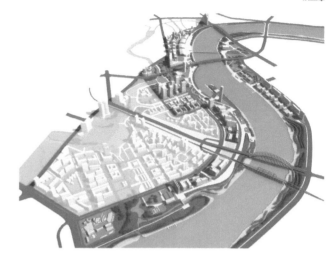

图7-30　南宁邕江北岸滨水区三维整体效果图

图7-31　三维整体效果图

图7-32　中国香港中环海旁三维整体效果图

一般类似于中国香港、上海、纽约、东京等大都市核心区会采用这种方法，同时明亮的黄色结合俯视图给人以一种大城市快节奏下的压迫感和紧凑感，更加迎合了主题"香港需要什么"这样的话题。由此可见，三维效果图不仅仅局限于鸟瞰的角度，还可以根据不同需要从俯视、人眼透视、轴侧、两点透视、一点透视等不同透视角度进行角度选择，产生的效果也会各有不同，不同的方案尝试不同的透视角度，也许会出现意想不到的效果。

图7-33为三亚清水湖三维整体效果图，是通过SU导出的模型图，再辅以水彩进行的手绘渲染。其特点在于水彩颜色丰富、渐变多样、细腻柔和，同时水彩又体现了一种朦胧美，使得整张效果图具有较强的艺术感。这类以水彩渲染的效果图，一般与轻松写意美丽的环境相结合，多用于环境优美的居住区、与绿化水系相结合的地段或是古色古香的老城市、镇的绘画效果鸟瞰图。

图7-33 三亚清水湖三维整体效果图

7.3 三维节点效果表达

三维节点与上述三维整体效果相似，均指由规划设计师自己运用手头的纸笔、建模工具、渲染绘图软件进行的三维效果表现，是其设计思维在表现上的再创造，不同于效果图公司的商业效果图，没有华丽的场景和渲染效果，却以简单的线条颜色、风格化的视角，配以标注及说明文字达到效果图公司无法比拟的设计效果。

如图7-34是金鸡湖地区城市设计局部三维节点效果图。设计者依托通往金鸡湖的一条笔直河流打造沿河休闲购物体验功能长廊。一方面，沿河界面丰富多变，建筑体量大小相兼并反映功能诉求，形态不一的跨河桥梁既有效联系两岸功能交流又增添了地区城市形态特色；另一方面，笔直的河流也构成了该地区最主要的城市视廊，直通远处金鸡湖山水美景，对塑造城市结构骨架起到举足轻重的作用。在图面表达上，采用水彩鸟瞰图的表达方式，水彩最主要的特征是透明性与流动性，这与该节点以水为主的特色有机契合，这便是选择了最有效的表现手法。水彩画的特殊技法运用使整张图淡雅空灵、妙趣横生，给人以想象的空间。此外，设计者为了凸显中心设计，对沿河建筑与环境进行了着重刻画，建筑立面、环境小品、植被铺装都相对详细，远离河岸地区以简单体量概括；远处金鸡湖更是进行了虚化处理，重在突出山水意境。

图7-35是滨江两城市中心区设计策略比较图。策略上的差异使得两城市中心区在城市空间特色、与江面的关系、建筑形态、开放空间形态位置等方面表现不同。例如，上图以平行江面主要街道方式组织城市空间，开放空间多滨江而建，开发强度较大；下图则通过廊道将江面美景引入内化的开放空间节点，开发强度较小。图面表达上，采用手绘淡彩风格。与软件效果图公司不同，手绘风格追求的是一种活泼随性的自由，画面天然而质朴，透视准确而不变形，构图平衡而不刻板；布局新奇而有章法，使环境的整体形象按艺术构思的意愿发展和建立，表现效果达到美与和谐。此外，只在设计中心节点饰以极少的色彩，既突出了中心又使画面整体不显得浮夸。建筑立面仅以简单线条表示，有利于烘托节点环境。排版方面，江面淡蓝色作为主要环境色既组织了上下构图又使图面显得沉稳；将文字作为串联两图的纽带，图文并茂、饱满丰富。

图7-36是某城市中心设计系列空间形

图7-34 金鸡湖地区城市设计局部三维节点效果图

态分析组图。设计内容方面，设计者从建筑群组与开放空间之间关系—入口空间塑造—公共空间分类设计3个方面打造整体城市空间特色。具体表现为：通过低矮建筑群取得高层建筑向自然山体的自然过渡效果；通过高强度开发的商务中心与大型开敞空间结合使商务中心形象更为清晰；通过街墙面刻画步行空间；通过入口空间形态与建筑之间体量对比塑造门户形象和标志性；通过公共空间分类梳理，以"七彩步道—世纪走廊—谷地绿链—交流平台"4类具体形象展示公共空间特色。图面表达方面，采用白描手法，以简单线条勾画建筑与环境形态，使图面素雅有韵味；以粗黑边框勾勒出主要建筑组团与开放空间节点并以几何图示语言加以说明，使得设计者的设计意图跳跃而出。排版是本张图的一大特色，九宫格的排版方式增加了图面的韵律感，左图右文的技巧也使得图面清晰丰富，疏密有致；最主要的是，三三成组的排版方式便于图与图之间横向、纵向比较，设计者几何分析手法的设计力度也因相互对比而更有说服力。

图7-37是某城市中心区运河广场节点鸟瞰图。设计者首先对滨河步行道进行了多样的设计：丰富的码头登陆方式，标志性的塔楼，序列感很强的指示牌；中心广场呈梯形指向区域内部，构成了城市视廊兼绿廊，多姿多彩的小品和绿化吸引人们接近水岸，多样的灯光图腾增强了与街道、步行活动大道以及河对岸的视觉效果关系；沿广场界面整齐，建筑立面丰富，增加了广场的活力。节点鸟瞰下方以照片鸟瞰方式比较交通广场、景观广场与商业广场氛围的差异，在运河广场基础上对广场类型与形态做进一步探讨。采用手绘重彩的图面表达方式，将整幅

节点图分为"水系—广场与步行铺地—道路与广场绿化—建筑"4个层次，建筑的纯线条白描手法与植被小品的浓墨重彩形成强烈对比，重要建/构筑物以醒目的黄色图标示出并在右侧加以图例说明，使整张图秩序井然，层次鲜明。排版方面，整幅图大致呈现左图右文、左彩右淡的总体格局，左上大图与左下3张小图构成一个完整的图元，总体秩序鲜明。

图7-38是某城市滨水节点设计引导图。设计者选取了两个建筑单元和附属广场及滨水环境对设计意图和设计实施效果进行引导说明。从建筑立面、入口设计、景观视线、建筑与环境尺度、功能布局5个方面组织说明，对下一步详细设计和实施提供详细的参考。例如，鼓励活泼的滨河建筑立面以增加区域特色和吸引人流；主张塑造入口形象把人流引导至中庭；对建筑尺度和环境尺度进行规定以营造亲切宜人的尺度。在图面表达方面，设计者通过三维软件建模以及文字标注等手段使整幅图显得立体饱满。利用相关软件对建筑体量和标志环境进行简单的建模，可以快速有效地表达设计意图，与手绘方法相比，

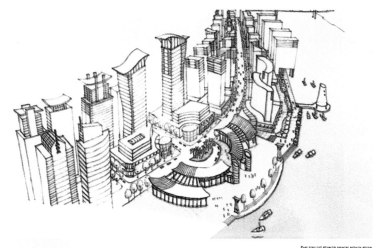

Puxi Precinct

Design Strategies

- Creation of a waterfront promenade with activities that support regular day and night time use.
- Creation of an active-edge along the arts between the convention centre and Chung San Road.
- Creation of a linear shopping strip, parallel to the river, with regular access from the waterfront.
- The creation of a maritime museum precinct that remembers the historic importance of shipping in the area.
- Mixed-use development comprising of convention facilities, hotels, apartments and office complexes.

South Harbour New Township

Design Strategies

- Mixed-use development with good linkage to the ferry terminal and the river.
- Good links between the town centre and the residential zones, and between the entertainment node along South Harbour Road and the harbour area.
- Maintain a series of open spaces, green zones and vista views to enhance the urban experience.

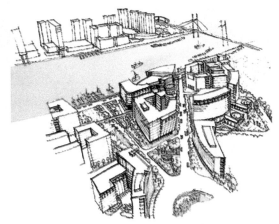

图7-35 滨江两城市中心区设计策略比较图

 ■高层建筑群向自然山体之间的过渡

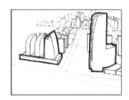 ■入口空间形态：北入口大门形象

 ■入口空间形态：通过建筑之间的体量对比，利于提高入口的标志性

 ■高强度开发的商务中心与大型开敞空间结合，使商务中心形象更为清晰

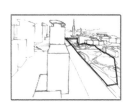 ■公共空间之一：七彩步道

 ■公共空间之三：谷地绿链

 ■通过街墙面刻画步行空间

 ■公共空间之二：世纪走廊

 ■公共空间之四：交流平台

图7-36 某城市中心设计系列空间形态分析组图

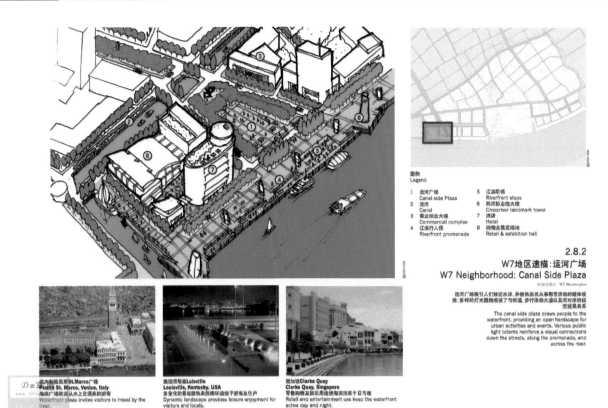

图例
Legend
1 运河广场   5 江滨阶梯
  Canal-side Plaza   Riverfront steps
2 运河   6 跨河标志性大楼
  Canal   Crossriver landmark tower
3 商业综合大楼 7 酒店
  Commercial complex Hotel
4 江滨行人楼   8 购物及展览场地
  Riverfront promenade Retail & exhibition hall

2.8.2
W7地区速描：运河广场
W7 Neighborhood: Canal Side Plaza
W7规划设计 W7 Masterplan

运河广场吸引人们接近水岸，并提供居民从事都市活动的硬体设施：多种的灯光图腾增进了与街道，步行活动大道以及河对岸的视觉效果关系

The canal side plaza draws people to the waterfront, providing an open hardscape for urban activities and events. Various public light totems reinforce a visual connections down the streets, along the promenade, and across the river.

意大利威尼斯St.Marco广场
Piazza St. Marco, Venice, Italy
海滨广场欧迎从水上交通来的游客
Waterfront plaza invites visitors to travel by the river.

美国肯塔基Louisville
Louisville, Kentucky, USA
多变化的景观提供休闲环境给予游客及住户
Dynamic landscapes provides leisure enjoyment for visitors and locals.

新加坡Clarke Quay
Clarke Quay, Singapore
零售购物及娱乐示用途使海滨活泼于昼与夜
Retail and entertainment use keep the waterfront active day and night.

图7-37 某城市中心区运河广场节点鸟瞰图

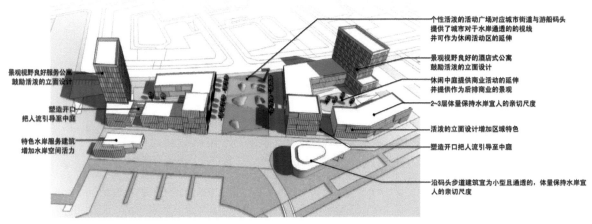

景观视野良好服务公寓
鼓励活泼的立面设计

塑造开口
把人流引导至中庭

特色水岸服务建筑
增加水岸空间活力

个性活泼的活动广场对应城市街道与游船码头
提供了城市对于水岸通透的视线
并作为休闲活动区的延伸

景观视野良好的酒店式公寓
鼓励活泼的立面设计

休闲中庭提供商业活动的延伸
并提供作为后排商业的景观

2~3层体量保持水岸宜人的亲切尺度

活泼的立面设计增加区域特色

塑造开口把人流引导至中庭

沿码头步道建筑宜为小型且通透的，体量保持水岸宜
人的亲切尺度

图7-38 某城市滨水节点设计引导图

严谨真实，便于进一步使用物理参数分析和深化的优点。不是雕琢的建筑立面和简单的环境设计既有利于快速建模又较好地指向设计重点。重要引导部位利用引线引出并加以详细的文字说明，对三维节点图进行了准确的补充，图文并茂、排版丰富。

图7-39是城市功能与形态三维分析组图。为了形成有效的对比，设计者选取核心办公服务区、物流中心、会展会议区、信息中心、复合功能区5个城市功能业态，从建筑高度与密度、建筑体量形态、空间节点轴线3个主要方面形成特征对比。例如，核心办公服务区一般建筑高度较高、密度较大；会展会议区一般建筑体量较大较灵活，以轴线组织，有较大的开放活动空间；物流中心则表现为建筑层数以底层为主，建筑单元较小，便于与交通衔接的特点。在图面表达方面，设计者采用三维建模的方式，与上图不同的是，没有多余的立面修饰和环境设计细节，建筑仅以体块示意，使读者的注意力从建筑单体中抽离出来，更多地去关注外部空间。利用三维软件形成

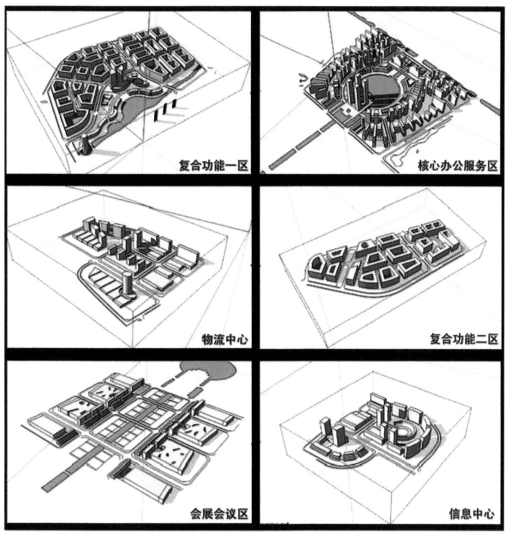

图7-39　城市功能与形态三维分析组图

强烈的明暗光影效果，有效地突出了建筑体量，立体丰富、虚实对比十分强烈。整体画面以线条为主，蓝色水系起点缀修饰作用，活跃了图文效果，增加了整幅图的活力。排版方面与图7-36有异曲同工之妙，以网格组图的形式出现，既使得整张图丰富多彩又便于横向与纵向的对比，从而找出功能与形态的关系。美中不足的是黑色边框过于浓重，抑制了整幅图的灵活性。

　　图7-40是某城市中心区局部节点分析图。设计者选取了两组建筑群，从建筑与环境两个层面进行分析。地块开放强度整体很大，没有成规模地集中中心开放空间，设计者很好地利用裙房屋顶组织绿化和市民活动，地块划分单元较小，沿路界面十分规整。环境方面重点设计了一条中心街道，具体分为地面与地下两部分，两者相互补充，构成了立体的步行购物体系。对比手法在此分析图中得到充分应用，首先，主要街道两侧建筑高亮度与彩色表示，和背街建筑的灰色处理形成对比；主要街道两侧裙房零售功能的标红处理与其他建筑形成对比，烘托出街道氛围；主要街道地面半透明处理，使得地下零售街道空间面貌大致呈现，与其他地面灰色处理形成对比。以上对比都旨在烘托设计方案主要特点，此节点分析图正因为以上对比而显得中心突出，视觉聚焦效果极好。轴测手法的运用是本分析图另一大特色，与透视图不同，轴测图具有比例不失真、工程性强的特点，特别适合高开放强度地区具体细节布局分析图的表达。此外，重要设计部位用引线引出并加以双语注释也使得整幅图图文并茂、说明清晰；背景地形以简单线条和色彩铺陈，有力地烘托出前方的建筑体量。

图7-41是某城市中心区空间形态分析
图。建筑体量方面，建筑单元明确，塔楼林
立，开发强度极大。设计者意图利用建筑高
度从两翼向中心的逐级递增之势塑造"山
峰"式城市天际线，也便于打造中心建筑簇
群良好的视野景观。城市结构方面，通过塔
楼的组合界定主要的东西门户街道，同时在
两翼通过小体量建筑围合次要街道，整体上
呈现"一主两次，东西延伸"的城市结构；
环境设计方面，主次轴线之间开辟3个中心
开放空间并重点营造滨河慢行体系。图面表
达上，采用三维建模、轴测表达的方式，立
体直观；表达范围内建筑群组通过增加立面
线条的方式着重突出。轴线两侧建筑饰以颜
色，与其他建筑形成对比，更好地凸显了3
条东西街道轴线，在此基础上，图示蓝色箭
头的加入使得轴线进一步增强，通过中心塔
楼指向四周的木色箭头彰显对高层塔楼视野
范围的考虑；重要部位用引线引出并加以文
字标注，丰富了图面。排版方面，中心建筑组群位于图纸中央并对角放置，将水面置于另两角处，点缀并平衡了
图面，总体排版巧妙和谐。

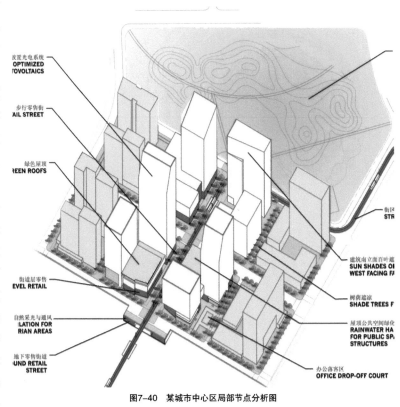

图7-40　某城市中心区局部节点分析图

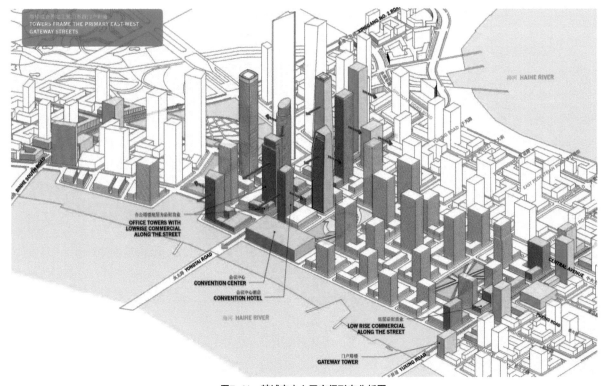

图7-41　某城市中心区空间形态分析图

Chapter VIII

8 效果渲染图

　　效果图是通过二维传媒形式来表达三维城市设计作品所预期达到的效果，运用计算机三维仿真软件技术来模拟和表现出接近真实环境的虚拟图纸，是一种高仿真的三维表现图。在表达内容上，高仿真的三维图和扁平化的信息图是两种最基本的效果图类型，前者主要依靠计算机三维成像和渲染的软件技术达到表现效果，后者则是通过符号、图形、字体的排版和视觉艺术来进行表现的平面设计来达到表现效果。从表现视角来说，按照效果图需要表达的深度和细节可以有整体鸟瞰、局部透视、立面、剖面等多种角度。从色调选择上，可以有白天、夜景、黄昏等来表达不同的氛围。其实，一张好的效果图可以有多种表现方式，本章节就以特殊视角、特殊色调和信息图示3个方面来介绍。

8.1 特殊视角

对于规划设计表现来说，最常见的当属整体鸟瞰这种表现视角，它能整体全局性地表达整个设计方案，然而在某些尺度某种规划类型的设计中，需要一些特殊的视角来表达空间效果，包括表达天际线起伏的立面视角、表达廊道轴线的中轴效果、以人为观察主体的人眼透视、展示内部结构和构造的剖透视等，这些特殊视角对规划方案将起到画龙点睛的效果。

8.1.1 立面效果图

立面效果表达指通过线稿、效果图等表达方式对方案立面、城市天际线等进行有针对性的表达。立面效果分类较为多样，表达内容和方式也较为灵活：从图面内容来看，立面效果图可以分为前景表达、立面表达和背景表达；从表达方式来看，可以分为线条表达、色块表达、效果图表达等；从表达内容来看，可以分为中心区立面表达、历史街区立面表达等。但无论何种表现内容、何种表达方式均具有层次性强、整体性好、重点突出的特点。在进行立面效果表达时要注重几个问题：表达内容的重点是什么？表达内容的层次是什么？表达内容的方式是什么？因而，在进行立面效果表达时应遵循以下几个原则：①层次分明原则。立面效果表达一般包括前景、立面、背景3个层次的内容，当然每个层次还可以再进行进一步划分，但无论如何划分，在立面效果表达时都要注重对这些层次的区分和整合，并根据表达意图对每个层次的效果进行有针对性的处理，如在对南京玄武湖北立面进行表达时，要特别注重对湖景这一前景的处理，通过这种处理，人们可以看到城市"漂浮"于湖面的表达效果。②重点突出原则。重点突出是指重点层次突出、重点内容突出。在表达时，并不是方案中每一层次、同一层次每一内容都值得表达或值得重点表达，如在对某一历史街区立面进行表达时，当其前景为街道时，我们往往会忽略其前景，因为这种前景的表达不仅不能充实图面内容，而且往往会对重点内容的表达产生干扰。③风格得到原则。在立面效果表达时要特别注重表达与内容相配、表达与重点相配、表达与整体风格相配。如在进行历史街区的立面效果表达时要进行"古风"式表达，在进行中心区立面效果表达时可进行"水晶石"式表达等。由于立面效果表达的图面长、高比例往往大于3：1，因而如何使如此狭长的"条带"内容突出、不显单薄也是应关注的问题。

图8-1为上海世博会设计竞赛的立面表现效果图。该图以江水为前景，通过效果图渲染的方式对建筑群立面进行了整体性表达。在内容方面，该图仅选择对前景和以造景、建筑为代表要素组成的立面进行表达，没有城市远景和其他背景的介入，这种表达使该图重点突出，这对设计理念的表现和设计重点的凸显是很有帮助的。在表达内容方式上，首先，该图选择碧色表现水景、绿色表现山景、蓝色表现建筑景，淡雅协调的配色使该图形成了现代与自然相结合的画风，这与设计理念相符；其次，该图重点表达了水中倒影，这种表达方式不仅有助于前景和立面的融合，而且使画面真实感增强。

与图8-1采用渲染方式表现立面不同，图8-2某沿江立面设计表现效果图则通过体块来表达立面。该图以色带表现前景、以体块表现立面、以渲染图表现背景，对该城市的立面进行整体性表达。层次全面但简化的表达方式与图8-1差别很大，这是由于表达内容的差异：图8-1注重对设计理念的表达，这些内容必须配以材质渲染和某些细节处理；而图8-2更注重对城市天际线的表达，过多的细节反而不利。在表达方面，首先，简化的表达风格使该图重点突出；其次，浓—淡—浓的层次表现不仅增强了画面的进深感，而且使天际线等表达重点更加突出；再次，立面层次表达中对阴影等细节的处理使得该图进深感更强，图面也愈发精致。

不同风格的立面采用不同的表达风格，图8-1是对玻璃材质的大量表现表达出偏现代的建筑风格，而图8-3扬州东关街道立面改造表现效果图则是通过对白墙、灰瓦、朱红门的表现表达出历史感的建筑风格。该图通过平面图和立面图两种图纸、线稿图和渲染图两种图风及规划前与规划后的前后对比，对该立面的位置、细节、表现和变化4个方面内容进行了表达。在内容方面，时间或空间同步的4套图纸使人们对该立面的来龙去脉、设计过程有了全面的了解。在表达方面，首先，4套图对比的方式表达新颖；其次，照片、线条、渲染图等不同表达内容采用不同表现方式，表达内容与表达方式搭配得当，各种内容得到充分表达；再次，景观设计、材质处理、门窗勾画等细节处理不仅使该图内容丰富，而且使该图与现状风格统一，整体性强。

图8-1　上海世博会设计竞赛的立面表现效果图

图8-2　某沿江立面设计表现效果图

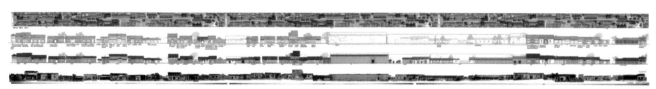

图8-3　扬州东关街道立面改造表现效果图

与前3幅用"面"表达立面不同，图8-4则是用"线"表达立面。图8-4为某天际线CAD线稿立面图，该图通过蓝色"画布"上的白色线条表现立面，其有以下优点：首先，该图表达方式新颖，视觉冲击感强，易引人注意；其次，非常规但又不相冲的用色使该图在视觉冲击的同时又不至于刺眼；再次，线条的肌理与城市立面的肌理本质相同——横向内部线条代表建筑分层，纵向内部线条代表建筑转角，该图抽象而简洁地表达了城市立面肌理。当然，这种表达方式一般也应与其他图纸表达在背景颜色、表达风格等方面相协调。

前4幅立面效果表达方式一般适合配合平面图、三维图等主图以副图的方式共同表达，而图8-5某新区商业区立面夜景表现图则适合单独表达。该图采用半透明的表达方式，图面风格、色彩搭配、细节处理都充满着现代气息。在表达方面，首先，该图前景、立面、背景相互融合且构图得当、整体感强；其次，模型处理得当、材质处理真实，各种要素处理力求接近实际，整体图面给人以身临其境之感；再次，该图光线处理得当，无论光源布点方式、光源衰减强、反射等效果还是光源颜色选择都很得当，这与黑夜背景形成对比，这种处理方法既有助于场景的真实表达，又有助于重点的突出表达。

图8-4　某天际线CAD线稿立面图

图8-5　某新区商业区立面夜景表现图

8.1.2　中轴效果图

　　城市中轴线是城市总体空间的主要骨架，在城市结构中起空间驾驭作用的线性空间要素。城市中轴线从城市整体以及周边的自然条件关系入手，串联起城市交通、景观、用地功能等系统。在形态上可以划分为对称与非对称中轴线、实中轴线与虚中轴线两类（实中轴线指在中轴线线两侧布置建筑物，形成强烈的空间意象；虚中轴线则由开放空间廊道、水系绿化廊道组成）；在功能上城市轴线可分为发展轴、景观轴和功能轴3种类型，一般情况下，城市中轴线是上述3种功能的复合体。

　　城市中轴线是体现城市魅力的重要组成要素，一般在以下情境中运用：①城市主要景观绿化廊道区，塑造成为城市主要休闲体验轴；②城市重要山体、水系、景观点之间，起连通引领作用；③城市行政区域，打造行政轴线，体现宏伟庄严的行政氛围；④城市重要交通枢纽区，如结合火车站站前广场打造门户性城市中轴线，是体现城市面貌的重要手段；⑤结合城市重要交通线构造城市功能性中轴线，打造交通便捷的生活购物娱乐街区。塑造城市中轴线是城市设计众多手法中非常重要的一种，世界级城市北京和巴黎都是城市中轴线成功运用的典范，我们在塑造城市中轴线时必须考虑以下原则：①连贯历史原则。充分挖掘历史上曾经存在的城市中轴线、城市新结构塑造时尽量兼顾历史因素。②因地制宜原则。充分考虑现状地形地貌与城市山水景观特色，考虑城市重要地标建筑与重要节点空间，中轴线是联系这些要素的最主要路径。③凝聚功能原则。一个充满特色的城市中轴线是城市活力所在，一般需要也必然带来沿轴功能的聚合。④立体开发原则。城市中轴线与普通城市轴线不同，其空间尺度相对较大，衍生功能相对较复杂，从城市发展长远考虑，一般需要考虑地下空间的开发并与城市交通很好地衔接。下面结合具体案例分析城市中轴线在城市设计中的具体应用。

如图8-6是某新区整体鸟瞰突出中轴视线景观效果图。在设计层面上，该方案城市结构极其清晰：依托水面的中轴线与两侧两条城市干道共同构成了"川"字形的城市总体格局，其中，城市中轴线起统领作用。一方面将远处天然湖面通过人工湖和深入城市内部的河流层层引入，形成"天然湖—人工湖—人工河"的中轴空间层次；另一方面，中轴线两侧细部设计也采用非对称的手法，一侧为安排服务功能的硬质直水面，生活气息浓厚，另一侧为绿化体验为主的曲水面，生态气息浓厚。中轴两侧地块开发强度相对较大，中轴尽段以高耸双塔形式收尾，既有效围合中轴线的界面，又增强了中轴空间节奏感。图面表达上采用了三维效果图的方式，光影的对比与细节的营造都使得图面效果非常逼真。鸟瞰角度的选择也恰到好处，将中轴线置于中心，湖与城的关系清晰可见，设计的主要特色与空间特质也一目了然。此外，为了强化城市中轴线，设计者有意将中轴两侧建筑立面细化，整体中心氛围呼之欲出。

图8-7是某滨水区手绘中轴水景效果图。设计者的设计意图十分明显，即巧妙利用现有河流塑造城市水绿体验中轴线，使城市外江与内河实现互通；出于视线的考虑，轴线两侧建筑高度由内而外呈现逐步增高之势，最内侧的坡屋顶更是成为城市中轴的一部分，为生态绿轴平添了人文气息。尽端高耸塔楼与空旷城市中轴线形成强烈对比，增加了图面趣味性，也成为城市标志。图面表达方面，设计者采用手绘鸟瞰的方式，与水绿体验轴表现出来的亲切感很好地契合。在鸟瞰视角的选择上同样巧妙地将轴线置于图面中心，既能凸显城市空间特色，又加深了城市的纵深感。整幅图环境色蓝绿选择恰到好处，令人赏心悦目。

图8-8是某火车站站前广场中轴透视图。设计者在火车站站前地区利用两条C形路围合了一个纺锤形的站前广场，广场另一端的圆形构筑物与火车站形成对景之势，既平衡了视图又强化了城市中轴意象，体现了站前广场对该地区的结构统摄作用。为了塑造火车站的门户景观，每条C形路各包围一个塔楼林立的建筑组团，现代气息浓

图8-6 某新区整体鸟瞰突出中轴视线景观效果图

厚。图面表达上采用逼真的三维鸟瞰效果图的形式，细节刻画极其详尽，人文体验氛围格外突出。将站前广场置于图面中心，使整幅图显得秩序井然，中心突出。为了强化站前地区的空间意图，设计者将周围建筑虚化处理，既充实了版面，又避免了对重要空间造成视觉干扰，可谓一举两得。

图8-9是某滨海中央公园整体鸟瞰轴线表现图。鉴于特殊的半岛环境，设计者构建了一主一次两条轴线，将半岛设计成为极富景观特色的中央公园。主要中轴由两个圆形节点相互呼应而成，与半岛狭长地形相对应，有利

图8-7 某滨水区手绘中轴水景效果图

图8-8 某火车站站前广场中轴透视图

图8-9 某滨海中央公园整体鸟瞰轴线表现图

于将市民吸引入公园内部，结构上有效地统摄了整个半岛；中轴之侧平行设计了步行次轴，方形端部节点与中轴圆形节点形成对比，丰富了设计的几何特色。主次两轴有效地将整个半岛纳入设计之中。图面表达方面采用彩绘的手法，小品与绿化刻画极其详细，氛围代入感很强。整体色调深沉稳重，与海面空灵感形成强烈对比，视觉中心感强烈。小品与建筑立面红色装饰的加入打破了略显沉闷的色调，使整幅图活跃起来。基地周围大面积留白使得整个半岛犹如仙岛，达到了以少胜多的图面效果。

图8-10是某城市街道二楼平台的人眼俯瞰道路轴线效果图。设计者依托主要街道构筑一条城市轴线，中央行

图8-10 某城市街道二楼平台的人眼俯瞰道路轴线效果图

车、两侧步行的道路布局增加了街道的活力。其中，沿街商业紧紧结合步行道进行设计，走廊灰空间与后退小广场体现设计的细节。整体沿街界面整齐中又寻求变化，既体现了作为城市轴线的秩序感又体现了作为生活街道的趣味性。图面表达方面采用手绘淡彩方式，整幅图显得淡雅亲切。着重凸显街道细节，建筑立面不失雕琢感，使得整幅图中心感强烈。色彩表现方面，小品植被的淡彩与建筑和铺地的素色相得益彰，整幅图显现出令人愉悦的卡通效果。与之前4幅图不同的是，本图采用了较低的视点，这不仅有利于表现作为轴线的街道进深感，更有利于铺装小品等细节的刻画，因此，对于结构单一的小地块城市设计来说，低视点的俯瞰效果图是个不错的选择。

8.1.3 人眼透视效果图

透视是一种视觉现象，人的眼睛观看物象，是通过瞳孔反映于视网膜上而被感知的。人眼透视即找到一个合适的视点，是人眼从某一个特定角度看物体或者场景的效果。在规划表现中，人眼透视作为表达场景、环境与建筑的一种方式，运用广泛。

设计需要用图来表达构思，对任何一位从事表现艺术设计的人来说，透视图都是最重要的，透视有助于形成真实的想象，提前感知身临其境的场景效果，以便真实地再现设计师的预想。而人眼透视的特点和优势在于：能够真实地还原和表达人们所看到的场景，能够生动地塑造以人为中心的场景氛围。人眼透视在不同尺度的设计中都起到很重要的作用，小到一个街巷的氛围，大到几栋建筑甚至整个城市的天际线、鸟瞰图等，都需要通过人眼透视效果图来感知。

人眼透视的类型，按照视角远近分为近景、中景与远景；按照所表达的环境氛围分为商业氛围、传统氛围、景观氛围、活动氛围、文化氛围等；按照表达效果的不同又分为平视效果、仰视效果、远眺效果、画框效果等。在人眼可视范围内，视距、视角、视高都会对物象产生影响。视距对物象的影响主要体现在近大远小，即当视距近时画面小，当视距远时画面大，这就形成了近景远景，近景能够表现很多细节，远景则有宏观的感受；视角不同感知的空间效果也不一样，甚至会出现失真；视高的选择会直接影响透视图的表现形式与效果，此时就有了仰视图、平视图、俯视图（鸟瞰图）的分类。因此，人眼透视需要注意一定不能出现失真的现象，同时在表达不同的氛围、不同的效果时需要选择不同类型的透视图，如近景远景、平视、鸟瞰等。

因为手绘表达的快速性与设计性，在方案概念与场景意向表达中常常手绘出透视效果图。图8-11是某商务区商业步行街景观人眼透视图。该图形象地表现了商业步行街与道路的关系，步行街两侧的建筑界面，步行街景观小品，步行街两侧的建筑高度，步行街两侧低层裙房与高层关系，行人汽车以及广告牌等要素。该透视图通过行道树序列、商业建筑柱廊序列、建筑立面序列、广告牌序列等表现出商业街连续性，形象生动地表达了商业街街景。另外，通过建筑实空间与步行活动虚空间虚实对比呼应，多景观要素多空间层次，烘托出商业街热闹的氛围。

图8-12是某滨湖休闲活动景观人眼透视图。该图形象地表现了滨

图8-11　某商务区商业步行街景观人眼透视图（商业氛围）

水区对岸的建筑轮廓与风貌，对岸滨水绿化与景观、另一侧岸线水线关系、滨水活动空间、活动空间小品铺地景观、行人游船等要素。该透视图采用中景的表达方式，通过分别描绘滨水区的两岸环境与风貌，形成滨水区两侧偏活动的硬质空间与偏景观的软质空间的对比。另外，在整个画面中加入大量的游人，一方面通过游人增加了画面的尺度感，另一方面烘托出欢快轻松的滨水区氛围。

图8-13是从滨水平台处看香港维多利亚湾立面效果图。该图形象地表现了滨水区建筑立面与高度、建筑轮廓线与天际线、建筑组群及其空间关系、主要的滨水景观与绿化、水上游艇以及远处的山势地形等要素。该透视图采用远景的表达方式，并选取略带仰视的视角，形象生动地表现出香港滨水区的城市立面，具有较强的画面震撼感。另外，在画面中城市建筑、绿化环境与景观、滨水岸线与水体，以及远处山体之间相互融合衬托，使得画面具有较强的进深感。

与手绘效果图的简洁风格不同，计算机处理与合成的效果图更加真实，能够表达如夜景灯光等需要渲染处理的透视效果图。图8-14是某中心区二楼步行平台中庭远眺效果图。该图形象地表现出地上地下空间的交通联系、不同高度的公共活动空间、核心活动空间的景观小品、中庭两侧的建筑界面与内部空间、远处高层建筑形态与表皮，以及行人、广告牌、灯光、夜景等要素。该透视图采用中景的表达方式，并带有远眺的效果，图片中前景表达细致充

图8-12　某滨湖休闲活动景观人眼透视图（近远景）

图8-13　从滨水平台处看香港维多利亚湾立面效果图

实，远景的建筑则虚化处理，突出了画面想要表达的中庭空间。另外，画面中的建筑立面玻璃与建筑内外的灯光和夜景相互交融，内部的实空间在灯光下较亮，而外部的虚空间则较暗，形象生动地对比出夜景下的内外环境。

图8-15是某高层远眺中国香港维多利亚港夜景效果图。该图形象地表现了高层建筑的空中连廊、高层建筑立面与表皮、城市公园景观与覆土建筑、滨水景观小品与岸线、对岸建筑轮廓与远处山体、对岸灯光景观、游人游船喷泉等要素。该透视图通过画面中的连廊形成框景，并通过类似画框的效果突出近处公园与对岸的城市夜景，体现了独特的表达意图与设计意向。在画面表现中远景较暗、近景较亮，突出了画面重点。另外，该透视图在植被、覆土、城市灯光等景观要素的建模、渲染与后期图像处理中十分细致，增加了画面的细节感与真实感。

8.1.4　剖透视效果图

剖透视是一种将剖面图和一点透视相结合的效果表达方式，与剖面图不同，剖透视是一种空间展示的效果图，往往在强调方案自身的核心空间或是方案内部空间层次的时候会运用剖透视效果图。与其他效果图不同，剖透视表达的是方案内部各层次之间的功能关系、空间的秩序感、

图8-14　某中心区二楼步行平台中庭远眺效果图

图8-15　某高层远眺中国香港维多利亚港夜景效果图（空中连廊的画框效果）

空间的进深感以及内部的视线关系。

在绘制剖透视效果图时，要遵循以下要求：选择核心空间或是能够表现方案整体构想的空间进行剖切；根据不同方案选择合理的透视角度，不同的透视角度对于整体的效果表达起到的效果也不一样；对剖透视进行适当的渲染，可以插入尺度人、环境、背景或是必要的图文表达，进而增强剖透视的表现力。同时要注意剖切的位置选择，不能选择次要的或是空间表现较弱的空间，避免剖透视无法展现方案核心空间理念的错误。

图8-16为某文化建筑剖透视效果图。该文化中心由两个半球形4层高的核心公共空间以及周边的各个展示厅构成，分为3个空间形态相类似的部分，分别为科技馆、创意中心以及美术馆。该图是通过SU建模并进行剖切后导出线稿图，然后导进Photoshop进行图片的处理，包括被剖切部分的红色填充、尺度人和树的插入、天空背景的植入以及必要的文字说明。通过该图，人们可以对该文化建筑内部的空间组织有个较为直观的认识，包括公共核心空间、交通组织以及功能布置。在图纸表达方面：一方面，醒目的红色剖切线清晰地表达了剖面的构思意图；另一方面，深色的天空背景与白色建筑形成鲜明对比，突出了建筑体量。同时，红线、深色图底以及留白建筑的组合简洁大方，在表现方案整体构思的同时没有过多花哨的颜色、环境和图片的处理，该图是一种较为简洁明了的剖透视表现形式。

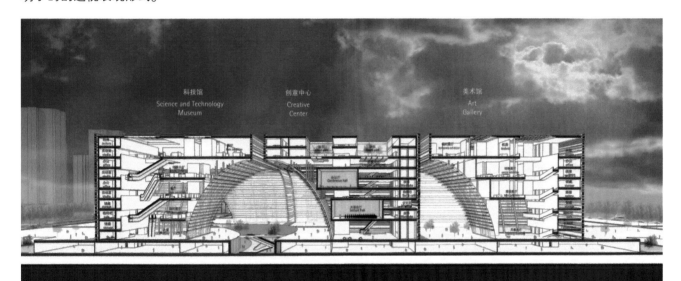

图8-16 某文化建筑剖透视效果图

图8-17为某交通换乘枢纽地下空间剖透视图。该换乘枢纽由地上和地下两部分组成。地上部分通过车行道、铁路、人行天桥在不同高度进行组织；地下部分有3层，由上到下依次为办公、停车场和地铁站台。该图采用了鸟瞰的一点透视角度，通过SU模型导出无填充的线框图，导入Photoshop进行颜色填充，同时加入了必要的配景和尺度人。由于交通枢纽建筑垂直方向层次多，水平方向角度多，一点透视的鸟瞰剖切可以最大限度地表达出这两个方向的多层次多角度。在该图中，不同的功能被赋予不同的颜色，比如紫灰色的机动车道、橙色的人行天桥、内部空间的网格状地面，这些颜色区别度高，简洁鲜明，提升图面的层次感，很好地梳理了交通枢纽中纷繁复杂的功能块，特别是不同交通线路被清晰地区分开来，强调了建筑中交通流线在水平和竖直方向的展开，更有助于表达设计者对于交通枢纽中最重要的不同交通方式之间组织的考虑。在该图中，关键的垂直交通被放在最明显的位置，比如上下楼的电梯，自动扶梯，这样的表达方式可以更好地表现出建筑内部的交通组织。该图中大量的尺度人和交通工具的加入，不仅活跃了整个图面的氛围，其实更是对于交通枢纽人的行为的真实反应。人的活动在交通枢纽这样的建筑中尤为重要，仔细观察可以发现，尺度人还使用了不同的颜色用以表达不同的行进方向，这样的表达同样有助于建筑中对于交通流线导向的表达。最后，该图在必要的位置配以文字说明，简洁明了，进一

步梳理建筑中的功能分区和交通组织，使得整个剖透视效果图更加完整，更有信息量。整张图都力求表现出交通枢纽中人的行为和交通的组织，这是一个公共建筑最重要的方面，该图生动而清晰明了地表现出设计重点。

图8-18为某地下生态水处理管线剖面图。该图以社区局部空间剖透视为底图，通过照片拼贴的方式，对该社区地下空间和该区域的物质循环和能量流动过程进行了形象剖析。透过该图，人们既可以了解当地地上空间和地下空间的整合关系，有利于解剖该地下空间系统，又可以了解当地物质循环和能量流动的过程，有利于验证绿色规划的理念。在表达方面，首先，该图采用以小见大的表达方式，在一张剖透视中整体性地呈现了关于物质循环和能量流动的各个要素，使人们透过一张图就可以了解整个过程；其次，虽然该图地上部分采用透视方式，地下部分采用剖透视手法，但通过管线、引导线等线条

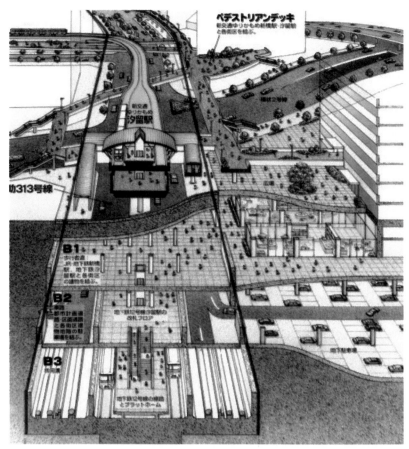

图8-17 某交通换乘枢纽地下空间剖透视图

引导和地面过渡的方式将地上和地下系统进行了完美的过渡。此外，地基分割线完美地将以亮色为主的地上部分和以暗色为主的地下部分既划分又整合，全图完整统一；再次，地上以照片拼贴为主、地下以图片示意为主的表达方式搭配得当，通过照片的拼贴，有利于人们对这些身边事物进行感受、对身边的知识进行认可，通过抽象的

表达，人们很容易感受到地下部分的真实感，有利于对这些微观的事物进行了解，对抽象的知识进行认知；最后，该图线条、色块等指示性附加部分无论是用色还是选型都很得当，既不影响图中其他部分的表达又和该图完整统一。

图8-18是对地下循环系统的表达，而图8-19则是对地下空间的系统表达。该图以SU模型和照片拼贴的图片为底图，对该地区地下空间开发利用规划进行展示，而这也正是当前和未来城市开发不可或缺的一部分。透过该图，人们既可以对地下空间的空间构成和与地面的连接关系有直观的了解，也可以由此推断出该地的开发强度等技术性指标，对该地区甚至

图8-18 某地下生态水处理管线剖面图

图8-19　杭州城北新城地下空间剖透视效果图

整个城市的开发都有积极作用。在表达方面，首先，该图重点表达区域风格与其他区域风格迥然不同，有利于重点的突出；其次，该图完整地表达了诸如电梯、坡道、楼梯等地下开放空间之间的连接系统以及地铁、公交站点及与地上出入口等人流连接点，有利于整体性交通表达；再次，人体尺度模型、电梯模型等细节的处理有利于该图的形象表达，对人们了解空间尺度、增强图面真实感帮助很大。

8.2　特殊色调

对于效果图的氛围选择来说，白天为最常用也是最仿真的一种视觉色调，但在城市中心区、商业区、步行街的表现中，夜景的选择能够更好地烘托人气和浓厚的商业氛围，在一些依山傍水区运用黄昏效果能很好地衬托山水景致，另外还有手工模型、水彩水墨手绘等效果图色调，皆能表现出与众不同的效果。

8.2.1　夜景

夜景效果图主要是通过黄道光、月光、星光和灯光表达泛指除体育场、工地和室外安全照明外夜间的自然或人文景观效果。具体对象有建筑、构筑物、广场、道路、桥梁、机场、车站、码头、名胜古迹、园林绿地、江河水面、商业街和广告标志以及城市市政设施等，其目的就是利用灯光将上述照明对象的景观加以重塑，并有机地组合成一个和谐协调、优美壮观和富有特色的夜景图画，以此来表现一个城市或地区的夜间形象。在设计的原则上应该遵守真实性、效果的艺术性和主题性，避免出现因追求照明亮度产生光污染，破坏被照物原创的艺术造型风格或者与地区的功能和特色不符。

图8-20是某中心商务区的整体鸟瞰图。鸟瞰图视角较高，为近视角。该设计表现中，整体色调偏冷，前景较亮、偏黄色，后景暗黄色，整体形成过渡效果，呈现出夜晚中心商务区繁华的空间氛围。在此图中，水体部分面

积较小，处于图面的后半部分，因此表达上主要是弱化其效果，呈现出暗蓝色。鸟瞰图中建筑偏紫黄色，在整体较暗的图面效果中，显著地反映了地块的高容积率开发的状态。在细部刻画上，对一个大型弧形公共建筑进行仔细勾勒，一方面用精细化的建筑表皮强化了视图的焦点；另一方面用屋顶和建筑立面对比度较大的颜色强调了其作为标志建筑物的地位，使整个画面有主有次，层次感较强。

图8-21是某中小地块夜景鸟瞰图。鸟瞰图视角较低，为近视角。该设计表现中，整体色调呈蓝绿色，前景偏黄绿色，发亮；背景深蓝色，发暗，形成了过渡的整体效果，呈现出刚拉下夜幕的视觉氛围。在细部刻画上，对方案中部轴线公共建筑群的夜景效果进行了仔细勾勒，一方面用橙黄色的步行轴线切割细化总体的步行空间；另一方面在公共建筑的屋顶与建筑立面的颜色对比中凸显建筑的结构，使整个画面充满动感。近景色和远景色之间差距有效拉开，画面丰富有层次，并且有效地凸显了夜间地块的空间功能利用状况和三维空间效果。

图8-22是一张中小尺度的整体夜景鸟瞰图。鸟瞰图视角较高，为远视角。该设计表现中，整体色调偏黄绿色，远处圆形的核心空间和地块的中轴线颜色为黄绿色，偏亮，周围区域偏暗，远处圆形核心

图8-20　某中心商务区的整体鸟瞰图

图8-21　某中小地块夜景鸟瞰图

空间中3个聚光束射向天空，充分突出了该核心空间繁华的视觉效果，产生一种华灯初上的氛围。中轴线中部的线性水体岸线颜色亮黄色，与蓝白色水体对比强烈，充分体现了水体优美的形状，凸显了方案的结构特色。鸟瞰图中建筑呈蓝紫色，绿地偏黄绿色，两者之间形成强烈对比。在细部刻画上，一方面对核心空间边界处的高层建筑进行了选型设计；另一方面对高层建筑附近的线性绿地空间进行了详细的灯光设计和软质空间设计，使得公共空间边界的天际线轮廓富有层次美。

图8-23是一张小尺度局部夜景鸟瞰图。鸟瞰图视角较低，为近视角，天空显露得很多，有效显示了地块不同建筑的高低关系，利于展示优美的天际线层次。该设计表现中，整体色调偏暖，核心空间偏暗黄色，核心空间边缘和高层建筑颜色偏暗绿色，天空中运用真实的云彩和橙色的夕阳以及上部蓝黑色的天空，凸显了夜幕刚降临时的视觉效果。鸟瞰图中建筑呈黄绿色和淡灰色，核心空间中的植物偏黄绿色，与核心空间高度融合，整体性较强。核心空间边缘植物墨绿色，与核心空间的对比度较高，突出了核心空间的视觉效果。在细部刻画上主要是对

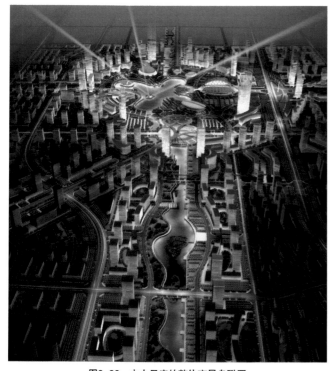

图8-22　中小尺度的整体夜景鸟瞰图

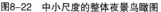

图8-23　小尺度局部夜景鸟瞰图

一栋核心的高层建筑的材质和结构进行表现，并通过降低相邻建筑的亮度、虚化远处的高层建筑凸显视觉的核心。

图8-24是一张夜幕刚刚降临时滨河两岸的城市整体夜景鸟瞰图。鸟瞰图视角较低，为远视角。该设计表现中，整体色调呈蓝绿色，前景偏黄绿色，发亮；背景偏深蓝色，发暗，形成了整体的过渡效果，画面前景光线亮丽多彩，增添了中心区发达繁荣的视觉感受。图中水体颜色整体为蓝灰色，微微带有波纹，模拟出静态水面的效果。鸟瞰图中建筑整体发白，带有一点儿亮黄色，绿地偏黄绿色，两者之间的对比强烈，整体效果辨识度较高。在细部刻画上，一方面，对滨江的核心高层建筑进行了仔细的刻画，包括结构和材质；另一方面，在水面上增加码头和动态的游艇使整个江面上生气勃勃，充分体现了方案对河流的考虑，展现了滨河地区的城市活力。

图8-25是一张大尺度的整体夜景鸟瞰图。鸟瞰图视角较高，视距较远，远景显露出城市自然山体轮廓线的起伏变化。该设计表现中，整体色调偏黄色，前景色发淡蓝色，背景色深蓝色，中景大面积为亮黄色，天空的可见

图8-24　城市整体夜景鸟瞰图

图8-25　整体夜景鸟瞰图

面积很小，但也能看出其中运用的真实的云彩。水的颜色从近到远由淡蓝色逐渐过渡到淡橙色，与远处的夕阳相互呼应。水面近处有些微的波纹，远处水面投有临岸建筑的倒影。鸟瞰图中建筑整体呈现黄色，绿地呈暗绿色，两者之间较为和谐。在细部刻画上，一方面对沿江的建筑形态和建筑灯光进行了重点刻画，高层、多层和低层的颜色层次感清晰，并凸显了地标建筑的地位；另一方面对沿江的公共空间如绿地和公园进行了表现，并通过光束的运用表达了中心区繁华的气氛。

8.2.2　黄昏

黄昏效果主要是为了突出表达一种设计三维空间形态和外部环境之间的整体感，在黄昏的色调下，建筑和环境之间的对比关系被削弱。黄昏效果是一种介于白天和夜晚之间的效果，它既不像白天效果中外部环境和建筑细部被刻画得淋漓尽致，也不像夜景效果中建筑的强烈灯光和漆黑的夜空之间形成强烈的对比，它表达的是一种柔和的气氛和一种朦胧的意境——整个城市华灯初上，绿树花丛中残留着夕阳的余晖，整个画面中洋溢着文艺而又温暖的气息。表达中需注意建筑和环境之间的关系一定要拉开，切记不能眉毛胡子一把抓，让建筑和环境糊在一起而使画面中的各个要素"腻"在一起。

图8-26是一张黄昏效果整体鸟瞰图。鸟瞰图视角较高，为近视角。该设计表现中，整体色调呈黄绿色，前景偏绿色，发暗；背景偏黄色，发亮，形成过渡，呈现的是太阳将要落山时的氛围。水的颜色呈中蓝色，稍微带有波纹突出材质感。鸟瞰图中建筑偏蓝紫色，绿地偏黄绿色，两者之间构成对比，对比显得两部分均较为清晰。在细部刻画上，对一个大型会展建筑的前广场进行仔细勾勒，一方面用精细化的绿地切割细化空间；另一方面在硬质铺地上点缀若干放飞的热气球，使整个画面充满动感。在稍远处的大面积水面中，通过绿化小岛对湖面进行分割和细化。表达的不足之处在于近景色和远景色之间差距没能拉开，画面显得缺乏层次。

图8-26　黄昏效果整体鸟瞰图之一

图8-27是一张黄昏效果的整体鸟瞰图。鸟瞰图视角较高，为远视角。该设计表现中，整体色调呈黄绿色，前景偏深绿色，发暗；背景偏黄亮色，发白，形成过渡，呈现的是太阳半落山时的氛围，画面的前景有烟雾缭绕，增添了一种朦胧的气氛。水的颜色为青白色，带有波纹，模拟真实水面的效果。鸟瞰图中建筑发白，带有一点儿青色，绿地偏黄绿色，两者之间的对比显得不够强烈，画面有点儿腻。在细部刻画上，一方面，对几幢核心建筑进行了仔细的刻画，包括结构和材质；另一方面，在水面上增加码头和动态的游艇，使整个江面生气勃勃。

图8-28是一张黄昏效果的整体鸟瞰图。鸟瞰图视角中等，为近视角。该设计表现中，整体色调偏黄绿色，前景色发绿发黑，背景色发黄发亮，产生一种华灯初上的氛围，形成过渡，呈现出太阳将要落山的氛围。水的颜色为浅蓝色，没有波纹，水面投有临岸建筑的倒影。鸟瞰图中建筑呈蓝紫色，绿地偏黄绿色，两者之间形成强烈对比。在细部刻画上，一方面，对核心的超高层建筑进行了选型设计，并且有夕阳的余晖洒在高层建筑的玻璃幕墙上；另一方面，对水面上重要的驳岸码头进行了细致的勾勒。轻盈的小船使水面洋溢着生气，若是能够加一些波纹则更能增添画面的动感。

图8-29是一张黄昏效果的整体鸟瞰图。鸟瞰图视角较低，为近视角，天空显露得过多。该设计表现中，整体色调偏黄绿色，前景色发黑发绿，背景色发黄发亮，天空中运用真实的云彩和夕阳。水的颜色为宝石蓝色，带有强烈的褶皱和波纹，在夕阳的余晖下，洒下斑斑驳驳的倒影。鸟瞰图中建筑呈墨蓝色，绿地呈墨绿色，两者之间的对比显得不够强烈，画面色调过重、过腻。在细部刻画上，一方面，对重要的高层建筑的材质和结构进行表现；另一方面，在远景中布置小船和直升机进行点缀。不足之处在于小船和直升机显得过于突兀，游离于画面之外。

图8-30是一张黄昏效果的整体鸟瞰图。鸟瞰图视角较高，视距适中，远景显露出一线天空。该设计表现中，整体色调偏黑紫色，前景色发深紫色，背景色发亮紫色，天空中运用真实的云彩。水的颜色为暗紫色，没有波

图8-27　黄昏效果整体鸟瞰图之二

图8-28 黄昏效果整体鸟瞰图之三

图8-29 黄昏效果整体鸟瞰图之四

图8-30 黄昏效果整体鸟瞰图之五

纹，水面投有临岸建筑的倒影。鸟瞰图中建筑呈灰黑色和亮白色，绿地呈暗绿色，两者之间形成较为明显的对比。在细部刻画上，一方面，对和兴趣的建筑形态和建筑灯光进行了重点刻画；另一方面，对建筑的底层商业和人流进行了表现，将中心区的气氛演绎到极致。

8.2.3 手工模型

  手工模型是城市设计方案关键的表现形式。它以特有的形象性表现出设计方案之空间效果。建筑及环境艺术模型介于平面图纸与实际立体空间之间，手工模型把两者有机地联系在一起，是一种三维的立体模式，有助于设计创作的推敲，可以直观地体现设计意图，弥补图纸在表现上的局限性。

  在初步设计即方案设计阶段的模型称为工作模型，制作可简略些，以便加工和拆卸。材料可用油泥、硬纸板和塑料等。在完成初步设计后，可以制作较精致的展示模型以供审定设计方案之用。展示模型要求表现建筑物接近真实的比例、造型、色彩、质感和规划的环境。展示模型一般用木板、胶合板、塑料板、有机玻璃和金属薄板等材料制成，或直接3D打印，模型的制作务求达到表现设计创作的立意和构思。

  建筑模型制作流程及内容包括模型制作前期准备、工艺图转换与切割、打磨与组装、材料表面加工；树木、绿地水体、制作、小品、公共设施等配景制作；底盘、道路、山体制作；以及最后成果表现时的布盘、灯饰等。

  虽然手工模型能够使设计的表达取得出其不意的效果，但由于其制作的成本大、耗时长，因此建议在时间充裕、资金充足的情况下使用，量力而行。另外，在模型的摄影表达上应特别注意拍摄角度的选取和光影效果的使用。

  如图8-31所示的手工模型主要展示了城市中心区与水体的互动关系以及中心区的整体空间簇群感，以蓝色塑性板表示水体，白色KT泡面板制作底盘及建筑，模型风格简约清新。对城市空间的高层建筑群、低层街区、地标建筑、沿水体建筑界面都有明确的表达。

如图8-32所示的手工模型在建筑模型颜色的选择上较为丰富大胆。以粉色、浅灰、深灰、棕色区分不同功能性质的建筑，在展示三维空间关系的基础上，进一步表达了功能、类型等非物质空间的信息。该模型对城市整体环境的刻画较为简洁，对个别标志性建筑或造型独特的建筑刻画较为细致，因此重点突出、主次分明。

如图8-33所示为某新区概念性规划及核心区城市设计的手工模型。该模型清晰展示了城市的道路及街区肌理，除了在模型材质及颜色上对城市道路加以区分外，利用树木配景

图8-31　手工模型之一

对道路骨架做了再次的强化。该模型对建筑仅做体量的简单刻画，重点表达核心区的建筑高层集群布局、建筑强度的空间分配、城市三维空间结构关系等，通过水体环境、道路骨架、建筑群的组合将空间形态的轴、核元素物象化表达出来。模型的图纸表达采用木质感的暖色调，灯光照明前景亮、后景暗，选用能俯瞰整体环境的较高视角，营造出真实的空间进深感、透视感。

如图8-34所示为某新区城市设计的手工模型。该模型对建筑以木质几何体块做简单表达，以立面分割线的形式重点刻画个别标志建筑、大型公共建筑。模型重点塑造表现了城市自然环境，对湖面水体、绿地、园林景观环境有较为具体的刻画，加以如帆船、行道树、地标雕塑、湿地等景观细节的配合，营造出较为真实、有活力的城市氛围。

如图8-35所示的手工模型同样营造出较为丰富的城市山水环境，并通过材质与颜色的区分，展示了城市建筑实体空间与山水虚体空间的相互关系。该模型对城市道路、自然山体的刻画较为仔细，建筑群则采用白色塑料板做简单的整体形体的刻画。在视角的选取上，以主要干道为进深方向，突出城市的轴线结构及发展轴沿街界面形态，并以山体作为图面背景，配以灯光与阴影效果，综合塑造逼真立体的城市整体空间。

如图8-36所示为某文化水廊的手工模型。该模型主要采用透明玻璃板，分层叠加构造建筑体量，对于建筑空间的表达更加细致，配合树木、水景，模型人、车的衬托，营造出真实的空间感；通过在模型内置放光源以及透

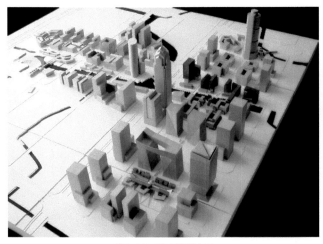

图8-32　手工模型之二

图8-33　手工模型之三

图8-34 手工模型之四

图8-35 手工模型之五

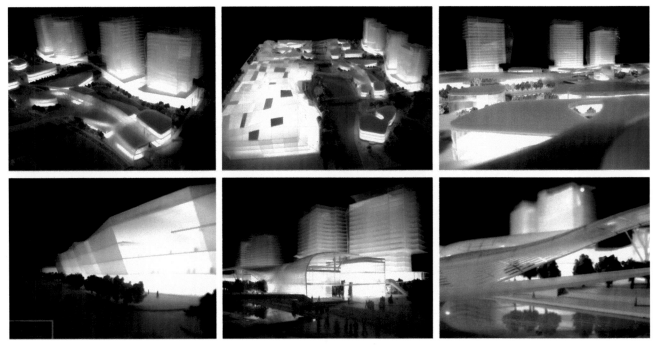

图8-36　手工模型之六

明玻璃板的选取，既表达了建筑群动感灵动的空间特色，又塑造出夜间热闹繁华的氛围。本组照片选取多个视角从不同沿街立面、特别的空间感及特别的环境场所，从各个尺度、视角综合全面地展现了设计方案。

8.2.4　其他特殊效果

其他效果表达主要有纯手绘效果图、计算机绘制效果图和手绘加计算机合制效果图。纯手绘效果图多适用于中等尺度以下的场景，主要表达设计意图、空间意向、大尺度之间的关系等，纯手绘效果图的特点主要是准确性、说明性和艺术性。纯手绘效果图遵守的原则：首先，真实，不能凭空臆想出一个场景，要基于设计本身来绘制；其次，是艺术加工的，不能完全按照现实的模样来绘制，要经过艺术加工，要有取舍，让整个效果图看起来充满美感。要注意避免使用过多的颜色，导致整个画面杂乱无章；然后要注重设计意图的表达，不要过于追求艺术美。计算机绘制效果图适用于各种尺度的场景，主要表达模拟出来的真实场景、空间的效果和整个建设范围内的全景。计算机绘制效果图的特点主要是真实性、模拟性。计算机绘制效果图遵守的原则：首先，要保证场景选择的可观性，要最大限度地表达设计；其次，要满足艺术需求，要经过艺术加工，讲究美学原则。要注意避免力求尽可能展示全部的细节，要重点表达设计构思。手绘加计算机合制效果图，多使用于大尺度以下的场景，主要表达设计意图、场景的风格化，手绘加计算机合制效果图既有手绘的说明性和艺术性，同时还具有计算机绘制效果图的模拟性和真实性。手绘加计算机合制效果图遵守的原则：首先，要分清楚哪部分手绘、哪部分机制，可以选择手绘底稿、计算机上色，也可以计算机出稿、手绘上色，不同的选择效果也不同；其次，要满足场景的美学原则，不管是哪种方式，都要凸显设计。

图8-37是一幅水岸天际线水彩渲染风格效果图，是纯手绘效果图。图面很有张力，效果良好。视角上选择从空中俯瞰水岸，沿着水岸向远处望去，以水岸和水上游船为前景，水岸天际线为中景，远处的夕阳为远景。这种视角的选取很好地将要表达的水岸天际线勾勒出来，撑起了整张图面。采用水彩渲染风格，将夕阳洒在水岸的效果刻画出来。图面上用水彩将各部分上色，前景最深，远景最浅，层次清晰。尤其是天空和近景水体的刻画很细腻，颜色的变化井然有序，不杂乱。构图上沿水岸走向布局，左中的天际线为整个图面的重心，画面上感觉很稳

图8-37　水岸天际线水彩渲染风格效果图

重。这种构图将重点表达的对象放在中景，符合人们一眼看上去的习惯，能够瞬间抓住眼球。色彩清晰明艳，脱俗淡雅。

　　图8-38是一幅整体鸟瞰水彩渲染效果图，是纯手绘效果图。图面视野开阔，气场十足。视角上选择从高空俯瞰，能够将空间结构完全地展示出来。这种视角的选择一般都是为了展示设计结构，规划范围与周边地块的关系。采用水彩渲染表现的风格，规划范围内写实，范围外写虚。这种风格虚实分明，模糊范围外的地块，重点突出范围内的设计。构图上选择将重点表达的设计放在图纸中央，周围模糊虚化，能够让人在把握与周边关系的同时，将视线的重点放在设计上，符合艺术的处理加工原则。规划范围内的表达笔触清晰，用小笔触来表达各个要素之间的关系，在范围外的表达上采用大笔触来整体虚化表达。色调上呈现出范围内偏暖，范围外偏冷。这种冷暖对比使得画面更加和谐，更具有张力。

　　图8-39是一幅手绘线条结合计算机马克笔笔触上色渲染效果图，是手绘加计算机合制效果图。图面用手绘来绘制底稿，导入计算机上用软件来上色处理。视角选择从近海岸处俯视整个地区，朝着远处的山体望去。近处的摩天轮作为视线的起点，很有冲击力，整张画面看上去虚实有度。采用手绘线条结合计算机马克笔触上色的风格，给人一种纯手绘的艺术美。图面上以冷色调为主，前景色用大面积的浅蓝色，中景以偏冷的绿色为主，远处的山体选择用偏暖的绿色，整体感觉色彩协调，冷暖对比适当，给人一种自然清晰的感觉。这种仿马克笔笔触的风格在背景的天空和中景的大量留白，使得画面充实但又不死板，光线感十足。

　　图8-40是一幅SU模型结合水粉风格计算机上色渲染效果图，是计算机绘制效果图。先用SU建模，做出场景，然后导出手绘风格的图片，导入Photoshop上色。视角选择从空中俯视望向开放的广场，给人广场十分开阔

图8-38　整体鸟瞰水彩渲染效果图

图8-39　手绘线条结合计算机马克笔笔触上色渲染效果图

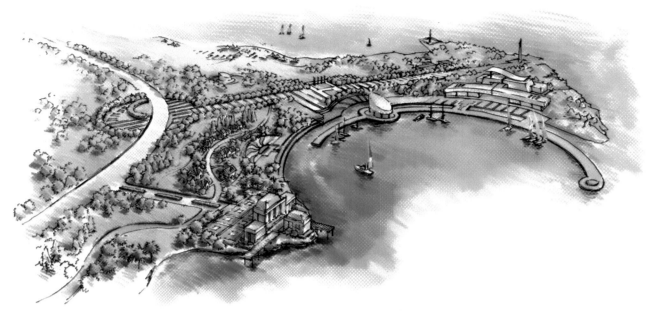

图8-40 SU模型结合水粉风格计算机上色渲染效果图

的透视感。这种计算机绘制效果图的最大优势在于视角可以选择好多种，随时可以变换。这种计算机绘制的手绘风，保留了手绘和计算机绘制效果图两者的特点。图面的右下角和背景的水面有大量的留白，这种水墨画的留白风格不仅使得水面很灵活，也让整个画面很有生气。在Photoshop中选择的上色笔触，不仅有马克笔的笔触，也有水彩画的笔触，这也是计算机绘制的一个优势，可以选择各种笔触，效果很逼真。大面积冷色调的蓝色水面与偏暖的建筑广场绿地形成对比，整个感觉很协调，赏心悦目。

图8-41是一幅手绘线稿，是纯手绘效果图。图面黑、白、灰关系很明显，没有其余的颜色，但是阴影关系很清晰。视平线在图纸中部偏上处，既可以俯视广场，又可以仰视高楼。这种视角的选择主要是表达广场与周边建筑之间的关系。以高楼为背景，前景为细致的广场表达，中景为建筑的底层立面，这种构图很清晰明了地拉开了各个层次。视线的前方和背景大量留白，不饰以颜色，仅仅用黑、白、灰来表达各要素之间的关系，这种风格的图面给人很明快的感觉，同时也更为细致地表达要素的关系。线条很直，这对于线条很多的情况比较实用，不杂乱无章，各要素井然有序，很严谨。

图8-42是一幅计算机水墨渲染风格效果图，是计算机绘制效果图。在SU中建模，用渲染软件渲染而成。为了不挡住沿街立面的建筑细节，设计者有意把规划范围以外的建筑用平面来表示，平立一体，既表达了基地与周边的关系，也更好地表达了设计构思。画面采用水墨渲染风格，整体偏素，水墨画的基调下，更为细致地表达了建筑的空间关系和建筑细节。前景和背景都留白，并且在背景上以书法形式来表达设计理念，处处透露出古风古韵。基地范围内的建筑组群中，将沿街立面作为重点来表达，周边的建筑群颜色较浅且用虚化方式处理，重点突出。

图8-43是一幅工笔加装饰画风格表现效果图，是纯手绘效果图。图面硬挺的线条勾勒加上明艳的色彩搭配，给人一种身临其境之感。视角的选择距离要表达的主体很近，近距离地表达中间的道路及两侧的建筑。这种视角的选取是为了突出主体，表达建筑的空间关系以及围合出的道路广场。图面铺得较满，没有留白，没有呼吸，感觉很闷。前景的表达很是细致，甚至每栋建筑的窗户都完整地表达出来，后景的建筑和树木表达得就很简单，寥寥几笔一带而过，这种风格很好地突出了主体。色彩以明艳的色调为主，看上去有一种梦幻般的感觉。

图8-44是一幅装饰画风格整体鸟瞰写实表现效果图，是计算机绘制效果图。图面看上去很像是手绘出来的，

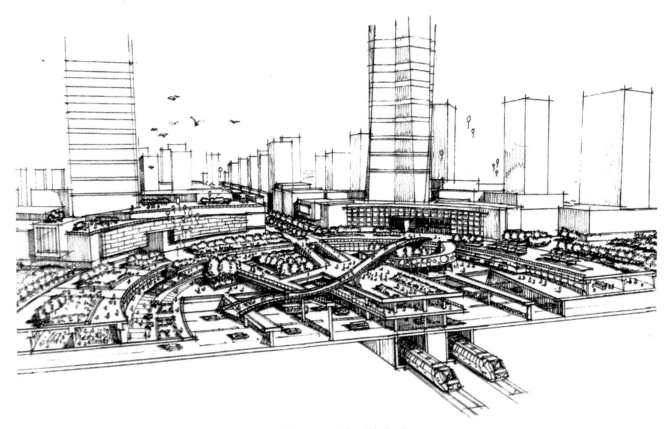

图8-41　手绘线稿（黑白灰关系）

图8-42　计算机水墨渲染风格效果图

但这是计算机绘制的效果图。在建模完成之后处理成手绘风格，在计算机上用手绘板把山体处理成手绘风格。视角选择得很开阔，远处高空处俯视整片基地。这种视线下的图面非常气派，表达了山水城之间的大关系，以及城市不同属性的用地关系，但是对于建筑的表达就只能一带而过，用方块来表示。以近处的山水为前景，以城市建筑群为中景，以山脉为背景，这种构图很好地表达了山水城之间的联系，各个要素表达得很清晰，令山水城市的特点一览无余。色调以冷色调为基础，中景的表达偏暖，城市呈现出阳光向上之感。

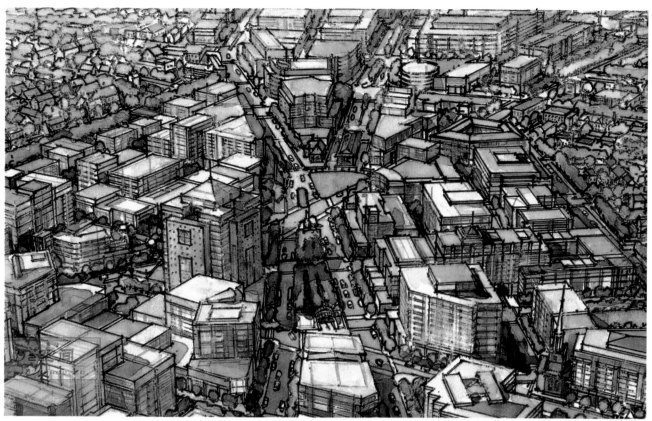

图8-43 工笔加装饰画风格表现效果图（硬挺的线条勾勒+明艳的色彩搭配）

图8-44 装饰画风格整体鸟瞰写实表现效果图

8.3　信息图示

信息图示，又称为信息图，是指数据、信息或知识的可视化表现形式。主要应用于必须要有一个清楚准确的解释或表达甚为复杂且大量的信息，例如在各式各样的文件档案上、各个地图及标志、新闻或教程文件，表现出的设计是化繁为简。信息图示的表达效果很直观，具有视觉上的吸引力，很好地传达了信息。

制作信息图的目的在于用图像的形式表现需要传达的数据、信息和知识。这些图形可能由信息所代表的事物组成，也可能是简单的点、线、基本图形等。表达形式上可以分为具体事物图示、一定程度抽象后的图示和静态的信息图示、动态的信息图示。信息图示中的元素未必要和所表达的信息在语义上一致，但是必须达到向受众清晰传达正确信息的标准。

图8-45是高楼内部业态组成分析的信息图示。该图纸分为两部分：上面是各个高楼的剪影图，将它们按照真实比例缩放，并由低到高排列，形成有序的天际线；下面是与以上高楼相应的业态分布，用粉色、红色、蓝色等各种颜色的柱状图表示相应的百分比关系。粉色代表办公功能；紫色代表商业功能；绿色代表公共广场；深蓝色代表居住功能；红色代表酒店功能；黄色代表文化设施；橙色代表交通功能；蓝色代表广播传媒功能；灰色代表娱乐功能。从图中可以看出，超高层建筑内部主要业态依次为办公、广播传媒、居住、商业等。该信息图示的优点为：①可以直观而形象地表现出各栋高楼内部相应的业态构成以及各高楼间的高度相对关系；②整个图面比例

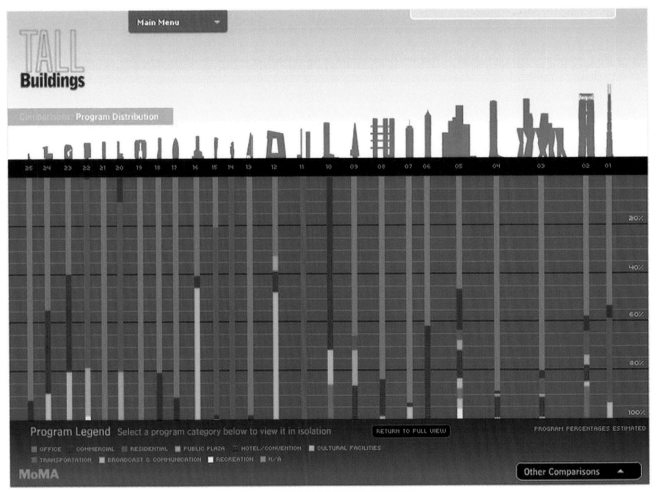

图8-45　高楼内部业态组成分析的信息图示

协调，色彩明快，排版合理。

图8-46是高楼组群垂直方向业态分布分析的信息图示。该图纸表达主题为"垂直城市"，表达的内容为业态功能在城市垂直空间的分布。"垂直城市"指一种能将城市要素包括居住、工作、生活、休闲、医疗、教育等一起装进一个建筑体里的巨型建筑类型。从该图我们可以看出：该高楼群垂直空间的业态分布为裙楼承担购物、娱乐、文化、停车等功能；高层由下往上依次承担办公、公寓、宾馆等功能。该信息图示的优点为：①直观地表达了"垂直城市"在竖向空间上的业态分布，表达效果生动活泼；②体现了"垂直城市"对土地的极度高效利用，这种垂直复合空间的布局方式，可以释放更多空间给城市绿地和居住空间，保证生态绿地的规模化和居住空间的中低密度。

图8-47是美国大城市空间人口分布分析的信息图示。该图通过三维簇群的信息图示表达方式，表达出美国大城市的人口数量特征。从图中可以看出：①整体上呈现东部密集、西部稀疏，沿海密集、内陆稀疏的特征；②具体分布上，东海岸的人口分布较为密集，人口总量也比较大，在纽约、费城、芝加哥处出现了人口的峰值聚集。西海岸的人口在西雅图和旧金山出现峰值聚集。该信息图示的优点为：①通过三维簇群化的表达方法，直观地表现了美国人口的空间分布特征，易于读者的理解，更具说服力。另外，对设计者而言，这种表达方式也更能启迪思维，激发灵感。②这种三维化图纸的表达方式，相对于平面图纸在排版上更有一种张弛有致的效果，给人的视觉印象更佳。

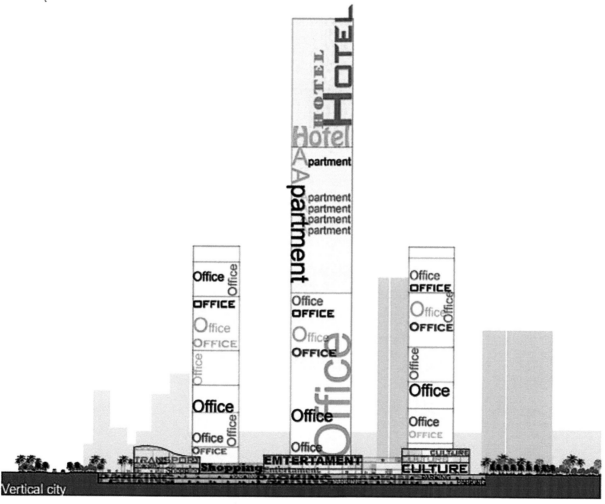

图8-46 高楼组群垂直方向业态分布分析的信息图示

图8-48是哥本哈根主要街道的氮氧化物分布分析的信息图示。哥本哈根是丹麦的首都、最大城市及最大港口，是丹麦政治、经济、文化中心。哥本哈根一直把环保作为城市发展的重要一环，该图就是对哥本哈根大气污染物监测的表达，显示了哥本哈根的街道氮氧化物的浓度分布。从图中可以看出：图面上红色为氮氧化物浓度高值区，黄色为氮氧化物低值区。图面近端的氮氧化物浓度高，远端的氮氧化物浓度低，整体上呈现一种不均匀分布的特征。该信息图示的优点为：①该图通过三维柱状图的表达方式，表达出哥本哈根氮氧化物沿街道分布的特

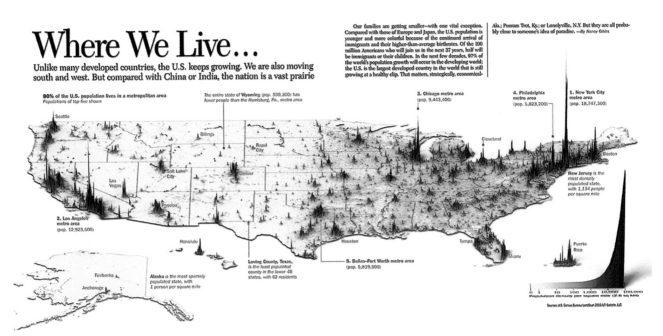

图8-47　美国大城市空间人口分布分析的信息图示

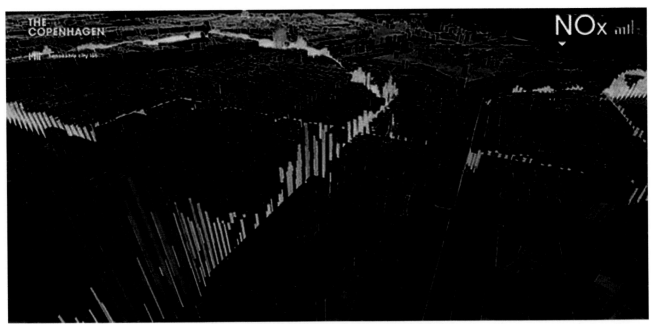

图8-48　哥本哈根主要街道的氮氧化物分布分析的信息图示

征直观明确且有感染力；②该图采用黑色的SU模型图片作为图底，反衬出上面活跃的红色和黄色元素，非常具有视觉冲击力。

图8-49是中国香港维多利亚湾业态策划分析的信息图示。该图表达了维多利亚湾区域的业态和节庆策划。维多利亚湾一直影响香港历史和文化，也主导香港经济和旅游业发展，是香港成为国际大城市的关键因素之一。该图以拼贴图片剪影的表达方法，将建筑天际线、人的活动剪影拼贴在一张图上，并且配以描述业态的英文LOGO。人的活动主要包括帆船、跨海游泳、龙舟等。业态主要包括商业、观光、旅游、艺术、公共、文化等功能。该信息图示的优点为：①该图采用黑色作为图底，上面以SU的三维模型图作为背景，再拼贴以建筑和人活动的剪影、描述业态的文字，形成参差有致的图面及具有冲击力的视觉效果；②该图采用蓝、黄、黑、白等4种色彩，以黑色、蓝色为主基调，配合其补色白色和黄色调和，形成和谐的色彩效果。

图8-50是高楼组群空间相关分析的信息图示。该图为霍斯特和西萨佩里设计的高楼组群空间的分析图。左图主要分析了高楼组群的区位分布、规模等级、空间关系、交通关系。右图主要分析了高楼组群的单层层高、建造方式、物理环境、空间造型以及在世界高楼群的高度位置关系。该信息图示的优点为：①该图采用三维建模分析的方法，将高楼组群细致建模，并将鸟瞰图以图片形式导出，作为分析的底图，再引出分析的文字来具体解释，这样直观而形象；②该图采用列数字的分析手法，列出具体的数字说明总建筑面积、交通面积、餐饮面积、单层层高、容纳人口等数据，这样使得说明解释更加理性、有说服力；③该图排版上很具特色，采用三段式的布局方式，上部为文字，中部为主图，下部为人物介绍，再对中部进行再分割，再形成2~3段。这样重点突出，布局灵活，整体均衡。

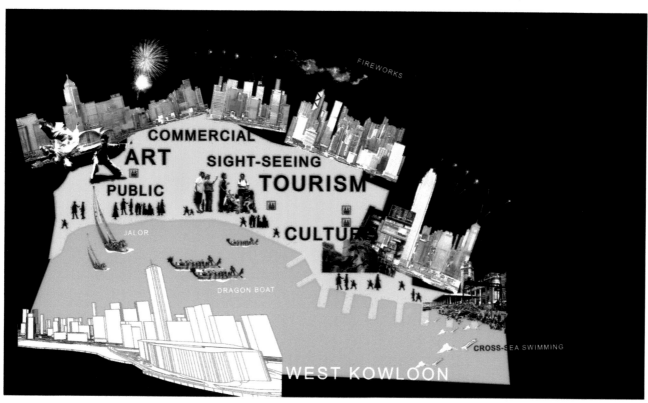

图8-49　中国香港维多利亚湾业态策划分析的信息图示

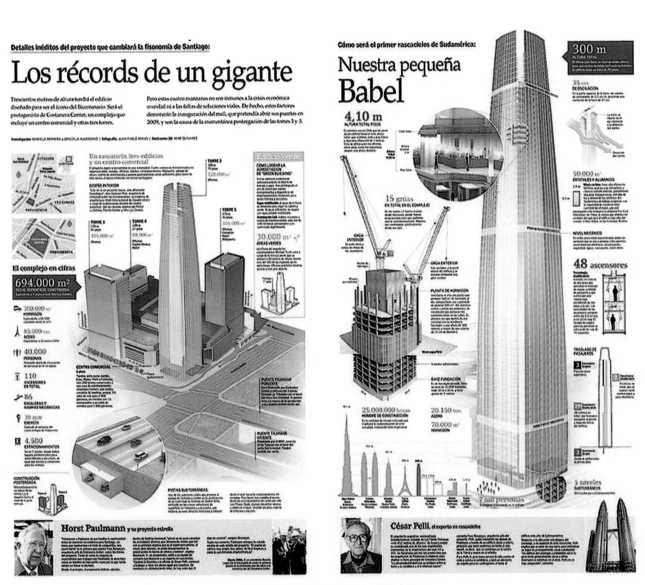

图8-50　高楼组群空间相关分析的信息图示